Springer-Lehrbuch

Springer
*Berlin
Heidelberg
New York
Barcelona
Hongkong
London
Mailand
Paris
Singapur
Tokio*

Helge Toutenburg

Induktive Statistik

Eine Einführung mit SPSS
für Windows

Zweite, neu bearbeitete
und erweiterte Auflage

Mit 88 Abbildungen
und 52 Tabellen

 Springer

Professor Dr. Dr. Helge Toutenburg
Universität München
Institut für Statistik
Akademiestraße 1/I
80799 München

ISBN 3-540-66434-3 Springer-Verlag Berlin Heidelberg New York

Die Deutsche Bibliothek – CIP-Einheitsaufnahme
Toutenburg, Helge: Induktive Statistik: eine Einführung mit SPSS für Windows, 2., neu bearb. u. erw. Aufl. / Helge Toutenburg. – Berlin; Heidelberg; New York; Barcelona; Hongkong; London; Mailand; Paris; Singapur; Tokio: Springer, 2000
  (Springer-Lehrbuch)
  ISBN 3-540-66434-3

Dieses Werk ist urheberrechtlich geschützt. Die dadurch begründeten Rechte, insbesondere die der Übersetzung, des Nachdrucks, des Vortrags, der Entnahme von Abbildungen und Tabellen, der Funksendung, der Mikroverfilmung oder der Vervielfältigung auf anderen Wegen und der Speicherung in Datenverarbeitungsanlagen, bleiben, auch bei nur auszugsweiser Verwertung, vorbehalten. Eine Vervielfältigung dieses Werkes oder von Teilen dieses Werkes ist auch im Einzelfall nur in den Grenzen der gesetzlichen Bestimmungen des Urheberrechtsgesetzes der Bundesrepublik Deutschland vom 9. September 1965 in der jeweils geltenden Fassung zulässig. Sie ist grundsätzlich vergütungspflichtig. Zuwiderhandlungen unterliegen den Strafbestimmungen des Urheberrechtsgesetzes.

© Springer-Verlag Berlin Heidelberg 2000
Printed in Germany

Die Wiedergabe von Gebrauchsnamen, Handelsnamen, Warenbezeichnungen usw. in diesem Werk berechtigt auch ohne besondere Kennzeichnung nicht zu der Annahme, daß solche Namen im Sinne der Warenzeichen- und Markenschutz-Gesetzgebung als frei zu betrachten wären und daher von jedermann benutzt werden dürften.

SPIN 10743987   42/2202-5 4 3 2 1 0 – Gedruckt auf säurefreiem Papier

Vorwort

Unsere Zeit ist geprägt von einer Fülle von Informationen und Daten. Wir werden (an Börsentagen) über Dollarkurs, Dow Jones und Dax informiert, erhalten Kenntnis von der durchschnittlichen Zahl der Zuschauer und der Torquote in der Fußball-Bundesliga, der Aufschlaggeschwindigkeit von Boris Becker, erfahren die Schwankungen in den Arbeitslosenzahlen und wissen, daß die Durchschnittstemperatur im April 1999 um soundsoviel Grad unter dem langjährigen Mittel dieses Monats liegt.

Diese Angaben werden häufig grafisch aufbereitet in Form von Kurven oder Tabellen oder durch geeignete Maßzahlen wie Mittelwerte verdichtet. Darstellungen und Aufbereitungen dieser Art sind Gegenstand der **deskriptiven Statistik**, die auf die Beschreibung eines fest gegebenen Datenmaterials abzielt.

Gegenstand der **induktiven Statistik** ist dagegen die Untersuchung von Daten, die als zufällige Stichprobe einer Grundgesamtheit entstammen. Die Stichprobenelemente können als Realisation eines Zufallsexperiments angesehen werden, d.h., die Werte der Stichprobenelemente sind nicht von vornherein bekannt. Ziel der induktiven Statistik ist es, durch geeignete Verfahren von der Stichprobe auf die Grundgesamtheit zu schließen und die Sicherheit der Schlußfolgerung abzuschätzen, d.h., Wahrscheinlichkeiten für die verschiedenen, möglichen Folgerungen anzugeben. Dazu benötigt man

- Methoden und Gesetze der Wahrscheinlichkeitsrechnung,
- Regeln der Kombinatorik,
- geeignete Schätzmethoden für unbekannte Parameter und
- statistische Entscheidungsregeln.

Die Wahrscheinlichkeitsrechnung liefert die formalen Grundlagen für die Untersuchung von Gesetzmäßigkeiten bei zufälligen Ereignissen. Die Herausbildung der Wahrscheinlichkeitsrechnung – auch als Mathematik des Zufalls bekannt – ist eng mit der Entwicklung der Naturwissenschaften, speziell seit dem 19. Jahrhundert, verbunden.

Ausgehend von einem Briefwechsel zwischen Blaise Pascal (1623–1662) und Pierre de Fermat (1601–1665) im Jahr 1654, der der Beantwortung einiger Fragen über Glücksspiele diente, entwickelten Christian Huygens (1629–1695), Jacob Bernoulli (1654–1705), Abraham de Moivre (1667–1754), Thomas Bayes (1702–1761) und einige andere diese Erkenntnisse weiter. Pierre Simon Laplace (1749–1827) legte schließlich durch die Zusammenfassung der zu seiner Zeit bekannten Begriffe und Gesetze einen wichtigen Grundstein für die heutige Wahrscheinlichkeitsrechnung. Dabei spielten aufgrund des Laplaceschen Wahrscheinlichkeitsbegriffes kombinatorische Regeln, die bereits von Jacob Bernoulli diskutiert wurden, eine wichtige Rolle. Während sich die Wahrscheinlichkeitsrechnung selbst auch nach Laplace stetig weiterentwickelte – verbunden mit Namen wie Carl Friedrich Gauss (1777–1855), Simeon Denis Poisson (1781–1840), Auguste Bravais (1811–1863), William Searly Gosset (1876–1937), Ronald Aylmer Fisher (1890–1962) u.a. – wurden die Grundlagen der Wahrscheinlichkeitsrechnung kaum weiterentwickelt. Erst Andrej Nikolajewitsch Kolmogorov (1908–1987) gelang es nach Vorarbeiten anderer Mathematiker, ein Axiomensystem der Wahrscheinlichkeitsrechnung (Kolmogorov, 1933) aufzustellen, das bis heute die formal widerspruchsfreie Grundlage der Wahrscheinlichkeitsrechnung darstellt. Eine ausführliche Darstellung der Entstehungsgeschichte der Wahrscheinlichkeitsrechnung findet man etwa bei Menges (1968) oder Stigler (1986).

Die Mathematische Statistik entwickelte sich (unter Verwendung von Methoden der Wahrscheinlichkeitsrechnung) aus der deskriptiven Statistik zu einer selbständigen Disziplin, deren Anwendungsbereich zunehmend an Breite und Bedeutung gewinnt. Statistische Methoden werden heute in fast allen Gebieten von Medizin, Naturwissenschaften, Technik und Wirtschafts- und Sozialwissenschaften angewendet. „Die Statistik ist zur charakteristischen Methode des modernen Wissenschaftsbetriebs geworden" (Miethke, 1973). Trotz – oder gerade wegen – der Vielzahl der Anwendungsgebiete der Mathematischen Statistik sollte man jedoch stets darauf bedacht sein, daß man sich dessen, was man macht, noch bewußt ist, d.h., „... die mathematische Statistik ist kein Automat, in den man nur seinen Groschen hineinzustecken braucht, um sinnvolle Resultate zu erhalten. Vielmehr muß man sich in die Denkweise dieses Gebietes einleben, damit man die Anwendungsmöglichkeiten sehen lernt und in einem konkreten Fall das richtige Verfahren auswählen kann." (Kreyszig, 1979).

Statistische Methoden werden überall dort eingesetzt, wo Versuchsergebnisse nicht beliebig oft und exakt reproduzierbar sind. Die Ursachen hierfür liegen in der natürlichen Variabilität der Versuchsobjekte oder in der Veränderung der Versuchs- und Meßbedingungen. Dabei können sowohl kontrollierbare als auch unkontrollierbare Faktoren das Versuchsergebnis beeinflussen. Damit ist es notwendig, geeignete Methoden anzugeben, mit deren Hilfe man aus derartigen Stichproben die interessierenden Parameter der Grundgesamtheit schätzen kann. Will man darüber hinaus aufgrund einer vorliegenden Stichprobe Aussagen über die Grundgesamtheit oder einige ihrer Parameter treffen, so sind hierfür statistische Entscheidungsregeln notwendig, mit deren Hilfe Aussagen als richtig oder falsch eingestuft werden können, wobei dies nur mit einer gewissen Sicherheit möglich ist.

Aufgrund der Vielzahl der Problemstellungen, die aus den verschiedensten Anwendungsbereichen kommen, hat die Statistik eine Spezialisierung nach Anwendungsgebieten erfahren. Es gibt eine Reihe von relativ selbständigen Disziplinen wie Ökonometrie, Biometrie, Psychometrie usw. Hinzu kommt in jüngster Zeit die Disziplin Computational Statistics, die sich mit speziellen rechenintensiven Methoden wie Resampling, iterativen Verfahren, Computergrafik usw. beschäftigt.

Eine ausführliche Darstellung zur Entwicklung der Statistik und ihrer Bedeutung für die moderne Gesellschaft findet man in Rao (1995). C.R. Rao führt insbesondere aus:

Ist die Statistik, so wie sie heutzutage erforscht und praktiziert wird, eine Wissenschaft, Technologie oder Kunst? Vielleicht ist sie ja eine Kombination von allen dreien.

Sie ist eine Wissenschaft in dem Sinne, daß sie ihre eigene Identität hat, mit einem großen Repertoire an Techniken, hergeleitet aus einigen Grundprinzipien. Diese Techniken können nicht auf eine routinemäßige Art und Weise angewandt werden; der Anwender muß die nötige Expertise erwerben, die richtige Technik in einer gegebenen Situation zu wählen und, falls nötig, Modifikationen vorzunehmen. Statistik spielt eine wesentliche Rolle in der Einführung empirischer Gesetze in den Geistes- und Sozialwissenschaften. Weiterhin gibt es philosophische Themen, die in Zusammenhang mit den Grundlagen der Statistik – der Art der Quantifizierung und des Ausdrucks der Unsicherheit – stehen, die unabhängig von jedem Inhalt diskutiert werden können. Statistik ist also im weiteren Sinne eine separate Disziplin, womöglich eine Disziplin aller Disziplinen.

Sie ist eine Technologie in dem Sinne, daß statistische Methodologie in jedes Betriebssystem eingebaut werden kann, um ein gewünschtes Niveau und eine angestrebte Stabilität der Leistung zu erhalten, wie zum Beispiel in Qualitätssicherungsprogrammen in der industriellen Produktion. Statistische Methoden können auch zum Kontrollieren, Reduzieren und Zulassen von Unsicherheit verwendet werden und dadurch die Effizienz individueller und institutioneller Bemühungen maximieren.

Statistik ist auch eine Kunst, denn ihre Methodologie, die von induktiver Argumentation abhängt, ist nicht völlig codifiziert oder frei von Kontroversen. Verschiedene Statistiker, die mit den gleichen Daten arbeiten, können zu verschiedenen Schlüssen kommen. In der Regel steckt in gegebenen Daten mehr Information, als mittels der zur Verfügung stehenden statistischen Verfahren extrahiert werden kann. Die Zahlen ihre eigene Geschichte erzählen zu lassen hängt von der Kunst und Erfahrung eines Statistikers ab. Dies macht Statistik zur Kunst ...

Tabelle 0.1. Statistische Datenanalyse, entnommen aus Rao (1995)

	Formulierung der Fragestellung	
Techniken der Datensammlung	Versuchsplanung / Historisch veröffentlichtes Material / Stichprobenerhebungen	
Daten	Wie wird gemessen? Begleitende Variablen / Expertenwissen	
Kreuzuntersuchuung der Daten	Anfängliche explorative Aufdeckungsanalyse (Aufdecken von Ausreißern, Fehlern, Bias, interne Konsistenz, externe Validierung, spezielle Charakteristika)	
Modellierung	Spezifizierung (Kreuzvalidierung, wie verwendet man Expertenwissen und früherer Resultate, Bayseansatz)	
Inferenzielle Datenanalyse	Testen von Hypothesen / Schätzen (Punkt, Intervall) / Entscheidungsfindung Metaanalyse / Zusammenfassende Statistiken / Grafische Darstellung	
	Orientierungshilfe für zukünftige Untersuchungen	

Es gibt eine Vielzahl deutschsprachiger Bücher zur Statistik, wobei die Autoren unterschiedliche Schwerpunkte gesetzt haben – von der Darstellung spezifischer Lehrinhalte in ausgewählten Fachdisziplinen (Statistik für Soziologen, Wirtschaftswissenschaftler, Zahnmediziner etc.) bis hin zu ausgefeilten Methodensammlungen (Explorative Datenanalyse, Regressionsmodelle etc.) oder erweiterten Handbüchern zu Standardsoftware.

Vorwort

Das vorliegende Buch soll insbesondere den Stoff von Vorlesungen „Statistik II für Nebenfachstudenten" abdecken und eine Verbindung zwischen den Methoden der induktiven Statistik und ihrer Umsetzung mit Standardsoftware – hier: SPSS für Windows – herstellen, sowie als Lehr- und Übungsmaterial (durch Einschluß von Aufgaben und Kontrollfragen) die Ausbildung der Studenten unterstützen.

Das Manuskript ist ein Produkt der mehrjährigen Erfahrung der AG Toutenburg in der Ausbildung der Nebenfachstudenten

Der Autor und seine Mitarbeiter –insbesondere Herr Dipl.Stat. Andreas Fieger und Herr Dipl.Stat. Christian Kastner– haben sich bemüht, ihre Erfahrungen aus dem Lehr- und Übungsbetrieb und die Erfahrungen der Leiter der Übungsgruppen so umzusetzen, daß der Text den Anforderungen eines begleitenden Lehr- und Übungsmaterials gerecht wird. Die Einbeziehung von SPSS soll den Weg zur modernen Arbeitsweise bei der Datenanalyse mit dem Computer ebnen.

Das vorliegende Manuskript entstand auf Einladung des Springer-Verlags, Heidelberg. Herrn Dr. Werner Müller ist für seine Unterstützung zu danken. Frau Dr. Andrea Schöpp hat Teile des Manuskripts erstellt. Herrn Dipl.-Stat. Stefan Jocher hat Textbeiträge und sonstige Unterstützung geliefert. Herr Dr. Christian Heumann, Frau Dr. Angi Rösch und Frau Dr. Christina Schneider haben durch zahlreiche kritische Hinweise die Gestaltung des Inhalts wesentlich unterstützt. Frau Nina Lieske und Herr Ludwig Heigenhauser haben bei der technischen Herstellung des Manuskripts wertvolle Hilfe geleistet.

Ich würden mich freuen, wenn das Buch sein Ziel erreicht und die Studenten anspricht.

Helge Toutenburg

Inhaltsverzeichnis

Teil I. Wahrscheinlichkeitstheorie	
1. Kombinatorik	3
1.1 Einleitung	3
1.2 Grundbegriffe der Kombinatorik	3
1.3 Permutationen	4
1.3.1 Permutationen ohne Wiederholung	4
1.3.2 Permutationen mit Wiederholung	6
1.4 Kombinationen	7
1.4.1 Kombinationen ohne Wiederholung und ohne Berücksichtigung der Reihenfolge	7
1.4.2 Kombinationen ohne Wiederholung, aber mit Berücksichtigung der Reihenfolge	9
1.4.3 Kombinationen mit Wiederholung, aber ohne Berücksichtigung der Reihenfolge	10
1.4.4 Kombinationen mit Wiederholung und mit Berücksichtigung der Reihenfolge	10
1.5 Zusammenfassung	11
1.6 Aufgaben und Kontrollfragen	12
2. Elemente der Wahrscheinlichkeitsrechnung	13
2.1 Einleitung	13
2.2 Zufällige Ereignisse	14
2.3 Relative Häufigkeit und Laplacesche Wahrscheinlichkeit	17
2.4 Axiome der Wahrscheinlichkeitsrechnung	19
2.4.1 Folgerungen aus den Axiomen	19
2.4.2 Rechenregeln für Wahrscheinlichkeiten	21
2.5 Bedingte Wahrscheinlichkeit	21
2.5.1 Motivation und Definition	21
2.5.2 Der Satz von Bayes	23
2.6 Unabhängigkeit	27
2.7 Aufgaben und Kontrollfragen	30

3. Zufällige Variablen ... 35
- 3.1 Einleitung ... 35
- 3.2 Verteilungsfunktion einer Zufallsvariablen ... 37
- 3.3 Diskrete Zufallsvariablen und ihre Verteilungsfunktion ... 39
- 3.4 Stetige Zufallsvariablen und ihre Verteilungsfunktion ... 42
- 3.5 Erwartungswert und Varianz einer Zufallsvariablen ... 47
    - 3.5.1 Erwartungswert ... 48
    - 3.5.2 Rechenregeln für den Erwartungswert ... 48
    - 3.5.3 Varianz ... 50
    - 3.5.4 Rechenregeln für die Varianz ... 50
    - 3.5.5 Standardisierte Zufallsvariablen ... 52
    - 3.5.6 Erwartungswert und Varianz des arithmetischen Mittels ... 52
    - 3.5.7 Ungleichung von Tschebyschev ... 53
    - 3.5.8 $k\sigma$-Bereiche ... 55
- 3.6 Die Quantile, der Median und der Modalwert einer Verteilung ... 56
- 3.7 Zweidimensionale Zufallsvariablen ... 57
    - 3.7.1 Zweidimensionale diskrete Zufallsvariablen ... 57
    - 3.7.2 Zweidimensionale stetige Zufallsvariablen ... 59
    - 3.7.3 Momente von zweidimensionalen Zufallsvariablen ... 61
    - 3.7.4 Korrelationskoeffizient ... 63
- 3.8 Aufgaben und Kontrollfragen ... 64

4. Diskrete und stetige Standardverteilungen ... 69
- 4.1 Einleitung ... 69
- 4.2 Spezielle diskrete Verteilungen ... 69
    - 4.2.1 Die diskrete Gleichverteilung ... 69
    - 4.2.2 Die Einpunktverteilung ... 70
    - 4.2.3 Die Null-Eins-Verteilung ... 70
    - 4.2.4 Die hypergeometrische Verteilung ... 72
    - 4.2.5 Die Binomialverteilung ... 74
    - 4.2.6 Die geometrische Verteilung ... 77
    - 4.2.7 Die Poissonverteilung ... 79
    - 4.2.8 Die Multinomialverteilung ... 80
- 4.3 Spezielle stetige Verteilungen ... 82
    - 4.3.1 Die stetige Gleichverteilung ... 82
    - 4.3.2 Die Exponentialverteilung ... 83
    - 4.3.3 Die Normalverteilung ... 85
    - 4.3.4 Die zweidimensionale Normalverteilung ... 89
- 4.4 Prüfverteilungen ... 91
    - 4.4.1 Die χ^2-Verteilung ... 91
    - 4.4.2 Die t-Verteilung ... 92
    - 4.4.3 Die F-Verteilung ... 93
- 4.5 Aufgaben und Kontrollfragen ... 95

5. **Grenzwertsätze und Approximationen** 97
   5.1 Die stochastische Konvergenz 97
   5.2 Das Gesetz der großen Zahlen 98
   5.3 Der zentrale Grenzwertsatz 99
   5.4 Approximationen 100
      5.4.1 Approximation der Binomialverteilung durch die Normalverteilung 101
      5.4.2 Approximation der Binomialverteilung durch die Poissonverteilung 103
      5.4.3 Approximation der Poissonverteilung durch die Normalverteilung 103
      5.4.4 Approximation der hypergeometrischen Verteilung durch die Binomialverteilung 103
   5.5 Aufgaben und Kontrollfragen 105

Teil II. Induktive Statistik

6. **Schätzung von Parametern** 109
   6.1 Einleitung 109
   6.2 Allgemeine Theorie der Punktschätzung 110
   6.3 Maximum-Likelihood-Schätzung 113
      6.3.1 Das Maximum-Likelihood-Prinzip 113
      6.3.2 Herleitung der ML-Schätzungen für die Parameter der Normalverteilung 114
   6.4 Konfidenzschätzungen von Parametern 117
      6.4.1 Grundlagen 117
      6.4.2 Konfidenzschätzung der Parameter einer Normalverteilung 118
   6.5 Schätzen einer Binomialwahrscheinlichkeit 122
   6.6 Aufgaben und Kontrollfragen 125

7. **Prüfen statistischer Hypothesen** 127
   7.1 Einleitung 127
   7.2 Testtheorie 127
   7.3 Einstichprobenprobleme bei Normalverteilung 131
      7.3.1 Prüfen des Mittelwertes bei bekannter Varianz (einfacher Gauß-Test) 131
      7.3.2 Prüfung des Mittelwertes bei unbekannter Varianz (einfacher t-Test) 135
      7.3.3 Prüfen der Varianz; χ^2-Test für die Varianz 137
   7.4 Zweistichprobenprobleme bei Normalverteilung 139
      7.4.1 Prüfen der Gleichheit der Varianzen (**F**-Test) 139
      7.4.2 Prüfen der Gleichheit der Mittelwerte zweier unabhängiger normalverteilter Zufallsvariablen 142

	7.4.3	Prüfen der Gleichheit der Mittelwerte aus einer verbundenen Stichprobe (paired t-Test) 145
7.5		Prüfen der Korrelation zweier Normalverteilungen 147
7.6		Prüfen von Hypothesen über Binomialverteilungen.......... 149
	7.6.1	Prüfen der Wahrscheinlichkeit für das Auftreten eines Ereignisses (Binomialtest für p) 149
	7.6.2	Prüfen der Gleichheit zweier Binomialwahrscheinlichkeiten.. 152
	7.6.3	Exakter Test von Fisher 153
	7.6.4	McNemar-Test für binären Response 155
7.7		Testentscheidung mit Statistik Software 157
7.8		Aufgaben und Kontrollfragen 161

8. Nichtparametrische Tests 165
   8.1 Einleitung 165
   8.2 Anpassungstests.. 165
       8.2.1 Chi-Quadrat-Anpassungstest....................... 166
       8.2.2 Kolmogorov-Smirnov-Anpassungstest 168
   8.3 Homogenitätstests für zwei unabhängige Stichproben........ 171
       8.3.1 Kolmogorov-Smirnov-Test im Zweistichprobenproblem 172
       8.3.2 Mann-Whitney-U-Test 174
   8.4 Homogenitätstests im matched-pair Design 179
       8.4.1 Vorzeichen-Test 180
       8.4.2 Wilcoxon-Test 182
   8.5 Matched-Pair Design: Prüfung der Rangkorrelation 184
   8.6 Aufgaben und Kontrollfragen 187

Teil III. Modellierung von Ursache- Wirkungsbeziehungen

---

9. Lineare Regression 193
   9.1 Bivariate Ursache-Wirkungsbeziehungen 193
   9.2 Induktive lineare Regression 194
       9.2.1 Modellannahmen der induktiven Regression.......... 194
       9.2.2 Schätzung von β^2 195
       9.2.3 Schätzung von σ^2 196
       9.2.4 Klassische Normalregression 197
       9.2.5 Maximum-Likelihood-Schätzung.................... 197
       9.2.6 Prüfen von linearen Hypothesen.................... 198
       9.2.7 Prüfen der univariaten Regression 203
       9.2.8 Konfidenzbereiche 206
       9.2.9 Vergleich von Modellen............................ 209
       9.2.10 Kriterien zur Modellwahl 210
       9.2.11 Die bedingte KQ-Schätzung 212
   9.3 Ein komplexes Beispiel 212

	9.3.1 Normalverteilungsannahme	213
	9.3.2 Schrittweise Einbeziehung von Variablen	214
	9.3.3 Grafische Darstellung	218
9.4	Aufgaben und Kontrollfragen	221

10. Varianzanalyse ... 223
10.1 Einleitung ... 223
10.2 Einfaktorielle Varianzanalyse ... 224
    10.2.1 Darstellung als restriktives Modell ... 227
    10.2.2 Zerlegung der Fehlerquadratsumme ... 229
    10.2.3 Schätzung von σ^2 ... 231
    10.2.4 Prüfen des Modells ... 232
10.3 Multiple Vergleiche von einzelnen Mittelwerten ... 235
10.4 Rangvarianzanalyse – Kruskal-Wallis-Test ... 238
10.5 Zweifaktorielle Varianzanalyse mit Wechselwirkung ... 242
    10.5.1 Definitionen und Grundprinzipien ... 242
    10.5.2 Modellannahmen ... 246
10.6 Aufgaben und Kontrollfragen ... 254

11. Analyse von Kontingenztafeln ... 257
11.1 Zweidimensionale kategoriale Zufallsvariablen ... 257
11.2 Unabhängigkeit ... 259
11.3 Inferenz in Kontingenztafeln ... 260
    11.3.1 Stichprobenschemata für Kontingenztafeln ... 260
    11.3.2 Maximum-Likelihood-Schätzung-bei Multinomialschema ... 262
    11.3.3 Exakter Test von Fisher für 2×2-Tafeln ... 265
    11.3.4 Maximum-Likelihood-Quotienten-Test auf Unabhängigkeit ... 265
11.4 Differenziertere Untersuchung von $I \times J$-Tafeln ... 266
11.5 Die Vierfeldertafel ... 269
11.6 Zweifache Klassifikation und loglineare Modelle ... 272
11.7 Aufgaben und Kontrollfragen ... 278

12. Lebensdaueranalyse ... 281
12.1 Problemstellung ... 281
12.2 Survivorfunktion und Hazardrate ... 283
12.3 Kaplan-Meier-Schätzung ... 284
12.4 Log-Rank-Test zum Vergleich von Survivorfunktionen ... 288
12.5 Einbeziehung von Kovariablen in die Überlebensanalyse ... 292
    12.5.1 Das Proportional–Hazard–Modell von Cox ... 293
    12.5.2 Überprüfung der Proportionalitätsannahme ... 294
    12.5.3 Schätzung des Cox–Modells ... 295
    12.5.4 Schätzung der Überlebensfunktion unter dem Cox-Ansatz ... 296

   12.5.5 Einige Wahrscheinlichkeitsverteilungen für die Verweildauer 296
   12.5.6 Modellierung der Hazardrate 298
  12.6 Aufgaben und Kontrollfragen 301

A. Lösungen zu den Übungsaufgaben 303
  A.1 Kombinatorik 304
  A.2 Elemente der Wahrscheinlichkeitsrechnung 307
  A.3 Zufällige Variablen 317
  A.4 Diskrete und stetige Standardverteilungen 329
  A.5 Grenzwertsätze und Approximationen 338
  A.6 Schätzung von Parametern 343
  A.7 Prüfen statistischer Hypothesen 348
  A.8 Nichtparametrische Tests 355
  A.9 Lineare Regression 364
  A.10 Varianzanalyse 366
  A.11 Analyse von Kontingenztafeln 369
  A.12 Lebensdaueranalyse 373

B. Tabellenanhang 375

Literatur 389

Sachverzeichnis 391

Teil I

Wahrscheinlichkeitstheorie

1. Kombinatorik

1.1 Einleitung

Dieses Kapitel dient der Vorbereitung auf die Grundlagen der Wahrscheinlichkeitsrechnung in Kapitel 2. Klassische wahrscheinlichkeitstheoretische Probleme liefern beispielsweise die Glücksspiele, die als Experiment mit zufälligem Ergebnis aufgefaßt werden können. Hier ist man insbesondere daran interessiert, die Chancen für gewisse Gewinnklassen auszurechnen. Chance wird dabei als das Verhältnis der für die spezielle Gewinnklasse günstigen Ergebnisse zu der Anzahl aller gleichmöglichen Ergebnisse verstanden. Dieser Quotient ist die Grundlage der klassischen Definition der Wahrscheinlichkeit nach Laplace (vgl. Abschnitt 2.3). Wir haben somit die Menge aller möglichen Ergebnisse und die darin enthaltene Menge der für die spezielle Gewinnklasse günstigen Ergebnisse zu betrachten. Die Anzahl der Elemente einer Menge M wird als **Mächtigkeit** $|M|$ der Menge M bezeichnet.

Beispiel. Beim Roulette besteht die Menge der möglichen Ergebnisse aus den Zahlen $0, \ldots, 36$ mit der Mächtigkeit 37. Die Gewinnklasse „Rouge" besteht aus den roten Zahlen, die Mächtigkeit dieser Menge ist 18.

Da der Mächtigkeit von Mengen eine zentrale Bedeutung in der Wahrscheinlichkeitsrechnung zukommt, betrachten wir in den folgenden Abschnitten die grundlegenden Modelle und Fragestellungen der Kombinatorik, die sich mit der Berechnung der Mächtigkeiten beschäftigt. Dabei stehen die folgenden beiden Fragestellungen im Vordergrund:

- Gegeben seien n Elemente. Auf wieviele Arten kann man sie anordnen? (Permutationen)
- Auf wieviele Arten kann man m Elemente aus n Elementen auswählen? (Kombinationen)

1.2 Grundbegriffe der Kombinatorik

Als theoretische Grundlage für das Glücksspiel kann das Urnenmodell betrachtet werden. Man nehme eine Urne, in der sich n Kugeln befinden. Diese können – je nach Fragestellung – entweder alle verschieden sein, oder es können sich mehrere Gruppen von gleichartigen Kugeln in der Urne befinden. Als das Resultat des Ziehens von Kugeln aus der Urne erhalten wir eine Auswahl (Stichprobe) von Kugeln aus der Gesamtheit (Grundgesamtheit) aller in der Urne vorhandenen Kugeln. Wir unterscheiden dabei zwischen der ungeordneten und der geordneten Auswahl von Elementen.

Definition 1.2.1. *Eine Auswahl von Elementen heißt* **geordnet***, wenn die Reihenfolge der Elemente von Bedeutung ist, anderenfalls heißt die Auswahl von Elementen* **ungeordnet***.*

Beispiele.

- geordnete Auswahl:
  - Einlauf der ersten drei Pferde beim Pferderennen mit Sieger, Zweitem, Drittem
  - Wahl eines Vorsitzenden und seines Stellvertreters in einem Sportverein
- ungeordnete Auswahl
  - Ziehungsergebnis '6 aus 49' (ohne Zusatzzahl)
  - qualifizierte Fußballmannschaften für die Europameisterschaft 2000

Bei den obigen Beispielen will man sich eine Übersicht über die Zahl der verschiedenen Auswahlmöglichkeiten verschaffen, d. h., man fragt nach der Zahl der möglichen Einläufe der ersten drei Pferde bei z. B. acht Pferden im Wettbewerb, nach der Anzahl der möglichen Wahlausgänge in einem Sportverein, nach den verschiedenen Tippergebnissen beim Lotto, nach den verschiedenen Teilnehmerfeldern für die Europameisterschaft 2000 usw.

1.3 Permutationen

Definition 1.3.1. *Gegeben sei eine Menge mit n Elementen. Jede Anordnung dieser Elemente in einer bestimmten Reihenfolge heißt* **Permutation** *dieser Elemente.*

Bei Permutationen können wir zwei Fälle unterscheiden: Sind alle n Elemente verschieden (also unterscheidbar), so spricht man von Permutationen ohne Wiederholung. Sind einige Elemente gleich, so handelt es sich um Permutationen mit Wiederholung.

1.3.1 Permutationen ohne Wiederholung

Sind alle n Elemente verschieden, so gibt es

$$n! \tag{1.1}$$

verschiedene Anordnungen dieser Elemente.

Definition 1.3.2. *Der Ausdruck* $n!$ *heißt* **n Fakultät** *und ist für ganzzahliges* $n \geq 0$ *wie folgt definiert:*

$$n! = \begin{cases} 1 & \text{für} \quad n = 0 \\ 1 \cdot 2 \cdot 3 \cdots n & \text{für} \quad n > 0 \end{cases} \qquad (1.2)$$

So ist beispielsweise

$$1! = 1$$
$$2! = 1 \cdot 2 = 2$$
$$3! = 1 \cdot 2 \cdot 3 = 6.$$

Die Regel „Es gibt $n!$ Permutationen ohne Wiederholung" überprüft man leicht durch folgende Überlegung. Bei n verschiedenen Elementen hat man n Möglichkeiten, das erste Element zu wählen. Hat man das erste Element festgelegt, so verbleiben für die Wahl des zweiten Elements $n - 1$ Möglichkeiten, ..., für die Wahl des letzten Elements bleibt eine Möglichkeit. Im Urnenmodell entspricht dies dem Ziehen aller n Kugeln der Reihe nach.

Beispiel 1.3.1. 3 Kinder stellen sich an einem Eisstand an. Für die Reihenfolge des Anstehens von Ulrike, Andrea und Sabina gibt es $3! = 6$ Möglichkeiten:

(U, A, S),   (A, S, U),   (S, A, U)
(U, S, A),   (A, U, S),   (S, U, A)

Beispiel 1.3.2. 4 Filialen einer Geschäftskette (abgekürzt durch die Ziffern 1, 2, 3 und 4) werden nach ihrem Jahresumsatz angeordnet. Es gibt dafür $4! = 24$ verschiedene Möglichkeiten. Für die Filiale mit dem höchsten Umsatz gibt es 4 Möglichkeiten. In der folgenden Auflistung sind die Gruppen mit gleich besetzter erster Position in Spalten nebeneinander angeordnet. Ist die erste Position festgelegt, verbleiben für die zweite Position 3 Möglichkeiten. Ist diese bestimmt, verbleiben für Position drei 2 Möglichkeiten. Mit der Festlegung der dritten (vorletzten) Position ist schließlich auch die letzte Position vier bestimmt.

In der ersten Spalte der folgenden Auflistung wird für die zweite Position zunächst Filiale 2 gewählt. Für die dritte und vierte Position verbleiben damit die beiden Kombinationen 3, 4 und 4, 3. Wählen wir dann für die zweite Position Filiale 3, so verbleiben die beiden Kombinationen 2, 4 und 4, 2. Bei Filiale 4 an Position zwei gibt es schließlich die beiden Kombinationen 2, 3 und 3, 2. Die weiteren Spalten werden analog gebildet.

Filiale 1 mit höchstem Umsatz	⋯	Filiale 4 mit höchstem Umsatz
(1, 2, 3, 4)	⋯	(4, 1, 2, 3)
(1, 2, 4, 3)	⋯	(4, 1, 3, 2)
(1, 3, 2, 4)	⋯	(4, 2, 1, 3)
(1, 3, 4, 2)	⋯	(4, 2, 3, 1)
(1, 4, 2, 3)	⋯	(4, 3, 1, 2)
(1, 4, 3, 2)	⋯	(4, 3, 2, 1)

1.3.2 Permutationen mit Wiederholung

Sind nicht alle Elemente verschieden, sondern gibt es n_1 gleichartige Elemente E_1, n_2 gleichartige – aber von E_1 verschiedene – Elemente E_2, ..., und schließlich n_s gleichartige – aber von $E_1, \ldots, E_{s-1}$ verschiedene – Elemente E_s, so haben wir folgende Struktur von insgeamt n Elementen:

Gruppe 1: n_1 Elemente E_1
Gruppe 2: n_2 Elemente E_2
$$\vdots \qquad \vdots$$
Gruppe s: n_s Elemente E_s

Die Anzahl der möglichen (unterscheidbaren) Permutationen mit Wiederholung ist

$$\frac{n!}{n_1!\, n_2!\, n_3!\, \cdots n_s!}\,. \tag{1.3}$$

Intuitiv läßt sich (1.3) wie folgt erläutern: Es gibt $n!$ verschiedene Anordnungen für die n Elemente (vgl. (1.1)). Das Vertauschen von Elementen innerhalb einer Gruppe führt nicht zu unterschiedlichen Anordnungen. Daher dürfen bei der Bestimmung der Gesamtzahl der Anordnungen die $n_i!$, $i = 1, \ldots, s$ gleichen Anordnungen jeder Gruppe nicht gezählt werden. In der Urne liegen also nicht mehr n völlig verschiedene Kugeln, sondern es gibt nur noch s beispielsweise durch ihre Farbe unterscheidbare Kugelarten, wobei jede Kugelart mehrfach (n_i-fach) in der Urne vorkommt. Es werden wieder alle Kugeln der Reihe nach aus der Urne gezogen.

Beispiel 1.3.3. In einer Kartei, in der $n = 10$ Mitarbeiter verzeichnet sind, sind $n_1 = 4$ Mitarbeiter Frauen und $n_2 = 6$ Männer. Nach (1.1) gibt es 10! verschiedene Permutationen der Karteikarten. Ist bei einer solchen Anordnung nur wichtig, ob eine Karteikarte zu einer Frau (w) oder zu einem Mann (m) gehört, so sind dabei 4! Permutationen bezüglich der Frauen und 6! Permutationen bezüglich der Männer nicht unterscheidbar. Also ist die Anzahl der (unterscheidbaren) Permutationen mit Wiederholung nach (1.3) gleich

$$\frac{10!}{4!\, 6!} = \frac{10 \cdot 9 \cdot 8 \cdot 7 \cdot 6!}{4!\, 6!} = \frac{10 \cdot 9 \cdot 8 \cdot 7}{4!} = \frac{5040}{24} = 210\,.$$

Anmerkung. Der Quotient (1.3) wird uns in Abschnitt 4.2.8 im Zusammenhang mit der Multinomialverteilung wieder beggnen, er wird auch Multinomialkoeffizient genannt.

Neben der eben beschriebenen Anordnung von n Elementen interessiert, insbesondere in der Stichprobenziehung, der Begriff der Kombination, den wir nun einführen werden.

1.4 Kombinationen

Definition 1.4.1. *Eine Auswahl von m Elementen aus einer Gesamtmenge von n (unterscheidbaren) Elementen (mit $n \geq m$) heißt **Kombination m-ter Ordnung aus n Elementen**.*

Für Kombinationen gibt es vier Modelle, je nachdem, ob ein Element mehrfach ausgewählt werden darf oder nicht (mit bzw. ohne Wiederholung) und ob die Reihenfolge der Anordnung der Elemente eine Rolle spielt oder nicht (mit bzw. ohne Berücksichtigung der Reihenfolge). Eine wichtige Notationshilfe bei der Bestimmung der Anzahl von Kombinationen ist der Binomialkoeffizient.

Definition 1.4.2. *Der **Binomialkoeffizient** ist für ganzzahlige $n \geq m \geq 0$ definiert als*

$$\binom{n}{m} = \frac{n!}{m!\,(n-m)!}. \tag{1.4}$$

(*Der Binomialkoeffizient wird als „n über m" oder „m aus n" gelesen*).

Es gilt

$$\binom{n}{0} = 1$$

$$\binom{n}{1} = n$$

$$\binom{n}{m} = \binom{n}{n-m}.$$

1.4.1 Kombinationen ohne Wiederholung und ohne Berücksichtigung der Reihenfolge

Die Anzahl der Kombinationen ohne Wiederholung und ohne Berücksichtigung der Reihenfolge beträgt

$$\binom{n}{m}. \tag{1.5}$$

Man stelle sich vor, die n Elemente werden in zwei Gruppen unterteilt: die Gruppe der ausgewählten $m = n_1$ Elemente und die Gruppe der nicht ausgewählten restlichen $n - m = n_2$ Elemente. Die Reihenfolge innerhalb der beiden Gruppen interessiert dabei nicht. Damit kann (1.5) mit (1.3) gleichgesetzt werden:

$$\binom{n}{m} = \frac{n!}{m!\,(n-m)!} = \frac{n!}{n_1!\,n_2!}. \tag{1.6}$$

Beispiel 1.4.1. Aus $n = 4$ Buchstaben (a,b,c,d) lassen sich

$$\binom{4}{2} = \frac{4!}{2!\,2!} = 6$$

Paare ($m = 2$) von Buchstaben bilden, bei denen Wiederholungen (eines Buchstabens) nicht zugelassen sind und die Reihenfolge unberücksichtigt bleibt:

(a,b) (a,c) (a,d)
(b,c) (b,d)
(c,d)

Beispiel 1.4.2. Aus $n = 3$ Mitgliedern (Christian, Andreas, Stefan) eines Vereins soll ein Vorstand aus $m = 2$ Mitgliedern ausgewählt werden. Die Reihenfolge spielt keine Rolle (ohne Berücksichtigung der Reihenfolge), und es müssen zwei verschiedene Personen gewählt werden (ohne Wiederholung). Die Anzahl der verschiedenen möglichen Vorstände ist dann

$$\binom{3}{2} = \frac{3!}{2! \cdot 1!} = 3,$$

nämlich (Christian, Andreas), (Christian, Stefan), (Andreas, Stefan).

Beispiel 1.4.3. Die Ziehung '6 aus 49' (ohne Zusatzzahl) ist eine Kombination 6. Ordnung ($m = 6$) aus $n = 49$ Elementen. Dabei wird keine Zahl wiederholt gezogen, und für die Gewinnklasse spielt die Reihenfolge der Ziehung der Zahlen keine Rolle. Also liegt eine Kombination ohne Wiederholung und ohne Berücksichtigung der Reihenfolge vor. Es gibt somit

$$\binom{49}{6} = \frac{49!}{6!\,43!} = \frac{43! \cdot 44 \cdot 45 \cdot 46 \cdot 47 \cdot 48 \cdot 49}{1 \cdot 2 \cdot 3 \cdot 4 \cdot 5 \cdot 6 \cdot 43!} = 13983816$$

(d. h. rund 14 Millionen) mögliche Ziehungsergebnisse.

Beispiel 1.4.4. Beim Pferderennen gibt es die Wettart „Dreiereinlauf", bei dem die ersten drei Pferde (mit Festlegung des Platzes) getippt werden. Berücksichtigt man zunächst die Reihenfolge nicht, so gibt es bei $n = 20$ Pferden

$$\binom{20}{3} = \frac{20!}{3!\,17!} = \frac{18 \cdot 19 \cdot 20}{1 \cdot 2 \cdot 3} = 1140$$

verschiedene Ergebnisse für die ersten drei Pferde (ohne Berücksichtigung ihrer Reihenfolge).

1.4.2 Kombinationen ohne Wiederholung, aber mit Berücksichtigung der Reihenfolge

Sollen zwei Kombinationen, die genau dieselben m Elemente enthalten, aber in verschiedener Anordnung, als verschieden gelten, so spricht man von Kombination mit Berücksichtigung der Reihenfolge. Die Anzahl der Kombinationen ohne Wiederholung, aber unter Berücksichtigung der Reihenfolge beträgt

$$\frac{n!}{(n-m)!} = \binom{n}{m} m! \,. \tag{1.7}$$

Die Berücksichtigung der Anordnung der m Elemente erhöht also die Anzahl der Kombinationen um den Faktor $m!$ (vgl. (1.5)), d. h. um die Kombinationen, die vorher als gleich galten. Wir ziehen aus der Urne also m verschiedene Kugeln ohne Zurücklegen, halten aber die Reihenfolge fest, in der sie gezogen wurden.

Beispiel 1.4.5. Berücksichtigt man bei der Dreiereinlaufwette die Reihenfolge der ersten drei Pferde, so gibt es bei $n = 20$ gestarteten Pferden

$$\frac{20!}{(20-3)!} = 18 \cdot 19 \cdot 20 = 6840$$

verschiedene Ergebnisse, also (vgl. Beispiel 1.4.4) $6 = 3!$ mal mehr mögliche Ergebnisse als ohne Berücksichtigung der Rangfolge der ersten drei Pferde.

Beispiel 1.4.6. Wird die Reihenfolge (Vorsitzender, Stellvertreter) bei der Wahl eines Vorstandes aus $m = 2$ Personen bei $n = 3$ Mitgliedern berücksichtigt, so gibt es

$$\frac{3!}{(3-2)!} = \binom{3}{2} \cdot 2! = 6$$

verschiedene Vorstände, nämlich

	(Christian, Andreas)	(Christian, Stefan)
(Andreas, Christian)		(Andreas, Stefan)
(Stefan, Christian)	(Stefan, Andreas)	

Beispiel 1.4.7. Man wähle aus $n = 4$ verschiedenen Buchstaben a, b, c, d genau $m = 2$ verschiedene Buchstaben aus, wobei die Reihenfolge zu berücksichtigen ist. Wir erhalten als Anzahl

$$\frac{4!}{2!} = \binom{4}{2} \cdot 2! = 12 \,.$$

Die Kombinationen lauten:

	(a,b)	(a,c)	(a,d)
(b,a)		(b,c)	(b,d)
(c,a)	(c,b)		(c,d)
(d,a)	(d,b)	(d,c)	

1.4.3 Kombinationen mit Wiederholung, aber ohne Berücksichtigung der Reihenfolge

Läßt man zu, daß Elemente mehrfach in der Kombination auftreten, so spricht man von Kombination mit Wiederholung. Die Anzahl der Kombinationen mit Wiederholung, aber ohne Berücksichtigung der Reihenfolge beträgt

$$\binom{n+m-1}{m} = \frac{(n+m-1)!}{m!\,(n-1)!} \; . \tag{1.8}$$

Im Vergleich zum Fall der Kombinationen ohne Wiederholung (1.5) vergrößert sich die Menge, aus der ausgewählt wird, um $m-1$ Elemente. Im Urnenmodell entspricht dies dem Ziehen mit Zurücklegen, aber ohne Berücksichtigung der Reihenfolge.

Beispiel 1.4.8. Aus $n=4$ verschiedenen Buchstaben (a,b,c,d) lassen sich

$$\binom{4+2-1}{2} = \binom{5}{2} = \frac{5!}{2!\,3!} = \frac{3!\cdot 4\cdot 5}{1\cdot 2\cdot 3!} = 10$$

Paare ($m=2$) von Buchstaben bilden, bei denen Wiederholungen (eines Buchstabens) zugelassen sind und die Reihenfolge unberücksichtigt bleibt:

   (a,a) (a,b) (a,c) (a,d)
       (b,b) (b,c) (b,d)
           (c,c) (c,d)
               (d,d)

Beispiel 1.4.9. Wenn wir zulassen, daß ein Vereinsmitglied bei der Vorstandswahl zwei Posten besetzt, gibt es bei $n=3$ Mitgliedern

$$\binom{3+2-1}{2} = \binom{4}{2} = \frac{4!}{2!\,2!} = 6$$

mögliche Zweiervorstände ohne Berücksichtigung der Reihenfolge:

  (Christian, Christian) (Christian, Andreas) (Christian, Stefan)
            (Andreas, Andreas) (Andreas, Stefan)
                      (Stefan, Stefan)

1.4.4 Kombinationen mit Wiederholung und mit Berücksichtigung der Reihenfolge

Die Anzahl der Kombinationen mit Wiederholung unter Berücksichtigung der Reihenfolge beträgt

$$n^m \; . \tag{1.9}$$

In diesem Modell gibt es für jede der m Auswahlstellen n mögliche Elemente. Übertragen auf das Urnenmodell heißt das, daß in jedem Zug eine Kugel ausgewählt und danach wieder zurückgelegt wird, und zusätzlich die Reihenfolge in der Ziehung von Interesse ist.

Beispiel 1.4.10. Aus $n = 4$ Buchstaben lassen sich

$$4^2 = 16$$

Paare ($m = 2$) von Buchstaben bilden, bei denen Wiederholungen (eines Buchstabens) zugelassen sind und die Reihenfolge berücksichtigt wird:

(a,a)	(a,b)	(a,c)	(a,d)
(b,a)	(b,b)	(b,c)	(b,d)
(c,a)	(c,b)	(c,c)	(c,d)
(d,a)	(d,b)	(d,c)	(d,d)

Beispiel 1.4.11. In einem Verein mit $m = 3$ Mitgliedern gibt es $3^2 = 9$ Zweier-Vorstände, wenn Doppelbesetzung (Wiederholung) zugelassen ist und bei den unterscheidbaren Paaren die Reihenfolge berücksichtigt wird. Durch die Berücksichtigung der Reihenfolge erhöht sich die Zahl der verschiedenen Vorstände um 3 (vgl. Beispiel 1.4.6):

(Christian, Christian)	(Christian, Andreas)	(Christian, Stefan)
(Andreas, Christian)	(Andreas, Andreas)	(Andreas, Stefan)
(Stefan, Christian)	**(Stefan, Andreas)**	(Stefan, Stefan)

Beispiel 1.4.12 (Würfelwurf). Beim viermaligen Würfeln gibt es bei jedem Wurf 6 Möglichkeiten, also insgesamt $6^4 = 1296$ verschiedene Wurfserien, von $(1,1,1,1)$ bis $(6,6,6,6)$.

1.5 Zusammenfassung

Die in diesem Kapitel vorgestellten kombinatorischen Regeln zur Berechnung der Mächtigkeit von Mengen sind nochmals in Tabelle 1.1 zusammengefaßt.

Tabelle 1.1. Regeln der Kombinatorik

	ohne Wiederholung	mit Wiederholung
Permutationen	$n!$	$\dfrac{n!}{n_1! \cdots n_s!}$
Kombinationen ohne Reihenfolge	$\binom{n}{m}$	$\binom{n+m-1}{m}$
Kombinationen mit Reihenfolge	$\binom{n}{m} m!$	n^m

1.6 Aufgaben und Kontrollfragen

Aufgabe 1.1: Welche kombinatorischen Regeln kennen Sie? Erklären Sie die Unterschiede zwischen diesen Regeln.

Aufgabe 1.2:

a) Wieviele 8-stellige Kontonummern gibt es, die nicht mit der Ziffer 0 beginnen?
b) Wieviele 8-stellige Kontonummern gibt es, die nicht mit der Ziffer 0 beginnen und bei denen keine Ziffer mehrfach vorkommt?

Aufgabe 1.3: Gegeben seien fünf Buchstaben a,b,c,d und e. Wieviele der möglichen Permutationen dieser fünf Buchstaben beginnen mit einem e? Wieviele mit der Folge cb?

Aufgabe 1.4: Wieviele verschiedene Motorradkennzeichen der Art 'RA-153' lassen sich aus 26 Buchstaben und neun Ziffern herstellen?

Aufgabe 1.5: Eine Hockeybundesliga bestehe aus zwölf Mannschaften. In einer Saison spielt jede Mannschaft gegen jede andere ein Hin- und Rückspiel. Wieviele Spiele finden insgesamt während einer Saison statt?

Aufgabe 1.6: Bei einer Party mit zehn Gästen küßt zur Begrüßung jeder jeden. Wieviele Küsse gibt es dann?

Aufgabe 1.7: Bei der Leichtathletik WM 1999 sind 22 Athleten mit den Startnummern 1 bis 22 für den 100-Meter-Lauf der Männer gemeldet. Wieviele Möglichkeiten gibt es für die Besetzung des Siegerpodestes, wenn die Plätze 1,2 und 3 nicht unterschieden werden?

Aufgabe 1.8: In einem Tischtennis-Verein mit zwölf Aktiven wird eine Rangliste für die erste Mannschaft (Plätze 1 bis 6) festgelegt. Wieviele Möglichkeiten gibt es?

Aufgabe 1.9: Vier Würfel werden gleichzeitig geworfen.

a) Wieviele Ergebnisse mit vier verschiedenen Augenzahlen gibt es?
b) Wieviele Ergebnisse mit höchstens drei gleichen Augenzahlen gibt es?

Aufgabe 1.10: Ein Würfel wird dreimal hintereinander geworfen.

a) In wievielen Fällen ist der erste Wurf eine „6"?
b) In wievielen Fällen ist die Augenzahl im dritten Wurf gerade?
c) In wievielen Fällen ist der erste und der dritte Wurf eine „3"?

Aufgabe 1.11: Wieviele mögliche Partien gibt es, in denen ein Skatspieler unter seinen 10 Karten 3 Könige und 2 Damen hat?

2. Elemente der Wahrscheinlichkeitsrechnung

2.1 Einleitung

Ziel jeder wissenschaftlichen Untersuchung ist es, bei beobachteten Zusammenhängen, Effekten oder Trends zu prüfen, ob diese beobachteten Effekte systematischer Art oder zufällig sind. Dazu werden statistische Verfahren und Schlußweisen eingesetzt. Ein Verständnis des Zufallsbegriffs ist dabei notwendige Voraussetzung.

Aus dem täglichen Leben kennen wir viele Beispiele, in denen der Begriff „wahrscheinlich" eine Rolle spielt, wobei wir dies oft mit der relativen Häufigkeit des Auftretens eines Ereignisses gleichsetzen:

- die Wahrscheinlichkeit für das Auftreten einer „6" beim einmaligen Würfeln ist 1/6,
- die Wahrscheinlichkeit für das Ereignis „Wappen" beim einmaligen Werfen einer Münze ist 1/2.

Diese Aussagen lassen sich überprüfen, sofern nur eine hinreichend große Beobachtungsreihe vorliegt. Beim Würfeln erwartet man, daß bei häufigen Wiederholungen die relative Häufigkeit jeder Augenzahl gegen 1/6 strebt.

Statistische Erhebungen sind mit einem Experiment vergleichbar, dessen Ergebnis vor seiner Durchführung nicht bekannt ist. Versuche oder Experimente, die bei Wiederholungen unter gleichen Bedingungen zu verschiedenen Ergebnissen führen können, heißen **zufällig**.

Beispiele.

Zufälliges Experiment	Mögliche Ergebnisse
Werfen eines Würfels	Augenzahl z ($z = 1, 2, \ldots, 6$)
Befragen eines Studenten	Semesteranzahl T ($T = 1, 2, \ldots$)
Einsatz von Werbung	Umsatzänderung x (in%) ($x = 0, \pm 1, \pm 2, \ldots$)
Auswahl eines Mitarbeiters	Verdienstgruppe i ($i = I, II, III$)

2.2 Zufällige Ereignisse

Ein **zufälliges Ereignis** ist eine Menge von Ergebnissen $\{\omega_1, \ldots, \omega_k\}$ eines Zufallsexperiments. Man sagt, das zufällige Ereignis $A = \{\omega_1, \ldots, \omega_k\}$ tritt ein, wenn mindestens eines der zufälligen Ereignisse $\{\omega_i\}$ eingetreten ist. Ereignisse, die nur aus der einelementigen Menge $\{\omega_i\}$ bestehen, heißen **Elementarereignisse**. Mit anderen Worten, ein Elementarereignis ist ein Ereignis, das sich nicht als Vereinigung mehrerer Ergebnisse ω_i ausdrücken läßt. Der Ereignisraum oder **Grundraum** Ω ist die Menge aller Elementarereignisse.

Beispiel 2.2.1 (Würfelwurf). Beim einmaligen Werfen eines Würfels sind die möglichen Ergebnisse die Augenzahlen $1, \ldots, 6$. Damit besteht der Ereignisraum aus den Elementarereignissen $\omega_1 = \text{„1"}$, $\omega_2 = \text{„2"}, \ldots, \omega_6 = \text{„6"}$: $\Omega = \{1, \ldots, 6\}$. Das Ereignis $A = \{\omega_2, \omega_4, \omega_6\}$ tritt ein, falls eines der Elementarereignisse ω_2, ω_4 oder ω_6 eingetreten ist. In diesem Fall ist A das zufällige Ereignis „gerade Augenzahl beim einmaligen Würfeln".

Beim zweifachen Würfelwurf sind die Elementarereignisse $\omega_1, \ldots, \omega_{36}$ die Tupel $(1,1)$ bis $(6,6)$. Damit hat Ω die Gestalt

$$\Omega = \begin{matrix} \{(1,1), & (1,2), & (1,3), & (1,4), & (1,5), & (1,6) \\ (2,1), & (2,2), & & \cdots & & (2,6) \\ \vdots & & & & & \vdots \\ (6,1), & & \cdots & & (6,5), & (6,6)\} \end{matrix}$$

Das **unmögliche Ereignis** $\emptyset$ ist das Ereignis, das kein Elementarereignis enthält. Das **sichere Ereignis** ist die Menge $\Omega = \{\omega_1, \ldots, \omega_n\}$ aller Elementarereignisse. Das sichere Ereignis tritt in jeder Wiederholung des Zufallsexperiments ein.

Beispiele.

- für das sichere Ereignis:
  - Die gezogene Zusatzzahl bei Lotto '6 aus 49' ist eine Zahl von 1 bis 49.
  - Beim Einsatz von Werbung in einer Kaufhauskette verändert sich der Umsatz positiv oder der Umsatz bleibt gleich oder der Umsatz verändert sich negativ.
- für das unmögliche Ereignis:
  - Die gezogene Zahl $z = -1$, $z = 5.5$ oder $z = 51$ bei der Ziehung im Lotto '6 aus 49'.
  - „Gerade Augenzahl in beiden Würfen und ungerade Augensumme" beim zweifachen Würfelwurf.

Das **Komplementärereignis** $\bar{A}$ ist das Ereignis, das genau dann eintritt, wenn A nicht eintritt.

Beispiele.

- Für das zufällige Ereignis A: „gerade Zahl gewürfelt" ist das komplementäre Ereignis $\bar{A}$: „ungerade Zahl gewürfelt".
- Beim Münzwurf ist „Wappen" das zu „Zahl" komplementäre Ereignis.

Wie bereits erwähnt, kann man bei Zufallsexperimenten an einem Elementarereignis ω_i interessiert sein oder auch an einem zusammengesetzten Ereignis $A = \{\omega_2, \omega_5, \ldots\}$. Da zufällige Ereignisse Mengen von Elementarereignissen sind, sind folgende Mengenoperationen von Interesse, die in den Abbildungen 2.1 und 2.2 veranschaulicht werden.

$A \cap B$ Das zufällige Ereignis $A \cap B$ ist die Durchschnittsmenge aller Elementarereignisse aus A und B. Das Ereignis „A und B" tritt genau dann ein, wenn sowohl A als auch B eintreten.
Beispiel Würfel: $A = \{\omega_2, e_4, \omega_6\}$ (gerade Zahl), $B = \{\omega_3, \omega_6\}$ (durch 3 teilbar), $A \cap B = \{\omega_6\}$ (gerade und durch 3 teilbar).

$A \cup B$ Das zufällige Ereignis $A \cup B$ ist die Vereinigungsmenge aller Elementarereignisse aus A und B, wobei gemeinsame Elementarereignisse nur einmal aufgeführt werden. Das Ereignis „A oder B" tritt genau dann ein, wenn mindestens eines der beiden Ereignisse A oder B eintritt.
Beispiel Würfel: $A = \{\omega_2, \omega_4, \omega_6\}$ (gerade Zahl), $B = \{\omega_3, \omega_6\}$ (durch 3 teilbar), $A \cup B = \{\omega_2, \omega_3, \omega_4, \omega_6\}$ (gerade oder durch 3 teilbar).

$\bar{A}$ Das zufällige Ereignis $\bar{A}$ enthält alle Elementarereignisse aus Ω, die nicht in A vorkommen. Das zu A komplementäre Ereignis „Nicht-A" oder „A quer" tritt genau dann ein, wenn A nicht eintritt.
Beispiel Würfel: $A = \{\omega_2, \omega_4, \omega_6\}$ (gerade Zahl), $\bar{A} = \{\omega_1, \omega_3, \omega_5\}$ (ungerade Zahl).

$A \backslash B$ Das zufällige Ereignis $A \backslash B$ enthält alle Elementarereignisse aus A, die nicht gleichzeitig in B enthalten sind. Das Ereignis „A aber nicht B" oder „A minus B" tritt genau dann ein, wenn A aber nicht B eintritt. Es gilt $A \backslash B = A \cap \bar{B}$
Beispiel Würfel: $A = \{\omega_2, \omega_4, \omega_6\}$ (gerade Zahl), $B = \{\omega_3, \omega_6\}$ (durch 3 teilbar), $A \backslash B = \{\omega_2, \omega_4\}$ (gerade, aber nicht durch 3 teilbar).

Anmerkung. Folgende Schreibweisen sind ebenfalls üblich:

$$A + B \quad \text{für} \quad A \cup B$$
$$AB \quad \text{für} \quad A \cap B$$
$$A - B \quad \text{für} \quad A \backslash B$$

Betrachten wir ein Ereignis A, so sind folgende Zusammenhänge von Interesse:

2. Elemente der Wahrscheinlichkeitsrechnung

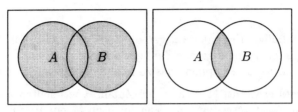

Abb. 2.1. $A \cup B$ und $A \cap B$

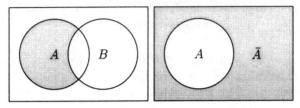

Abb. 2.2. $A \backslash B$ und $\bar{A} = \Omega \backslash A$

$$
\begin{array}{ll}
A \cup A = A & A \cap A = A \\
A \cup \Omega = \Omega & A \cap \Omega = A \\
A \cup \emptyset = A & A \cap \emptyset = \emptyset \\
A \cup \bar{A} = \Omega & A \cap \bar{A} = \emptyset
\end{array}
$$

Definition 2.2.1. *Zwei zufällige Ereignisse A und B heißen unvereinbar oder **disjunkt**, falls ihr gleichzeitiges Eintreten unmöglich ist, d.h., falls $A \cap B = \emptyset$ gilt.*

Damit gilt natürlich insbesondere, daß A und $\bar{A}$ disjunkt sind.

Beispiel (Einfacher Würfelwurf). Die zufälligen Ereignisse „ungerade Augenzahl" $A = \{\omega_1, \omega_3, \omega_5\}$ und „gerade Augenzahl" $B = \bar{A} = \{\omega_2, \omega_4, \omega_6\}$ sind disjunkt.

Wir können einen zufälligen Versuch durch die Menge der Elementarereignisse $\Omega = \{\omega_1, \ldots, \omega_n\}$ oder durch Mengen von zufälligen Ereignissen $A_1, \ldots, A_m$ ($m \leq n$) beschreiben, die folgender Definition genügen.

Definition 2.2.2. *Die zufälligen Ereignisse $A_1, \ldots, A_m$ bilden ein vollständiges System bzw. eine **vollständige Zerlegung** von Ω genau dann, wenn*

$$A_1 \cup A_2 \cup \cdots \cup A_m = \Omega$$

und

$$A_i \cap A_j = \emptyset \quad (\textit{für alle } i \neq j).$$

Beispiel (Einfacher Würfelwurf). Die Elementarereignisse $\omega_1, \ldots, \omega_6$ bilden in jedem Fall ein vollständiges System. Weitere mögliche vollständige Systeme sind z.B.:

- $A_1 = \{\omega_1, \omega_3, \omega_5\}$ $A_2 = \{\omega_2, \omega_4, \omega_6\}$
- $A_1 = \{\omega_1\}$ $A_2 = \{\omega_2, \ldots, \omega_6\}$
- $A_1 = \{\omega_1, \omega_2, \omega_3\}$ $A_2 = \{\omega_4, \omega_5, \omega_6\}$.

Anmerkung. Vollständige Systeme von Ereignissen spielen in der Maßtheorie, auf die hier nicht weiter eingegangen wird, eine wichtige Rolle. Dabei kann ein vollständiges System beliebig definiert werden, solange Definition 2.2.2 eingehalten wird, es sollte jedoch stets der Grundsatz „so grob wie möglich und so fein wie nötig" eingehalten werden.

Beim Umgang mit Mengen von zufälligen Ereignissen $A_1, \ldots, A_m$ sind die folgenden Rechenregeln hilfreich.

Definition 2.2.3 (DeMorgansche Regeln). *Für beliebige $A_k \subset \Omega$ gilt*

$$\overline{\bigcup_{k \in K} A_k} = \bigcap_{k \in K} \overline{A_k} \tag{2.1}$$

und

$$\overline{\bigcap_{k \in K} A_k} = \bigcup_{k \in K} \overline{A_k}. \tag{2.2}$$

Für zwei Teilmengen $A_i \subset \Omega$ und $A_j \subset \Omega$ ergeben sich aus obigen Regeln

$$\overline{A_i \cup A_j} = \overline{A_i} \cap \overline{A_j}$$

und

$$\overline{A_i \cap A_j} = \overline{A_i} \cup \overline{A_j}.$$

2.3 Relative Häufigkeit und Laplacesche Wahrscheinlichkeit

Ein zufälliger Versuch wird durch die Angabe der möglichen Versuchsausgänge beschrieben (Augenzahlen 1 bis 6 beim Würfelwurf). Darüber hinaus ist eine Quantifizierung der Versuchsergebnisse von Interesse. Die Quantifizierung mit Hilfe der relativen Häufigkeit zielt auf die Abschätzung der Realisierungschancen eines Versuchsergebnisses ab. Man betrachtet deshalb einen zufälligen Versuch mit den möglichen Ergebnissen $A_1, A_2, \ldots, A_m$, der n-fach unabhängig wiederholt wird, und registriert die absoluten Häufigkeiten $n_i = n(A_i)$ der Ereignisse A_i.

Beispiel 2.3.1 (Münzwurf). Beim Werfen einer Münze sind die zufälligen (Elementar-) Ereignisse A_1 : „Wappen" und A_2 : „Zahl" möglich. Die Anzahl der Wiederholungen sei $n = 500$. In 300 Fällen sei A_1 und in 200 Fällen A_2 geworfen worden, d.h. es ist $n_1 = n(A_1) = 300$ und $n_2 = n(A_2) = 200$.

Die relative Häufigkeit $f_i = f(A_i)$ eines zufälligen Ereignisses A_i bei n Wiederholungen berechnet sich gemäß

$$f_i = f(A_i) = \frac{n_i}{n},$$

wobei

- $f_i = f(A_i)$ die relative Häufigkeit eines Ereignisses A_i,
- $n_i = n(A_i)$ die absolute Häufigkeit eines Ereignisses A_i und
- n die Anzahl der Versuchswiederholungen ist.

Für das obige Beispiel gilt also:

$$f_1 = f(A_1) = \frac{300}{500} = 0.6, \quad f_2 = f(A_2) = \frac{200}{500} = 0.4.$$

Anmerkung. Es zeigt sich, daß die relative Häufigkeit $f(A)$ für hinreichend großes n unter gewissen Voraussetzungen eine Stabilität aufweist in dem Sinne, daß $f(A)$ gegen einen für das Ereignis A typischen Wert strebt (vgl. Kapitel 5). Diese Konstante werden wir als Wahrscheinlichkeit des Ereignisses A bezeichnen, die Schreibweise ist $P(A)$.

Beispiel. Man erwartet wiederholten beim Münzwurf, daß die relative Häufigkeit f(Wappen) gegen 0.5 strebt, sofern der Wurf sehr oft wiederholt wird. Voraussetzung bleibt jedoch, daß die Versuchsbedingungen konstant gehalten werden.

Einen der Häufigkeitsinterpretation sehr ähnlichen Ansatz stellt der Laplacesche Wahrscheinlichkeitsbegriff dar. Ein **Laplace-Experiment** ist ein Zufallsexperiment mit einer endlichen Ergebnismenge, bei dem alle Ergebnisse gleichwahrscheinlich sind. Die Wahrscheinlichkeit eines beliebigen zufälligen Ereignisses ist dann wie folgt definiert:

Definition 2.3.1. *Der Quotient*

$$P(A) = \frac{|A|}{|\Omega|} = \frac{\text{Anzahl der für } A \text{ günstigen Fälle}}{\text{Anzahl der möglichen Fälle}} \qquad (2.3)$$

*wird als **Laplace-Wahrscheinlichkeit** bezeichnet (hierbei ist $|A|$ die Anzahl der Elemente von A und $|\Omega|$ die Anzahl der Elemente von Ω).*

Die Mächtigkeiten $|A|$ und $|\Omega|$ in der Laplaceschen Wahrscheinlichkeitsdefinition können mit Hilfe der in Kapitel 1 eingeführten kombinatorischen Regeln bestimmt werden.

Anmerkung. Die Laplacesche Wahrscheinlichkeitsdefinition verwendet den Begriff „Wahrscheinlichkeit" in den Annahmen, genauer in der Forderung der „Gleichwahrscheinlichkeit der Ergebnisse". Damit ist diese Definition aus logischen Gründen nicht haltbar, da sie den Begriff „Wahrscheinlichkeit" mit sich selbst erklärt.

2.4 Axiome der Wahrscheinlichkeitsrechnung

Die relative Häufigkeit, die Laplacesche Wahrscheinlichkeit und andere Ansätze (vgl. z. B. Rüger, 1996) zur Definition des Begriffs „Wahrscheinlichkeit" sind zwar anschaulich und nachvollziehbar, eine formale Grundlage bietet jedoch erst das **Axiomensystem der Wahrscheinlichkeitsrechnung** von A.N. Kolmogorov (1933):

Axiom 1: Jedem zufälligen Ereignis A eines zufälligen Versuchs ist eine Wahrscheinlichkeit $P(A)$ zugeordnet, die Werte zwischen 0 und 1 annehmen kann:

$$0 \leq P(A) \leq 1.$$

Axiom 2: Das sichere Ereignis hat die Wahrscheinlichkeit 1:

$$P(\Omega) = 1.$$

Axiom 3: Sind A_1 und A_2 disjunkte Ereignisse, so ist

$$P(A_1 \cup A_2) = P(A_1) + P(A_2).$$

Anmerkung. Axiom 3 gilt für drei oder mehr disjunkte Ereignisse analog und wird als **Additionssatz für disjunkte Ereignisse** bezeichnet.

Beispiele.

- Beim einfachen Münzwurf sind die Ereignisse A_1: „Wappen" und A_2: „Zahl" möglich. A_1 und A_2 sind disjunkt. Das zufällige Ereignis $A_1 \cup A_2$: „Wappen oder Zahl" hat dann die Wahrscheinlichkeit

$$P(A_1 \cup A_2) = P(A_1) + P(A_2) = 1/2 + 1/2 = 1.$$

- Beim einmaligen Würfeln hat jede Zahl die gleiche Wahrscheinlichkeit $P(1) = P(2) = \cdots = P(6) = 1/6$. Die Wahrscheinlichkeit, eine gerade Zahl zu erhalten, ist also

$$P(\text{„gerade Zahl"}) = P(2) + P(4) + P(6) = 1/6 + 1/6 + 1/6 = 1/2.$$

2.4.1 Folgerungen aus den Axiomen

Wir wissen bereits, daß $A \cup \bar{A} = \Omega$ (sicheres Ereignis) gilt. Da A und $\bar{A}$ disjunkt sind, gilt nach Axiom 3 die grundlegende Beziehung

$$P(A \cup \bar{A}) = P(A) + P(\bar{A}) = 1.$$

Damit erhalten wir

Folgerung 1: Die Wahrscheinlichkeit für das zu A komplementäre Ereignis $\bar{A}$ ist

$$P(\bar{A}) = 1 - P(A). \qquad (2.4)$$

Diese Regel wird häufig dann benützt, wenn die Wahrscheinlichkeit von A bekannt ist oder leichter zu berechnen ist als die von $\bar{A}$.

Beispiel. Sei $A = \{\omega_6\}$. Die Wahrscheinlichkeit, mit einem Würfel die Augenzahl 6 zu werfen, beträgt $P(\omega_6) = 1/6$. Dann ist die Wahrscheinlichkeit für das Ereignis $\bar{A}$: „keine 6"

$$P(\text{„keine 6"}) = 1 - P(\omega_6) = 5/6.$$

Wenn A speziell das sichere Ereignis Ω ist, so gilt $P(\Omega) = 1$ und $\bar{\Omega} = \emptyset$. Setzen wir dies in (2.4) ein, so erhalten wir sofort

Folgerung 2: Die Wahrscheinlichkeit des unmöglichen Ereignisses $\emptyset$ ist gleich Null:

$$P(\emptyset) = P(\bar{\Omega}) = 1 - P(\Omega) = 0.$$

Wir wollen nun die Wahrscheinlichkeit $P(A_1 \cup A_2)$ für beliebige, nicht notwendigerweise disjunkte Ereignisse A_1 und A_2 bestimmen.

Wir verwenden dazu folgende Zerlegungen in disjunkte Ereignisse:

$$A_1 = (A_1 \cap \bar{A}_2) \cup (A_1 \cap A_2)$$
$$A_2 = (A_1 \cap A_2) \cup (\bar{A}_1 \cap A_2)$$
$$A_1 \cup A_2 = (A_1 \cap \bar{A}_2) \cup (A_1 \cap A_2) \cup (\bar{A}_1 \cap A_2)$$

Da die Ereignisse $(A_1 \cap \bar{A}_2)$, $(A_1 \cap A_2)$, $(\bar{A}_1 \cap A_2)$ disjunkt sind, kann Axiom 3 angewandt werden:

$$P(A_1 \cup A_2) = P(A_1 \cap \bar{A}_2) + P(A_1 \cap A_2) + P(\bar{A}_1 \cap A_2).$$

Dies ist gleich $P(A_1) + P(A_2) - P(A_1 \cap A_2)$. Die doppelt gezählte Wahrscheinlichkeit $P(A_1 \cap A_2)$ ist also einmal abzuziehen. Dies ergibt

Folgerung 3: Die Wahrscheinlichkeit, daß von zwei Ereignissen A_1 und A_2, die sich nicht notwendig gegenseitig ausschließen, mindestens eines eintritt, ist

$$P(A_1 \cup A_2) = P(A_1) + P(A_2) - P(A_1 \cap A_2). \qquad (2.5)$$

Gleichung (2.5) wird als **Additionssatz für beliebige Ereignisse** bezeichnet.

Beispiel. In einem Skatblatt sind vier Farben mit je acht Karten enthalten. Die Wahrscheinlichkeit, zufällig gezogen zu werden, beträgt für jede Karte 1/32. Es werde eine Karte zufällig gezogen. Damit gilt für diese Karte

$$P(\text{Karo oder König}) = P(\text{Karo}) + P(\text{König}) - P(\text{Karo-König})$$
$$= \frac{8}{32} + \frac{4}{32} - \frac{1}{32} = \frac{11}{32}.$$

Falls ein Ereignis A vollständig in einem Ereignis B enthalten ist (B hat also dieselben Elementarereignisse wie A plus möglicherweise weitere), so ist die Wahrscheinlichkeit für B mindestens so groß wie die von A:

Folgerung 4: Für $A \subseteq B$ gilt stets $P(A) \leq P(B)$.

Der Beweis benutzt die Darstellung $B = A \cup (\bar{A} \cap B)$ mit den disjunkten Mengen A und $\bar{A} \cap B$. Damit gilt nach Axiom 3 und Axiom 1

$$P(B) = P(A) + P(\bar{A} \cap B) \geq P(A).$$

Folgerung 5: Sei $A_1, \ldots, A_n$ eine vollständige Zerlegung des Ereignisraums Ω in paarweise disjunkte Ereignisse A_i, $i = 1, \ldots, n$ (vgl. Definition 2.2.2). Für ein beliebiges Ereignis B gilt dann

$$B = (B \cap A_1) \cup (B \cap A_2) \cup \cdots \cup (B \cap A_n),$$

wobei die Ereignisse $B \cap A_i$ wiederum paarweise disjunkt sind. Die Anwendung von Axiom 3 ergibt

$$P(B) = \sum_{i=1}^{n} P(B \cap A_i). \tag{2.6}$$

2.4.2 Rechenregeln für Wahrscheinlichkeiten

Wir fassen die Axiome und die Folgerungen 1 bis 5 in der folgenden Übersicht zusammen:

(1) $0 \leq P(A) \leq 1$

(2) $P(\Omega) = 1$

(3) $P(\emptyset) = 0$

(4) $P(\bar{A}) = 1 - P(A)$

(5) $P(A_1 \cup A_2) = P(A_1) + P(A_2) - P(A_1 \cap A_2)$

(6) $P(A_1 \cup A_2) = P(A_1) + P(A_2)$, falls A_1 und A_2 disjunkt sind

(7) $P(B) = \sum_{i=1}^{n} P(B \cap A_i)$, falls A_i eine vollständige Zerlegung bilden.

2.5 Bedingte Wahrscheinlichkeit

2.5.1 Motivation und Definition

Wir betrachten nun die Situation, daß von zwei Ereignissen A und B z.B. das Ereignis A eine Vorinformation dahingehend liefert, daß sein Eintreten den möglichen Ereignisraum von B reduziert. Formal gesehen, betrachten wir einen zufälligen Versuch mit n Elementarereignissen, d.h., es gelte $\Omega = \{\omega_1, \ldots, \omega_n\}$, und zwei zufällige Ereignisse A (mit n_A Elementarereignissen) und B (mit n_B Elementarereignissen). Ferner enthalte das Ereignis $A \cap B$ n_{AB} Elementarereignisse. Nach den bisherigen Regeln (vgl. z.B. (2.3)) gilt dann

$$P(A) = \frac{n_A}{n}, \quad P(B) = \frac{n_B}{n}, \quad P(A \cap B) = \frac{n_{AB}}{n}.$$

Nach Realisierung des Versuchs sei bekannt, daß A eingetreten ist. Damit stellt sich die Frage, wie groß dann unter dieser Zusatzinformation die Wahrscheinlichkeit dafür ist, daß auch B eingetreten ist. Hierzu gehen wir von Ω zur reduzierten Menge A mit n_A Elementen über. Nun gibt es unter den n_A möglichen Ereignissen nur noch m für B günstige Ereignisse. Bei diesen m Ereignissen ist immer auch A eingetreten, so daß $m = n_{AB}$ gilt. Die Laplace-Wahrscheinlichkeit ist dann

$$\frac{m}{n_A} = \frac{n_{AB}/n}{n_A/n} = \frac{P(A \cap B)}{P(A)}. \tag{2.7}$$

Dies führt zur folgenden Definition

Definition 2.5.1. *Sei* $P(A) > 0$, *so ist*

$$P(B|A) = \frac{P(A \cap B)}{P(A)} \tag{2.8}$$

*die **bedingte Wahrscheinlichkeit** von B unter der Bedingung, daß A eingetreten ist. Vertauschen wir die Rollen von A und B und sei $P(B) > 0$, so ist die bedingte Wahrscheinlichkeit von A unter der Bedingung, daß B eingetreten ist, gleich*

$$P(A|B) = \frac{P(A \cap B)}{P(B)}. \tag{2.9}$$

Lösen wir (2.7) und (2.8) jeweils nach $P(A \cap B)$ auf, so folgt

Theorem 2.5.1 (Multiplikationssatz). *Für zwei beliebige Ereignisse A und B gilt*

$$P(A \cap B) = P(B|A)P(A) = P(A|B)P(B). \tag{2.10}$$

Den Multiplikationssatz kann man auf mehr als zwei Ereignisse verallgemeinern:

$$P(A_1 \cap A_2 \cap \ldots \cap A_m) = $$
$$P(A_1)P(A_2|A_1)P(A_3|A_1 \cap A_2) \cdots P(A_m|A_1 \cap \cdots \cap A_{m-1}).$$

Durch Verwendung von (2.10) in (2.6) erhält man

Theorem 2.5.2 (Satz von der totalen Wahrscheinlichkeit). *Bilden die Ereignisse $A_1, \ldots, A_m$ eine vollständige Zerlegung von $\Omega = \cup_{i=1}^{m} A_i$ in paarweise disjunkte Ereignisse, so gilt für ein beliebiges Ereignis B*

$$P(B) = \sum_{i=1}^{m} P(B|A_i) P(A_i). \qquad (2.11)$$

2.5.2 Der Satz von Bayes

Der Satz von Bayes untersucht den Zusammenhang zwischen $P(A|B)$ und $P(B|A)$. Für beliebige Ereignisse A und B mit $P(A) > 0$ und $P(B) > 0$ gilt mit (2.8) und (2.9)

$$\begin{aligned} P(A|B) &= \frac{P(A \cap B)}{P(B)} = \frac{P(A \cap B)}{P(A)} \frac{P(A)}{P(B)} \\ &= \frac{P(B|A) P(A)}{P(B)}. \end{aligned} \qquad (2.12)$$

Bilden die A_i eine vollständige Zerlegung von Ω und ist B irgendein Ereignis, so gilt mit (2.11) und (2.12)

$$P(A_j|B) = \frac{P(B|A_j) P(A_j)}{\sum_i P(B|A_i) P(A_i)}. \qquad (2.13)$$

Die $P(A_i)$ heißen **a-priori Wahrscheinlichkeiten**, die $P(B|A_i)$ **Modellwahrscheinlichkeiten** und die $P(A_i|B)$ **a-posteriori Wahrscheinlichkeiten**.

Beispiel 2.5.1. Für ein Fotogeschäft arbeiten zwei Labors. Eine Fotoarbeit wird zufällig ausgewählt und auf ihre Qualität hin untersucht. Wir betrachten folgende zufällige Ereignisse: A_i ($i = 1, 2$) sei das zufällige Ereignis „Fotoarbeit stammt aus Labor i", B sei das zufällige Ereignis „Fotoarbeit ist einwandfrei".
Dann gilt $\Omega = A_1 \cup A_2$ mit $A_1 \cap A_2 = \emptyset$. Wir setzen voraus $P(A_1) = 0.7$ und $P(A_2) = 0.3$ sowie $P(B|A_1) = 0.8$, $P(B|A_2) = 0.9$. Mit diesen Werten erhalten wir

$$\begin{aligned} P(B) &= P(B|A_1)P(A_1) + P(B|A_2)P(A_2) \quad \text{[nach (2.11)]} \\ &= 0.8 \cdot 0.7 + 0.9 \cdot 0.3 \\ &= 0.83, \\ P(B \cap A_1) &= P(B|A_1)P(A_1) \quad \text{[nach (2.10)]} \\ &= 0.8 \cdot 0.7 \\ &= 0.56, \\ P(B \cap A_2) &= P(B|A_2)P(A_2) \\ &= 0.9 \cdot 0.3 \\ &= 0.27. \end{aligned}$$

Sei eine zufällig ausgewählte Fotoarbeit einwandfrei. Wie groß ist die Wahrscheinlichkeit, daß diese Arbeit aus Labor 1 (bzw. aus Labor 2) stammt?

$$P(A_1|B) = \frac{P(A_1 \cap B)}{P(B)} = \frac{0.56}{0.83} = 0.6747 \quad \text{[nach (2.9)]},$$

$$P(A_2|B) = \frac{P(A_2 \cap B)}{P(B)} = \frac{0.27}{0.83} = 0.3253.$$

Sei eine zufällig ausgewählte Fotoarbeit fehlerhaft. Die Wahrscheinlichkeit, daß eine fehlerhafte Arbeit (d.h. $\bar{B}$ tritt ein) aus Labor 1 (bzw. Labor 2) stammt, ist mit $P(\bar{B}|A_1) = 0.2$ und $P(\bar{B}|A_2) = 0.1$ für Labor 1

$$P(A_1|\bar{B}) = \frac{P(\bar{B}|A_1)P(A_1)}{P(\bar{B}|A_1)P(A_1) + P(\bar{B}|A_2)P(A_2)} \quad \text{[nach (2.12)]}$$

$$= \frac{0.2 \cdot 0.7}{0.2 \cdot 0.7 + 0.1 \cdot 0.3} = 0.8235,$$

und für Labor 2

$$P(A_2|\bar{B}) = \frac{0.1 \cdot 0.3}{0.2 \cdot 0.7 + 0.1 \cdot 0.3} = 0.1765.$$

Da $A_1 \cup A_2 = \Omega$ ist, gilt $P(A_1|\bar{B}) + P(A_2|\bar{B}) = 1$.

Beispiel 2.5.2. In einer Klinik wurden $n = 200$ Patienten auf eine bestimmte Krankheit untersucht. Das Ergebnis jeder Untersuchung wird durch die zufälligen Ereignisse B „Patient ist krank" bzw. $\bar{B}$ „Patient ist nicht krank" ausgedrückt. Gleichzeitig wurden die Patienten befragt, ob sie rauchen oder nicht. Dies ist durch die Ereignisse A_1 „Patient raucht" und A_2 „Patient raucht nicht" festgehalten. Die absoluten Häufigkeiten für die eintretenden Ereignisse findet man in folgender Tabelle:

	B	$\bar{B}$	
A_1	40	60	100
A_2	20	80	100
	60	140	200

Mit Hilfe der Häufigkeitsinterpretation der Wahrscheinlichkeit berechnen wir

$$P(A_1) = \frac{100}{200} = P(A_2)$$

$$P(B) = \frac{60}{200}$$

$$P(\bar{B}) = \frac{140}{200} = 1 - P(B)$$

$$P(B \cap A_1) = \frac{40}{200}$$

$$P(B \cap A_2) = \frac{20}{200}$$

$$P(B|A_1) = \frac{P(B \cap A_1)}{P(A_1)} = \frac{40/200}{100/200} = \frac{40}{100}$$
$$P(B|A_2) = \frac{P(B \cap A_2)}{P(A_2)} = \frac{20/200}{100/200} = \frac{20}{100}$$

Mit diesen Ergebnissen läßt sich $P(B)$ auch mit Hilfe des Satzes von der totalen Wahrscheinlichkeit (2.11) berechnen:

$$P(B) = P(B|A_1)P(A_1) + P(B|A_2)P(A_2)$$
$$= 0.40 \cdot 0.50 + 0.20 \cdot 0.50 = 0.30.$$

Beispiel 2.5.3. In zwei Werken werden Glühbirnen hergestellt. 70% der Produktion werden in Werk 1 gefertigt und 30% in Werk 2. Bezeichnet A_i ($i = 1, 2$) das zufällige Ereignis „Glühbirne stammt aus Werk i", so gilt $P(A_1) = 0.7$ und $P(A_2) = 0.3$.

Weiter bezeichnen wir mit B das Ereignis „Die hergestellte Glühbirne erfüllt eine vorgegebene Norm für die Brenndauer". Als Zusatzinformation über die Güte der Produktion in den Werken 1 und 2 steht uns zur Verfügung $P(B|A_1) = 0.83$ und $P(B|A_2) = 0.65$ (Werk 1 produziert mit einer Wahrscheinlichkeit von 0.83 normgerechte Glühbirnen, Werk 2 mit einer Wahrscheinlichkeit von 0.65). Damit gilt

$$P(B) = P(B|A_1)P(A_1) + P(B|A_2)P(A_2)$$
$$= 0.83 \cdot 0.7 + 0.65 \cdot 0.3 = 0.776,$$

d.h., die Wahrscheinlichkeit, bei zufälliger Auswahl aus der Gesamtproduktion eine normgerechte Glühbirne zu erhalten, ist 0.776.

Beispiel 2.5.4. In einem Büro arbeiten vier Sekretärinnen, zu deren Aufgabe auch die Ablage von Akten gehört. Sei A_i ($i = 1, \ldots, 4$) das zufällige Ereignis „Akte von Sekretärin i abgelegt". Damit ist $\Omega = A_1 \cup \cdots \cup A_4$ mit $A_i \cap A_j = \emptyset$ für $i \neq j$. Es gelte

Sekretärin i	1	2	3	4
tätigt % der Ablagen	40	10	30	20
Fehlerwahrscheinlichkeit	0.01	0.04	0.06	0.10

Gesucht sei nun die Wahrscheinlichkeit, daß eine falsch abgelegte Akte von der dritten Sekretärin bearbeitet wurde. Definiere B das zufällige Ereignis „Akte wurde falsch abgelegt", so gilt mit den Angaben aus obiger Tabelle:

$$P(A_1) = 0.40 \quad P(B|A_1) = 0.01$$
$$P(A_2) = 0.10 \quad P(B|A_2) = 0.04$$
$$P(A_3) = 0.30 \quad P(B|A_3) = 0.06$$
$$P(A_4) = 0.20 \quad P(B|A_4) = 0.10.$$

26 2. Elemente der Wahrscheinlichkeitsrechnung

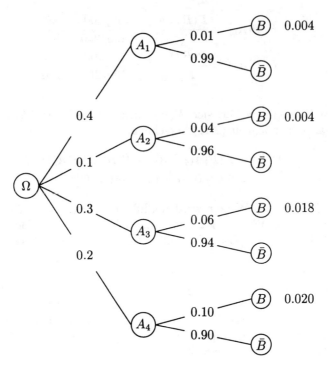

Abb. 2.3. Baumdiagramm für Beispiel 2.5.4

Diese Wahrscheinlichkeiten lassen sich in einem Baumdiagramm (vgl. Abbildung 2.3) veranschaulichen.

Damit erhalten wir nach dem Satz von der totalen Wahrscheinlichkeit zunächst

$$P(B) = \sum_{i=1}^{4} P(B|A_i)P(A_i)$$
$$= 0.01 \cdot 0.40 + 0.04 \cdot 0.10 + 0.06 \cdot 0.30 + 0.10 \cdot 0.20$$
$$= 0.046.$$

Die Wahrscheinlichkeit für das zufällige Ereignis B „Akte falsch abgelegt" beträgt damit 0.046. Für die gesuchte Wahrscheinlichkeit $P(A_3|B)$ gilt nach dem Satz von Bayes (vgl. (2.13))

$$P(A_3|B) = \frac{P(B|A_3)P(A_3)}{P(B)}$$
$$= \frac{0.06 \cdot 0.30}{0.046}$$
$$= 0.391.$$

Die Wahrscheinlichkeit, daß eine falsch abgelegte Akte von Sekretärin 3 abgelegt wurde, ist 0.391. Für die Sekretärinnen 1, 2 und 4 gilt analog

$$P(A_1|B) = \frac{0.004}{0.046} = 0.087$$
$$P(A_2|B) = \frac{0.004}{0.046} = 0.087$$
$$P(A_4|B) = \frac{0.020}{0.046} = 0.435.$$

2.6 Unabhängigkeit

Sind zwei zufällige Ereignisse A und B unabhängig in dem Sinne, daß das Eintreten des Ereignisses B keinen Einfluß auf das Eintreten von A hat, so erwartet man, daß

$$P(A|B) = P(A) \quad \text{und} \quad P(A|\bar{B}) = P(A)$$

gilt. Mit (2.9) erhalten wir in dieser Situation

$$P(A|B) = \frac{P(A \cap B)}{P(B)}$$
$$= \frac{P(A \cap \bar{B})}{P(\bar{B})} = P(A|\bar{B}). \tag{2.14}$$

Durch Umformen erhalten wir die zu (2.14) äquivalente Beziehung

$$P(A \cap B)P(\bar{B}) = P(A \cap \bar{B})P(B)$$
$$P(A \cap B)(1 - P(B)) = P(A \cap \bar{B})P(B)$$
$$P(A \cap B) = (P(A \cap \bar{B}) + P(A \cap B))P(B)$$
$$P(A \cap B) = P(A)P(B). \tag{2.15}$$

Dies führt zur Definition der (stochastischen) Unabhängigkeit.

Definition 2.6.1. *Zwei zufällige Ereignisse A und B heißen genau dann voneinander **(stochastisch) unabhängig**, wenn*

$$P(A \cap B) = P(A)P(B) \tag{2.16}$$

gilt, d.h., wenn die Wahrscheinlichkeit für das gleichzeitige Eintreten von A und B gleich dem Produkt der beiden Einzelwahrscheinlichkeiten ist.

Der Begriff der Unabhängigkeit kann auf den Fall von mehr als zwei Ereignissen verallgemeinert werden.

Definition 2.6.2. n *Ereignisse* $A_1, \ldots, A_n$ *heißen (stochastisch) unabhängig, falls für jede Auswahl* $A_{i_1}, \ldots, A_{i_m}$ *($m \leq n$)*

$$P(A_{i_1} \cap \cdots \cap A_{i_m}) = P(A_{i_1}) \cdot \ldots \cdot P(A_{i_m}) \qquad (2.17)$$

gilt.

Ein schwächerer Begriff ist der Begriff der paarweisen Unabhängigkeit. Wenn die Bedingung (2.17) nur für jeweils zwei beliebige Ereignisse ($m = 2$) erfüllt werden muß, so heißen die Ereignisse **paarweise unabhängig**. Der Unterschied zwischen paarweiser Unabhängigkeit und stochastischer Unabhängigkeit wird an folgendem Beispiel erläutert.

Beispiel 2.6.1. (aus Fisz, 1970) In einer Urne befinden sich vier Kugeln mit den aufgedruckten Zahlenkombinationen 110, 101, 011, 000. Es werde eine Kugel aus der Urne gezogen. Wir definieren dabei die folgenden Ereignisse:

A_1 : Die gezogene Kugel hat an der ersten Stelle eine Eins.

A_2 : Die gezogene Kugel hat an der zweiten Stelle eine Eins.

A_3 : Die gezogene Kugel hat an der dritten Stelle eine Eins.

Da jedes dieser Ereignisse zwei günstige Fälle hat, gilt

$$P(A_1) = P(A_2) = P(A_3) = \frac{2}{4} = \frac{1}{2}.$$

Das gemeinsame Auftreten aller drei Ereignisse ist jedoch unmöglich, da es keine Kugel mit der Kombination 111 gibt. Damit sind die drei Ereignisse nicht stochastisch unabhängig, da gilt

$$P(A_1)P(A_2)P(A_3) = \frac{1}{8} \neq 0 = P(A_1 \cap A_2 \cap A_3).$$

Es gilt jedoch

$$P(A_1 \cap A_2) = \frac{1}{4} = P(A_1)P(A_2),$$
$$P(A_1 \cap A_3) = \frac{1}{4} = P(A_1)P(A_3),$$
$$P(A_2 \cap A_3) = \frac{1}{4} = P(A_2)P(A_3),$$

so daß die drei Ereignisse paarweise unabhängig sind.

Beispiel 2.6.2 (Fortsetzung von Beispiel 2.5.2). Wir prüfen, ob die Ereignisse A_1: „Patient raucht" und B: „Patient ist krank" unabhängig sind. Wie wir bereits berechnet haben, ist

$$P(A_1 \cap B) = 0.2 \neq 0.5 \cdot 0.3 = P(A_1)P(B).$$

Damit sind die beiden Ereignisse nicht unabhängig.

Beispiel 2.6.3. Drei Schützen mit gleicher Treffsicherheit $P(\text{„Treffer"}) = 0.4$ schießen unabhängig voneinander je einmal auf ein Ziel. Damit ist die Wahrscheinlichkeit für 3 Treffer gleich (vgl. (2.17))

$$P(\text{„Treffer"} \wedge \text{„Treffer"} \wedge \text{„Treffer"}) = 0.4^3 = 0.064.$$

Die Wahrscheinlichkeit, daß nur der erste Schütze trifft, ist wegen der Wahrscheinnlichkeit $P(\text{„kein Treffer"}) = 0.6$ und mit (2.17) gleich

$$P(\text{„Treffer"} \wedge \text{„kein Treffer"} \wedge \text{„kein Treffer"}) = 0.4 \cdot 0.6^2 = 0.144.$$

Man beachte den Unterschied zwischen der Wahrscheinlichkeit, daß ein bestimmter Schütze trifft

$$P(\text{„Treffer genau eines bestimmten Schützens"})$$

also z.B.

$$P(\text{„Treffer"} \wedge \text{„kein Treffer"} \wedge \text{„kein Treffer"}) = 0.144,$$

der Wahrscheinlichkeit, daß ein beliebiger Schütze trifft

$P(\text{„Treffer genau eines (beliebigen) Schützen"})$
$\quad = P(\text{„Treffer"} \wedge \text{„kein Treffer"} \wedge \text{„kein Treffer"})$
$\quad\quad + P(\text{„kein Treffer"} \wedge \text{„Treffer"} \wedge \text{„kein Treffer"})$
$\quad\quad + P(\text{„kein Treffer"} \wedge \text{„kein Treffer"} \wedge \text{„Treffer"})$
$\quad = 3 \cdot 0.144 = 0.432$

und der Wahrscheinlichkeit, daß mindestens ein Schütze trifft (vgl. (2.4))

$$P(\text{„Treffer mindestens eines Schützen"}) = 1 - P(\text{„kein Treffer"})$$
$$= 1 - 0.6^3 = 0.784.$$

Anmerkung. Die Wahrscheinlichkeit $P(\text{„Treffer mindestens eines Schützen"})$ ist über das Gegenereignis $P(\text{„kein Treffer"})$ wesentlich einfacher zu berechnen.

2.7 Aufgaben und Kontrollfragen

Aufgabe 2.1: Eine Münze wird zweimal geworfen. Geben Sie die Elementarereignisse, das sichere Ereignis, ein unmögliches Ereignis und das Komplementärereignis zum Ereignis A : „Wappen im ersten Wurf" an.

Aufgabe 2.2: Sei Ω die Menge der ganzen Zahlen $0, 1, \ldots, 25$. Folgende Teilmengen von Ω seien gegeben:

$$A = \{1, 4, 8, 11\} \quad B = \{0, 1, 2, 5, 8, 9\} \quad C = \{5, 6, 7\}$$

Bestimmen Sie:

a) $A \cap B$, $A \cap C$, $B \cap C$
b) $A \cup B$, $A \cup C$
c) $A \backslash B$, $B \backslash A$, $A \backslash C$
d) $(A \cup B) \cap C$
e) $(A \cap B) \backslash C$

Aufgabe 2.3: Ein Würfel wird einmal geworfen. Wir definieren die zufälligen Ereignisse

A : „ungerade Zahl"
B : „Zahl > 3"
C : „Zahl 5 oder 6"

Geben Sie an, bei welchen Wurfergebnissen

a) B und C eintreten, aber nicht A,
b) keines der genannten Ereignisse A, B, C eintritt,
c) genau eines der drei Ereignisse A, B, C eintritt.

Aufgabe 2.4: Für vier Mengen A, B, C, D, die eine vollständige Zerlegung von Ω bilden, seien folgende Wahrscheinlichkeiten gegeben:

$$P(A) = \frac{1}{5},\ P(B) = \frac{7}{12},\ P(C) = \frac{1}{4},\ P(D) = \frac{1}{3},\ P(B \cup C) = \frac{1}{2}$$

Warum würden diese Zahlenwerte gegen die Kolmogorovschen Axiome verstoßen?

Aufgabe 2.5: Aus den Zahlen 1 bis 49 werden beim Zahlenlotto sechs verschiedene ausgewählt. Wie groß ist die Wahrscheinlichkeit, daß ein Spieler

a) sechs Richtige
b) genau fünf Richtige
c) keine Richtige
d) höchstens zwei Richtige hat?

2.7 Aufgaben und Kontrollfragen

Aufgabe 2.6: In der gynäkologischen Abteilung eines kleinen Krankenhauses wurden in einem Monat zwölf Kinder geboren. Wie groß ist die Wahrscheinlichkeit dafür, daß mindestens zwei Kinder am gleichen Tag geboren wurden? (Annahme: Die Geburtshäufigkeit ist über den Monat gleichmäßig verteilt, und der Monat hat 31 Tage.)

Aufgabe 2.7: An einer Party nehmen sieben Ehepaare teil. Um die Stimmung etwas aufzulockern, werden für ein Ratespiel drei Männer und drei Frauen zufällig ausgewählt (z.B. mit Los). Wie groß ist die Wahrscheinlichkeit, daß sich unter den so bestimmten Personen mindestens ein Ehepaar befindet?

Aufgabe 2.8: In einer Urne befinden sich acht gelbe und vier blaue Kugeln.

a) Es werden gleichzeitig (zufällig) drei Kugeln gezogen. Wie groß ist die Wahrscheinlichkeit, daß es sich um zwei gelbe und eine blaue Kugel handelt?

b) Eine Kugel wird zufällig gezogen und durch eine Kugel der anderen Farbe ersetzt. Nun mischt man den Inhalt der Urne erneut und zieht wieder zufällig eine Kugel. Wie groß ist die Wahrscheinlichkeit, daß dies eine blaue Kugel ist?

Aufgabe 2.9: Aus drei Urnen U_1, U_2, U_3 wird zufällig eine Urne ausgewählt, wobei jede Urne dieselbe Wahrscheinlichkeit besitzt, in die Auswahl zu gelangen. Die drei Urnen enthalten weiße und schwarze Kugeln, wobei sich in Urne

U_1: zwei weiße und fünf schwarze
U_2: vier weiße und vier schwarze
U_3: sieben weiße und vier schwarze Kugeln

befinden. Aus der zufällig gewählten Urne wird nun eine Kugel gezogen.

a) Wie groß ist die Wahrscheinlichkeit, daß die gezogene Kugel weiß ist?
b) Die gezogene Kugel ist schwarz. Wie groß ist die Wahrscheinlichkeit, daß sie aus Urne U_2 stammt?

Aufgabe 2.10: Ein Bäcker benötigt für die Herstellung seines Spezialbrotes vier verschiedene Mehlsorten, die er von vier Herstellern geliefert bekommt. Er kann sein Brot nur dann verkaufen, wenn alle vier Mehlsorten einwandfrei sind. Für die vier Mehlsorten gilt, daß sie mit einer Wahrscheinlichkeit von 0.1, 0.05, 0.2 bzw. 0.15 Mängel aufweisen. Wie groß ist die Wahrscheinlichkeit dafür, daß der Bäcker sein Brot nicht verkaufen kann?

Aufgabe 2.11: Ein Würfel wird zweimal geworfen. Wir definieren die folgenden Ereignisse:

A: „Die Augenzahl im ersten Wurf ist gerade."
B: „Die Summe der Augenzahlen beider Würfe ist ungerade."

Sind die Ereignisse A und B stochastisch unabhängig?

Aufgabe 2.12: Eine Großküche erhält von vier verschiedenen Händlern Gemüse. Dabei entfallen auf Händler A und B jeweils 30%, auf Händler C 25% und auf Händler D 15% der gesamten gelieferten Gemüsemenge. Es ist bekannt, daß bei Händler C 7% der Lieferung verdorben sind. Bei den anderen drei Händlern beläuft sich der verdorbene Anteil des gelieferten Gemüses jeweils auf nur 2%.

a) Ein Koch wählt zufällig eine Gemüsekiste aus. Wie groß ist die Wahrscheinlichkeit, daß deren Inhalt verdorben ist?
b) Beim Öffnen einer Kiste wird festgestellt, daß deren Inhalt verdorben ist. Wie groß ist die Wahrscheinlichkeit, daß diese Kiste von Händler A geliefert wurde?
c) Wie groß ist die Wahrscheinlichkeit, daß eine Kiste verdorbenes Gemüse enthält, wenn bekannt ist, daß die Kiste von Händler B, C oder D geliefert wurde?

Aufgabe 2.13: Ein Zufallsexperiment führe zu den zwei möglichen Ereignissen A und B. A und B seien stochastisch unabhängig. Es gilt $P(B) = 0.5$ und $P(A \cap B) = 0.2$. Wie groß ist $P(A \cup B)$?

Aufgabe 2.14: In der Faschingszeit werden Autofahrer des Nachts häufig zu Alkoholkontrollen gebeten. Erfahrungsgemäß sind unter den kontrollierten Autofahrern 10% „Alkoholsünder" (d.h. Autofahrer, deren Alkoholgehalt im Blut 0.8 Promille oder mehr beträgt). Ein Schnelltest soll klären, ob der Alkoholgehalt im Blut des kontrollierten Autofahrers zu hoch ist. Dieser Test irrt sich bei Alkoholsündern mit einer Wahrscheinlichkeit von 30% (d.h. er zeigt negativ, obwohl der Alkoholgehalt im Blut zu hoch ist). Der Test irrt sich bei Autofahrern, die nicht zu den Alkoholsündern zählen, mit einer Wahrscheinlichkeit von 20% (d.h er zeigt positiv, obwohl der Alkoholgehalt im Blut nicht zu hoch ist).
Ein Autofahrer wird kontrolliert.

a) Wie groß ist die Wahrscheinlichkeit, daß der Alkoholtest positiv zeigt?
b) Wie groß ist die Wahrscheinlichkeit, daß es sich um einen Alkoholsünder handelt, obwohl der Alkoholtest negativ zeigt?

Aufgabe 2.15: Ein Osterhase bemalt Ostereier, an einem Tag zwei Eier rot und jeweils ein Ei blau, gelb, grün und lila. Am Abend legt er in Fritzchens Osternest vier bemalte Eier.

a) Der Osterhase legt lauter verschiedenfarbige Eier in das Nest. Wieviele Möglichkeiten für die Zusammensetzung des Osternestes gibt es?
b) Der Osterhase wählt die vier Eier für das Nest zufällig aus.
   i) Wie groß ist die Wahrscheinlichkeit, daß das Nest zwei rote Eier, ein blaues und ein lila Ei enthält?
   ii) Wie groß ist die Wahrscheinlichkeit, daß das Nest lauter verschiedenfarbige Eier enthält?

c) Fritzchen findet in seinem Osternest zwei rote Eier, ein blaues und ein gelbes Ei. Er nimmt sich vor, von seinen Ostereiern immer nur höchstens eines pro Tag zu verspeisen, und überlegt sich, in welcher Farbreihenfolge er dies tun soll. Wieviele Möglichkeiten hat er dafür?

3. Zufällige Variablen

3.1 Einleitung

Die Deskriptive Statistik beschreibt ein fest vorgegebenes Datenmaterial. Grundlage sind Merkmale bzw. Variablen, die an Untersuchungseinheiten erhoben werden. Diese Merkmale können **qualitativ** oder **quantitativ** sein. Die quantitativen Variablen können weiter unterschieden werden in **diskrete** und **stetige** Variablen, wobei die Einteilung durchaus fließend sein kann (vgl. z. B. Toutenburg, Fieger und Kastner, 1998).

In der Induktiven Statistik geht man im Gegensatz zur Deskriptiven Statistik von einem Zufallsexperiment aus (vgl. Kapitel 2). Dabei erweist es sich als zweckmäßig, den möglichen Ergebnissen ω_i eines Zufallsexperiments reelle Zahlen zuzuordnen. Diese Zuordnung kann als Abbildung

$$X : \Omega \to \mathbb{R}$$
$$\omega_i \mapsto X(\omega_i) = x_i$$

aufgefaßt werden. Da das Ergebnis ω_i des Zufallsexperiments innerhalb des Ereignisraumes ungewiß ist, überträgt sich diese Ungewißheit auf das Ergebnis x_i dieser Abbildung. Deshalb nennt man diese Abbildung zufällige Variable oder kurz **Zufallsvariable**.

Der zufälligen Variablen X wird bei der Durchführung eines zufälligen Versuchs in Abhängigkeit von dessen Ergebnis ein bestimmter Wert zugeordnet – die Realisation x_i von X. Zur Charakterisierung der Zufallsvariablen benötigen wir die Kenntnis aller möglichen Werte, die X annehmen kann. Die Menge dieser Werte heißt **Zustandsraum** S.

Mathematisch exakt (vgl. z. B. Müller, 1983) versteht man unter einer zufälligen Variablen X eine auf der Grundmenge Ω eines Wahrscheinlichkeitsraumes $(\Omega, \mathfrak{A}, P)$ definierte Funktion, deren Werte in der Grundmenge S eines meßbaren Raumes $(S, \mathfrak{S})$ liegen. Dabei muß gelten (X muß eine meßbare Abbildung sein)

$$X^{-1}(B) = \{\omega \in \Omega : X(\omega) \in B\} \in \mathfrak{A}, \quad \forall B \in \mathfrak{S}.$$

Durch die Zufallsvariable X wird dem meßbaren Raum $(S, \mathfrak{S})$ ein Wahrscheinlichkeitsmaß P_X (Bildmaß) auf $\mathfrak{S}$ mittels

$$P_X(B) = P(X^{-1}(B)), \quad B \in \mathfrak{S}$$

zugeordnet. Wir definieren diese Begriffe nicht näher (vgl. hierzu z. B. Bauer, 1991), sondern erläutern den Hintergrund dieser mathematischen Definitionen wie folgt.

Mit dem Konstrukt der Zufallsvariable können Versuchsergebnisse, die zunächst in qualitativer Form vorliegen („Wappen" oder „Zahl" beim Münzwurf, „Augenzahl" beim einmaligen Würfelwurf etc.), durch reelle Zahlen verschlüsselt werden. Dies ist dann das formale Äquivalent zu den tatsächlich durchgeführten Zufallsexperimenten. Der einmalige Münzwurf mit den möglichen Ergebnissen „Wappen" oder „Zahl" wird ersetzt durch eine Zufallsvariable X, die ebenfalls nur zwei Werte (z. B. 0 oder 1) annehmen kann. Dieselbe Variable beschreibt auch alle anderen zufälligen Versuche mit zwei möglichen Ergebnissen (Geschlecht eines Neugeborenen: männlich/weiblich, Ergebnis eines Studenten bei einer Klausur: bestanden/nicht bestanden). Der Übergang vom zufälligen Versuch zur Zufallsvariablen ermöglicht erst eine einheitliche mathematische Handhabung der statistischen Datenanalyse. Allgemein heißt eine Funktion X eine (reelle) Zufallsvariable, wenn ihre Werte reelle Zahlen sind und als Ergebnis eines zufälligen Versuchs interpretiert werden können. Da die Werte der Zufallsvariablen das formale Äquivalent der zufälligen Experimente darstellen, muß auch den Werten der Zufallsvariablen – den reellen Zahlen – eine Wahrscheinlichkeit zuzuordnen sein. Diese Wahrscheinlichkeit muß mit der Wahrscheinlichkeit der entsprechenden zufälligen Ereignisse übereinstimmen, und es müssen die Axiome der Wahrscheinlichkeitsrechnung gelten.

Beispiele. In Tabelle 3.1 sind Beispiele für diskrete Zufallsvariablen angegeben. Es sind jeweils das zugrunde liegende Zufallsexperiment und die dazugehörigen Ereignisse sowie die Realisationen der Zufallsvariablen X angegeben.

Tabelle 3.1. Beispiele für diskrete Zufallsvariablen

zufälliger Versuch	zufälliges Ereignis	Realisation der Zufallsvariablen X
Einmaliger Münzwurf	A_1: Wappen liegt oben A_2: Zahl liegt oben	$x = 1$ $x = 0$
Einmaliges Würfeln (mit einem Würfel)	A_i: Zahl i gewürfelt $(i = 1, \ldots, 6)$	$x = i$
Lebensdauer von Glühbirnen	A_i: Lebensdauer beträgt i Monate $(i = 1, 2, \ldots)$	$x = i$

Im Gegensatz zu diesen Beispielen wäre die nachfolgend definierte Zufallsgröße X für das Zufallsexperiment Würfelwurf zwar mathematisch möglich, aber wenig sinnvoll, da die Verwendung von Dezimalzahlen anstelle der ganzzahligen Werte nur Verwirrung auslöst:

$$x_i = \begin{cases} 0.3 & \omega_1 = 1 \\ 0.6 & \omega_2 = 2 \\ 0.9 & \omega_3 = 3 \\ 1.2 & \omega_4 = 4 \\ 1.5 & \omega_5 = 5 \\ 1.8 & \omega_6 = 6 \end{cases} \text{für}$$

3.2 Verteilungsfunktion einer Zufallsvariablen

Neben den möglichen Werten der Zufallsvariablen X benötigen wir zur statistischen Beschreibung von X die Angabe der Wahrscheinlichkeiten, mit denen die Werte $x_1, x_2, \ldots$ realisiert werden. Wir erinnern daran, daß bei einem zufälligen Versuch jedem möglichen zufälligen Ereignis A eine Wahrscheinlichkeit $P(A)$ zugeordnet wurde. Nimmt die Zufallsvariable X den Wert x_i an, so ist die Wahrscheinlichkeit dafür gegeben durch

$$P_X(X = x_i) = P(\{\omega_i : X(\omega_i) = x_i\})$$

Wir unterscheiden im folgenden die beiden Wahrscheinlichkeitsmaße P und P_X nicht mehr und schreiben in beiden Fällen P.

Beispiel. Beim einmaligen Münzwurf mit den zufälligen Elementarereignissen „Wappen" und „Zahl" war $P(\omega_1) = P(\omega_2) = 1/2$. Die zugeordnete Zufallsvariable X sei definiert durch ihre Werte $X(\omega_1) = x_1 = 0$ und $X(\omega_2) = x_2 = 1$ mit den Wahrscheinlichkeiten $P(X = x_i) = 1/2$ für $i = 1, 2$.

Eine Zufallsvariable X wird also durch ihre Werte x_i und die zugehörigen Wahrscheinlichkeiten $P(X = x_i)$ eindeutig beschrieben. Alternativ können wir anstelle der Wahrscheinlichkeiten $P(X = x_i)$ auch die kumulierten Wahrscheinlichkeiten $P(X \leq x_i)$ verwenden. Diese Darstellung ist – wie wir im Abschnitt 3.4 sehen werden – für stetige Zufallsvariablen die einzig sinnvolle Darstellung. Dies führt zu folgender Definition.

Definition 3.2.1. *Die **Verteilungsfunktion einer Zufallsvariablen** X ist definiert durch*

$$F(x) = P(X \leq x) = P(-\infty < X \leq x). \tag{3.1}$$

Die Verteilungsfunktion $F(x)$ beschreibt die Verteilung von X eindeutig und vollständig. Sie ist schwach monoton wachsend, d.h., für $x_1 \leq x_2$ folgt

$F(x_1) \leq F(x_2)$. Die Werte einer Verteilungsfunktion $F(x)$ liegen stets zwischen 0 und 1, was sich mit Hilfe der Rechenregeln für Wahrscheinlichkeiten zeigen läßt. D.h., es gilt

$$0 \leq F(x) \leq 1$$

und

$$\lim_{x \to -\infty} F(x) = 0 \quad \text{und} \quad \lim_{x \to \infty} F(x) = 1. \qquad (3.2)$$

Dies ermöglicht einen alternativen Nachweis wann eine Funktion Verteilungsfunktion ist:

Theorem 3.2.1. *Eine reelle Funktion $F(x)$ ist genau dann eine Verteilungsfunktion, wenn sie nicht fallend und mindestens rechtsstetig ist und wenn sie die Bedingungen (3.2) erfüllt.*

Rechenregeln für Verteilungsfunktionen

Die Verteilungsfunktion $F(x) = P(X \leq x)$ ermöglicht es uns, die Wahrscheinlichkeit für einzelne Werte oder Wertebereiche der Zufallsvariablen X zu berechnen. Wir geben im Folgenden die gebräuchlichen Rechenregeln an und erklären kurz typische Anwendungen.

Für einen Wert a der Zufallsvariablen X gilt per Definition $P(X \leq a) = F(a)$. Hieraus ergibt sich für die Wahrscheinlichkeit $X < a$

$$P(X < a) = P(X \leq a) - P(X = a) = F(a) - P(X = a) \qquad (3.3)$$

Für stetige Zufallsvariablen ist $P(X = a)$ gleich 0, wie in (3.11) gezeigt wird. Daher hat 3.3 nur eine praktische Bedeutung für diskrete Zufallsvariablen, wie wir noch sehen werden. Wir haben bereits in Kapitel 2 bei den Folgerungen aus den Axiomen der Wahrscheinlichkeitsrechnung gesehen, daß es aus rechentechnischen Gründen manchmal einfacher ist, eine Wahrscheinlichkeit über die Wahrscheinlichkeit des Gegenereignisses zu bestimmen. Analog können wir auch hier anstelle von $P(X \leq a)$ und $P(X < a)$ die Wahrscheinlichkeiten $P(X > a)$ und $P(X \geq a)$ der komplementären Wertebereiche betrachten:

$$P(X > a) = 1 - P(X \leq a) = 1 - F(a) \qquad (3.4)$$
$$P(X \geq a) = 1 - P(X < a) = 1 - F(a) + P(X = a) \qquad (3.5)$$

Weiterhin können wir Rechenregeln für allgemeine Intervalle der Form $(a;b)$, $(a;b]$, $[a;b)$ und $[a;b]$ angeben. Diese werden meist dann benötigt, wenn der Bereich einer Zufallsvariablen ein Ereignis charakterisiert. Betrachten wir den Würfelwurf. Die Zufallsvariable X mit den Ausprägungen 1 bis 6 gibt die Augenzahl an. Wir wollen nun die Wahrscheinlichkeit für mindestens eine 3 und höchstens eine 5 zu werfen bestimmen. Hierzu definieren wir uns zunächst folgende drei Ereignisse:

$A : X < 3$ mit $P(A) = P(X < 3) = F(3) - P(X = 3)$,
$B : X \leq 5$ mit $P(B) = P(X \leq 5) = F(5)$
$C : 3 \leq X \leq 5$

Diese Situation ist in Abbildung 3.1 dargestellt. Das Ereignis B tritt ein, wenn $X < 3$ (Ereignis A) oder $3 \leq X \leq 5$ (Ereignis C) eintritt. Es gilt: $B = A \cup C$. Da A und C disjunkt sind, gilt nach Axiom 3

$$P(B) = P(A \cup C) = P(A) + P(C).$$

Stellen wird diese Formel um, so erhalten wir die gesuchte Wahrscheinlichkeit

$$P(C) = P(B) - P(A),$$

d. h.

$$P(3 \leq X \leq 5) = P(X \leq 5) - P(X < 3)$$
$$= F(5) - F(3) + P(X = 3).$$

bzw. allgemein

$$P(a \leq X \leq b) = P(X \leq b) - P(X < a)$$
$$= F(b) - F(a) + P(X = a). \quad (3.6)$$

Analog lassen sich die Rechenregeln für die anderen Intervalle herleiten:

$$P(a < X \leq b) = F(b) - F(a) \quad (3.7)$$
$$P(a < X < b) = F(b) - F(a) - P(X = b) \quad (3.8)$$
$$P(a \leq X < b) = F(b) - F(a) - P(X = b) + P(X = a) \quad (3.9)$$

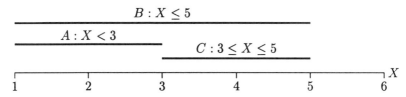

Abb. 3.1. Darstellung der Ereignisse A: $X < 3$, B: $X \leq 5$ und C: $3 \leq X \leq 5$ beim einfachen Würfelwurf

3.3 Diskrete Zufallsvariablen und ihre Verteilungsfunktion

Definition 3.3.1. *Eine Zufallsvariable heißt* **diskret**, *wenn sie nur endlich viele (oder abzählbar unendlich viele) Werte $x_1, \ldots, x_n$ mit den zugehörigen Wahrscheinlichkeiten $p_1, \ldots, p_n$ annehmen kann.*

Die Menge $\{x_1,\ldots,x_n\}$ heißt **Träger von X**. Es gilt

$$\sum_{i=1}^{n} p_i = 1. \tag{3.10}$$

Definition 3.3.2. *Die Zuordnung*

$$P(X = x_i) = p_i \quad i = 1,\ldots,n$$

*heißt **Wahrscheinlichkeitsfunktion** von X, sofern (3.10) erfüllt ist.*

Damit hat die Verteilungsfunktion von X die Gestalt

$$F(x) = \sum_{i=1}^{n} 1_{\{x_i \leq x\}} p_i.$$

Dies ist die Summe der Wahrscheinlichkeiten p_i derjenigen Indizes i, für die $x_i \leq x$ gilt. Die möglichen Werte x_i einer diskreten Zufallsvariablen X heißen **Sprungstellen**, und die Wahrscheinlichkeiten p_i heißen **Sprunghöhen** der Verteilungsfunktion $F(x)$. Der Zusammenhang wird klar, wenn man sich das Bild der Verteilungsfunktion $F(x)$ in Abbildung 3.2 ansieht. Nur an den Stellen x_i erfolgt ein Sprung der Funktion, und zwar um den Wert p_i. Die Verteilungsfunktion einer diskreten Zufallsvariablen ist eine **Treppenfunktion**.

Beispiel 3.3.1 (Würfelwurf). Die zufälligen Elementarereignisse beim einmaligen Würfeln sind ω_i: „Zahl i gewürfelt" $(i = 1,\ldots,6)$. Die Zufallsvariable X kann die Werte $x_1 = 1$, $x_2 = 2, \ldots, x_6 = 6$ annehmen, wobei $P(X = x_i) = 1/6$ gilt. Dann hat die Verteilungsfunktion $F(x)$ die Gestalt

$$F(x) = \begin{cases} 0 & -\infty < x < 1 \\ 1/6 & 1 \leq x < 2 \\ 2/6 & 2 \leq x < 3 \\ 3/6 & \text{für} \quad 3 \leq x < 4 \\ 4/6 & 4 \leq x < 5 \\ 5/6 & 5 \leq x < 6 \\ 1 & 6 \leq x < \infty \end{cases}$$

Nehmen wir nun folgende Situation beim 'Mensch ärgere Dich nicht' an: ein Spieler hat eine Figur vor dem Ziel stehen. Da bereits eine Figur im Zielbereich ist, darf er höchstens eine 4 werfen um ziehen zu können. Die Wahrscheinlichkeit hierfür entspricht dem Wert der Verteilungsfunktion an der Stelle 4

$$\begin{aligned}F(4) &= P(X \leq 4) \\ &= P(\{X = 1\} \cup \{X = 2\} \cup \{X = 3\} \cup \{X = 4\}) \\ &= P(X = 1) + P(X = 2) + P(X = 3) + P(X = 4) \\ &= 4/6.\end{aligned}$$

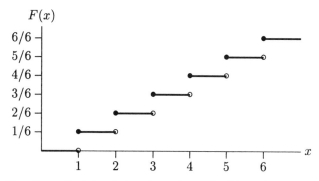

Abb. 3.2. Verteilungsfunktion beim einmaligen Würfeln. '•' charakterisiert einen eingeschlossenen Wert, 'o' einen ausgeschlossenen Wert

Die Gegenwahrscheinlichkeit, d. h., das er stehen bleiben muß ist nach (3.4)

$$P(X > 4) = 1 - P(X \leq 4) = 1 - F(4) = 1 - 4/6 = 2/6.$$

Damit die Figur in den Zielbereich gelangt benötigt der Spieler mindestens eine 2. Die Wahrscheinlichkeit dafür bestimmen wir mit (3.6) und erhalten

$$P(2 \leq X \leq 4) = F(4) - F(2) + P(X = 2)$$
$$= 4/6 - 2/6 + 1/6 = 3/6.$$

Beispiel 3.3.2 (Münzwurf). Die diskrete Zufallsvariable X sei „Anzahl der Ergebnisse Wappen beim dreimaligen Werfen einer Münze". Dann ist der Zustandsraum S von X gleich $S = \{0, 1, 2, 3\}$. Die Wurfergebnisse und ihre Wahrscheinlichkeiten sind

Wurfergebnis	x_i	p_i
(Z,Z,Z)	0	1/8
(W,Z,Z) (Z,W,Z) (Z,Z,W)	1	3/8
(W,W,Z) (W,Z,W) (Z,W,W)	2	3/8
(W,W,W)	3	1/8

Daraus erhalten wir die Verteilungsfunktion

$$F(x) = \begin{cases} 0 & x < 0 \\ 1/8 & 0 \leq x < 1 \\ 1/8 + 3/8 = 4/8 & \text{für } 1 \leq x < 2 \\ 4/8 + 3/8 = 7/8 & 2 \leq x < 3 \\ 1 & 3 \leq x. \end{cases}$$

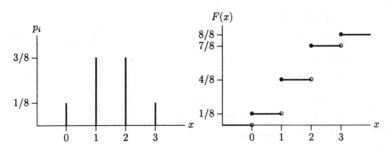

Abb. 3.3. Wahrscheinlichkeits- und Verteilungsfunktion beim dreimaligen Münzwurf

3.4 Stetige Zufallsvariablen und ihre Verteilungsfunktion

Im Gegensatz zu den diskreten Zufallsvariablen, die nur endlich oder abzählbar viele Werte annehmen können, betrachten wir nun Zufallsvariablen mit überabzählbar vielen Werten.

Definition 3.4.1. *Wir nennen eine Zufallsvariable X **stetig**, wenn eine nichtnegative Funktion $f(x)$ existiert, die für jedes reelle x die Beziehung*

$$F(x) = \int_{-\infty}^{x} f(t)dt$$

*erfüllt, wobei $F(x)$ die Verteilungsfunktion der Zufallsvariablen X ist. $f(x)$ heißt die **Dichtefunktion** (kurz: Dichte) von X.*

Theorem 3.4.1. *Eine reelle integrierbare Funktion $f(x)$ ist Dichtefunktion einer stetigen Zufallsvariablen X genau dann, wenn*

(1) $f(x) \geq 0$ (Nichtnegativität)
(2) $\int_{-\infty}^{\infty} f(x)dx = \lim_{x \to \infty} F(x) = 1$ (Normiertheit)

erfüllt ist.

Bei einer stetigen Verteilungsfunktion tritt die Integration über die Dichtefunktion $f(t)$, deren Werte keine Wahrscheinlichkeiten darstellen, an die Stelle der Summation im Fall einer diskreten Zufallsvariablen. Die Beziehung zwischen Verteilungsfunktion und Dichte in Definition 3.4.1 läßt sich bei der Berechnung der Dichte bei gegebener Verteilungsfunktion ausnützen: durch Ableiten der Verteilungsfunktion erhalten wir die Dichte $f(x) = F'(x) = \frac{d}{dx}F(x)$.

Theorem 3.4.2. *Die Wahrscheinlichkeit dafür, daß eine stetige Zufallsvariable einen beliebigen Wert x_0 annimmt, ist gleich Null:*

$$P(X = x_0) = 0. \tag{3.11}$$

3.4 Stetige Zufallsvariablen und ihre Verteilungsfunktion

Beweis: Wir betrachten ein Intervall $(x_0 - \delta, x_0]$ mit $\delta \geq 0$. Nach (3.7) gilt dann $P(x_0 - \delta < X \leq x_0) = F(x_0) - F(x_0 - \delta)$ und damit

$$P(X = x_0) = \lim_{\delta \to 0} P(x_0 - \delta < X \leq x_0)$$
$$= \lim_{\delta \to 0} [F(x_0) - F(x_0 - \delta)]$$
$$= F(x_0) - F(x_0) = 0.$$

Daraus erklärt sich die Tatsache, daß man in der praktischen Anwendung von stetigen Zufallsvariablen nur an Ereignissen der Gestalt „X nimmt Werte zwischen a und b an" und nicht an sogenannten Punktereignissen $X = x_i$ interessiert ist.

Beispiele.

- Bei der stetigen Zufallsvariablen X: „Wartezeit eines Reisenden" wäre das Ereignis „der Reisende wartet genau 17 Minuten und 35 Sekunden bis zum nächsten Zug" ohne Interesse. Vielmehr fragt man danach, wie groß die Wahrscheinlichkeit dafür ist, daß die Wartezeit z.B. zwischen 15 und 30 Minuten liegt.
- Auf handelsüblichen abgepackten Waren wird das Normgewicht angegeben. Der Käufer (und der Gesetzgeber) erwartet natürlich nicht, daß das angegebene Gewicht bis auf Milligramm genau eingehalten wird. Vielmehr geht man davon aus, daß gewisse Abweichungen (nach oben oder unten) vom Normgewicht innerhalb gewisser Grenzen mit vorgegebener Wahrscheinlichkeit möglich sind. Dieses Problem werden wir in Kapitel 6 ausführlich behandeln.

Die Wahrscheinlichkeit dafür, daß eine stetige Zufallsvariable X z.B. in einem Intervall $[x_1, x_2]$ liegt, läßt sich nach (3.6) bestimmen:

$$P(x_1 \leq X \leq x_2) = F(x_2) - F(x_1). \qquad (3.12)$$

Da nach (3.11) die Wahrscheinlichkeiten für die Endpunkte des Intervalls Null sind, ist es unerheblich, ob sie zu dem Intervall gehören: $[x_1, x_2]$ oder nicht: $[x_1, x_2)$, (x_1, x_2) oder $(x_1, x_2]$.

Gemäß Abbildung 3.4 können wir die Wahrscheinlichkeit dafür, daß die Zufallsvariable Werte im Intervall $[x_1, x_2]$ annimmt, als Fläche (Kurvenintegral) zwischen der Dichtefunktion $f(x)$ und der x-Achse in den Grenzen x_1 und x_2 interpretieren. Gemäß (3.2) ist der Flächeninhalt zwischen der Dichtefunktion und der gesamten Abszissenachse gleich Eins, d.h., es gilt $\lim_{x \to \infty} F(x) = 1$.

Beispiel 3.4.1. Gegeben sei folgende Funktion

$$f(x) = \begin{cases} 0 & x < 0 \\ ax & 0 \leq x \leq 1 \\ a(2-x) & 1 < x \leq 2 \\ 0 & x > 2. \end{cases}$$

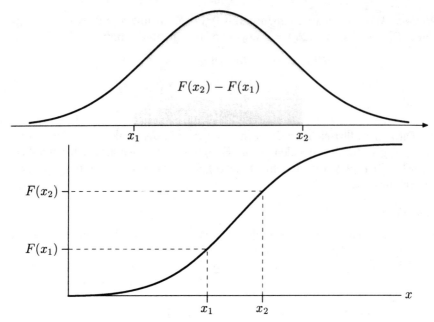

Abb. 3.4. Grafische Darstellungen der Wahrscheinlichkeit $P(x_1 \leq X \leq x_2)$

Wir suchen den Wert der Konstanten a, für den die Funktion $f(x)$ die Dichtefunktion der Zufallsvariablen X ist. Mit Hilfe der Normiertheitsbedingung aus Satz 3.4.1 bestimmen wir die Konstante a:

$$\begin{aligned} 1 &= \int_{-\infty}^{+\infty} f(x)dx \\ &= \int_0^1 ax\,dx + a\int_1^2 (2-x)dx \\ &= \left[a\frac{x^2}{2}\right]_0^1 + a\left[2x - \frac{x^2}{2}\right]_1^2 \\ &= a\frac{1}{2} + a(4 - 2 - (2 - \frac{1}{2})) \\ &= a\,. \end{aligned}$$

Wir erhalten $F(x) = a = 1$. Damit sind die Werte $ax = x$ im Bereich $0 \leq x \leq 1$ und $a(2-x) = (2-x)$ im Bereich $1 < x \leq 2$ stets größer oder gleich Null. $f(x)$ ist also mit $a = 1$ eine Dichtefunktion.

Beispiel 3.4.2. Eine S-Bahnlinie fährt im 20-Minuten-Takt. Wir wählen als Zufallsvariable X „Wartezeit in Minuten bis zur nächsten S-Bahn". Der Wertebereich (Zustandsraum) von X ist also $S = [0, 20]$. Gehen wir davon aus, das die Wartezeit auf dem Intervall $[0, 20]$ gleichverteilt ist. Dann ergibt sich folgende Funktion

3.4 Stetige Zufallsvariablen und ihre Verteilungsfunktion 45

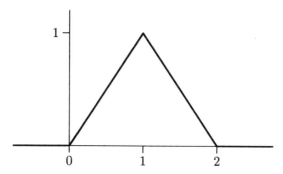

Abb. 3.5. $f(x)$ aus Beispiel 3.4.1 mit $a = 1$

$$f(x) = \begin{cases} k & \text{für } 0 \leq x < 20 \\ 0 & \text{sonst} \end{cases}$$

Wir bestimmen $k = \frac{1}{20}$ mit Hilfe der Normiertheitsbedingung

$$1 = \int_0^{20} f(x)dx = [kx]_0^{20} = 20k.$$

Da $\frac{1}{20}$ stets größer 0 ist, ist die Bedingung der Nichtnegativität erfüllt. Die Dichte lautet damit

$$f(x) = \begin{cases} \frac{1}{20} & 0 < x \leq 20 \\ 0 & \text{sonst.} \end{cases}$$

Die Verteilungsfunktion (vgl. Abbildung 3.6) erhalten wir gemäß

$$F(x) = \int_0^x f(t)dt = \int_0^x \frac{1}{20}dt = \frac{1}{20}[t]_0^x = \frac{1}{20}x.$$

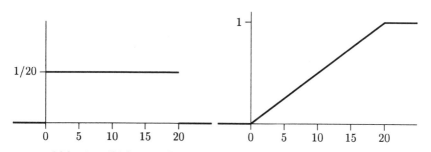

Abb. 3.6. Dichte- und Verteilungsfunktion von X „Wartezeit"

Beispiel 3.4.3. Sei folgende Funktion gegeben

$$f(x) = \begin{cases} ax & \text{für } 0 \leq x \leq 1 \\ 0 & \text{sonst.} \end{cases}$$

Wir bestimmen die Konstante a so, daß $f(x)$ eine Dichte ist. Um die Forderung der Nichtnegativität zu erfüllen, muß $a \geq 0$ gelten. Über die Forderung der Normiertheit ermitteln wir den Wert von a

$$1 = \int_0^1 ax\,dx = \left[a\frac{x^2}{2}\right]_0^1 = a \cdot \frac{1}{2} = 1,$$

also ist $a = 2$. Die Verteilungsfunktion erhalten wir durch Integration:

$$F(x) = P(X \leq x) = \int_{-\infty}^x f(t)dt$$
$$= \begin{cases} 0 & x < 0 \\ x^2 & \text{für } 0 \leq x < 1 \\ 1 & x \geq 1, \end{cases}$$

da $\int_0^x 2t\,dt = [t^2]_0^x = x^2$ ist. In Abbildung 3.7 sind die Dichte und die Verteilungsfunktion dargestellt.

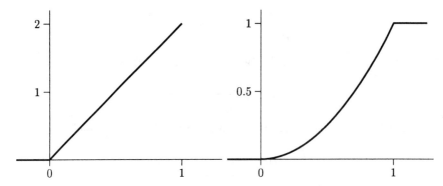

Abb. 3.7. Dichte- und Verteilungsfunktion zu Beispiel 3.4.3

Analog zum diskreten Fall können mit Hilfe der Rechenregeln für Verteilungsfunktionen die Wahrscheinlichkeiten für Intervalle angegeben werden. So gilt z. B. für die Wahrscheinlichkeit, daß X Werte größer als 0.5 annimmt,

$$P(X > 0.5) = 1 - P(X \leq 0.5)$$
$$= 1 - F(0.5)$$
$$= 1 - (0.5)^2 = 1 - 0.25 = 0.75\,.$$

In Satz 3.4.2 wurde gezeigt, daß jede Punktwahrscheinlichkeit einer stetigen Zufallsvariablen den Wert Null hat. Damit gilt für die Wahrscheinlichkeit, daß X Werte zwischen 0.1 und 0.6 annimmt nach (3.6) bis (3.9)

$$P(0.1 < X < 0.6) = P(0.1 \leq X < 0.6)$$
$$= P(0.1 < X \leq 0.6) = P(0.1 \leq X \leq 0.6)$$
$$= F(0.6) - F(0.1) = (0.6)^2 - (0.1)^2 = 0.35\,.$$

Umgekehrt kann man natürlich auch die Wahrscheinlichkeit für ein Intervall vorgeben und die Intervallgrenzen bestimmen. Sei z.B. c so gesucht, daß X mit einer Wahrscheinlichkeit von 0.5 Werte annimmt, die größer als c sind:

$$P(X > c) = 0.5,$$
$$1 - P(X \leq c) = 1 - F(c) = 0.5,$$
$$F(c) = 0.5.$$

Mit $F(x) = x^2$ ergibt sich aus $F(c) = c^2 = 0.5$ schließlich $c = \sqrt{0.5} = 0.707$. Dies wird uns später in den Kapiteln 6 und 7 wieder begegnen.

Unabhängigkeit zweier Zufallsvariablen

Analog zur Definition der Unabhängigkeit von zufälligen Ereignissen (vgl. (2.16)) geben wir folgende Definitionen für die Unabhängigkeit von Zufallsvariablen.

Definition 3.4.2. *Zwei Zufallsvariablen X und Y sind genau dann* **unabhängig***, wenn für alle (zugelassenen) Bereiche A und B gilt*

$$P(X \in A, Y \in B) = P(X \in A)P(Y \in B).$$

Für diskrete Zufallsvariablen bestehen die zulässigen Bereiche aus den Werten x_i bzw. y_i der Zustandsräume von X bzw. Y, für stetige Zufallsvariablen bestehen die zulässigen Bereiche aus Intervallen.

Im Falle diskreter Zufallsvariablen können wir Definition 3.4.2 auch schreiben als: Zwei diskrete Zufallsvariablen X und Y sind genau dann unabhängig, wenn für alle Paare (i, j)

$$P(X = x_i, Y = y_j) = P(X = x_i)P(Y = y_j) \tag{3.13}$$

gilt.

3.5 Erwartungswert und Varianz einer Zufallsvariablen

Im vorangegangenen Abschnitt haben wir eine vollständige Beschreibung einer Zufallsvariablen durch ihre Verteilungsfunktion $F(x)$ oder durch ihre Dichtefunktion $f(x)$ bzw. Wahrscheinlichkeitsfunktion $P(X = x_i), i = 1, \ldots, n$ im stetigen bzw. diskreten Fall kennengelernt. Weitere Informationen über eine Verteilung liefern sogenannte Maßzahlen oder Parameter einer Verteilung. Die beiden wichtigsten sind der Erwartungswert und die Varianz einer Zufallsvariablen.

3.5.1 Erwartungswert

Der Erwartungswert E(X) ist ein Lageparameter. Er charakterisiert den Schwerpunkt einer Verteilung.

Definition 3.5.1. *Ist X eine diskrete Zufallsvariable mit den Werten x_1, ..., x_n und den zugehörigen Wahrscheinlichkeiten p_i, so wird der **Erwartungswert** von X definiert als*

$$\mathrm{E}(X) = \sum_{i=1}^{n} x_i p_i = x_1 P(X = x_1) + x_2 P(X = x_2) + \ldots + x_n P(X = x_n). \tag{3.14}$$

Für eine stetige Zufallsvariable X mit der Dichtefunktion $f(x)$ wird der Erwartungswert von X definiert als

$$\mathrm{E}(X) = \int_{-\infty}^{+\infty} x f(x) dx. \tag{3.15}$$

Anmerkung. Der Erwartungswert einer Zufallsvariablen wird häufig mit $\mu = \mathrm{E}(X)$ abgekürzt. Er ist ein quantitativer Parameter der Verteilung von X. Umgangssprachlich heißt der Erwartungswert auch Mittelwert. Dieser Ausdruck darf jedoch nicht mit dem arithmetischen Mittel $\bar{x}$ verwechselt werden.

Beispiel 3.5.1. Wir wollen nun den Erwartungswert der stetigen Zufallsvariablen aus Beispiel 3.4.1 bestimmen. Gemäß (3.15) müssen wir hierzu das Integral über $xf(x)$ berechnen. Da die Dichte nur im Bereich $[0; 2]$ Werte größer als Null annimmt, reicht es aus, das Integral in diesem Bereich zu berechnen:

$$\begin{aligned}
\mathrm{E}(X) &= \int_0^2 x f(x) dx = \int_0^1 x \cdot x \, dx + \int_1^2 x \cdot (2 - x) dx \\
&= \left[\frac{1}{3} x^3\right]_0^1 + \left[x^2 - \frac{1}{3} x^3\right]_1^2 \\
&= \frac{1}{3} - 0 + (4 - \frac{1}{3} 8) - (1 - \frac{1}{3}) = 1
\end{aligned}$$

3.5.2 Rechenregeln für den Erwartungswert

Sind a und b beliebige Konstanten, und ist X eine beliebige Zufallsvariable, so gilt:

$$E(a) = a \tag{3.16}$$
$$E(bX) = b \, \mathrm{E}(X). \tag{3.17}$$

Additivität des Erwartungswerts

Sind X und Y zwei beliebige (nicht notwendig voneinander unabhängige) Zufallsvariablen, so gilt stets

$$E(X + Y) = E(X) + E(Y).\qquad(3.18)$$

Die Beziehung (3.18) gilt analog für mehr als zwei Zufallsgrößen. Durch Kombination der Regeln (3.16) – (3.18) erhält man

$$E(aX + bY + c) = a\,E(X) + b\,E(Y) + c.\qquad(3.19)$$

Beispiel 3.5.2 (Würfelwurf). Sei X die Zufallsvariable „Augenzahl beim einmaligen Würfelwurf" mit den Ausprägungen $1,\ldots,6$ und der in Beispiel 3.3.1 angegebenen Verteilungsfunktion. Damit erhält man für den Erwartungswert nach (3.14):

$$\begin{aligned}E(X) &= \sum_{i=1}^{6} x_i p_i \\ &= 1\cdot P(X=1) + 2\cdot P(X=2) + 3\cdot P(X=3) + 4\cdot P(X=4) \\ &\quad + 5\cdot P(X=5) + 6\cdot P(X=6) \\ &= (1+2+3+4+5+6)\frac{1}{6} \\ &= 21/6 = 3.5\,.\end{aligned}$$

Ein neuer Würfel habe statt der Augenzahlen 1 bis 6 die Augenzahlen 10, 20, 30, 40, 50 und 60. Die entsprechende Zufallsvariable $Y = 10X$ hat dann die Ausprägungen $10,\ldots,60$ und für ihren Erwartungswert gilt:

$$\begin{aligned}E(Y) &= \sum_{i=1}^{6} y_i p_i \\ &= 10\cdot P(Y=10) + 20\cdot P(Y=20) + 30\cdot P(Y=30) + 40\cdot P(Y=40) \\ &\quad + 50\cdot P(Y=50) + 60\cdot P(Y=60) \\ &= (10+20+30+40+50+60)\frac{1}{6} \\ &= 10\cdot 21/6 = 10\,E(X)\,.\end{aligned}$$

Wirft man zwei Würfel, so erhält man die beiden Zufallsvariablen X_1 „Augenzahl beim ersten Wurf" und X_2 „Augenzahl beim zweiten Wurf". Damit erhält man als Erwartungswert für die Zufallsvariable $X = X_1 + X_2$ „Augensumme beim zweifachen Würfelwurf" nach (3.18)

$$\begin{aligned}E(X) &= E(X_1 + X_2) = E(X_1) + E(X_2) \\ &= 3.5 + 3.5 = 7\,.\end{aligned}$$

3.5.3 Varianz

Wir benötigen zur Charakterisierung einer Verteilung neben dem Erwartungswert noch eine Maßzahl, die etwas über die Konzentration der Verteilung aussagt. Eine solche Maßzahl ist die Varianz. Sie mißt die Konzentration der Verteilung um den Erwartungswert.

Definition 3.5.2. *Die **Varianz** einer Zufallsvariablen X ist definiert als*

$$\mathrm{Var}(X) = \mathrm{E}[X - \mathrm{E}(X)]^2 \,. \tag{3.20}$$

Anmerkung. Die Varianz heißt auch mittlere quadratische Abweichung der Variablen X von $\mathrm{E}(X)$ oder Dispersion oder zentrales Moment 2. Ordnung. Sie wird häufig mit σ^2 abgekürzt.

Bei einer diskreten Zufallsvariablen erhalten wir unter Verwendung von (3.14)

$$\mathrm{Var}(X) = \sum_{i=1}^{n}(x_i - \mathrm{E}(X))^2 p_i \,, \tag{3.21}$$

für eine stetige Zufallsvariable gilt unter Verwendung von (3.15)

$$\mathrm{Var}(X) = \int_{-\infty}^{+\infty}(x - \mathrm{E}(X))^2 f(x)dx \,. \tag{3.22}$$

Definition 3.5.3. *Die (positive) Wurzel der Varianz heißt **Standardabweichung**.*

Beispiel 3.5.3. Wir wollen nun auch die Varianz der stetigen Zufallsvariablen aus Beispiel 3.4.1 bestimmen. Gemäß (3.22) müssen wir hierzu das Integral über $(x - \mathrm{E}(X))f(x)$ berechnen. Analog zur Berechnung des Erwartungswertes müssen wir das Integral nur im Bereich $[0; 2]$ berechnen:

$$\begin{aligned}
\mathrm{Var}(X) &= \int_0^2 (x-1)^2 f(x)dx = \int_0^1 (x-1)^2 x\,dx + \int_1^2 (x-1)^2(2-x)dx \\
&= \left[\frac{1}{4}x^4 - \frac{2}{3}x^3 + \frac{1}{2}x^2\right]_0^1 + \left[-\frac{1}{4}x^4 + \frac{4}{3}x^3 - \frac{5}{2}x^2 + 2x\right]_1^2 \\
&= (\frac{1}{4} - \frac{2}{3} + \frac{1}{2}) - 0 + (-\frac{1}{4}16 + \frac{4}{3}8 - \frac{5}{2}4 + 4) - (-\frac{1}{4} + \frac{4}{3} - \frac{5}{2} + 2) \\
&= 1/6
\end{aligned}$$

3.5.4 Rechenregeln für die Varianz

Sind a und b beliebige Konstanten, so gilt

$$\mathrm{Var}(aX) = a^2 \, \mathrm{Var}(X) \,, \tag{3.23}$$
$$\mathrm{Var}(b) = 0 \,, \tag{3.24}$$
$$\mathrm{Var}(aX + b) = a^2 \, \mathrm{Var}(X) \,. \tag{3.25}$$

3.5 Erwartungswert und Varianz einer Zufallsvariablen

Theorem 3.5.1 (Verschiebungssatz der Varianz). *Es gilt*
$$\operatorname{Var}(X) = E(X^2) - [E(X)]^2. \tag{3.26}$$

Beweis: Sei $E(X) = \mu$ gesetzt, so gilt nach Definition (3.20) unter Verwendung der binomischen Formel und der Additivität des Erwartungswertes

$$\begin{aligned}
\operatorname{Var}(X) &= E(X - \mu)^2 \\
&= E(X^2 - 2\mu X + \mu^2) \\
&= E(X^2) - 2\mu E(X) + E(\mu^2) \\
&= E(X^2) - 2\mu^2 + \mu^2 \\
&= E(X^2) - [E(X)]^2.
\end{aligned}$$

Theorem 3.5.2 (Additivität der Varianz bei Unabhängigkeit). *Sind X und Y unabhängige Zufallsvariablen, so gilt*
$$\operatorname{Var}(X + Y) = \operatorname{Var}(X) + \operatorname{Var}(Y). \tag{3.27}$$

Anmerkung. Satz 3.5.2 gilt analog auch für mehr als zwei unabhängige Zufallsvariablen. Den Beweis geben wir mit dem allgemeineren Satz 3.7.1.

Beispiel 3.5.4 (Würfelwurf). Sei X die Zufallsvariable „Augenzahl beim einmaligen Würfelwurf" mit den Ausprägungen $1, \ldots, 6$. Die Varianz von X erhält man gemäß (3.21):

$$\begin{aligned}
\operatorname{Var}(X) &= \sum_{i=1}^{6}(x_i - 3.5)^2 p_i \\
&= [(1 - 3.5)^2 + (2 - 3.5)^2 + (3 - 3.5)^2 + (4 - 3.5)^2 + (5 - 3.5)^2 \\
&\quad + (6 - 3.5)^2]\frac{1}{6} \\
&= 17.5/6 = 2.92.
\end{aligned}$$

Wählt man den alternativen Ansatz (3.26), so berechnet man zunächst

$$\begin{aligned}
E(X^2) &= \sum_{i=1}^{6} x_i^2 p_i = \\
&= 1^2 P(X = 1) + 2^2 P(X = 2) + 3^2 P(X = 3) + 4^2 P(X = 4) \\
&\quad + 5^2 P(X = 5) + 6^2 P(X = 6) \\
&= (1 + 4 + 9 + 16 + 25 + 36)\frac{1}{6} \\
&= 91/6.
\end{aligned}$$

Damit erhält man dann für die Varianz

$$\text{Var}(X) = E(X^2) - [E(X)]^2$$
$$= 91/6 - (21/6)^2$$
$$= 105/36 = 2.92.$$

Für die Varianz der Zufallsvariable „Augensumme beim zweifachen Würfelwurf" gilt mit (3.27)

$$\text{Var}(X) = \text{Var}(X_1) + \text{Var}(X_2)$$
$$= 35/12 + 35/12$$
$$= 70/12 = 5.83.$$

3.5.5 Standardisierte Zufallsvariablen

Für statistische Vergleiche von zwei Zufallsvariablen X_1 und X_2 oder für die Ableitung von Teststatistiken (Kapitel 7) oder Grenzwertsätzen (Kapitel 5) ist es zweckmäßig, eine lineare Transformation der Variablen so durchzuführen, daß die transformierte Variable den Erwartungswert 0 und die Varianz 1 besitzt. Eine solche Transformation heißt Standardisierung.

Definition 3.5.4. *Eine Zufallsvariable Y heißt **standardisiert**, falls* $E(Y) = 0$ *und* $\text{Var}(Y) = 1$ *gilt.*

Unter Verwendung der obigen Regeln können wir eine beliebige Zufallvariable X mit $E(X) = \mu$ und $\text{Var}(X) = \sigma^2$ wie folgt standardisieren:

$$Y = \frac{X - \mu}{\sigma} = \frac{X - E(X)}{\sqrt{\text{Var}(X)}}. \tag{3.28}$$

3.5.6 Erwartungswert und Varianz des arithmetischen Mittels

Definition 3.5.5. *Wir bezeichnen Zufallsvariablen* $X_1, \ldots, X_n$ *als i.i.d. (independently identically distributed), falls alle* X_i *dieselbe Verteilung besitzen und voneinander unabhängig sind.*

Seien $X_1, \ldots, X_n$ i.i.d. Zufallsvariablen, mit $E(X_i) = \mu$ und $\text{Var}(X_i) = \sigma^2$ für $i = 1, \ldots, n$. Wir bilden daraus die Zufallsvariable

$$\bar{X} = \frac{1}{n} \sum_{i=1}^{n} X_i.$$

Dann berechnen wir mit (3.18) für die Zufallsvariable „arithmetisches Mittel"

$$E(\bar{X}) = \frac{1}{n} \sum_{i=1}^{n} E(X_i) = \mu. \tag{3.29}$$

3.5 Erwartungswert und Varianz einer Zufallsvariablen

Mit (3.25) und wegen der Unabhängigkeit der X_i gilt nach (3.27)

$$\text{Var}(\bar{X}) = \frac{1}{n^2} \sum_{i=1}^{n} \text{Var}(X_i) = \frac{\sigma^2}{n}. \tag{3.30}$$

Beispiel 3.5.5 (Münzwurf). Eine symmetrische Münze, d.h., es gilt stets $P(\text{„Wappen"}) = P(\text{„Zahl"})$, wird n mal unabhängig hintereinander geworfen. Das Ergebnis in jedem Wurf kann dabei durch die Zufallsvariable

$$X_i = \begin{cases} 0 \\ 1 \end{cases} \text{für} \begin{array}{l} \text{„Wappen"} \\ \text{„Zahl"} \end{array}, \quad i = 1, \ldots, n$$

ausgedrückt werden. Es gilt für jedes X_i

$$E(X_i) = 0 \cdot \frac{1}{2} + 1 \cdot \frac{1}{2} = \frac{1}{2}$$

$$\text{Var}(X_i) = (0 - \frac{1}{2})^2 \cdot \frac{1}{2} + (1 - \frac{1}{2})^2 \cdot \frac{1}{2}$$

$$= \frac{1}{4} \cdot \frac{1}{2} + \frac{1}{4} \cdot \frac{1}{2} = \frac{1}{4}.$$

Damit erhält man für die Zufallsvariable $\bar{X} = \frac{1}{n} \sum_{i=1}^{n} X_i$: relative Häufigkeit von „Zahl"

$$E(\bar{X}) = \frac{1}{n} \sum_{i=1}^{n} 1/2 = 1/2$$

und

$$\text{Var}(\bar{X}) = \frac{1}{n^2} \sum_{i=1}^{n} \frac{1}{4} = \frac{1}{4n}.$$

3.5.7 Ungleichung von Tschebyschev

Für eine beliebige Zufallsvariable X kann man ohne Kenntnis der Verteilung die Wahrscheinlichkeit abschätzen, mit der X außerhalb eines bestimmten, um den Erwartungswert μ symmetrischen Intervalls liegt.

Theorem 3.5.3 (Ungleichung von Tschebyschev). *Sei X eine beliebige Zufallsvariable mit $E(X) = \mu$ und $\text{Var}(X) = \sigma^2$. Dann gilt*

$$P(|X - \mu| \geq c) \leq \frac{\text{Var}(X)}{c^2}. \tag{3.31}$$

Beweis: Wir definieren zunächst folgende diskrete Zufallsvariable Y:

$$Y = \begin{cases} 0 & \text{falls } |X - \mu| < c \\ c^2 & \text{falls } |X - \mu| \geq c \end{cases}. \tag{3.32}$$

Die zugehörigen Wahrscheinlichkeiten seien

$$P(|X - \mu| < c) = p_1,$$
$$P(|X - \mu| \geq c) = p_2.$$

Gemäß der definition der Zufallsvariablen Y gilt stets

$$Y \leq |X - \mu|^2, \qquad (3.33)$$

da im Fall $|X - \mu|^2 < c^2$ die Zufallsvariable Y den Wert $y_1 = 0$ annimmt und somit $Y \leq |X - \mu|^2$ ist. Im Fall $|X - \mu|^2 \geq c^2$ nimmt Y den Wert $y_2 = c^2$ an, und somit gilt ebenfalls $Y \leq |X - \mu|^2$. Aus (3.33) folgt also sofort

$$E(Y) \leq E(X - \mu)^2 = \text{Var}(X). \qquad (3.34)$$

Andererseits gilt für die diskrete Variable Y

$$E(Y) = 0 \cdot p_1 + c^2 \cdot p_2 = c^2 P(|X - \mu| \geq c), \qquad (3.35)$$

so daß wir insgesamt

$$c^2 P(|X - \mu| \geq c) \leq \text{Var}(X) \qquad (3.36)$$

erhalten, woraus die Ungleichung von Tschebyschev folgt. Unter Verwendung der Regel $P(\bar{A}) = 1 - P(A)$, d. h. mit

$$P(|X - \mu| \geq c) = 1 - P(|X - \mu| < c),$$

erhalten wir die **alternative Darstellung der Tschebyschev-Ungleichung**

$$P(|X - \mu| < c) \geq 1 - \frac{\text{Var}(X)}{c^2}. \qquad (3.37)$$

Anmerkung. Da die Tschebyschev-Ungleichung für jede Zufallsvariable gilt, ist sie recht konservativ. Ist die Verteilung von X bekannt, so lassen sich wesentlich bessere Abschätzungen gewinnen (vgl. Abschnitt 4.3.3).

Beispiel 3.5.6. Sei X eine stetige Zufallsvariable mit $E(X) = 5$ und $\text{Var}(X) = 2$. Mit Hilfe der Tschebyschev-Ungleichung (3.37) kann man dann die Wahrscheinlichkeit dafür, daß X zwischen $5 - 2 = 3$ und $5 + 2 = 7$ liegt, abschätzen und erhält

$$P(3 < X < 7) = P(|X - 5| < 2) \geq 1 - \frac{2}{4} = \frac{1}{2}.$$

Angenommen, wir haben n unabhängige Zufallsvariablen $X_1, \ldots, X_n$ mit $E(X) = 5$ und $\text{Var}(X) = 2$ und bilden die Zufallsvariable $\bar{X} = 1/n \sum_{i=1}^{n} X_i$. Wie groß ist dann die Wahrscheinlichkeit, daß die Zufallsvariable $\bar{X}$ in dem oben angegebenen Intervall liegt?

Mit (3.29) gilt $E(X) = 5$ und mit (3.30) gilt $\text{Var}(\bar{X}) = \frac{2}{n}$ und damit

$$P(3 < \bar{X} < 7) = P(|\bar{X} - 5| < 2) \geq 1 - \frac{\text{Var}(\bar{X})}{4} = 1 - \frac{1}{2n}.$$

Wir erhalten für $n = 10$

$$P(3 < \bar{X} < 7) \geq 1 - \frac{1}{20} = 0.95$$

und für $n = 100$

$$P(3 < \bar{X} < 7) \geq 1 - \frac{1}{200} = 0.995.$$

3.5.8 $k\sigma$-Bereiche

Wir wollen nun die Tschebyschev-Ungleichung für interessante Spezialfälle der Konstanten c darstellen. Sei wieder $\text{Var}(X) = \sigma^2$ gesetzt. Wählt man $c = k\sigma$, so hat (3.31) die Gestalt

$$P(|X - \mu| \geq k\sigma) \leq \frac{1}{k^2},$$

bzw. (3.37) hat die Gestalt

$$P(|X - \mu| < k\sigma) \geq 1 - \frac{1}{k^2}. \tag{3.38}$$

Wir erhalten mit (3.38) für $k = 1, 2$ bzw. 3:
1σ-Regel:

$$P(\mu - \sigma < X < \mu + \sigma) \geq 1 - 1 = 0.$$

Diese Aussage ist trivial, da die Wahrscheinlichkeit jedes zufälligen Ereignisses ≥ 0 ist.
2σ-Regel:

$$P(\mu - 2\sigma < X < \mu + 2\sigma) \geq 1 - \frac{1}{4} = \frac{3}{4}.$$

Die Wahrscheinlichkeit, daß eine beliebige Zufallsvariable X im 2σ-Bereich liegt, beträgt mindestens 0.75.
3σ-Regel:

$$P(\mu - 3\sigma < X < \mu + 3\sigma) \geq 1 - \frac{1}{9} = \frac{8}{9}.$$

Die Wahrscheinlichkeit, daß eine beliebige Zufallsvariable X im 3σ-Bereich liegt, beträgt mindestens 0.88.

3.6 Die Quantile, der Median und der Modalwert einer Verteilung

Neben dem Erwartungswert gibt es weitere Lokalisationsparameter wie den Median, den Modalwert oder die Quantile.

Definition 3.6.1. *Ein **p-Quantil** x_p ist der Wert der Verteilungsfunktion, für den gilt*
$$F(x_p) = p \quad (0 < p < 1). \tag{3.39}$$

Falls eine eindeutige Lösung x_p existiert, dann ist x_p also derjenige Wert einer Verteilung, der die Wahrscheinlichkeitsmasse so teilt, daß links von x_p genau die Wahrscheinlichkeitsmasse p und rechts von x_p genau die Wahrscheinlichkeitsmasse $1-p$ liegt. Wichtige Spezialfälle ergeben sich für $p = 1/4$ (unteres Quartil), $p = 1/2$ (Median oder Zentralwert), $p = 3/4$ (oberes Quartil), vgl. Abbildung 3.8.

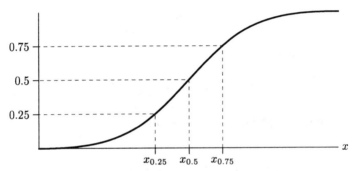

Abb. 3.8. Unteres Quartil, Median, oberes Quartil

Ist die Zufallsvariable X stetig, so besitzt (3.39) mindestens eine Lösung. Falls die Verteilungsfunktion $F(x)$ zusätzlich streng monoton ist (d.h. aus $x_1 < x_2$ folgt $F(x_1) < F(x_2)$), so ist das p-Quantil x_p durch $F(x_p) = p$ eindeutig bestimmt. Ist diese Voraussetzung verletzt – wie z.B. im Fall von diskreten Verteilungen – so wird als p-Quantil x_p derjenige Wert genommen, für den gilt

$$F(x_p) \geq p,$$
$$F(x) < p \quad \text{für} \quad x < x_p.$$

In der induktiven Statistik spielen insbesondere das 0.1-Quantil, das 0.05-Quantil und das 0.01-Quantil im Bereich der statistischen Tests eine wichtige Rolle. Dort stellen die Werte 0.1, 0.05 und 0.01 Obergrenzen für Irrtumswahrscheinlichkeiten dar, die die Grundlage für Testentscheidungen bilden.

Definition 3.6.2. *Der **Modalwert** D einer Verteilung ist derjenige Wert, bei dem die Dichte bzw. Wahrscheinlichkeitsfunktion ihr Maximum hat.*

Liegt nur ein Maximum vor, so heißt die Verteilung unimodal. In diesem Fall ist der Modalwert ein sinnvoller Lageparameter der Verteilung. Die Berechnung des Medians und des Modalwerts wurde im Buch „Deskriptive Statistik" (Toutenburg et al., 1998) an Beispielen demonstriert. Abbildung 3.9 stellt diese Werte schematisch dar.

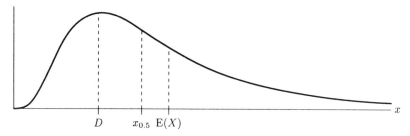

Abb. 3.9. Modalwert D, Median $x_{0.5}$ und $E(X)$

3.7 Zweidimensionale Zufallsvariablen

Wir erweitern unsere bisherigen Betrachtungen dahingehend, daß wir nicht nur eine Zufallsvariable, sondern zwei Zufallsvariablen X und Y gleichzeitig untersuchen. Die Verteilung des Vektors (X,Y) heißt zweidimensional.

Beispiele.

- Gewicht und Körpergröße eines Schulkindes,
- Geschwindigkeit und Bremsweg eines Autos,
- Werbung und Umsatzsteigerung einer Filiale,
- Dauer der Betriebszugehörigkeit und Höhe der Gratifikation eines Mitarbeiters.

Die Zufallsvariablen X und Y können jeweils in allen Skalenarten vorliegen. Wir beschränken uns hier auf die Fälle X und Y diskret oder X und Y stetig.

3.7.1 Zweidimensionale diskrete Zufallsvariablen

Wir setzen voraus, daß X die möglichen Ausprägungen $x_1, \ldots, x_I$ und analog Y die Ausprägungen $y_1, \ldots, y_J$ habe. Die gemeinsame Wahrscheinlichkeitsfunktion sei

$$P(X = x_i, Y = y_j) = p_{ij} \quad (i = 1, \ldots, I, \, j = 1, \ldots, J)$$

mit $\sum_{i=1}^{I} \sum_{j=1}^{J} p_{ij} = 1$. Die sogenannten **Randverteilungen** von X und Y erhält man durch Summation über alle Ausprägungen der jeweils anderen Variablen.

Randverteilung von X

Mit der Notation p_{i+} für $\sum_{j=1}^{J} p_{ij}$ erhalten wir

$$P(X = x_i) = \sum_{j=1}^{J} p_{ij} = p_{i+} \quad i = 1, \ldots, I.$$

Es gilt $\sum_{i=1}^{I} p_{i+} = 1$.

Randverteilung von Y

Analog erhalten wir

$$P(Y = y_i) = \sum_{i=1}^{I} p_{ij} = p_{+j} \quad j = 1, \ldots, J.$$

Hier gilt $\sum_{j=1}^{J} p_{+j} = 1$.

Die gemeinsame Verteilung legt also die (Rand-) Verteilungen der beiden Variablen X und Y fest. Die Umkehrung gilt im allgemeinen nicht, wie wir in Beispiel 3.7.1 demonstrieren werden. Analog zur bedingten Wahrscheinlichkeit lassen sich auch bedingte Verteilungen definieren.

Bedingte Verteilung von X gegeben Y = y$_j$

Mit der Definition der gemeinsamen Verteilung und der Randverteilung ergibt sich für die bedingte Verteilung von X gegeben $Y = y_j$

$$P(X = x_i | Y = y_j) = p_{i|j} = \frac{p_{ij}}{p_{+j}} \quad i = 1, \ldots, I.$$

Bedingte Verteilung von Y gegeben X = x$_i$

Analog zur bedingten Verteilung von X gegeben $Y = y_j$ erhalten wir

$$P(Y = y_j | X = x_i) = p_{j|i} = \frac{p_{ij}}{p_{i+}} \quad j = 1, \ldots, J.$$

Die bedingten Verteilungen spielen insbesondere bei der Definition der Unabhängigkeit eine wichtige Rolle, wie wir in Kapitel 11 noch sehen werden. Die gemeinsame Verteilung und die Randverteilungen lassen sich in einer sogenannten Kontingenztafel für Wahrscheinlichkeiten zusammenfassen. Die gemeinsame Verteilung steht als Matrix mit Elementen p_{ij} im Inneren der Kontingenztafel, die Randverteilung von X bildet den rechten Rand, die Randverteilung von Y den unteren Rand.

3.7 Zweidimensionale Zufallsvariablen   59

		Y				
		1	2	...	J	$\sum$
	1	p_{11}	p_{12}	...	p_{1J}	p_{1+}
	2	p_{21}	p_{22}	...	p_{2J}	p_{2+}
X	⋮	⋮	⋮		⋮	⋮
	I	p_{I1}	p_{I2}	...	p_{IJ}	p_{I+}
	$\sum$	p_{+1}	p_{+2}	...	p_{+J}	1

Beispiel 3.7.1. In einem Zufallsexperiment werde zunächst eine Münze geworfen und anschließend unabhängig davon ein Würfel. Damit erhält man die zweidimensionale Zufallsvariable (X „Ergebnis des Münzwurfes", Y „Augenzahl beim Würfeln"), wobei $X = 1$ bei „Wappen" und $X = 2$ bei „Zahl" ist. Die gemeinsame Verteilung ergibt sich aufgrund der Unabhängigkeit als Produkt der beiden Randverteilungen. Die gemeinsame Verteilung und die Randverteilungen sind in der Kontingenztafel (Tabelle 3.2) dargestellt.

Tabelle 3.2. Kontingenztafel bei Unabhängigkeit von Münz- und Würfelwurf

		Y						
		1	2	3	4	5	6	p_{i+}
X	1	1/12	1/12	1/12	1/12	1/12	1/12	1/2
	2	1/12	1/12	1/12	1/12	1/12	1/12	1/2
	p_{+i}	1/6	1/6	1/6	1/6	1/6	1/6	

Tabelle 3.3. Kontingenztafel bei Abhängigkeit von Münz- und Würfelwurf

		Y						
		1	2	3	4	5	6	p_{i+}
X	1	2/12	2/12	2/12	0	0	0	1/2
	2	0	0	0	2/12	2/12	2/12	1/2
	p_{+j}	1/6	1/6	1/6	1/6	1/6	1/6	

Verändert man das Zufallsexperiment in Abhängigkeit vom Ergebnis des Münzwurfs dahingehend, daß bei „Wappen" die Zahlen 4 bis 6 durch die Zahlen 1 bis 3 auf dem Würfel ersetzt werden und bei „Zahl" die Zahlen 1 bis 3 durch die Zahlen 4 bis 6, so erhält man die Tabelle 3.3 mit unveränderten Randverteilungen.

Wie man sieht (vgl. Definition 3.4.2), sind dann die beiden Zufallsvariablen X und Y nicht mehr unabhängig, da z.B.

$$P(X = 1, Y = 4) = 0 \neq 1/2 \cdot 1/6 = P(X = 1) \cdot P(Y = 4)$$

gilt.

3.7.2 Zweidimensionale stetige Zufallsvariablen

Analog zur Definition der Unabhängigkeit im eindimensionalen Fall geben wir folgende Definition.

Definition 3.7.1. *Eine zweidimensionale zufällige Variable (oder ein Zufallsvektor) (X,Y) heißt stetig, falls es eine nichtnegative reelle Funktion $f_{XY}(x,y)$ gibt, so daß*

$$P(X \leq x, Y \leq y) = \int_{-\infty}^{y} \int_{-\infty}^{x} f_{XY}(x,y)\,dxdy \qquad (3.40)$$

erfüllt ist.

Die Funktion F_{XY} heißt gemeinsame Verteilungsfunktion, $f_{XY}(x,y)$ heißt die gemeinsame Dichte von (X,Y). Mit der gemeinsamen Dichte f_{XY} läßt sich – analog zur Bestimmung der Wahrscheinlichkeitsmasse von Intervallen $[a,b]$ bei eindimensionalen Zufallsvariablen – die Wahrscheinlichkeitsmasse für beliebige Rechtecke mit den Eckpunkten $(x_1,y_1), (x_1,y_2), (x_2,y_1), (x_2,y_2)$ (vgl. Abbildung 3.10) bestimmen:

$$P(x_1 \leq X \leq x_2, y_1 \leq Y \leq y_2) = \int_{y_1}^{y_2} \int_{x_1}^{x_2} f_{XY}(x,y)\,dxdy\,.$$

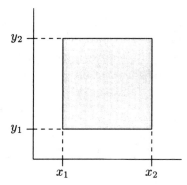

Abb. 3.10. Menge aller Punkte (X,Y) mit $(x_1 \leq X \leq x_2, y_1 \leq Y \leq y_2)$

Analog zum diskreten Fall definiert man die beiden **Randdichten**

$$f_X(x) = \int_{-\infty}^{\infty} f_{XY}(x,y)dy\,,$$
$$f_Y(y) = \int_{-\infty}^{\infty} f_{XY}(x,y)dx\,,$$

die dann die **Randverteilungsfunktionen** bestimmen:

$$F_X(x) = \int_{-\infty}^{x} f_X(t)dt\,,$$
$$F_Y(y) = \int_{-\infty}^{y} f_Y(t)dt\,.$$

Damit ist Definition 3.4.2 äquivalent mit: Zwei stetige Zufallsvariablen X und Y heißen unabhängig genau dann, wenn

$$f_{XY}(x,y) = f_X(x)f_Y(y) \qquad (3.41)$$

für alle x, y gilt.

Die Übertragung der bedingten Verteilung führt zum Begriff der bedingten Dichte

$$f(x|y) = \frac{f(x,y)}{f(y)} \quad \text{und} \quad f(y|x) = \frac{f(x,y)}{f(x)}$$

Analog lassen sich auch bedingte Verteilungsfunktionen definieren. Wir wollen dies jedoch hier nicht weiter vertiefen und verweisen an dieser Stelle auf Pruscha (1996) und Bauer (1991).

3.7.3 Momente von zweidimensionalen Zufallsvariablen

Die zweidimensionale Zufallsvariable (X, Y) mit der gemeinsamen Dichte $f_{XY}(x, y)$ im stetigen Fall bzw. mit der gemeinsamen Wahrscheinlichkeitsfunktion p_{ij}, $i = 1, \ldots, I$, $j = 1, \ldots, J$ im diskreten Fall hat die jeweiligen Erwartungswerte und Varianzen der Randverteilungen von X bzw. Y:

$$E(X) = \mu_X, \quad \text{Var}(X) = \sigma_X^2$$
$$E(Y) = \mu_Y, \quad \text{Var}(Y) = \sigma_Y^2.$$

Es ist also z.B.

$$E(X) = \int_{-\infty}^{\infty} \int_{-\infty}^{\infty} x f_{XY}(x,y) dy dx = \int_{-\infty}^{\infty} x f_X(x) dx$$

bzw.

$$E(X) = \sum_{i=1}^{I} \sum_{j=1}^{J} x_i p_{ij} = \sum_{i=1}^{I} x_i p_{i+}$$

im diskreten Fall.

Als Parameter der zweidimensionalen Verteilung definieren wir die Kovarianz von X und Y, die als Basis für ein Maß (Korrelationskoeffizient) für den linearen Zusammenhang von X und Y dient (vgl. (3.45)).

Definition 3.7.2. *Die* **Kovarianz** *von X und Y ist definiert als*

$$\text{Cov}(X, Y) = E[(X - E(X))(Y - E(Y))].$$

Die Erwartungswerte, Varianzen und die Kovarianz einer zweidimensionalen Verteilung faßt man zusammen zum Vektor der Erwartungswerte

$$E\begin{pmatrix} X \\ Y \end{pmatrix} = \begin{pmatrix} E(X) \\ E(Y) \end{pmatrix} = \begin{pmatrix} \mu_X \\ \mu_Y \end{pmatrix}$$

und zur Kovarianzmatrix

$$V\begin{pmatrix} X \\ Y \end{pmatrix} = \begin{pmatrix} \sigma_X^2 & \text{Cov}(X,Y) \\ \text{Cov}(Y,X) & \sigma_Y^2 \end{pmatrix}.$$

Eigenschaften der Kovarianz

Die Kovarianz ist symmetrisch in X und Y:
$$\operatorname{Cov}(X,Y) = \operatorname{Cov}(Y,X).$$

Ist speziell $Y = X$, so gilt $\operatorname{Cov}(X,X) = \operatorname{Var}(X)$. Da der Erwartungswert ein linearer Operator ist (vgl. (3.18)), gilt

$$\operatorname{Cov}(X,Y) = \operatorname{E}[XY - \operatorname{E}(X)Y - X\operatorname{E}(Y) + \operatorname{E}(X)\operatorname{E}(Y)]$$
$$= \operatorname{E}(XY) - \operatorname{E}(X)\operatorname{E}(Y). \quad (3.42)$$

Dabei ist im stetigen Fall

$$\operatorname{E}(XY) = \int_{-\infty}^{\infty}\int_{-\infty}^{\infty} xy f(x,y)\,dx\,dy$$

bzw. im diskreten Fall

$$\operatorname{E}(XY) = \sum_{i=1}^{I}\sum_{j=1}^{J} x_i y_j p_{ij}.$$

Sind X und Y unabhängig, so gilt mit (3.41)

$$\operatorname{E}(XY) = \operatorname{E}(X)\operatorname{E}(Y) = \mu_X \mu_Y$$

und damit (vgl. (3.42))
$$\operatorname{Cov}(X,Y) = 0. \quad (3.43)$$

Sind a,b,c,d beliebige reelle Zahlen, so gilt

$$\operatorname{Cov}(aX+b, cY+d) = ac\operatorname{Cov}(X,Y).$$

Theorem 3.7.1 (Additionssatz für die Varianz). *Für beliebige Zufallsvariablen X und Y gilt*

$$\operatorname{Var}(X \pm Y) = \operatorname{Var}(X) + \operatorname{Var}(Y) \pm 2\operatorname{Cov}(X,Y).$$

Beweis: Unter Verwendung der Definition der Varianz in (3.21), der Additivität des Erwartungswerts und der binomischen Formel erhalten wir (wir bezeichnen wieder $\operatorname{E}(X)$ und $\operatorname{E}(Y)$ mit μ_X bzw. μ_Y)

$$\operatorname{Var}(X \pm Y) = \operatorname{E}[(X \pm Y) - \operatorname{E}(X \pm Y)]^2$$
$$= \operatorname{E}[(X - \mu_X) \pm (Y - \mu_Y)]^2$$
$$= \operatorname{E}(X - \mu_X)^2 + \operatorname{E}(Y - \mu_Y)^2 \pm 2\operatorname{E}(X - \mu_X)(Y - \mu_Y)$$
$$= \operatorname{Var}(X) + \operatorname{Var}(Y) \pm 2\operatorname{Cov}(X,Y).$$

Sind X und Y unabhängig, so gilt nach (3.43) $\operatorname{Cov}(X,Y) = 0$ und damit

$$\operatorname{Var}(X \pm Y) = \operatorname{Var}(X) + \operatorname{Var}(Y). \quad (3.44)$$

Die Umkehrung dieser Aussage gilt im allgemeinen nicht. Gleichung (3.44) gilt analog für mehr als zwei unabhängige Zufallsvariablen.

3.7.4 Korrelationskoeffizient

Auf der Basis der Kovarianz definieren wir als normiertes Maß für die (lineare) Abhängigkeit zwischen zwei Zufallsvariablen X und Y den Korrelationskoeffizienten.

Definition 3.7.3. Der **Korrelationskoeffizient** von X und Y ist definiert durch
$$\rho(X,Y) = \frac{\text{Cov}(X,Y)}{\sqrt{\text{Var}(X)\,\text{Var}(Y)}}. \qquad (3.45)$$

Es gilt stets $-1 \leq \rho(X,Y) \leq 1$. Ist $\rho(X,Y) = 0$, so heißen X und Y unkorreliert. Im Fall einer exakten linearen Abhängigkeit zwischen X und Y, d.h. im Fall von $Y = aX + b$ mit $a \neq 0$, folgt

$$\begin{aligned}\text{Cov}(X,Y) &= \text{E}[(X - \mu_X)(Y - \mu_Y)] \\ &= a\,\text{E}[(X - \mu_X)(X - \mu_X)], \\ &= a\,\text{Var}(X), \\ \text{Var}(Y) &= a^2\,\text{Var}(X) \qquad [\text{vgl. (3.23)}]\end{aligned}$$

und damit im Fall $a > 0$

$$\rho(X,Y) = \frac{a\,\text{Var}(X)}{\sqrt{a^2\,\text{Var}(X)\,\text{Var}(X)}} = \frac{a}{|a|} = 1\,.$$

Im Fall einer exakten linearen Abhängigkeit $Y = aX + b$ mit $a < 0$ folgt analog $\rho(X,Y) = -1$.

Theorem 3.7.2. *Sind X und Y unabhängig, so sind sie auch unkorreliert.*

Beweis: Seien X und Y unabhängig, so gilt nach (3.43) $\text{Cov}(X,Y) = 0$, so daß $\rho(X,Y) = 0$ folgt.

Anmerkung. Die Umkehrung gilt im allgemeinen nicht. Falls X und Y unkorreliert sind, so kann dennoch zwischen ihnen eine Abhängigkeit bestehen, die nicht linear ist.

3.8 Aufgaben und Kontrollfragen

Aufgabe 3.1: Eine stetige Zufallsvariable X besitze folgende Verteilungsfunktion

$$F(x) = \begin{cases} 0 & \text{für } x < 2 \\ -\frac{1}{4}x^2 + 2x - 3 & \text{für } 2 \leq x \leq 4 \\ 1 & \text{für } x > 4 \,. \end{cases}$$

a) Man bestimme die Dichtefunktion der Zufallsvariablen X.
b) Man bestimme den Erwartungswert $E(X)$ und die Varianz $Var(X)$.

Aufgabe 3.2: Gegeben sei die Funktion

$$f(x) = \begin{cases} 2x - 4 & \text{für } 2 \leq x \leq 3 \\ 0 & \text{sonst} \,. \end{cases}$$

a) Zeigen Sie, daß $f(x)$ eine Dichtefunktion ist.
b) Ermitteln Sie die zugehörige Verteilungsfunktion.

Aufgabe 3.3:

a) X sei eine stetige Zufallsvariable mit folgender Dichtefunktion:

$$f(x) = \begin{cases} cx & \text{für } 1 \leq x \leq 3 \\ 0 & \text{sonst} \,. \end{cases}$$

Für welchen Wert der Konstanten c ist die oben genannte Funktion tatsächlich eine korrekte Dichtefunktion?
b) Setzen Sie den entsprechenden Wert für c ein und bestimmen Sie $P(X \geq 2)$.

Aufgabe 3.4: X sei eine stetige Zufallsvariable mit folgender Verteilungsfunktion:

$$F(x) = \begin{cases} 0 & \text{für } x < 3 \\ \frac{x-3}{5} & \text{für } 3 \leq x \leq 8 \\ 1 & \text{für } x > 8 \,. \end{cases}$$

a) Bestimmen Sie die Dichtefunktion von X.
b) Welchen Wert besitzt $P(X = 5)$?
c) Berechnen Sie $P(5 \leq X \leq 7)$.

Aufgabe 3.5: Von einem gefälschten Würfel seien folgende Werte für die Wahrscheinlichkeitsfunktion der Zufallsvariable X „Augenzahl beim einmaligen Würfeln" bekannt:

$$P(X = 1) = \frac{1}{9}$$
$$P(X = 2) = \frac{1}{9}$$
$$P(X = 3) = \frac{1}{9}$$

$$P(X=4) = \frac{2}{9}$$
$$P(X=5) = \frac{1}{9}$$
$$P(X=6) = \frac{3}{9}$$

Bestimmen Sie den Erwartungswert und die Varianz von X sowie den Erwartungswert der Zufallsvariablen $Y = \frac{1}{X}$. Vergleichen Sie die beiden Erwartungswerte.

Aufgabe 3.6: Eine diskrete Zufallsvariable X kann nur die Werte 1, 3, 5, 7 annehmen. Über X seien folgende Angaben bekannt:

k	$P(X \leq k)$
1	0.1
3	0.5
5	0.7
7	1

Bestimmen Sie den Erwartungswert und die Varianz von X sowie den Erwartungswert der Zufallsvariablen $\frac{1}{X^2}$.

Aufgabe 3.7: Ein roter und ein blauer Würfel (ideale Würfel) werden gleichzeitig geworfen. Die Zufallsvariable X bezeichne die Differenz zwischen der Augenzahl des blauen Würfels und derjenigen des roten Würfels, die Zufallsvariable Y die Summe der beiden Augenzahlen.

a) Man bestimme die Wahrscheinlichkeits- und Verteilungsfunktion von X.
b) Man berechne Erwartungswert und Varianz der Zufallsvariablen X.
c) Berechnen Sie die Wahrscheinlichkeit dafür, daß die Summe der Augenzahlen des blauen und des roten Würfels
   - mindestens 3
   - höchstens 7
   - höchstens 11 und mindestens 4 beträgt.

Aufgabe 3.8: Eine Zufallsvariable X heißt symmetrisch um eine Konstante c verteilt, falls $f(c-x) = f(c+x)$ für alle x gilt. Zeigen Sie, daß eine um c symmetrisch verteilte Zufallsvariable den Erwartungswert c besitzt: $E(X) = c$. Bemerkung: Wir setzen dabei voraus, daß der Erwartungswert von X existiert.

Aufgabe 3.9: Sei X eine beliebige Zufallsvariable, die nur Werte größer oder gleich Null annimmt, d.h. $X \geq 0$. Zeigen Sie, daß dann $E(X) \geq 0$ gilt.

Aufgabe 3.10: Von einer Zufallsvariablen X sei nur bekannt, daß sie den Erwartungswert 15 und die Varianz 4 besitzt.

a) Wie groß ist $P(10 \leq X \leq 20)$ mindestens?
b) Bestimmen Sie das kleinste, symmetrisch um 15 gelegene Intervall der Form $[15-c, 15+c]$, in welches mit einer Wahrscheinlichkeit von mindestens 0.9 die Werte von X fallen.

Aufgabe 3.11:

a) Eine symmetrische Münze wird viermal geworfen. Geben Sie die Wahrscheinlichkeiten für folgende Ereignisse an:
   A:„Es tritt genau einmal Wappen auf".
   B:„Es tritt mindestens zweimal Wappen auf".
   C:„Es tritt höchstens einmal Wappen auf".
b) Wie oft müßte die Münze geworfen werden, um mit einer Wahrscheinlichkeit von mehr als 0.9 mindestens einmal Wappen zu erhalten?

Aufgabe 3.12: Wir betrachten im folgenden Telefongespräche im Stadtbereich, welche höchstens 8 Minuten dauern und im Zeitraum von 9 bis 18 Uhr stattfinden. Bis zum 31.12.95 kostete ein solches Telefongespräch 23 Pfennige. Zum 1.1.96 wurde die Gebührenstruktur geändert: Im Stadtbereich kostet ein Gespräch von bis zu 90 Sekunden Dauer nun 12 Pfennige, jeder weitere angefangene Zeittakt von 90 Sekunden kostet weitere 12 Pfennige.
Die Wahrscheinlichkeitsverteilung der jetzigen Kosten X (in Pfennigen) für ein solches Gespräch von höchstens 8 Minuten Dauer sei gegeben durch die folgende Tabelle:

k	12	24	36	48	60	72
$P(X=k)$	$\frac{1}{2}$	$\frac{1}{4}$	$\frac{1}{16}$	$\frac{1}{12}$	$\frac{1}{12}$	$\frac{1}{48}$

a) Berechnen Sie den Erwartungswert und die Varianz der Verteilung der jetzigen Kosten X eines solchen Gespräches.
b) Ermitteln Sie die relative Preisänderung für ein solches Telefongespräch, indem Sie die erwarteten Kosten vor und nach der Änderung der Gebührenstruktur vergleichen.

Die Dauer eines solchen Telefongesprächs (in Sekunden) sei ausgedrückt durch eine Zufallsgröße Y.

c) Bestimmen Sie die folgenden Wahrscheinlichkeiten $P(Y \leq 90)$ und $P(Y > 180)$
d) Kann die erwartete Dauer $E(Y)$ eines solchen Telefongesprächs aus den erwarteten Kosten $E(X)$ direkt abgeleitet werden? Begründen Sie Ihre Antwort.

Aufgabe 3.13: X und Y seien zwei Zufallsvariablen in einem Zufallsexperiment, bei welchem nur 6 Ereignisse $A_1, A_2, A_3, A_4, A_5, A_6$ eintreten können.

i	$P(A_i)$	X_i	Y_i
1	0.3	-1	0
2	0.1	2	2
3	0.1	2	0
4	0.2	-1	1
5	0.2	-1	2
6	0.1	2	1

a) Bestimmen Sie die gemeinsame Wahrscheinlichkeitsverteilung von X und Y sowie die jeweiligen Randverteilungen.
b) Sind die beiden Zufallsvariablen unabhängig?
c) Bestimmen Sie die Wahrscheinlichkeitsverteilung von $U = X + Y$. Vergleichen Sie $\mathrm{E}(U)$ mit $\mathrm{E}(X)+\mathrm{E}(Y)$ sowie $\mathrm{Var}(U)$ mit $\mathrm{Var}(X)+\mathrm{Var}(Y)$.

Aufgabe 3.14: Eine Urne enthält 8 Kugeln: 4 weiße, 3 schwarze und 1 rote. Die zwei Zufallsvariablen X und Y seien wie folgt definiert:

$$X = \begin{cases} 1 & \text{schwarze Kugel} \\ 2 & \text{falls im ersten Zug eine rote Kugel} \\ 3 & \text{weiße Kugel} \end{cases}$$

$$Y = \begin{cases} 1 & \text{schwarze Kugel} \\ 2 & \text{falls im zweiten Zug eine rote Kugel} \\ 3 & \text{weiße Kugel} \end{cases}$$

gezogen wird. Beide Kugeln werden nacheinander und zufällig gezogen.

a) Für welche Ziehungsart sind X und Y unabhängig, für welche abhängig?
b) Bestimmen Sie für den Fall, daß X und Y abhängig sind, die gemeinsame Wahrscheinlichkeitsverteilung, die Erwartungswerte $\mathrm{E}(X)$, $\mathrm{E}(Y)$ sowie den Korrelationskoeffizienten $\rho(X,Y)$.

Aufgabe 3.15: Zu einem Zufallsexperiment, bei dem sechs Ereignisse mit derselben Wahrscheinlichkeit eintreten können, gehören zwei Zufallsvariablen X und Y. Prüfen Sie mit Hilfe der folgenden Tabelle, ob X und Y unkorreliert und unabhängig sind.

i	$P(\omega_i)$	$X(\omega_i)$	$Y(\omega_i)$
1	$\frac{1}{6}$	-1	-2
2	$\frac{1}{6}$	1	0
3	$\frac{1}{6}$	-1	1
4	$\frac{1}{6}$	1	2
5	$\frac{1}{6}$	-1	1
6	$\frac{1}{6}$	1	-2

4. Diskrete und stetige Standardverteilungen

4.1 Einleitung

Wir haben in Kapitel 3 ganz allgemein Verteilungen von diskreten bzw. stetigen Zufallsvariablen und ihre Eigenschaften bzw. Parameter behandelt, ohne die Zufallsvariablen näher zu spezifizieren. Im Folgenden wollen wir die wesentlichen diskreten und stetigen Verteilungen vorstellen.

4.2 Spezielle diskrete Verteilungen

4.2.1 Die diskrete Gleichverteilung

Die diskrete Gleichverteilung ist ebenso wie ihr stetiges Analogon eine der grundlegenden Verteilungen überhaupt. Die diskrete Gleichverteilung geht von der Annahme aus, daß alle Ausprägungen einer Zufallsvariablen gleichwahrscheinlich sind. Damit ist auch schon die folgende Definition gegeben.

Definition 4.2.1. *Eine diskrete Zufallsvariable X mit den Ausprägungen $x_1, \ldots, x_k$ heißt* **gleichverteilt***, wenn für ihre Wahrscheinlichkeitsfunktion*

$$P(X = x_i) = \frac{1}{k}, \quad \forall i = 1, \ldots, k \tag{4.1}$$

gilt.

Diese Definition erinnert sehr stark an die Laplacesche Wahrscheinlichkeitsdefinition (2.3), bei der alle Elementarereignisse als gleichwahrscheinlich angesehen werden.

Mit Hilfe der bekannten Rechenregeln für den Erwartungswert und die Varianz einer Zufallsvariablen erhalten wir für die diskrete Gleichverteilung mit den Ausprägungen $x_i = i$ $(i = 1, \ldots, k)$

$$\mathrm{E}(X) = \frac{k+1}{2}, \tag{4.2}$$

$$\mathrm{Var}(X) = \frac{1}{12}(k^2 - 1). \tag{4.3}$$

Beispiel 4.2.1 (Würfelwurf). Wirft man einen unverfälschten Würfel, so sind die Ergebnisse '1' bis '6' alle gleichwahrscheinlich, und damit ist die Zufallsvariable X „Augenzahl beim einmaligen Würfelwurf" gleichverteilt mit der Wahrscheinlichkeitsfunktion

$$P(X = i) = \frac{1}{6}, \quad \forall i = 1, \ldots, 6.$$

Für den Erwartungswert und die Varianz von X gilt dann

$$E(X) = \frac{6+1}{2} = 3.5,$$
$$Var(X) = \frac{1}{12}(6^2 - 1) = 35/12.$$

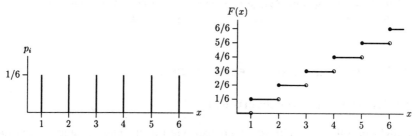

Abb. 4.1. Wahrscheinlichkeitsfunktion und Verteilungsfunktion einer diskreten Gleichverteilung (einfacher Würfelwurf)

4.2.2 Die Einpunktverteilung

Definition 4.2.2. *Eine Zufallsvariable X hat die* **Einpunktverteilung** *im Punkt a, wenn sie nur eine Ausprägung a mit $P(X = a) = 1$ besitzt, d.h. wenn*

$$F(x) = \begin{cases} 0 \\ 1 \end{cases} \text{für } \begin{matrix} x < a \\ x \geq a \end{matrix}$$

gilt.

Dann gilt $E(X) = a$ und $Var(X) = 0$. Eine Variable X mit dieser Verteilung wird uns bei Grenzwertsätzen als Grenzverteilung einer Folge von Zufallsvariablen begegnen (vgl. Satz 5.1.1).

4.2.3 Die Null-Eins-Verteilung

Eine zufällige Variable X besitzt die **Zweipunktverteilung**, wenn sie nur zwei Werte x_1 und x_2 mit jeweils positiver Wahrscheinlichkeit annehmen kann. Die Zufallsvariable wird durch ihre beiden möglichen Werte und die zugehörigen Wahrscheinlichkeiten beschrieben:

$$P(X = x_1) = p, \quad P(X = x_2) = 1 - p, \quad (0 < p < 1). \tag{4.4}$$

Wie bereits erwähnt, arbeitet man bei Klassifizierungsproblemen mit zwei möglichen Klassen (Alter über 50/unter 50, Geschlecht männlich/weiblich) häufig standardmäßig mit der Verschlüsselung $x_1 = 1$ und $x_2 = 0$. Man nennt eine Zufallsvariable X mit diesen Werten auch Indikatorvariable $X = 1_A$. Für $X = 1_A$ hat (4.4) die Gestalt

$$P(X = 1) = p, \quad P(X = 0) = 1 - p, \quad (0 < p < 1). \tag{4.5}$$

Daraus resultiert die bekannte Null-Eins-Verteilung.

Definition 4.2.3. *Eine Zufallsvariable X heißt **Null-Eins-verteilt**, wenn sie die Wahrscheinlichkeitsfunktion*

$$P(X = x) = \begin{cases} p & \text{für } x = 1 \\ 1 - p & \text{für } x = 0 \end{cases}$$

besitzt.

Die Verteilungsfunktion der Null-Eins-Verteilung hat damit die Gestalt

$$F(x) = \begin{cases} 0 & \text{für } x < 0 \\ 1 - p & \text{für } 0 \leq x < 1 \\ 1 & \text{für } x \geq 1. \end{cases}$$

Wir berechnen den Erwartungswert der Null-Eins-Verteilung (vgl. (3.14))

$$\mathrm{E}(X) = 1 \cdot p + 0 \cdot (1 - p) = p \tag{4.6}$$

und die Varianz (vgl. (3.21))

$$\mathrm{Var}(X) = (1 - p)^2 p + (0 - p)^2 (1 - p) = p(1 - p). \tag{4.7}$$

Die Kenntnis der Wahrscheinlichkeit p genügt also zur vollständigen Beschreibung der Null-Eins-Verteilung.

Beispiel 4.2.2. Eine Urne mit Lotterielosen enthalte $n = 500$ Lose. Unter den 500 Losen befinden sich 400 'Nieten'-Lose und 100 'Gewinn'-Lose. Aus der Urne wird nun zufällig ein Los ausgewählt. Wir setzen

$X :$ „zufällige Anzahl der Nieten bei Überprüfung eines Loses".

Die Zufallsvariable X kann damit nur die Werte $X = 1$ (Los ist eine Niete) oder $X = 0$ (Los ist ein Gewinn) annehmen. Nach der klassischen Definition der Wahrscheinlichkeit auf der Basis der relativen Häufigkeiten erhalten wir die beiden Einzelwahrscheinlichkeiten

$$P(X=1) = \frac{400}{500} = 0.8 = p \quad \text{und} \quad P(X=0) = \frac{100}{500} = 0.2 = 1-p.$$

Die Variable X hat nach (4.6) den Erwartungswert

$$E(X) = 0.8$$

und nach (4.7) die Varianz

$$\text{Var}(X) = 0.8 \cdot (1-0.8) = 0.16.$$

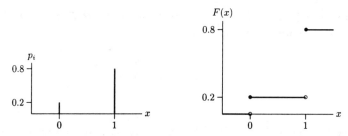

Abb. 4.2. Wahrscheinlichkeitsfunktion und Verteilungsfunktion einer Null-Eins-Verteilung mit $p = 0.8$

4.2.4 Die hypergeometrische Verteilung

Die hypergeometrische Verteilung und die im nächsten Abschnitt zu behandelnde Binomialverteilung können als Verallgemeinerungen der Null-Eins-Verteilung angesehen werden. Da dieser Zusammenhang jedoch insbesondere bei der hypergeometrischen Verteilung nicht trivial ist, benutzen wir zur Herleitung der hypergeometrischen Verteilung das bereits in Kapitel 1 verwendete Urnenmodell (vgl. auch Rüger, 1996; Schlittgen, 1993)

In einer Urne befinden sich

M	weiße Kugeln
$N-M$	schwarze Kugeln
N	Kugeln insgesamt

Man zieht zufällig und ohne Zurücklegen n Kugeln. Wir definieren die folgende Zufallsvariable

X : „Anzahl der weißen Kugeln unter den n gezogenen Kugeln".

Hierbei gilt:

- Der Maximalwert von X ist entweder n (falls $n \leq M$) oder M (falls $n > M$), also gleich $\min(n, M)$.
- Der Minimalwert von X ist entweder 0 (falls $n \leq N-M$) oder $n-(N-M)$ (falls $n > N-M$), also insgesamt gleich $\max(0, n-(N-M))$.
- Die Reihenfolge der Ziehung spielt keine Rolle.
- Die Anzahl der möglichen Ziehungen vom Umfang n aus N Kugeln beim Ziehen ohne Zurücklegen berechnet sich als $\binom{N}{n}$ (Kombination ohne Wiederholung ohne Berücksichtigung der Reihenfolge).

Seien nun x weiße Kugeln gezogen worden, so gibt es nach (1.5) $\binom{M}{x}$ Möglichkeiten, diese aus den insgesamt M weißen Kugeln auszuwählen und analog $\binom{N-M}{n-x}$ Möglichkeiten für die Auswahl der $(n-x)$ gezogenen schwarzen Kugeln aus den insgesamt $N-M$ schwarzen Kugeln. Damit gilt

$$P(X = x) = \frac{\binom{M}{x}\binom{N-M}{n-x}}{\binom{N}{n}} \qquad (4.8)$$

für $x \in \{\max(0, n-(N-M)), \ldots, \min(n, M)\}$.

Definition 4.2.4. *Die Zufallsvariable X mit der Wahrscheinlichkeitsfunktion (4.8) heißt **hypergeometrisch** verteilt mit den Parametern n, M, N oder kurz $X \sim H(n, M, N)$.*

Für den Erwartungswert und die Varianz von X gilt

$$E(X) = n\frac{M}{N}, \qquad (4.9)$$

$$\text{Var}(X) = n\frac{M}{N}\left(1 - \frac{M}{N}\right)\left(\frac{N-n}{N-1}\right). \qquad (4.10)$$

Beispiel 4.2.3. In einer Urne seien $N = 10$ Kugeln, davon $M = 6$ weiße Kugeln und $N - M = 4$ schwarze Kugeln. Dann gilt bei einer Ziehung ohne Zurücklegen vom Umfang $n = 5$:

$$x \in \{\max(0, 5-(10-6)), \ldots, \min(5, 6)\}$$
$$\in \{1, 2, 3, 4, 5\}.$$

Wir erhalten

$$P(X = 1) = \frac{\binom{6}{1}\binom{4}{4}}{\binom{10}{5}} = \frac{6 \cdot 1}{\frac{10!}{5!5!}} = \frac{6}{252} = 0.024,$$

$$P(X = 2) = \frac{\binom{6}{2}\binom{4}{3}}{\binom{10}{5}} = \frac{\frac{6!}{2!4!} \cdot 4}{252} = \frac{60}{252} = 0.238,$$

$$P(X = 3) = \frac{\binom{6}{3}\binom{4}{2}}{\binom{10}{5}} = \frac{\frac{6!}{3!3!} \cdot \frac{4!}{2!2!}}{252} = \frac{120}{252} = 0.476,$$

74   4. Diskrete und stetige Standardverteilungen

$$P(X = 4) = \frac{\binom{6}{4}\binom{4}{1}}{\binom{10}{5}} = \frac{\frac{6!}{4!2!} \cdot 4}{252} = \frac{60}{252} = 0.238,$$

$$P(X = 1) = \frac{\binom{6}{1}\binom{4}{4}}{\binom{10}{5}} = \frac{6 \cdot 1}{252} = \frac{6}{252} = 0.024,$$

Für den Erwartungswert erhält man

$$E(X) = 5 \cdot \frac{6}{10} = 3$$

und für die Varianz

$$\text{Var}(X) = 5 \cdot \frac{6}{10} \cdot \left(1 - \frac{6}{10}\right)\left(\frac{10-5}{10-1}\right)$$
$$= \frac{2}{3}.$$

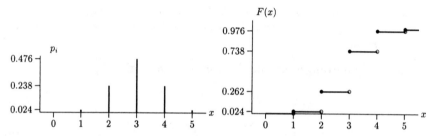

Abb. 4.3. Wahrscheinlichkeitsfunktion und Verteilungsfunktion der H(5,6,10)-Verteilung

4.2.5 Die Binomialverteilung

Beobachtet man in einem Zufallsexperiment, ob ein bestimmtes Ereignis A eintritt oder nicht, und wiederholt dieses Experiment n-mal unabhängig, so ist die Frage interessant, wie oft A in diesen n Wiederholungen eingetreten ist. Damit erhält man die Zufallsvariable

X : „Anzahl der eingetretenen Ereignisse A bei n Wiederholungen".

Beispiele.

- Beim Münzwurf sei das interessierende Ereignis A = „Wappen". Beim zehnmaligen Werfen besitzt die Zufallsvariable X die möglichen Ausprägungen $k = 0, 1, \ldots, 10$.

- In der Qualitätskontrolle entnimmt man bei der Überprüfung einer Lieferung von Glühbirnen eine zufällige Auswahl von $n = 20$ Glühbirnen und erhält die Zufallsvariable X „Anzahl der funktionstüchtigen Glühbirnen" mit den Ausprägungen $k = 0, 1, \ldots, 20$.

Ein alternativer Zugang zur Binomialverteilung bietet sich wiederum über unser Urnenmodell. In der Urne befinden sich M weiße und $N - M$ schwarze Kugeln. Es werden n Kugeln zufällig aus der Urne gezogen, jedoch im Gegensatz zum Urnenmodell der hypergeometrischen Verteilung wird jede gezogene Kugel wieder in die Urne zurückgelegt.

Gesucht ist die Wahrscheinlichkeit dafür, daß $X = k$ $(k = 0, 1, \ldots n)$ ist, d.h., daß bei n Wiederholungen k-mal A und $(n-k)$-mal $\bar{A}$ auftritt. Dabei ist es gleichgültig, bei welchen der n Versuche A oder $\bar{A}$ auftritt, registriert wird nur die Gesamtzahl der Ergebnisse mit A. Diese Anzahl ist gleich dem Binomialkoeffizienten $\binom{n}{k}$ (vgl. Abschnitt 1.4.1).

Die Wahrscheinlichkeit für k-mal A und $(n-k)$-mal $\bar{A}$ in n Wiederholungen ist dann

$$P(X = k) = \binom{n}{k} p^k (1-p)^{n-k} \qquad (k = 0, 1, \ldots, n). \qquad (4.11)$$

Dies folgt aus der Unabhängigkeit der n Zufallsexperimente:

$$P(\underbrace{A_1 \cap \ldots \cap A_k}_{k} \cap \underbrace{\bar{A}_{k+1} \cap \ldots \cap \bar{A}_n}_{n-k}) = p^k (1-p)^{n-k}$$

und der Gleichwertigkeit aller n-Tupel mit k-mal A und $(n-k)$-mal $\bar{A}$, deren Anzahl gleich $\binom{n}{k}$ ist.

Definition 4.2.5. *Eine diskrete Zufallsvariable X mit der Wahrscheinlichkeitsfunktion (4.11) heißt Binomialvariable oder* **binomialverteilt** *mit den Parametern n und p, kurz $X \sim B(n;p)$.*

Für zwei binomialverteilte Zufallsvariable gilt der folgende Additionssatz:

Theorem 4.2.1. *Seien $X \sim B(n;p)$ und $Y \sim B(m;p)$ und sind X und Y unabhängig, so gilt*

$$X + Y \sim B(n+m;p). \qquad (4.12)$$

Anmerkung. Der Satz 4.2.1 läßt sich natürlich auch auf mehr als zwei unabhängige Zufallsvariablen verallgemeinern. Seien X_i unabhängige $B(1;p)$-verteilte Zufallsvariablen, so ist die Zufallsvariable $X = \sum_{i=1}^{n} X_i$ nach (4.12) $B(n;p)$-verteilt. Damit wird der Zusammenhang zwischen Null-Eins-Verteilung und Binomialverteilung deutlich, d.h., die Binomialverteilung kann als Summe von identischen, unabhängigen Null-Eins-Verteilungen aufgefaßt werden.

4. Diskrete und stetige Standardverteilungen

Für den Erwartungswert und die Varianz einer binomialverteilten Zufallsvariablen X gilt

$$E(X) = np, \quad (4.13)$$
$$\text{Var}(X) = np(1-p). \quad (4.14)$$

Dies ergibt sich durch folgende Überlegungen: Seien X_i ($i = 1, \ldots, n$) unabhängige $B(1;p)$-verteilte Zufallsvariablen, die jeweils eine Wiederholung des Zufallsexperiments repräsentieren. Dann läßt sich die Zufallsvariable X schreiben als $X = \sum_{i=1}^{n} X_i$. Da der Erwartungswert additiv ist, gilt sofort nach (3.18)

$$E(X) = E(\sum_{i=1}^{n} X_i) = \sum_{i=1}^{n} E(X_i) = \sum_{i=1}^{n} p = np.$$

Da die X_i unabhängig sind, gilt (vgl. (3.27))

$$\text{Var}(X) = \text{Var}(\sum_{i=1}^{n} X_i) = \sum_{i=1}^{n} \text{Var}(X_i) = \sum_{i=1}^{n} p(1-p) = np(1-p).$$

Für die Berechnung der Binomialwahrscheinlichkeit $P(X = k)$ stehen Tabellen zur Verfügung (z.B. Vogel, 1995). Für hinreichend große Werte von n kann man die Binomial- durch die Normalverteilung approximieren (vgl. Kapitel 5).

Anmerkung. Die hypergeometrische Verteilung $H(n, M, N)$ hat denselben Erwartungswert wie die Binomialverteilung $B(n; \frac{M}{N})$, aber eine um den Faktor $\frac{N-n}{N-1}$ kleinere Varianz als die $B(n; \frac{M}{N})$-Verteilung. Für wachsenden Umfang N der Grundgesamtheit strebt dieser Faktor, den man als Endlichkeitskorrektur bezeichnet, gegen 1, d.h. für Stichproben mit sehr großen Grundgesamtheiten verschwindet der Unterschied zwischen Ziehen ohne Zurücklegen und Ziehen mit Zurücklegen. Für großes N, M, und $N - M$ und im Verhältnis dazu kleines n gilt: $H(n, M, N) \approx B(n, \frac{M}{N})$, wobei diese Näherung für $n \leq 0.1M$ und $n \leq 0.1(N - M)$ zulässig ist (vgl. Abschnitt 6.4.4.)

Beispiel 4.2.4. In einer Urne seien wie in Beispiel 4.2.3 $N = 10$ Kugeln, davon $M = 6$ weiße und $N - M = 4$ schwarze. Wir ziehen – im Gegensatz zu Beispiel 4.2.3 – nun mit Zurücklegen. Die Zufallsvariable $X = $ „Anzahl der gezogenen weißen Kugeln bei Ziehen mit Zurücklegen" ist binomialverteilt. Ziehen wir $n = 5$ Kugeln, so erhalten wir mit $p = \frac{M}{N} = 0.6$ für $X \sim B(5; 0.6)$

$$P(X = 0) = \binom{6}{0} 0.6^0 (1 - 0.6)^5 = 0.010$$
$$P(X = 1) = \binom{6}{1} 0.6^1 (1 - 0.6)^4 = 0.077$$

$$P(X=2) = \binom{6}{2} 0.6^2 (1-0.6)^3 = 0.230$$

$$P(X=3) = \binom{6}{3} 0.6^3 (1-0.6)^2 = 0.346$$

$$P(X=4) = \binom{6}{4} 0.6^4 (1-0.6)^1 = 0.259$$

$$P(X=5) = \binom{6}{5} 0.6^5 (1-0.6)^0 = 0.078\,.$$

Für den Erwartungswert und die Varianz erhalten wir damit nach (4.13) und (4.14)

$$\mathrm{E}(X) = 5 \cdot 0.6 = 3\,,$$
$$\mathrm{Var}(X) = 5 \cdot 0.6 \cdot (1-0.6) = 1.2\,.$$

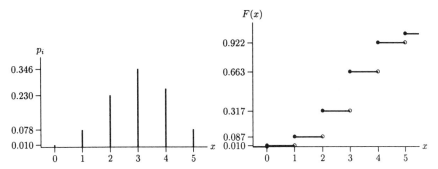

Abb. 4.4. Wahrscheinlichkeitsfunktion und Verteilungsfunktion der B(5;0.6)-Verteilung

4.2.6 Die geometrische Verteilung

Gegeben sei ein Zufallsexperiment und ein Ereignis A mit $P(A) = p$, dessen Eintreten als Erfolg aufgefaßt werden kann. Das Zufallsexperiment wird so oft unabhängig wiederholt, bis das Ereignis A zum ersten Mal eintritt. Im Gegensatz zur Binomialverteilung, bei der die Anzahl der Erfolge von Interesse ist, interessiert man sich bei der geometrischen Verteilung für die Anzahl der notwendigen Versuche, bis man zum ersten Erfolg gelangt. Die entsprechende Zufallsvariable X „Anzahl der Versuche, bis zum erstenmal das Ereignis A eintritt" hat die Ausprägungen $k = 1, 2, \ldots$

Beispiele. Beispiele für derartige Zufallsvariablen X sind

- „Anzahl der Münzwürfe, bis zum erstenmal 'Zahl' erscheint",

4. Diskrete und stetige Standardverteilungen

- „Anzahl der notwendigen Lottoziehungen, bis die Zahlenkombination 1, 3, 10, 12, 13, 45 gezogen wird".

Die Wahrscheinlichkeiten für jede der $k = 1, 2, \ldots$ Ausprägungen der Zufallsvariablen X erhält man durch

$$P(X = k) = p(1-p)^{k-1} \tag{4.15}$$

und damit die nachfolgende Definition.

Definition 4.2.6. *Eine Zufallsvariable X ist **geometrisch** verteilt mit dem Parameter p, wenn für ihre Wahrscheinlichkeitsfunktion Gleichung (4.15) gilt.*

Für den Erwartungswert und die Varianz der geometrischen Verteilung erhält man dann

$$\mathrm{E}(X) = \frac{1}{p},$$
$$\mathrm{Var}(X) = \frac{1}{p}\left(\frac{1}{p} - 1\right).$$

Anmerkung. Die geometrische Verteilung hängt wieder nur von p ab, die Anzahl der möglichen Realisationen einer geometrisch verteilten Zufallsvariablen ist jedoch im Gegensatz zu den anderen diskreten Verteilungen nicht beschränkt.

Beispiel 4.2.5 (Münzwurf). Eine symmetrische Münze werde solange geworfen, bis zum ersten Mal „Zahl" auftritt. Damit erhält man für die Wahrscheinlichkeitsfunktion

$$P(X = 1) = 0.5$$
$$P(X = 2) = 0.5(1 - 0.5) = 0.25$$
$$P(X = 3) = 0.5(1 - 0.5)^2 = 0.125$$
$$P(X = 4) = 0.5(1 - 0.5)^3 = 0.0625$$
$$\ldots$$

Für den Erwartungswert und die Varianz erhält man

$$\mathrm{E}(X) = \frac{1}{0.5} = 2,$$
$$\mathrm{Var}(X) = \frac{1}{0.5}\left(\frac{1}{0.5} - 1\right) = 2(2-1) = 2.$$

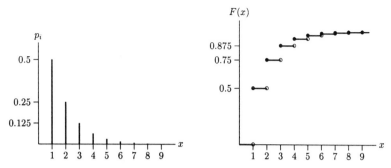

Abb. 4.5. Wahrscheinlichkeitsfunktion und Verteilungsfunktion der geometrischen Verteilung mit $p = 0.5$

4.2.7 Die Poissonverteilung

Ausgehend von zufälligen Ereignissen, die innerhalb eines Kontinuums (einer bestimmten Einheit) auftreten, definieren wir die Zufallsgröße

X : „Anzahl der Ereignisse innerhalb eines Kontinuums".

Das Kontinuum kann dabei sowohl ein Zeitraum (Stunde, Minute usw.) als auch eine Strecke (Meter, Kilometer usw.) oder eine Fläche sein.

Beispiele.

- Zahl der Staubteile auf einem Kotflügel beim Autolackieren,
- Zahl der Totgeburten in einer Klinik in einem Jahr,
- Zahl der Tippfehler auf einer Schreibmaschinenseite,
- Zahl der Unwetter in einem Gebiet,
- Zahl der Telefonanrufe in einer Stunde,
- Zahl der Ausschußstücke in einer Produktion.

Im Folgenden beschränken wir uns auf Zeitintervalle. Dabei gelte: Die Wahrscheinlichkeit für das Eintreten eines Ereignisses innerhalb eines Zeitintervalls hängt nur von der Länge des Intervalls, nicht jedoch von seiner Lage auf der Zeitachse ab. Die Wahrscheinlichkeit für das Eintreten eines Ereignisses wird dann nur von der sogenannten **Intensitätsrate** λ beeinflußt. Es gelte darüber hinaus, daß das Eintreten von Ereignissen in disjunkten Teilintervallen des Kontinuums unabhängig voneinander ist. Dies führt zu folgender Definition.

Definition 4.2.7. *Eine diskrete Zufallsvariable X mit der Wahrscheinlichkeitsfunktion*

$$P(X = x) = \frac{\lambda^x}{x!} \exp(-\lambda) \quad (x = 0, 1, 2, \ldots) \tag{4.16}$$

heißt **poissonverteilt** *mit dem Parameter $\lambda > 0$, kurz $X \sim Po(\lambda)$.*

4. Diskrete und stetige Standardverteilungen

Es gilt
$$E(X) = \text{Var}(X) = \lambda.$$

Die Intensitätsrate können wir damit interpretieren als die durchschnittliche Anzahl von Ereignissen innerhalb eines Kontinuums.

Theorem 4.2.2 (Additionssatz). *Sind $X \sim Po(\lambda_1)$ und $Y \sim Po(\lambda_2)$ und sind X und Y unabhängig, so gilt*

$$X + Y \sim Po(\lambda_1 + \lambda_2).$$

Beispiel 4.2.6. In einer Autolackiererei werden Kotflügel zunächst mit einer Grundierung und danach mit einem Deckglanzlack lackiert. Im Durchschnitt werden bei der Grundierung 4 Staubpartikel je Kotflügel eingeschlossen (Zufallsvariable X), bei der Deckglanzlackierung 7 Staubpartikel (Zufallsvariable Y). Wie groß ist die Wahrscheinlichkeit, nach der Grundierung auf einem Kotflügel zwei Staubpartikel zu finden?

$$\begin{aligned} P(X = 2) &= \frac{\lambda^x}{x!} \exp(-\lambda) \\ &= \frac{4^2}{2!} \exp(-4) \\ &= 0.146525. \end{aligned}$$

Geht man davon aus, daß die Anzahl der eingeschlossenen Staubpartikel bei der Grundierung und der Deckglanzlackierung voneinander unabhängig sind, so findet man z.B. sechs eingeschlossene Staubpartikel auf einem komplett lackierten Kotflügel mit einer Wahrscheinlichkeit von

$$\begin{aligned} P(X + Y = 6) &= \frac{(\lambda_x + \lambda_y)^{x+y}}{(x+y)!} \exp -(\lambda_x + \lambda_y) \\ &= \frac{11^6}{6!} \exp(-11) \\ &= 0.041095. \end{aligned}$$

Anmerkung. Die Poissonverteilung wird auch als die Verteilung seltener Ereignisse bezeichnet. Sie steht in engem Zusammenhang mit einer Binomialverteilung, bei der bei großer Anzahl von Wiederholungen die Wahrscheinlichkeit für das Eintreten eines Ereignisses sehr klein ist (vgl. Kapitel 5).

4.2.8 Die Multinomialverteilung

Im Gegensatz zu den bisherigen Verteilungen betrachten wir nun Zufallsexperimente, bei denen k disjunkte Ereignisse $A_1, A_2, \ldots, A_k$ mit den Wahrscheinlichkeiten $p_1, p_2, \ldots, p_k$ mit $\sum_{i=1}^{k} p_i = 1$ eintreten können (d.h., die A_i bilden

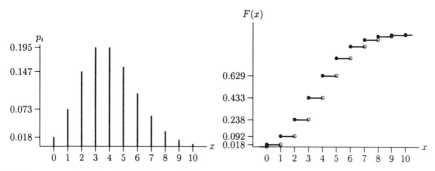

Abb. 4.6. Wahrscheinlichkeitsfunktion und Verteilungsfunktion der $Po(4)$-Verteilung

eine vollständige Zerlegung von Ω). Wird der Versuch n-mal unabhängig wiederholt, so interessiert die Wahrscheinlichkeit des zufälligen Ereignisses

$$n_1\text{-mal } A_1,\ n_2\text{-mal } A_2,\ldots, n_k\text{-mal } A_k \quad \text{mit} \quad \sum_{i=1}^{k} n_i = n.$$

Sei X_i ($i = 1,\ldots k$) die Zufallsvariable „A_i beobachtet" und $\mathbf{X} = (X_1,\ldots,X_k)$ der k-dimensionale Zufallsvektor.

Definition 4.2.8. *Der Zufallsvektor* $\mathbf{X} = (X_1,\ldots,X_k)$ *mit der Wahrscheinlichkeitsfunktion*

$$P(X_1 = n_1,\ldots,X_k = n_k) = \frac{n!}{n_1! n_2! \cdots n_k!} \cdot p_1^{n_1} \cdots p_k^{n_k} \quad (4.17)$$

heißt **multinomialverteilt**, *kurz* $\mathbf{X} \sim M(n; p_1,\ldots,p_k)$.

Der Erwartungswert von $\mathbf{X}$ ist der Vektor

$$\begin{aligned} E(\mathbf{X}) &= (E(X_1),\ldots,E(X_k)) \\ &= (np_1,\ldots,np_k). \end{aligned}$$

Die Kovarianzmatrix $V(\mathbf{X})$ hat die Elemente

$$\text{Cov}(X_i, X_j) = \begin{cases} np_i(1 - p_i) & \text{für } i = j \\ -np_i p_j & \text{für } i \neq j \end{cases}.$$

Beispiel 4.2.7. Eine Urne enthalte 50 Kugeln, davon 25 rote, 15 weiße und 10 schwarze. Wir ziehen mit Zurücklegen, so daß bei jeder Ziehung die Wahrscheinlichkeit dafür, daß die Kugel rot ist, gleich $p_1 = \frac{25}{50} = 0.5$ beträgt. Analog gilt für die beiden anderen Wahrscheinlichkeiten $p_2 = 0.3$ und $p_3 = 0.2$. Wir führen $n = 4$ unabhängige Ziehungen durch. Die Wahrscheinlichkeiten für die zufälligen Ereignisse „2 mal rot, 1 mal weiß, 1 mal schwarz", „4 mal rot, kein mal weiß, kein mal schwarz" und „3 mal rot, 1 mal weiß, kein mal schwarz" sind

$$P(X_1 = 2, X_2 = 1, X_3 = 1) = \frac{4!}{2!1!1!}(0.5)^2(0.3)^1(0.2)^1 = 0.18$$

$$P(X_1 = 4, X_2 = 0, X_3 = 0) = \frac{4!}{4!0!0!}(0.5)^4 = 0.0625$$

$$P(X_1 = 3, X_2 = 1, X_3 = 0) = \frac{4!}{3!1!0!}(0.5)^3 \cdot 0.3 = 0.15.$$

Für den Erwartungswertvektor erhält man

$$\begin{aligned} E(\mathbf{X}) &= (4 \cdot 0.5, 4 \cdot 0.3, 4 \cdot 0.2) \\ &= (2, 1.2, 0.8) \end{aligned}$$

und für die Kovarianzmatrix

$$\begin{aligned} V(\mathbf{X}) &= \begin{pmatrix} 4 \cdot 0.5 \cdot 0.5 & -4 \cdot 0.5 \cdot 0.3 & -4 \cdot 0.5 \cdot 0.2 \\ -4 \cdot 0.3 \cdot 0.5 & 4 \cdot 0.3 \cdot 0.7 & -4 \cdot 0.3 \cdot 0.2 \\ -4 \cdot 0.2 \cdot 0.5 & -4 \cdot 0.2 \cdot 0.3 & 4 \cdot 0.2 \cdot 0.8 \end{pmatrix} \\ &= \begin{pmatrix} 1 & -0.6 & -0.4 \\ -0.6 & 0.84 & -0.24 \\ -0.4 & -0.24 & 0.64 \end{pmatrix}. \end{aligned}$$

Anmerkung. Für $k = 2$ geht die Multinomialverteilung in die Binomialverteilung über.

4.3 Spezielle stetige Verteilungen

4.3.1 Die stetige Gleichverteilung

Analog zum diskreten Fall gibt es auch bei stetigen Zufallsvariablen die Gleichverteilung. Dabei lassen sich die für den diskreten Fall gemachten Aussagen und Definitionen größtenteils übertragen, wenn man die in Kapitel 3 dargestellten Zusammenhänge zwischen diskreten und stetigen Zufallsvariablen berücksichtigt.

Definition 4.3.1. *Eine stetige Zufallsvariable X mit der Dichte*

$$f(x) = \begin{cases} \frac{1}{b-a} & \text{für } a \leq x \leq b \; (a < b) \\ 0 & \text{sonst} \end{cases}$$

heißt (stetig) **gleichverteilt** *auf dem Intervall $[a, b]$.*

Für den Erwartungswert und die Varianz der stetigen Gleichverteilung gilt

$$\mathrm{E}(X) = \frac{a+b}{2},$$
$$\mathrm{Var}(X) = \frac{(b-a)^2}{12}.$$

Beispiel 4.3.1. In Beispiel 3.4.2 hatten wir bereits eine Zufallsvariable X: „Wartezeit in Minuten bis zur nächsten Abfahrt einer S-Bahn" betrachtet. Wir hatten dabei angenommen, daß die S-Bahnlinie im 20-Minuten-Takt fährt. Die Zufallsvariable X ist also stetig gleichverteilt auf dem Intervall $[0, 20]$.

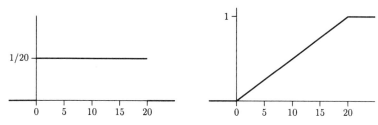

Abb. 4.7. Dichte- und Verteilungsfunktion der $[0, 20]$-Gleichverteilung

4.3.2 Die Exponentialverteilung

Wir haben in Abschnitt 4.2.6 die geometrische Verteilung behandelt, die die Anzahl der unabhängigen Versuche bis zum Eintreten eines Ereignisses beschreibt. Betrachten wir nun die (stetige) Wartezeit bis zum Eintreten eines Ereignisses. Die Forderung der Unabhängigkeit der einzelnen Versuche wird hier durch folgende Forderung ersetzt: „Die weitere Wartezeit ist unabhängig von der bereits verstrichenen Wartezeit". Die Exponentialverteilung ist damit das stetige Analogon zur geometrischen Verteilung.

Definition 4.3.2. *Eine Zufallsvariable X mit der Dichte*

$$f(x) = \begin{cases} \lambda \exp(-\lambda x) & \text{für } x \geq 0 \\ 0 & \text{sonst} \end{cases} \quad (4.18)$$

heißt **exponentialverteilt** *mit Parameter λ, kurz $X \sim expo(\lambda)$.*

Anmerkung. Man kann zeigen, daß die Voraussetzung der Unabhängigkeit der vergangenen von der zukünftigen Wartezeit notwendig und hinreichend für das Vorliegen einer exponentialverteilten Zufallsvariablen ist.

Der Erwartungswert einer exponentialverteilten Zufallsvariablen X ist

$$\mathrm{E}(X) = \frac{1}{\lambda},$$

84   4. Diskrete und stetige Standardverteilungen

für die Varianz gilt
$$\mathrm{Var}(X) = \frac{1}{\lambda^2}.$$

Den Zusammenhang zwischen der Exponentialverteilung (Wartezeit zwischen zwei Ereignissen) und der Poissonverteilung (Anzahl der Ereignisse) drücken wir in dem folgenden zentralen Satz aus:

Theorem 4.3.1. *Die Anzahl der Ereignisse Y innerhalb eines Kontinuums ist poissonverteilt mit Parameter λ genau dann, wenn die Wartezeit zwischen zwei Ereignissen exponentialverteilt mit Parameter λ ist.*

Beispiel 4.3.2. Die Zufallsvariable X: „Lebensdauer einer Glühbirne einer Schaufensterbeleuchtung" sei exponentialverteilt mit Parameter $\lambda = 10$. Damit gilt

$$\mathrm{E}(X) = \frac{1}{10}$$
$$\mathrm{Var}(X) = \frac{1}{10^2}.$$

Die Zufallsvariable Y: „Anzahl der ausgefallenen Glühbirnen" ist damit poissonverteilt mit dem Parameter $\lambda = 10$, d.h. $\mathrm{E}(Y) = 10$, $\mathrm{Var}(Y) = 10$. Betrachten wir als Kontinuum ein Jahr, so erhalten wir für die erwartete Anzahl der ausgefallenen Glühbirnen pro Jahr

$$\mathrm{E}(Y) = 10 \text{ Glühbirnen pro Jahr}$$

und für die zu erwartende Wartezeit zwischen zwei Ausfällen

$$\mathrm{E}(X) = 1/10 \text{ Jahr} = 36.5 \text{ Tage}.$$

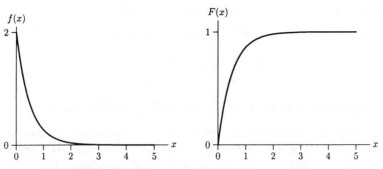

Abb. 4.8. Dichte- und Verteilungsfunktion der expo(10)-Verteilung

4.3.3 Die Normalverteilung

Die Normalverteilung ist die in der Statistik am häufigsten verwendete stetige Verteilung. Der Begriff Normalverteilung wurde von C.F. Gauß geprägt, und zwar im Zusammenhang mit dem Auftreten zufälliger Abweichungen der Messergebnisse vom wahren Wert bei geodätischen und astronomischen Messungen. Die zufälligen Abweichungen liegen symmetrisch um den wahren Wert.

Definition 4.3.3. *Eine stetige Zufallsvariable X mit der Dichtefunktion*

$$f(x) = \frac{1}{\sigma\sqrt{2\pi}} \exp\left(-\frac{(x-\mu)^2}{2\sigma^2}\right) \quad (4.19)$$

heißt **normalverteilt** *mit den Parametern μ und σ^2, kurz $X \sim N(\mu, \sigma^2)$.*

Für die Momente einer normalverteilten Zufallsgröße gilt

$$E(X) = \mu,$$
$$\mathrm{Var}(X) = \sigma^2.$$

Sind speziell $\mu = 0$ und $\sigma^2 = 1$, so heißt X **standardnormalverteilt**, $X \sim N(0,1)$. Die Dichte einer standardnormalverteilten Zufallsvariablen ist damit gegeben durch

$$\phi(x) = \frac{1}{\sqrt{2\pi}} \exp(-\frac{x^2}{2}).$$

Die Dichte einer Normalverteilung (Abbildung 4.9) hat ihr Maximum an der Stelle μ. Dies ist gleichzeitig der Symmetriepunkt der Dichte. Die Wendepunkte dieser Dichte liegen bei $(\mu - \sigma)$ und $(\mu + \sigma)$ (vgl. Abbildung 4.9). Je kleiner σ ist, desto mehr ist die Dichte um den Erwartungswert μ konzentriert. Je größer σ ist, desto flacher verläuft die Dichte (vgl. Abbildung 4.10).

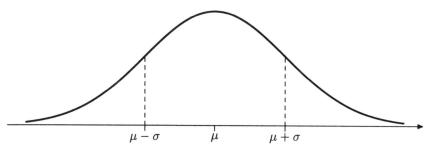

Abb. 4.9. Dichtefunktion der $N(\mu, \sigma^2)$ Verteilung

Die Berechnung der Verteilungsfunktion

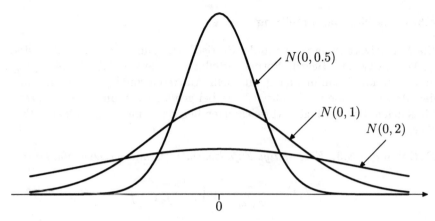

Abb. 4.10. Dichten der Normalverteilungen $N(0,2)$, $N(0,1)$ und $N(0,0.5)$

$$F(x) = \int_{-\infty}^{x} f(t)dt$$

einer normalverteilten Zufallsvariablen ist nicht mit elementaren Methoden möglich, so daß eine Tabellierung erforderlich wird. Dabei beschränken wir uns auf die Standardnormalverteilung. Tabelle B.2 enthält die Dichtefunktion $\phi(x)$, Tabelle B.1 die Verteilungsfunktion $\Phi(x)$ der $N(0,1)$-Verteilung.

Standardisierung einer $N(\mu, \sigma^2)$-verteilten Variablen

Es sei $X \sim N(\mu, \sigma^2)$. Unter Verwendung der Standardisierungs-Transformation (vgl. (3.28)) erhalten wir

$$Z = \frac{X - \mu}{\sigma} \sim N(0,1). \tag{4.20}$$

Dabei wird die Tatsache genutzt, daß eine lineare Transformation einer normalverteilten Variablen wieder zu einer normalverteilten Variablen führt. Eine $N(0,1)$-verteilte Variable wird mit Z bezeichnet.

Theorem 4.3.2 (Additionssatz). *Seien $X_1, \ldots, X_n$ unabhängig und identisch verteilte Zufallsvariablen mit $X_i \sim N(\mu, \sigma^2)$, so gilt*

$$\sum_{i=1}^{n} X_i \sim N(n\mu, n\sigma^2). \tag{4.21}$$

Rechenregeln für normalverteilte Zufallsvariablen

Es sei $X \sim N(\mu, \sigma^2)$. Die Wahrscheinlichkeit dafür, daß X Werte im Intervall $[a, b]$ annimmt, ist

$$P(a \leq X \leq b) = P\left(\frac{a-\mu}{\sigma} \leq Z \leq \frac{b-\mu}{\sigma}\right) = \Phi\left(\frac{b-\mu}{\sigma}\right) - \Phi\left(\frac{a-\mu}{\sigma}\right),$$
(4.22)

die Wahrscheinlichkeit für $X \leq b$ ist

$$P(X \leq b) = \Phi\left(\frac{b-\mu}{\sigma}\right),$$

und die Wahrscheinlichkeit für $X > a$ ist gleich $1 - P(X \leq a)$, also gilt

$$P(X > a) = 1 - P(X \leq a) = 1 - \Phi\left(\frac{a-\mu}{\sigma}\right).$$
(4.23)

Anmerkung. Für die standardnormalverteilte Zufallsgröße $Z \sim N(0,1)$ gilt insbesondere wegen der Symmetrie der Dichte $\phi(x)$ bezüglich 0 für jeden Wert a

$$\Phi(-a) = 1 - \Phi(a).$$

Damit gilt insbesondere $\Phi(0) = 0.5$. Dieser Zusammenhang ist in Abbildung 4.11 dargestellt.

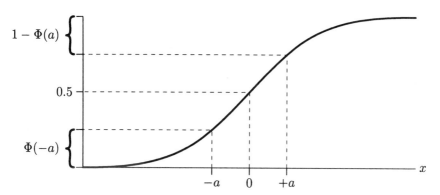

Abb. 4.11. Verteilungsfunktion der Standardnormalverteilung

Beispiel 4.3.3. Gegeben sei eine normalverteilte Variable $X \sim N(-2, 10^2)$. Die Wahrscheinlichkeit dafür, daß X Werte zwischen 0 und 5 annimmt, ist gemäß (4.22) zu berechnen:

$$\begin{aligned}
P(0 \leq X \leq 5) &= \Phi\left(\frac{5-(-2)}{10}\right) - \Phi\left(\frac{0-(-2)}{10}\right) \\
&= \Phi\left(\frac{7}{10}\right) - \Phi\left(\frac{2}{10}\right) \\
&= 0.758036 - 0.579260 = 0.178776.
\end{aligned}$$

Die Wahrscheinlichkeit dafür, daß X nur Werte größer als Null annimmt ist (nach (4.23))

$$P(X > 0) = 1 - \Phi\left(\frac{2}{10}\right) = 1 - 0.579260 = 0.420740\,.$$

Die Wahrscheinlichkeit, daß X Werte außerhalb des Intervalls $[-5, 1]$ annimmt, d.h., daß X entweder kleiner als -5 oder größer als 1 ist, ist

$$\begin{aligned} P(X < -5 \vee X > 1) &= 1 - P(-5 \leq X \leq 1) \\ &= 1 - \left[\Phi\left(\frac{3}{10}\right) - \Phi\left(\frac{-3}{10}\right)\right] \\ &= 1 - \left[2\Phi\left(\frac{3}{10}\right) - 1\right] \\ &= 2 - 2 \cdot 0.617911 = 0.764178. \end{aligned}$$

Umgekehrt kann natürlich auch eine Zahl a so gesucht sein, daß X im Intervall $(-2 - a, -2 + a)$ mit einer Wahrscheinlichkeit von z.B. 0.990 anzutreffen ist:

$$\begin{aligned} P(-2 - a \leq X \leq -2 + a) &= P\left(\frac{-a}{10} \leq \frac{X+2}{10} \leq \frac{a}{10}\right) \\ &= 2\Phi\left(\frac{a}{10}\right) - 1 = 0.990\,, \end{aligned}$$

also gilt

$$\Phi\left(\frac{a}{10}\right) = 0.995\,.$$

Aus Tabelle B.1 lesen wir ab, daß $\frac{a}{10}$ zwischen 2.57 und 2.58 liegen muß. Lineare Interpolation der Tabellenwerte liefert $\frac{a}{10} = 2.575862$ und damit $a = 25.75862$.

$k\sigma$-Regel für die Normalverteilung

Für die praktische Anwendung (z.B. bei Qualitätsnormen) gibt man häufig die Streuungsintervalle $(\mu \pm \sigma)$, $(\mu \pm 2\sigma)$ und $(\mu \pm 3\sigma)$ an, die 1σ-Bereich, 2σ-Bereich bzw. 3σ-Bereich heißen (vgl. Abschnitt 3.5.8). Sie dienen dem Vergleich von verschiedenen normalverteilten Zufallsvariablen.

Wir wollen jetzt die Wahrscheinlichkeiten dafür bestimmen, daß eine $N(\mu, \sigma^2)$-verteilte Variable Werte im 1σ-, 2σ- bzw. 3σ-Bereich um μ annimmt. Es gilt

$$\begin{aligned} P(\mu - \sigma \leq X \leq \mu + \sigma) &= P(-1 \leq \frac{X - \mu}{\sigma} \leq 1) \\ &= 2\Phi(1) - 1 \\ &= 2 \cdot 0.841345 - 1 \\ &= 0.682690\,, \end{aligned}$$

$$P(\mu - 2\sigma \leq X \leq \mu + 2\sigma) = P(-2 \leq \frac{X-\mu}{\sigma} \leq 2)$$
$$= 2\Phi(2) - 1$$
$$= 2 \cdot 0.977250 - 1$$
$$= 0.954500,$$

$$P(\mu - 3\sigma \leq X \leq \mu + 3\sigma) = P(-3 \leq \frac{X-\mu}{\sigma} \leq 3)$$
$$= 2\Phi(3) - 1$$
$$= 2 \cdot 0.998650 - 1$$
$$= 0.997300.$$

Bei einer beliebigen $N(\mu, \sigma^2)$-verteilten Zufallsvariablen liegen also bereits 68% der Wahrscheinlichkeitsmasse im einfachen Streubereich, 95% im zweifachen und 99.7% im dreifachen Streubereich. Vergleicht man diese Wahrscheinlichkeiten mit den nach der Tschebyschev-Ungleichung erhaltenen Abschätzungen (vgl. Abschnitt 3.5.8), so sieht man den Informationsgewinn durch Kenntnis des Verteilungstyps.

Verteilung des arithmetischen Mittels normalverteilter Zufallsvariablen

Sei eine Zufallsvariable $X \sim N(\mu, \sigma^2)$ gegeben. Wir betrachten eine Stichprobe $\mathbf{X} = (X_1, \ldots, X_n)$ aus unabhängigen und identisch $N(\mu, \sigma^2)$-verteilten Variablen X_i. Es gilt dann für das Stichprobenmittel $\bar{X}$

$$E(\bar{X}) = \frac{1}{n} \sum_{i=1}^{n} E(X_i) = \mu \quad \text{(Regel (3.29))}$$

und

$$\text{Var}(\bar{X}) = \frac{1}{n^2} \sum_{i=1}^{n} \text{Var}(X_i) = \frac{\sigma^2}{n} \quad \text{(Regel (3.30))}.$$

Damit gilt dann insgesamt für das Stichprobenmittel einer normalverteilten Zufallsvariablen (vgl. (4.21))

$$\bar{X} \sim N(\mu, \frac{\sigma^2}{n}).$$

4.3.4 Die zweidimensionale Normalverteilung

Seien zwei Zufallsvariablen $X_1 \sim N(\mu_1, \sigma_1^2)$ und $X_2 \sim N(\mu_2, \sigma_2^2)$ gegeben und sei ρ der Korrelationskoeffizient, d.h.

$$\rho = \rho(X_1, X_2) = \frac{\text{Cov}(X_1, X_2)}{\sigma_1 \sigma_2}.$$

4. Diskrete und stetige Standardverteilungen

Definition 4.3.4. *Der Zufallsvektor (X_1, X_2) besitzt die **zweidimensionale Normalverteilung**, falls die gemeinsame Dichte die Gestalt*

$$f_{X_1 X_2}(x_1, x_2) = \frac{1}{2\pi\sigma_1\sigma_2\sqrt{1-\rho^2}} \times$$

$$\exp\left\{-\frac{1}{2}\frac{1}{1-\rho^2}\left[\left(\frac{x_1-\mu_1}{\sigma_1}\right)^2 - 2\rho\frac{x_1-\mu_1}{\sigma_1}\frac{x_2-\mu_2}{\sigma_2} + \left(\frac{x_2-\mu_2}{\sigma_2}\right)^2\right]\right\}$$

hat.

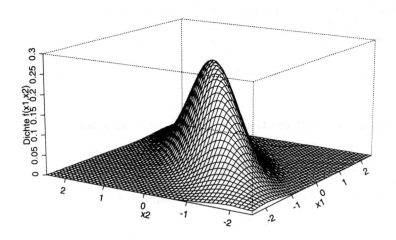

Abb. 4.12. Dichte einer zweidimensionalen Normalverteilung

Im Fall $\rho = 0$ folgt

$$f_{X_1 X_2}(x_1, x_2) = \frac{1}{\sigma_1\sqrt{2\pi}} \exp\left\{-\frac{1}{\sigma_1}(x_1-\mu_1)^2\right\} \frac{1}{\sigma_2\sqrt{2\pi}} \exp\left\{-\frac{1}{\sigma_2}(x_2-\mu_2)^2\right\}$$
$$= f_{X_1}(x_1) f_{X_2}(x_2),$$

Die gemeinsame Dichte wird also zum Produkt der Randdichten, so daß X_1 und X_2 unabhängig sind (vgl. (3.41)). Damit haben wir folgenden Satz bewiesen:

Theorem 4.3.3. *Zwei normalverteilte Zufallsvariablen sind genau dann unabhängig, wenn sie unkorreliert sind.*

Anmerkung. Wie wir bereits gezeigt haben, gilt für zwei beliebige Zufallsvariablen X_1, X_2 nur, daß aus der Unabhängigkeit die Unkorreliertheit folgt. Die Umkehrung dieser Beziehung gilt nur für normalverteilte Zufallsvariablen.

Im Hinblick auf die späteren Kapitel führen wir hier zusätzlich die Matrixnotation für die Normalverteilung ein. Dazu definieren wir den Vektor der Erwartungswerte und die Kovarianzmatrix

$$E\begin{pmatrix} X_1 \\ X_2 \end{pmatrix} = \boldsymbol{\mu} = \begin{pmatrix} \mu_1 \\ \mu_2 \end{pmatrix}$$

$$V\begin{pmatrix} X_1 \\ X_2 \end{pmatrix} = \boldsymbol{\Sigma} = \begin{pmatrix} \sigma_1^2 & \rho\sigma_1\sigma_2 \\ \rho\sigma_1\sigma_2 & \sigma_2^2 \end{pmatrix}$$

und erhalten für die gemeinsame Dichte von (X_1, X_2)

$$f_{X_1 X_2}(x_1, x_2) = \frac{1}{2\pi |\boldsymbol{\Sigma}|^{1/2}} \exp\left(-\frac{1}{2}(\mathbf{x} - \boldsymbol{\mu})' \boldsymbol{\Sigma}^{-1}(\mathbf{x} - \boldsymbol{\mu})\right).$$

4.4 Prüfverteilungen

Aus der Normalverteilung lassen sich drei wesentliche Verteilungen – die sogenannten **Prüfverteilungen** – gewinnen. Diese Verteilungen werden z.B. zum Prüfen von Hypothesen über

- die Varianz σ^2 einer Normalverteilung: χ^2-Verteilung,
- den Erwartungswert einer normalverteilten Zufallsvariablen unbekannter Varianz bzw. zum Vergleich der Mittelwerte zweier normalverteilter Zufallsvariablen mit unbekannter, aber gleicher Varianz: t-Verteilung,
- das Verhältnis von Varianzen zweier normalverteilter Zufallsvariablen: F-Verteilung

eingesetzt (vgl. Kapitel 7).

4.4.1 Die χ^2-Verteilung

Definition 4.4.1. *Es seien $Z_1, \ldots, Z_n$ n unabhängige und identisch $N(0,1)$-verteilte Zufallsvariablen. Dann ist die Summe ihrer Quadrate $\sum_{i=1}^{n} Z_i^2$ χ^2-verteilt mit n Freiheitsgraden.*

Die χ^2-Verteilung ist nicht symmetrisch. Eine χ^2-verteilte Zufallsvariable nimmt nur Werte größer oder gleich Null an. Die Quantile der χ^2-Verteilung sind in Tabelle B.3 für verschiedene n angegeben.

Theorem 4.4.1 (Additionssatz). *Die Summe zweier unabhängiger χ_n^2-verteilter bzw. χ_m^2-verteilter Zufallsvariablen ist χ_{n+m}^2-verteilt.*

Als wesentliches Beispiel für eine χ^2-verteilte Zufallsvariable ist die Stichprobenvarianz einer normalverteilten Grundgesamtheit zu nennen:

$$S_X^2 = \frac{1}{n-1} \sum_{i=1}^{n} (X_i - \bar{X})^2 . \tag{4.24}$$

Für unabhängige Zufallsvariablen $X_i \sim N(\mu, \sigma^2)$ $(i = 1, \ldots, n)$ gilt

$$\frac{(n-1)S_X^2}{\sigma^2} \sim \chi_{n-1}^2 . \tag{4.25}$$

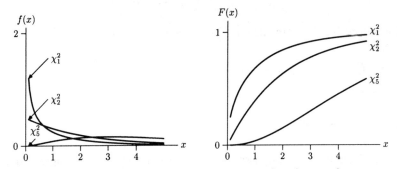

Abb. 4.13. Dichte- und Verteilungsfunktion der χ_1^2-, χ_2^2 und χ_5^2-Verteilung

Anmerkung. Der Nachweis, daß tatsächlich eine χ_{n-1}^2-Verteilung vorliegt, d.h., daß (4.25) gilt, verwendet den Satz von Cochran (vgl. Satz 11.4.1). Die Zahl der Freiheitsgrade beträgt $n-1$, also Eins weniger als der Stichprobenumfang, da die Zufallsvariablen $(X_i - \bar{X})$ nicht unabhängig sind. Wegen $\sum_{i=1}^{n}(X_i - \bar{X}) = 0$ besteht zwischen ihnen genau eine lineare Beziehung.

4.4.2 Die t-Verteilung

Definition 4.4.2. *Sind X und Y unabhängige Zufallsvariablen, wobei $X \sim N(0,1)$ und $Y \sim \chi_n^2$ verteilt ist, so besitzt der Quotient*

$$\frac{X}{\sqrt{Y/n}} \sim t_n \tag{4.26}$$

eine **t-Verteilung** *(Student-Verteilung) mit n Freiheitsgraden.*

In Tabelle B.4 sind die Quantile der t-Verteilung enthalten.

Wird von einer $N(\mu, \sigma^2)$-verteilten Zufallsvariablen X eine Stichprobe vom Umfang n realisiert, so bilden wir die Zufallsvariablen arithmetisches Mittel $\bar{X}$ und Stichprobenvarianz S_X^2, für die wir folgenden zentralen Satz angeben.

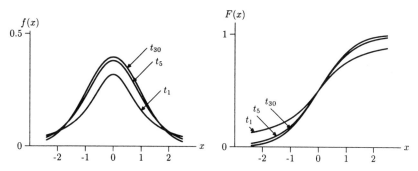

Abb. 4.14. Dichte- und Verteilungsfunktion der t-Verteilung

Theorem 4.4.2 (Student (Gosset, 1908)). *Sei* $\mathbf{X} = (X_1, \ldots, X_n)$ *mit* $X_i \stackrel{iid.}{\sim} N(\mu, \sigma^2)$, *so sind* $\bar{X}$ *und* S_X^2 *unabhängig. Der folgende Quotient ist* t_{n-1}-*verteilt*

$$\frac{(\bar{X} - \mu)\sqrt{n}}{S_X} = \frac{(\bar{X} - \mu)\sqrt{n}}{\sqrt{\frac{1}{n-1}\sum_i (X_i - \bar{X})^2}} \sim t_{n-1}.$$

4.4.3 Die F-Verteilung

Definition 4.4.3. *Sind* X *und* Y *unabhängige* χ_m^2 *bzw.* χ_n^2-*verteilte Zufallsvariablen, so besitzt der Quotient*

$$\frac{X/m}{Y/n} \sim F_{m,n} \qquad (4.27)$$

die **Fisher'sche F-Verteilung** *mit* (m, n) *Freiheitsgraden.*

Ist X eine χ_1^2-verteilte Zufallsvariable, so ist der Quotient $F_{1,n}$-verteilt. Die Wurzel aus dem Quotienten ist dann t_n-verteilt, da die Wurzel aus einer χ_1^2-verteilten Zufallsvariablen $N(0, 1)$-verteilt ist. Dieser Zusammenhang wird häufig bei der automatisierten Modellwahl in linearen Regressionsmodellen (Kapitel 9) verwendet.

Als wichtiges Anwendungsbeispiel sei die Verteilung des Quotienten der Stichprobenvarianzen zweier Stichproben vom Umfang m bzw. n von unabhängigen normalverteilten Zufallsvariablen $X \sim N(\mu_X, \sigma^2)$ bzw. $Y \sim N(\mu_Y, \sigma^2)$ genannt: $S_X^2 = \frac{1}{m-1}\sum_{i=1}^m (X_i - \bar{X})^2$ bzw. $S_Y^2 = \frac{1}{n-1}\sum_{i=1}^n (Y_i - \bar{Y})^2$. Für das Verhältnis beider Stichprobenvarianzen gilt (im Falle gleicher Varianzen σ^2)

$$\frac{S_X^2}{S_Y^2} \sim F_{m-1, n-1}.$$

Anmerkung. Ist eine Zufallsvariable W nach $F_{m,n}$-verteilt, so ist $1/W$ nach $F_{n,m}$-verteilt. Deshalb sind die Tabellen der $F_{m,n}$-Verteilung im allgemeinen auf den Fall $m \leq n$ beschränkt (Tabellen B.5–B.8).

94   4. Diskrete und stetige Standardverteilungen

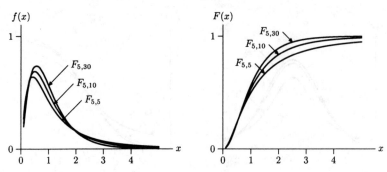

Abb. 4.15. Dichte- und Verteilungsfunktion der F-Verteilung

4.5 Aufgaben und Kontrollfragen

Aufgabe 4.1: In einer Multiple-Choice-Klausur werden zehn Fragen gestellt. Zu jeder Frage gibt es drei mögliche Antworten, von denen jedoch nur eine richtig ist. Wieviele richtige Antworten müssen zum Bestehen der Klausur mindestens gefordert werden, wenn die Wahrscheinlichkeit, die Klausur durch Raten zu bestehen, höchstens 0.05 betragen soll?

Aufgabe 4.2: Ein Angler fängt an einem kleinen Fischteich im Durchschnitt pro Stunde sechs Fische. Y bezeichne die Zahl der Fische, die in irgendeiner Stunde gefangen werden, X die Zeitspanne zwischen dem Fang zweier Fische in Minuten.

a) Welche Verteilung kann man X und Y zuordnen?
b) Bestimmen Sie $E(X)$ und $E(Y)$.
c) Wie groß sind $P\{Y = 2\}$, $P\{Y > 2\}$, $P\{X \leq 20\}$?

Aufgabe 4.3: Eine Maschine produziert Bandnudeln, deren Längen normalverteilt sind. Die durchschnittliche Nudellänge kann eingestellt werden, jedoch beträgt die Varianz unabhängig davon immer 4.

a) Wie groß ist die Wahrscheinlichkeit dafür, daß der eingestellte Wert $\mu = 50$ mm um mehr als 3 mm unterschritten wird?
b) Auf welchen Wert muß die durchschnittliche Nudellänge eingestellt werden, damit die produzierten Nudeln mit einer Wahrscheinlichkeit von 0.99 eine Länge von höchstens 60 mm haben?

Aufgabe 4.4: Leiten Sie den Erwartungswert und die Varianz für die Null-Eins-Verteilung und die Binomialverteilung her.

Aufgabe 4.5: Sei $X \sim Po(\lambda)$ und $Y \sim Po(\mu)$ und seien X und Y unabhängig. Zeigen Sie: $E(X) = \lambda$ und $Var(X) = \lambda$.

Aufgabe 4.6: X sei eine binomialverteilte Zufallsgröße mit $n = 10$ und $p = \frac{1}{4}$.

a) Bestimmen Sie die exakte Wahrscheinlichkeit, daß X um höchstens 2 vom Erwartungswert abweicht.
b) Schätzen Sie diese Wahrscheinlichkeit ab.

Aufgabe 4.7: Bei einem Experiment ist nur von Interesse, ob ein bestimmtes Ereignis A eintritt oder nicht. Das Experiment wird n mal unabhängig voneinander durchgeführt. Es wird folgende Zufallsgröße definiert:

$$X_i = \begin{cases} 1 \text{ falls Ereignis } A \text{ im } i\text{-ten Versuch eintritt} \\ 0 \text{ falls Ereignis } A \text{ im } i\text{-ten Versuch nicht eintritt} \end{cases}$$

a) Bestimmen Sie Erwartungswert und Varianz der neuen Zufallsgröße $\bar{X} = \frac{1}{n}(X_1 + X_2 + \cdots + X_n)$.
b) Wie groß muß n mindestens sein, damit $\bar{X}$ mit einer Sicherheit von mindestens 98% um höchstens 0.01 von der unbekannten Wahrscheinlichkeit p abweicht?

Aufgabe 4.8: Eine Urne enthält M weiße und $N - M$ schwarze Kugeln. Aus dieser Urne werden nacheinander und ohne Zurücklegen n Kugeln gezogen.

a) Bestimmen Sie die Wahrscheinlichkeit, daß im ersten Zug eine weiße Kugel erscheint.
b) Wie groß ist die Wahrscheinlichkeit dafür, im zweiten Zug eine weiße Kugel zu ziehen, wobei der erste Zug beliebig ist?
c) Wie groß ist die Wahrscheinlichkeit dafür, im zweiten Zug eine weiße Kugel zu ziehen, wenn bereits im ersten Zug eine weiße Kugel gezogen wurde?
d) Wie groß ist die Wahrscheinlichkeit, im i-ten Zug ($i = 1,\ldots,n$) eine weiße Kugel zu ziehen, wobei die $i - 1$ vorhergehenden Züge beliebig sind?

Aufgabe 4.9: Ein unverfälschter Würfel wird fünfmal geworfen. X sei die Anzahl der Würfe, bei denen eine Sechs erscheint.

a) Wie groß ist hier die Wahrscheinlichkeit, mindestens zwei Sechsen zu werfen?
b) Wie groß ist der Erwartungswert von X?

Aufgabe 4.10: In einer Schulklasse befinden sich 20 Schüler, denen es freigestellt ist, sich an einer Klassenfahrt zu beteiligen oder nicht. Aus vergangenen Jahren ist bekannt, daß etwa 70% der Schüler an den Fahrten teilnehmen. Wie groß ist die Wahrscheinlichkeit, daß die Klassenfahrt stattfindet, wenn dazu mindestens 10 Schüler teilnehmen müssen?

Aufgabe 4.11: Zwei Würfel werden viermal gleichzeitig geworfen.

a) Wie groß ist die Wahrscheinlichkeit, daß dabei genau zweimal eine ungerade Augensumme auftritt?
b) Bestimmen Sie die Wahrscheinlichkeit dafür, daß die Augensumme bei einem Wurf höchstens vier und bei den übrigen drei Würfen mindestens acht beträgt.

Aufgabe 4.12: X sei eine $N(2;4)$-verteilte Zufallsgröße. Folgende Ereignisse seien definiert:
$$A = \{X \leq 3\}, \quad B = \{X \geq -0.9\}$$
a) Bestimmen Sie $P(A \cap B)$.
b) Bestimmen Sie $P(A \cup B)$.

Aufgabe 4.13: Z sei eine $N(0;1)$-verteilte Zufallsgröße. Wie groß muß eine positive Zahl c gewählt werden, damit gilt: $P(-c \leq Z \leq +c) = 0.97$?

5. Grenzwertsätze und Approximationen

5.1 Die stochastische Konvergenz

In diesem Kapitel wollen wir einige Grundbegriffe über das Verhalten von Folgen von Zufallsvariablen $(X_n)_{n\in\mathbb{N}}$ einführen, wenn n gegen ∞ strebt. Dazu benötigen wir den Begriff der stochastischen Konvergenz.

Definition 5.1.1. *Eine Folge $(X_n)_{n\in\mathbb{N}}$ von Zufallsvariablen **konvergiert stochastisch** gegen 0, wenn für beliebiges $\epsilon > 0$ die Beziehung*

$$\lim_{n\to\infty} P(|X_n| > \epsilon) = 0 \tag{5.1}$$

erfüllt ist.

Dies ist äquivalent zu $\lim_{n\to\infty} P(|X_n| \leq \epsilon) = 1$. Diese Konvergenz heißt auch **Konvergenz nach Wahrscheinlichkeit**. Wir weisen darauf hin, daß diese Definition nicht besagt, daß X_n gegen Null konvergiert (im klassischen Sinne der Analysis). Klassische Konvergenz würde bedeuten, daß man für jedes ϵ ein endliches $n = n_0$ so finden kann, daß $|X_n| \leq \epsilon$, $\forall n > n_0$ gilt. Aus der Definition der stochastischen Konvergenz folgt lediglich, daß die Wahrscheinlichkeit des zufälligen Ereignisses $|X_n| > \epsilon$ für $n \to \infty$ gegen Null strebt.

Sei $F_n(t)$ die Verteilungsfunktion der Zufallsvariablen X_n. Dann bedeutet (5.1), daß für jedes $\epsilon > 0$ und für $n \to \infty$

$$P(X_n < -\epsilon) = F_n(-\epsilon) \to 0 \tag{5.2}$$

und

$$\begin{aligned}P(X_n > \epsilon) &= 1 - P(X_n \leq \epsilon) \\ &= 1 - F_n(\epsilon) - P(X_n = \epsilon) \to 0\end{aligned} \tag{5.3}$$

gilt. Da (5.1) für jedes $\epsilon > 0$ gilt, folgt $P(X_n = \epsilon) \to 0$ für $n \to \infty$ für alle $\epsilon > 0$. Somit wird (5.3) zu

$$1 - F_n(\epsilon) \to 0, \tag{5.4}$$

d.h., es gilt für alle $\epsilon > 0$

$$F_n(\epsilon) \to 1.$$

Mit Hilfe der in Abschnitt 4.2.2 definierten Einpunktverteilung können wir also folgendes Ergebnis formulieren (vgl. Fisz, 1970)

Theorem 5.1.1. *Eine Folge $(X_n)_{n\in\mathbb{N}}$ von Zufallsvariablen konvergiert stochastisch gegen Null genau dann, wenn die Folge $(F_n(x))_{n\in\mathbb{N}}$ ihrer Verteilungsfunktionen gegen die Verteilungsfunktion der Einpunktverteilung in jeder Stetigkeitsstelle dieser Funktion konvergiert.*

Gemäß (5.1) konvergiert eine Folge $(X_n)_{n\in\mathbb{N}}$ von Zufallsvariablen stochastisch gegen eine Konstante c, falls $(Y_n)_{n\in\mathbb{N}} = (X_n - c)_{n\in\mathbb{N}}$ stochastisch gegen Null konvergiert. Analog konvergiert eine Folge $(X_n)_{n\in\mathbb{N}}$ stochastisch gegen eine Zufallsvariable X, falls $(Y_n)_{n\in\mathbb{N}} = (X_n - X)_{n\in\mathbb{N}}$ stochastisch gegen Null konvergiert.

5.2 Das Gesetz der großen Zahlen

Wir haben für die Zufallsvariable $\bar{X} = \frac{1}{n}\sum_{i=1}^{n} X_i$ (arithmetisches Mittel) aus n i.i.d. Zufallsvariablen X_i mit $\mathrm{E}(X_i) = \mu$ und $\mathrm{Var}(X_i) = \sigma^2$ die grundlegende Eigenschaft $\mathrm{Var}(\bar{X}) = \frac{\sigma^2}{n}$ hergeleitet (vgl. (3.30)). Die Varianz von $\bar{X}$ nimmt also mit wachsendem n ab. Wir betrachten die Tschebyschev-Ungleichung (3.37) für $\bar{X}$ und verwenden den Index n zur Kennzeichnung der n unabhängigen Wiederholungen. Dann gilt für die Folge $(\bar{X}_n - \mu)_{n\in\mathbb{N}}$

$$P(|\bar{X}_n - \mu| < c) \geq 1 - \frac{\mathrm{Var}(\bar{X}_n)}{c^2} = 1 - \frac{\sigma^2}{nc^2}. \tag{5.5}$$

Für jedes feste $c \geq 0$ strebt die rechte Seite von (5.5) für $n \to \infty$ gegen Eins. Damit haben wir folgenden Satz bewiesen.

Theorem 5.2.1 (Gesetz der großen Zahlen). *Seien $X_1, \ldots, X_n$ i.i.d. Zufallsvariablen mit $\mathrm{E}(X_i) = \mu$ und $\mathrm{Var}(X_i) = \sigma^2$ und sei $\bar{X}_n = \frac{1}{n}\sum_{i=1}^{n} X_i$ das arithmetische Mittel. Dann gilt*

$$\lim_{n\to\infty} P(|\bar{X}_n - \mu| < c) = 1, \quad \forall c \geq 0. \tag{5.6}$$

D. h. $\bar{X}_n$ konvergiert stochastisch (nach Wahrscheinlichkeit) gegen μ.

Wir wenden dieses Gesetz auf unabhängige Null-Eins-verteilte Variablen (vgl. (4.5)) an, d. h., wir wählen die Zufallsvariablen ($i = 1, \ldots, n$)

$$X_i = \begin{cases} 1 & \text{mit} \quad P(X_i = 1) = p \\ 0 & \text{mit} \quad P(X_i = 0) = 1 - p. \end{cases}$$

Damit ist $\mathrm{E}(X_i) = p$ und $\mathrm{Var}(X_i) = p(1-p)$ (vgl. (4.6),(4.7)). Bilden wir wieder $\bar{X}_n = \frac{1}{n}\sum_{i=1}^{n} X_i$ und ersetzen in (5.5) μ durch p und σ^2 durch $p(1-p)$, so gilt

$$P(|\bar{X}_n - p| < c) \geq 1 - \frac{p(1-p)}{nc^2}, \tag{5.7}$$

und damit erhalten wir

$$\lim_{n \to \infty} P(|\bar{X}_n - p| < c) = 1 \quad \forall c \geq 0.$$

$\bar{X}_n$ ist die Zufallsvariable, die die relative Häufigkeit eines Ereignisses A bei n unabhängigen Wiederholungen angibt. Anders ausgedrückt erhalten wir folgenden Satz.

Theorem 5.2.2 (Satz von Bernoulli). *Die relative Häufigkeit eines zufälligen Ereignisses A in n unabhängigen Wiederholungen konvergiert stochastisch gegen die Wahrscheinlichkeit p des Ereignisses A.*

Dieser Satz ist die Grundlage für die schon oft benutzte Häufigkeitsinterpretation der Wahrscheinlichkeit. Mit seiner Hilfe kann man für vorgegebenes c und vorgegebene Sicherheitswahrscheinlichkeit $1-\alpha$ den zum Erreichen von

$$P(|\bar{X}_n - p| < c) \geq 1 - \alpha$$

notwendigen Stichprobenumfang n abschätzen. Auflösen der Ungleichung (5.7) nach n liefert die Bedingung

$$n \geq \frac{p(1-p)}{c^2 \alpha}.$$

Beispiel. Sei $c = \alpha = p = 0.1$, so folgt

$$n \geq \frac{0.1(1-0.1)}{0.1^2 0.1} = 90.$$

Sei $c = \alpha = 0.1$, $p = 0.5$, so folgt

$$n \geq \frac{0.5^2}{0.1^2 0.1} = 250.$$

5.3 Der zentrale Grenzwertsatz

Der zentrale Grenzwertsatz gehört zu den wichtigsten Aussagen der Wahrscheinlichkeitstheorie. Er gibt eine Charakterisierung der Normalverteilung als Grenzverteilung von Überlagerungen einer Vielzahl unabhängiger zufälliger Einzeleffekte. Der zentrale Grenzwertsatz existiert in zahlreichen Modifikationen. Wir beschränken uns hier auf folgenden Fall.

Seien X_i ($i = 1, \ldots, n$) i.i.d. Zufallsvariablen mit $E(X_i) = \mu$ und $\text{Var}(X_i) = \sigma^2$. Dann besitzt die Zufallsvariable $\sum_{i=1}^{n} X_i$, den Erwartungswert $E(\sum_{i=1}^{n} X_i) = n\mu$ und die Varianz $\text{Var}(\sum_{i=1}^{n} X_i) = n\sigma^2$, so daß

$$Y_n = \frac{\sum_{i=1}^{n} X_i - n\mu}{\sqrt{n\sigma^2}} \tag{5.8}$$

standardisiert ist, d. h., es gilt $E(Y_n) = 0$ und $\text{Var}(Y_n) = 1$. Y_n heißt standardisierte Summe der $X_1, \ldots, X_n$.

Theorem 5.3.1 (Zentraler Grenzwertsatz). *Seien X_i ($i = 1, \ldots, n$) i.i.d. Zufallsvariablen mit $\mathrm{E}(X_i) = \mu$ und $\mathrm{Var}(X_i) = \sigma^2$, ($i = 1, \ldots, n$) und sei Y_n die standardisierte Summe der X_i. Dann gilt für die Verteilungsfunktion von Y_n*

$$\lim_{n \to \infty} P(Y_n \leq y) = \Phi(y), \quad \forall y,$$

wobei $\Phi(y)$ die Verteilungsfunktion der Standardnormalverteilung ist.

Satz 5.3.1 besagt, daß die standardisierte Summe Y_n für große n annähernd standardnormalverteilt ist:

$$Y_n \sim N(0,1) \quad \text{für} \quad n \to \infty.$$

Bilden wir die Rücktransformation nach $\sum_{i=1}^{n} X_i$ gemäß (5.8), so ist $\sum_{i=1}^{n} X_i$ für große n annähernd $N(n\mu, n\sigma^2)$-verteilt

$$\sum_{i=1}^{n} X_i \sim N(n\mu, n\sigma^2). \tag{5.9}$$

Das arithmetische Mittel $\bar{X}_n = \frac{1}{n} \sum_{i=1}^{n} X_i$ ist somit für große n annähernd $N(\mu, \frac{\sigma^2}{n})$ verteilt

$$\bar{X}_n \sim N(\mu, \frac{\sigma^2}{n}).$$

Das Gesetz der großen Zahlen sagt also aus, daß $\bar{X}_n$ stochastisch gegen μ konvergiert, während der zentrale Grenzwertsatz zusätzlich aussagt, daß die Verteilung von $\bar{X}_n$ gegen die Grenzverteilung $N(\mu, \frac{\sigma^2}{n})$ konvergiert.

5.4 Approximationen

Wir haben zur Herleitung der Regeln der Kombinatorik und von einigen diskreten Verteilungen das Urnenmodell verwandt. In einer Urne seien insgesamt N Kugeln, davon M weiße und $N-M$ schwarze. Aus der Urne werden zufällig n Kugeln gezogen. Sei X die Zufallsvariable „Anzahl der weißen Kugeln in der Ziehung". Beim Ziehen mit Zurücklegen ist X binomialverteilt, beim Ziehen ohne Zurücklegen ist X hypergeometrisch verteilt (vgl. Abschnitte 4.2.4 und 4.2.5). Falls N, M und $N-M$ sehr groß gegenüber n sind, stimmen beide Verteilungen nahezu überein. Es macht dann also kaum einen Unterschied, ob man mit oder ohne Zurücklegen zieht. Wir wollen dies hier nicht beweisen (vgl. dazu z. B. Rüger, 1996), sondern uns vielmehr auf das Grenzverhalten der Binomialverteilung für großes n konzentrieren.

5.4.1 Approximation der Binomialverteilung durch die Normalverteilung

Betrachten wir n unabhängige Null-Eins-verteilte Variablen X_i mit Erwartungswert $E(X_i) = p$ und Varianz $Var(X_i) = p(1-p)$. Die daraus gebildete binomialverteilte Zufallsvariable $\sum_{i=1}^{n} X_i$ besitzt den Erwartungswert $E(\sum_{i=1}^{n} X_i) = np$ und die Varianz $Var(\sum_{i=1}^{n} X_i) = np(1-p)$. Durch Anwendung von (5.9) ergibt sich für großes n

$$\sum_{i=1}^{n} X_i \sim N(np, np(1-p)) \,. \tag{5.10}$$

Daraus folgt sofort für die relative Häufigkeit (n groß)

$$\frac{1}{n} \sum_{i=1}^{n} X_i \sim N\left(p, \frac{p(1-p)}{n}\right) \,. \tag{5.11}$$

Die Binomialverteilung $B(n;p)$ kann also für großes n durch die Normalverteilung approximiert werden:

$$B(n;p) \to N(np, np(1-p)) \tag{5.12}$$

Die Näherung (5.12) ist für $np(1-p) \geq 9$ hinreichend genau. Damit gilt für $X \sim B(n;p)$

$$P(X \leq x) \approx \Phi\left(\frac{x - np}{\sqrt{np(1-p)}}\right)$$

bzw. mit der sogenannten Stetigkeitskorrektur

$$P(a \leq X \leq b) \approx \Phi\left(\frac{b + 0.5 - np}{\sqrt{np(1-p)}}\right) - \Phi\left(\frac{a - 0.5 - np}{\sqrt{np(1-p)}}\right) \,. \tag{5.13}$$

Beispiel. Von einer neuen Maschine sei bekannt, daß die von ihr hergestellten Produkte zu 90% den Qualitätsanforderungen entsprechen. Bezeichnen wir mit A das Ereignis „Produkt einwandfrei", so gilt $P(A) = 0.9 = p$ und damit $P(\bar{A}) = 0.1 = 1 - p$. Eine Kiste mit 150 Stücken aus der neuen Produktion wurde geprüft, wovon $k = 135$ Stücke als einwandfrei befunden wurden. Die Anzahl der einwandfreien Stücke in der neuen Produktion ist eine binomialverteilte Zufallsvariable X mit $np(1-p) = 150 \cdot 0.9 \cdot 0.1 = 13.5$. Damit ist die Approximation der Binomialverteilung durch die Normalverteilung gerechtfertigt, und wir erhalten z. B.

$$\begin{aligned}P(135 \leq X \leq 150) &= \Phi\left[\frac{150 + 0.5 - 150 \cdot 0.9}{\sqrt{150 \cdot 0.9 \cdot 0.1}}\right] - \Phi\left[\frac{135 - 0.5 - 150 \cdot 0.9}{\sqrt{150 \cdot 0.9 \cdot 0.1}}\right] \\ &= \Phi(4.22) - \Phi(-0.14) \\ &= 0.99934 - 0.44433 = 0.55501 \,.\end{aligned}$$

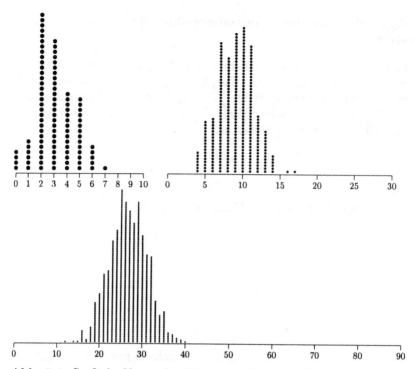

Abb. 5.1. Grafische Veranschaulichung des Zentralen Grenzwertsatzes. $K = 100$, $K = 300$ und $K = 900$fache Realisierung einer $B(n,p)$-verteilten Zufallsvariablen X ($n = 10, 30, 90$ und $p = 0.3$). Die Punkte repräsentieren die Anzahl der Realisierungen von $X_i = x$ ($i = 1, \ldots, K$).

D. h. mit einer Wahrscheinlichkeit von rund 0.56 sind 135 oder mehr Stücke der Produktion einwandfrei. Die erwartete Anzahl der qualitativ einwandfreien Produkte beträgt

$$E(X) = 150 \cdot 0.9 = 135$$

und die Varianz

$$\mathrm{Var}(X) = 150 \cdot 0.9 \cdot 0.1 = 13.5\,.$$

Wir wollen nun noch die Approximation der Binomialverteilung durch die Normalverteilung grafisch veranschaulichen. Dazu wiederholen wir die Realisation einer $B(n,p)$-verteilten Zufallsvariablen X K mal. In Abbildung 5.1 wird über der jeweiligen Anzahl X_i durch Säulen die Häufigkeit aufgetragen, mit der dieses Ergebnis realisiert wurde. Die verwendeten Werte für n und p waren $n = 10$, $n = 30$ und $n = 90$ und jeweils $p = 0.3$. Damit ergeben sich für den Erwartungswert np die Werte $np = 3$, $np = 9$ und $np = 27$.

5.4.2 Approximation der Binomialverteilung durch die Poissonverteilung

Die Regel $np(1-p) \geq 9$ besagt, daß für Werte von p nahe Null (oder Nahe Eins) n sehr groß sein muß, um die Approximation (5.10) zu sichern. Sei z. B. $p = 0.01$, so müßte $n \geq 9/(0.01 \cdot 0.99) = 909.09$ sein. Für extrem kleine Werte von p und große Werte von n approximiert man die Binomialverteilung durch die Poissonverteilung nach der Regel

$$B(n;p) \to Po(np). \qquad (5.14)$$

Diese Approximation ist für $p \leq 0.1$ und $n \geq 100$ hinreichend genau. Die Approximation (5.14) heißt Grenzwertsatz von Poisson.

Anmerkung. Einen Beweis von (5.14) findet man in Rüger (1996).

5.4.3 Approximation der Poissonverteilung durch die Normalverteilung

Die Approximation der Poissonverteilung durch die Normalverteilung ergibt sich aus den beiden Approximationsmöglichkeiten der Binomialverteilung. Für $np(1-p) \geq 9$ und $p \leq 0.1$ sowie $n \geq 100$, also $\lambda = np \geq 10$, folgt aus der Approximation der Binomialverteilung durch die Normalverteilung und der Approximation der Binomialverteilung durch die Poissonverteilung die Approximation der Poissonverteilung durch die Normalverteilung, wenn wir zusätzlich bedenken, daß für kleines p die Approximation $np \approx np(1-p)$ gilt:

$$B(n;p) \to Po(np),$$
$$B(n;p) \to N(np, np(1-p)),$$

also

$$Po(np) \to N(np, np(1-p))$$

oder

$$Po(\lambda) \to N(\lambda, \lambda).$$

5.4.4 Approximation der hypergeometrischen Verteilung durch die Binomialverteilung

Wir haben in Kapitel 4 das Urnenmodell betrachtet, wobei unter insgesamt N Kugeln M weiße und $N-M$ schwarze Kugeln waren. Es wurden n Kugeln gezogen. Die Zufallsvariable X : „Anzahl der weißen Kugeln unter den n gezogenen Kugeln" ist

- bei Ziehen mit Zurücklegen binomialverteilt
- bei Ziehen ohne Zurücklegen hypergeometrisch verteilt.

5. Grenzwertsätze und Approximationen

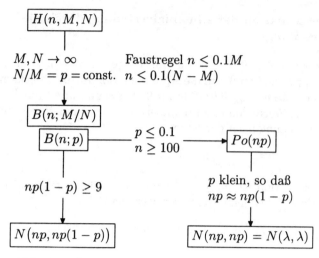

Abb. 5.2. Approximationen der einzelnen Verteilungen

Falls N, M und $N - M$ sehr groß gegenüber n sind, so ändern sich die Ziehungswahrscheinlichkeiten für eine weiße Kugel bei Ziehen ohne Zurücklegen kaum, die Ziehungen sind näherungsweise unabhängig voneinander. Damit sind die Verteilungen von X in beiden Ziehungsmodellen nahezu gleich, d. h. die hypergeometrische Verteilung stimmt nahezu mit der Binomialverteilung überein. Sei $0 < \frac{M}{N} = p < 1$ konstant für $M \to \infty$ und $N \to \infty$. Dann gilt

$$H(n, M, N) \approx B(n; \frac{M}{N})$$

(Beweis: vgl. z. B. Rüger (1988), S.83)

Als Faustregel für N, M, $N - M$ groß im Verhältnis zu n verwendet man die Bedingung $n \leq 0.1M$ und $n \leq 0.1(N - M)$.

5.5 Aufgaben und Kontrollfragen

Aufgabe 5.1: Wie lautet die Definition der stochastischen Konvergenz einer Folge $\{X_n\}_{n\in\mathbb{N}}$ von Zufallsvariablen

a) gegen Null
b) gegen eine Konstante
c) gegen eine Zufallsvariable X?

Aufgabe 5.2: Wie lautet das Gesetz der großen Zahlen? Wie leitet man daraus den Satz von Bernoulli her?

Aufgabe 5.3: Seien $X_1, \ldots, X_n$ i.i.d. Zufallsvariablen. Wie lautet die Grenzverteilung der Zufallsvariablen arithmetisches Mittel $\bar{X}$?

Aufgabe 5.4: Wie groß ist die Wahrscheinlichkeit, daß beim 500-maligen Werfen eines Würfels das Ergebnis „gerade Zahl geworfen" um höchstens 25 von seinem Erwartungswert abweicht?

Aufgabe 5.5: Ein Zufallsexperiment, in dem ein Ereignis A mit Wahrscheinlichkeit $p = 0.5$ eintritt, wird n-mal unabhängig wiederholt. Wie groß muß n sein, so daß mit Wahrscheinlichkeit $\alpha = 0.01$ die absolute Abweichung der relativen Häufigkeit $\bar{X}_n$ von p höchstens 0.1 ist?

Aufgabe 5.6: Eine Maschine fertigt Produkte, die Mängel mit einer Wahrscheinlichkeit von $p = 0.2$ aufweisen. In einer Stichprobe vom Umfang $n = 100$ wurden $k = 10$ fehlerhafte Produkte festgestellt.

a) Wie groß ist die Wahrscheinlichkeit für dieses Ergebnis?
b) Mit welcher Wahrscheinlichkeit liegt der Ausschußanteil bei 100 Produkten zwischen 3% und 10%?

Aufgabe 5.7: Sei X eine $Po(32)$ verteilte Zufallsvariable. Berechnen Sie (unter Verwendung der Normalapproximation) folgende Wahrscheinlichkeiten:

a) $P(X \leq 10)$,
b) $P(25 \leq X \leq 30)$,
c) $P(X \geq 55)$.

Aufgabe 5.8: In einem Stadtbezirk einer bayerischen Stadt mit 10000 wahlberechtigten Bürgern werden Wahlen durchgeführt. Zwei Tage vor den Wahlen werden 200 Wahlberechtigte für die Erstellung einer Wahlprognose zufällig ausgewählt und nach ihrer bevorstehenden Wahlentscheidung befragt.

Wenn davon ausgegangen wird, daß in diesem Stadtbezirk eine Präferenz von 40% für die CSU besteht, wie groß ist dann die Wahrscheinlichkeit, daß sich unter den Befragten weniger als 35% für die CSU aussprechen?

Aufgabe 5.9: Aufgrund gewisser Erfahrungswerte kann davon ausgegangen werden, daß ca. 1% der Bevölkerung an einer Krankheit leidet. Bestimmen Sie die Wahrscheinlichkeit, daß unter 1000 zufällig ausgewählten Personen

a) mindestens drei
b) genau vier kranke Personen sind.

Aufgabe 5.10: In einer Kiste mit 20 Orangen befinden sich zwei verdorbene Orangen, die restlichen 18 Orangen sind einwandfrei. Nun werden zufällig vier Orangen aus der Kiste genommen (ohne Zurücklegen).

a) Wie groß ist die Wahrscheinlichkeit, daß unter den vier gewählten Orangen auch die zwei verdorbenen sind?

b) Die Zufallsgröße X bezeichne die Anzahl der verdorbenen unter den ausgewählten Orangen. Bestimmen Sie Erwartungswert und Varianz von X.

Teil II

Induktive Statistik

6. Schätzung von Parametern

6.1 Einleitung

Wenn eine wissenschaftliche Untersuchung geplant und durchgeführt wird, so geschieht das unter dem Aspekt, eine spezifische wissenschaftliche Hypothese zu überprüfen. Obwohl eine Stichprobe nur ein kleiner Ausschnitt aus der Grundgesamtheit ist, möchte man die aus der Stichprobe gewonnenen Erkenntnisse möglichst verallgemeinern.

Ein wesentliches Charakteristikum der statistischen Schlußweise (Inferenz) ist die Tatsache, daß die aus einer Stichprobe gezogenen Schlußfolgerungen im allgemeinen nicht fehlerfrei sind. Die statistische Induktion über die unbekannten Parameter der Grundgesamtheit wird also häufig mit einer Evaluation (wie z.B. Prüfen von Hypothesen) verknüpft sein.

Die bisher vorgestellten Verteilungen für die Beschreibung von Zufallsvariablen hängen von Parametern ab (Erwartungswert μ, Varianz σ^2, Wahrscheinlichkeit p der Null-Eins- und der Binomialverteilung), die unbekannt sind. Aus einer Stichprobe werden Maßzahlen (Stichprobenmittelwert $\bar{x}$, Stichprobenvarianz s^2, relative Häufigkeit k/n) ermittelt, die wir als **Schätzwerte** der Parameter μ, σ^2, p der Grundgesamtheit bezeichnen.

Beispiel. Die Körpergröße X von dreijährigen Kindern kann als normalverteilt gelten, $X \sim N(\mu, \sigma^2)$. Der Erwartungswert μ repräsentiert die mittlere (durchschnittliche) Körpergröße der dreijährigen Kinder. Aus einer Stichprobe ermittelt man den Wert von $\bar{x}$ (mittlere Körpergröße der dreijährigen Kinder in der Stichprobe) als Schätzung des Parameters μ der dreijährigen Kinder der Bevölkerung.

Die konkreten Schätzwerte als Realisierungen von Zufallsvariablen – den Schätzungen – werden von Stichprobe zu Stichprobe verschieden sein, sie streuen um den unbekannten Parameter (im Beispiel μ).

Je nachdem, ob nur ein einziger Zahlenwert als Schätzgröße oder ein Intervall angegeben wird, spricht man von einer **Punktschätzung** bzw. von einer **Intervallschätzung** (Konfidenzschätzung).

Unter einer **Stichprobe** verstehen wir allgemein bei endlicher Grundgesamtheit eine zufällige Auswahl von n Elementen aus den N Elementen der Grundgesamtheit, analog zu den Urnenmodellen der vorangegangenen Kapitel. Bei einem Zufallsexperiment erhält man die Stichprobe durch n-fache

Wiederholung des Experiments. Falls alle X_i unabhängig und identisch verteilt sind, bezeichnen wir $\mathbf{X} = (X_1, \ldots, X_n)$ als i.i.d. Stichprobe. Die Schreibweise $\mathbf{X} = (X_1, \ldots, X_n)$ bezeichnet die Stichprobe (als Zufallsgröße), die X_i sind Zufallsvariablen. Nach Durchführung der Stichprobenziehung, d.h. nach Realisierung der Zufallsvariablen X_i in einem zufälligen Versuch, erhält man die konkrete Stichprobe $\mathbf{x} = (x_1, \ldots, x_n)$ mit den realisierten Werten x_i der Zufallsvariablen X_i.

Anmerkung. Wenn wir von Stichprobe sprechen, meinen wir stets die i.i.d. Stichprobe. Bei endlicher Grundgesamtheit sichert man die i.i.d. Eigenschaft durch Ziehen mit Zurücklegen, bei Zufallsexperimenten durch geeignete Versuchspläne.

6.2 Allgemeine Theorie der Punktschätzung

Generell stellt sich das Problem der Schätzung von Parametern der Verteilung einer Zufallsvariablen X durch geeignete aus Stichproben ermittelte Maßzahlen. Im einparametrigen Fall ist es das Ziel der Punktschätzung, den unbekannten Parameter θ mittels einer Stichprobe vom Umfang n zu schätzen, d.h., eine Maßzahl zu finden, die „möglichst gut" mit dem zu schätzenden Parameter übereinstimmt. „Möglichst gut" ist durch geeignete Gütekriterien näher zu definieren. Im mehrparametrigen Fall tritt an die Stelle des Parameters θ der Parametervektor $\boldsymbol{\theta}$.

Definition 6.2.1. *Die Menge Θ, die alle möglichen Werte des unbekannten Parameters θ enthält, heißt* **Parameterraum.**

Definition 6.2.2. *Sei $\theta \in \Theta$ der unbekannte Parameter der Verteilung $F_\theta(X)$ und $\mathbf{X} = (X_1, \ldots, X_n)$ eine Stichprobe. Dann nennt man $T(\mathbf{X}) = T(X_1, \ldots, X_n)$ eine* **Schätzung (Schätzfunktion)** *von θ. $T(\mathbf{X})$ ist eine Zufallsvariable. Für die konkrete Stichprobe $(x_1, \ldots, x_n)$ ergibt sich der Schätzwert $\hat{\theta} = T(x_1, \ldots, x_n)$ als beobachtete Realisation der Zufallsvariablen $T(\mathbf{X})$.*

Definition 6.2.3. *Eine Schätzung $T(\mathbf{X})$ des Parameters θ heißt* **erwartungstreu für θ** *(unverzerrt, unverfälscht, unbiased), wenn gilt:*

$$\mathrm{E}_\theta(T(\mathbf{X})) = \theta. \tag{6.1}$$

Im Falle $\mathrm{E}_\theta(T(\mathbf{X})) \neq \theta$ heißt die Schätzung $T(\mathbf{X})$ nicht erwartungstreu (verzerrt, verfälscht, biased).

Anmerkung. Falls (6.1) für alle $\theta \in \Theta$ gilt, heißt die Schätzung $T(\mathbf{X})$ erwartungstreu (für alle θ). Im Folgenden wird erwartungstreu stets in dieser Bedeutung verwendet.

Die Differenz zwischen dem Erwartungswert $E_\theta(T(\mathbf{X}))$ der Schätzung und dem zu schätzenden Parameter θ wird als **Bias** (Verzerrung) bezeichnet:

$$\text{bias}_\theta(T(\mathbf{X}); \theta) = E_\theta(T(\mathbf{X})) - \theta.$$

Für eine erwartungstreue Schätzung $T(\mathbf{X})$ von θ gilt:

$$\text{bias}_\theta(T(\mathbf{X}); \theta) = 0.$$

Ein wichtiges Maß zur Beurteilung der Güte einer Schätzung ist der mittlere quadratische Fehler (Mean Square Error).

Definition 6.2.4. *Der Mean Square Error (MSE) einer Schätzung $T(\mathbf{X})$ ist definiert als*

$$\text{MSE}_\theta(T(\mathbf{X}); \theta) = E_\theta\left([T(\mathbf{X}) - \theta]^2\right).$$

Sei $\text{Var}_\theta(T(\mathbf{X})) = E_\theta\left([T(\mathbf{X}) - E_\theta(T(\mathbf{X}))]^2\right)$ die Varianz der Schätzung $T(\mathbf{X})$, so läßt sich der MSE wie folgt darstellen:

$$\text{MSE}_\theta(T(\mathbf{X}); \theta) = \text{Var}_\theta(T(\mathbf{X})) + [\text{bias}_\theta(T(\mathbf{X}); \theta)]^2.$$

Ist die Schätzung $T(\mathbf{X})$ erwartungstreu, so stimmen ihre Varianz und ihr MSE überein:

$$\text{bias}_\theta(T(\mathbf{X}); \theta) = 0 \quad \Leftrightarrow \quad \text{MSE}_\theta(T(\mathbf{X}); \theta) = \text{Var}_\theta(T(\mathbf{X})).$$

Im mehrparametrigen Fall mit dem Parametervektor $\boldsymbol{\theta}$ ist der MSE ein matrixwertiges Gütemaß.

Der MSE liefert ein Gütekriterium zum Vergleich von Schätzungen.

Definition 6.2.5 (MSE-Kriterium). *Seien $T_1(\mathbf{X})$ und $T_2(\mathbf{X})$ zwei alternative Schätzungen des Parameters θ. Dann heißt die Schätzung $T_1(\mathbf{X})$ **MSE-besser** als $T_2(\mathbf{X})$, wenn*

$$\text{MSE}_\theta(T_1(\mathbf{X}); \theta) \leq \text{MSE}_\theta(T_2(\mathbf{X}); \theta) \quad \forall \theta \tag{6.2}$$

gilt und wenn es mindestens ein $\theta^* \in \Theta$ gibt mit

$$\text{MSE}_\theta(T_1(\mathbf{X}); \theta^*) < \text{MSE}_\theta(T_2(\mathbf{X}); \theta^*). \tag{6.3}$$

Es ist nicht möglich, unter allen Schätzungen eine MSE-beste Schätzung zu finden. Dies wird klar, wenn wir den konstanten Schätzer $T_2(\mathbf{X}) = \theta_0$ betrachten (θ_0 ein beliebiger Parameterwert), für den $MSE_{\theta_0}(T_2(\mathbf{X}); \theta_0) = 0$ gilt. Damit existiert kein Schätzer, der die Bedingungen (6.2) und (6.3) erfüllt; es existiert kein MSE-bester Schätzer schlechthin.

Deshalb muß man die Klasse der zugelassenen Schätzfunktionen einschränken. In der klassischen Schätztheorie beschränkt man sich auf die

Klasse der erwartungstreuen Schätzungen. Da im Fall von erwartungstreuen Schätzungen der MSE und die Varianz übereinstimmen, führt die Suche nach einer MSE-besten Schätzung in der Klasse der erwartungstreuen Schätzungen zur Auswahl derjenigen Schätzung mit der kleinsten Varianz.

Definition 6.2.6. *Eine erwartungstreue Schätzung $T(\mathbf{X})$ des Parameters θ heißt* **effizient** *bzw.* **UMVU-Schätzung** *(Uniformly Minimum Variance Unbiased), wenn $T(\mathbf{X})$ unter allen erwartungstreuen Schätzungen für θ die kleinste Varianz besitzt.*

Die effiziente Schätzung ist die beste Schätzung (im Sinne kleinster Varianz) in der Klasse der erwartungstreuen Schätzungen, nicht aber in der Klasse aller Schätzungen. Es kann verzerrte Schätzungen geben, die einen kleineren MSE besitzen (zur Theorie der verzerrten Schätzungen in linearen Modellen vgl. z.B. Toutenburg, 1992a).

Asymptotische Gütekriterien

Ein schwächeres Gütekriterium als die Erwartungstreue eines Schätzers ist die asymptotische Erwartungstreue. Man betrachtet Schätzungen $T(\mathbf{X})$, die mit zunehmendem Stichprobenumfang n den Parameter θ genauer schätzen.

Eine Menge von Schätzfunktionen $(T_{(n)}(\mathbf{X}))_{n\in\mathbb{N}}$ heißt **Schätzfolge** für den unbekannten Parameter θ, wenn es zu jedem Stichprobenumfang n genau eine Schätzung $T_{(n)}(\mathbf{X})$ gibt.

Definition 6.2.7. *Eine Schätzfolge $(T_{(n)}(\mathbf{X}))_{n\in\mathbb{N}}$ für den Parameter θ ist* **asymptotisch erwartungstreu,** *wenn für jede zugelassene Verteilung mit dem Parameter θ gilt:*

$$\lim_{n\to\infty} E_\theta(T_{(n)}(\mathbf{X})) = \theta \quad \forall \theta.$$

Damit ist jeder erwartungstreue Schätzer auch asymptotisch erwartungstreu. Eine weitere asymptotische Eigenschaft ist die Konsistenz.

Definition 6.2.8. *Eine Schätzfolge $(T_{(n)}(\mathbf{X}))_{n\in\mathbb{N}}$ heißt* **konsistent** *für θ, wenn die Folge $T_{(n)}(\mathbf{X})$ stochastisch gegen den wahren Parameter θ konvergiert:*

$$\lim_{n\to\infty} P(|T_{(n)}(\mathbf{X}) - \theta| < \epsilon) = 1 \quad \forall \epsilon > 0.$$

Anmerkung. Die asymptotische Erwartungstreue und die Konsistenz sind relativ schwache Forderungen an einen Schätzer. Sie werden oft als Minimalanforderungen betrachtet.

6.3 Maximum-Likelihood-Schätzung

6.3.1 Das Maximum-Likelihood-Prinzip

Ein wichtiges Konstruktionsprinzip zur Gewinnung der Parameterschätzung $\hat{\theta}$ von θ ist das **Maximum-Likelihood-Prinzip**. Der mit dieser Methode gewonnene Maximum-Likelihood-Schätzer (ML-Schätzer) zeichnet sich durch diverse Güteeigenschaften aus.

Sei $(X_1, \ldots, X_n)$ eine i.i.d. Stichprobe der Zufallsvariablen X und sei $f(x; \theta)$ eine einparametrige Wahrscheinlichkeitsfunktion, falls X diskret ist, bzw. sei $f(x; \theta)$ eine einparametrige Dichte, falls X stetig ist. Die Menge $\{f(x;\theta) : \theta \in \Theta\}$ enthält alle zulässigen Verteilungen der Zufallsvariablen X.

Die gemeinsame Dichte bzw. gemeinsame Wahrscheinlichkeitsfunktion der Realisation $\mathbf{x}$ einer i.i.d. Stichprobe ist – wegen der Unabhängigkeit der X_i – das Produkt

$$f(\mathbf{x}; \theta) = f(x_1, \ldots, x_n; \theta) = \prod_{i=1}^{n} f(x_i; \theta).$$

Sie ist für jeden festen Parameterwert θ eine Funktion der Realisation der Stichprobe. Für einen realisierten Stichprobenvektor $\mathbf{x} = (x_1, \ldots, x_n)$ kann $f(\mathbf{x}; \theta)$ nun umgekehrt als Funktion von θ aufgefaßt werden. Sie wird dann als **Likelihood** bzw. Likelihoodfunktion bezeichnet.

Die Likelihoodfunktion von θ nach Beobachtung der Stichprobe $\mathbf{x} = (x_1, \ldots, x_n)$ ist gegeben durch

$$L(\theta) = L(\theta; \mathbf{x}) = \prod_{i=1}^{n} f(x_i; \theta). \tag{6.4}$$

Durch Logarithmieren erhält man die **Loglikelihoodfunktion**

$$l(\theta) = \ln L(\theta) = \sum_{i=1}^{n} \ln f(x_i; \theta), \tag{6.5}$$

die mathematisch einfacher zu handhaben ist. Im mehrparametrigen Fall ist die Likelihoodfunktion bzw. Loglikelihoodfunktion eine Funktion des Parametervektors $\boldsymbol{\theta}$.

Als Schätzung des Parameters θ wird derjenige Wert $\hat{\theta}$ gewählt, für den die Likelihoodfunktion aufgrund der beobachteten Stichprobe $\mathbf{x} = (x_1, \ldots, x_n)$ am größten ist.

Definition 6.3.1. *Die Schätzung* $\hat{\theta} = T(\mathbf{x})$ *heißt* ***Maximum-Likelihood-Schätzung für*** $\boldsymbol{\theta}$, *wenn für alle* $\theta \in \Theta$

$$L(\hat{\theta}; \mathbf{x}) \geq L(\theta; \mathbf{x}) \tag{6.6}$$

bzw.

$$l(\hat{\theta}; \mathbf{x}) \geq l(\theta; \mathbf{x}) \tag{6.7}$$

gilt.

Beide Bedingungen sind gleichwertig, da die Logarithmierung eine streng monotone Transformation ist.

Unter gewissen Voraussetzungen, die hier nicht näher erörtert werden können (vgl. z.B. Rüger, 1996), gilt für die ML-Schätzung $T_{ML}(\mathbf{X})$:

1. Die ML-Schätzung ist asymptotisch erwartungstreu.
2. Die ML-Schätzung ist konsistent.
3. Die ML-Schätzung ist asymptotisch normalverteilt.
4. Die ML-Schätzung ist asymptotisch effizient.

Zur praktischen Gewinnung der ML-Schätzung muß die Maximierung der Likelihoodfunktion bzw. der Loglikelihoodfunktion durchgeführt werden.

6.3.2 Herleitung der ML-Schätzungen für die Parameter der Normalverteilung

Die Zufallsvariable X sei normalverteilt $N(\mu; \sigma^2)$. Die Realisation $(x_1, \ldots, x_n)$ einer i.i.d. Stichprobe der Zufallsvariable X besitzt die Likelihoodfunktion

$$L(\mu, \sigma^2; x_1, \ldots, x_n) = \left(\frac{1}{2\pi\sigma^2}\right)^{\frac{n}{2}} \exp\left(-\frac{1}{2\sigma^2} \sum_{i=1}^{n}(x_i - \mu)^2\right). \tag{6.8}$$

Die Loglikelihoodfunktion lautet damit

$$l(\mu, \sigma^2) = -\frac{n}{2} \ln 2\pi - \frac{n}{2} \ln \sigma^2 - \frac{1}{2\sigma^2} \sum_{i=1}^{n}(x_i - \mu)^2. \tag{6.9}$$

1. Fall: μ unbekannt, $\sigma^2 = \sigma_0^2$ bekannt

Gesucht ist die ML-Schätzung für den unbekannten Parameter μ bei bekannter Varianz σ_0^2. Im ersten Schritt wird (6.9) nach μ differenziert:

$$\frac{d}{d\mu} l(\mu, \sigma_0^2) = \frac{1}{\sigma_0^2} \sum_{i=1}^{n}(x_i - \mu) = \frac{n}{\sigma_0^2}(\bar{x} - \mu). \tag{6.10}$$

Durch Nullsetzen der ersten Ableitung erhält man:

$$\frac{d}{d\mu} l(\mu, \sigma_0^2) = 0 \quad \Leftrightarrow \quad \hat{\mu} = \bar{x}. \tag{6.11}$$

Um festzustellen, ob es sich um ein Maximum handelt, muß das Vorzeichen der zweiten Ableitung an der Stelle $\mu = \bar{x}$ überprüft werden:

$$\frac{d^2}{(d\mu)^2} l(\mu, \sigma_0^2) \bigg|_{\mu=\bar{x}} = -\frac{n}{\sigma_0^2} < 0. \tag{6.12}$$

Damit lautet die ML-Schätzung für μ

$$T_{ML}(\mathbf{X}) = \bar{X}.$$

Sie ist erwartungstreu:

$$\mathrm{E}(\bar{X}) = \frac{1}{n}\sum_{i=1}^{n}\mathrm{E}(X_i) = \mu.$$

2. Fall: σ^2 unbekannt, $\mu = \mu_0$ bekannt

Gesucht ist die ML-Schätzung für den unbekannten Parameter σ^2 bei bekanntem Erwartungswert μ_0. Im ersten Schritt wird (6.9) nach σ^2 differenziert:

$$\frac{d}{d\sigma^2}l(\mu_0,\sigma^2) = -\frac{n}{2\sigma^2} + \frac{1}{2\sigma^4}\sum_{i=1}^{n}(x_i-\mu_0)^2. \tag{6.13}$$

Durch Nullsetzen der ersten Ableitung erhält man:

$$\frac{d}{d\sigma^2}l(\mu_0,\sigma^2) = 0 \Leftrightarrow \hat{\sigma}^2 = \frac{1}{n}\sum_{i=1}^{n}(x_i-\mu_0)^2. \tag{6.14}$$

Die Prüfung des Vorzeichens der zweiten Ableitung an der Stelle $\sigma^2 = \hat{\sigma}^2$ zeigt, daß es sich um ein Maximum handelt:

$$\frac{d^2}{(d\sigma^2)^2}l(\mu_0,\sigma^2) = \frac{n}{2(\sigma^2)^2} - \frac{2}{2(\sigma^2)^3}\sum_{i=1}^{n}(x_i-\mu_0)^2$$

$$\left.\frac{d^2}{(d\sigma^2)^2}l(\mu_0,\sigma^2)\right|_{\sigma^2=\hat{\sigma}^2} = \frac{n}{2(\hat{\sigma}^2)^2} - \frac{1}{(\hat{\sigma}^2)^3}n\hat{\sigma}^2$$

$$= \frac{n}{2(\hat{\sigma}^2)^2} - \frac{n}{(\hat{\sigma}^2)^2}$$

$$= -\frac{n}{2(\hat{\sigma}^2)^2} < 0. \tag{6.15}$$

Damit lautet die ML-Schätzung für σ^2

$$T_{ML}(\mathbf{X}) = \frac{1}{n}\sum_{i=1}^{n}(X_i-\mu_0)^2,$$

die in diesem Fall ($\mu = \mu_0$ bekannt) erwartungstreu ist.

3. Fall: μ unbekannt, σ^2 unbekannt

Dies ist der für die Praxis wesentliche – weil realistische – Fall, da er keine Vorkenntnis von $\mu = \mu_0$ oder $\sigma^2 = \sigma_0^2$ voraussetzt.

6. Schätzung von Parametern

Gesucht ist die ML-Schätzung für den unbekannten Parametervektor $\boldsymbol{\theta} = \begin{pmatrix} \mu \\ \sigma^2 \end{pmatrix}$. Im ersten Schritt wird (6.9) partiell nach μ bzw. σ^2 differenziert:

$$\frac{\partial}{\partial \mu} l(\boldsymbol{\theta}) = \frac{1}{\sigma^2} \sum_{i=1}^{n}(x_i - \mu) = \frac{n}{\sigma^2}(\bar{x} - \mu)$$

$$\frac{\partial}{\partial \sigma^2} l(\boldsymbol{\theta}) = -\frac{n}{2\sigma^2} + \frac{1}{2\sigma^4} \sum_{i=1}^{n}(x_i - \mu)^2 .$$

Durch Nullsetzen der ersten Ableitungen erhält man:

$$\frac{n}{\sigma^2}(\bar{x} - \mu) = 0 \quad \Leftrightarrow \quad \hat{\mu} = \bar{x}$$

$$\frac{n}{2\sigma^2} - \frac{1}{2\sigma^4} \sum_{i=1}^{n}(x_i - \hat{\mu})^2 = 0 \quad \Leftrightarrow \quad \hat{\sigma}^2 = \frac{1}{n} \sum_{i=1}^{n}(x_i - \bar{x})^2 .$$

Nach Überprüfung der Definitheit der Matrix der partiellen zweiten Ableitungen ergibt sich als ML-Schätzung für $\boldsymbol{\theta} = \begin{pmatrix} \mu \\ \sigma^2 \end{pmatrix}$

$$T_{ML}(\mathbf{X}) = \begin{pmatrix} \bar{X} \\ \frac{1}{n} \sum_{i=1}^{n}(X_i - \bar{X})^2 \end{pmatrix} .$$

Anmerkung. $\bar{X}$ ist erwartungstreu und eine effiziente Schätzung für μ. Für $\hat{\sigma}^2$ erhalten wir

$$\mathrm{E}(\hat{\sigma}^2) = \frac{n-1}{n}\sigma^2 ,$$

d.h., $\hat{\sigma}^2$ ist nicht erwartungstreu, jedoch asymptotisch erwartungstreu. Durch Korrektur mit dem Faktor $\frac{n}{n-1}$ erhält man die erwartungstreue Schätzfunktion (**Stichprobenvarianz**)

$$S_X^2 = \frac{1}{n-1} \sum_{i=1}^{n}(X_i - \bar{X})^2 ,$$

von der man zeigen kann, daß sie effizient ist. Außerdem sind $\bar{X}$ und S_X^2 unabhängig.

Beispiel 6.3.1. Eine Maschine befüllt Dosen mit einem bestimmten Produkt. Das Füllgewicht X sei eine normalverteilte Zufallsvariable $X \sim N(\mu, \sigma^2)$, deren Parameter μ und σ^2 durch $\bar{x}$ und s^2 geschätzt werden sollen. Aus den befüllten Dosen wurde eine Stichprobe vom Umfang $n = 50$ gezogen (Tabelle 6.1). Wir erhalten

$$\bar{x} = \frac{1}{50}(991 + 1011 + \ldots + 1002 + 984) = 998.90$$

als geschätztes mittleres Füllgewicht. Die konkrete Stichprobenvarianz als Schätzung der Varianz σ^2 der Verteilung beträgt

$$s^2 = \frac{1}{50-1}\left[(991-998.9)^2 + (1011-998.9)^2 + \ldots + (984-998.9)^2\right]$$
$$= 79.23.$$

Tabelle 6.1. Füllgewichte x_i der Dosen (in Gramm)

x_i									
991	1000	993	996	1007	999	994	1003	989	999
1011	1000	990	1000	1004	989	1002	1008	1007	980
1001	1011	994	1007	993	1001	1000	989	1016	990
995	990	981	999	992	1020	998	1010	1007	1002
1001	1005	1001	993	991	996	1017	1008	991	984

Mit SPSS erhalten wir die Ausgabe in Abbildung 6.1.

Descriptive Statistics

	N	Mean	Std. Deviation	Variance
X	50	998,9000	8,9014	79,235
Valid N (listwise)	50			

Abb. 6.1. SPSS-Output zu Beispiel 6.3.1

6.4 Konfidenzschätzungen von Parametern

6.4.1 Grundlagen

Eine Punktschätzung hat den Nachteil, daß kein Hinweis auf die Genauigkeit dieser Schätzung gegeben wird. Die Abweichung zwischen Punktschätzung und wahrem Parameter (z.B. $|\bar{x} - \mu|$) kann erheblich sein, insbesondere bei kleinem Stichprobenumfang. Aussagen über die Genauigkeit einer Schätzung liefert die **Konfidenzmethode**. Bei ihr wird für den unbekannten Parameter ein Zufallsintervall mit den Grenzen $I_u(\mathbf{X})$ und $I_o(\mathbf{X})$ bestimmt, das den unbekannten Parameter θ (z.B. den Erwartungswert μ) mit vorgegebener Wahrscheinlichkeit von mindestens $1-\alpha$ überdeckt:

$$P_\theta(I_u(\mathbf{X}) \leq \theta \leq I_o(\mathbf{X})) \geq 1-\alpha. \tag{6.16}$$

Die Wahrscheinlichkeit $1 - \alpha$ heißt **Konfidenzniveau**, $I_u(\mathbf{X})$ heißt untere und $I_o(\mathbf{X})$ obere **Konfidenzgrenze**.

Wir wollen noch einmal darauf hinweisen, daß die Intervallgrenzen $I_u(\mathbf{X})$ und $I_o(\mathbf{X})$ als Funktionen der Stichproben Zufallsgrößen sind. Damit kann ein Konfidenzintervall den Parameter θ überdecken oder auch nicht überdecken. Die Intervalle werden gerade so konstruiert, daß die Wahrscheinlichkeit für die Überdeckung des unbekannten Parameters mindestens $(1-\alpha)$ beträgt. α drückt das Risiko für eine falsche Aussage (Nichtüberdeckung) aus, das bei der Angabe eines Konfidenzintervalls für θ eingegangen wird. Dieses Risiko muß vorher festgelegt werden.

Häufigkeitsinterpretation: Wenn N unabhängige Stichproben $\mathbf{X}^{(j)}$ aus derselben Grundgesamtheit gezogen werden und dann jeweils Konfidenzintervalle der Form $[I_u(\mathbf{X}^{(j)}), I_o(\mathbf{X}^{(j)})]$ berechnet werden, so überdecken bei hinreichend großem N etwa $N(1-\alpha)$ aller Intervalle (6.16) das unbekannte, wahre θ.

Anmerkung. Analog zur Theorie der Punktschätzung können auch bei Konfidenzschätzungen Gütekriterien angegeben werden. Wir verweisen hierzu auf die entsprechende Spezialliteratur.

6.4.2 Konfidenzschätzung der Parameter einer Normalverteilung

Konfidenzschätzung für μ ($\sigma^2 = \sigma_0^2$ bekannt)

Gegeben sei eine i.i.d. Stichprobe der $N(\mu, \sigma^2)$-verteilten Zufallsvariablen X. Wir verwenden die Punktschätzung $\bar{X} = \frac{1}{n}\sum_{i=1}^n X_i$ für μ und konstruieren ein Konfidenzintervall, das symmetrisch um μ liegen soll. Die Punktschätzung $\bar{X}$ besitzt unter H_0 eine $N(\mu, \sigma_0^2/n)$-Verteilung. Damit ist $\frac{\bar{X}-\mu}{\sigma_0}\sqrt{n} \sim N(0,1)$, und es gilt

$$P_\mu\left(\left|\frac{\bar{X}-\mu}{\sigma_0}\sqrt{n}\right| \leq z_{1-\frac{\alpha}{2}}\right) = 1 - \alpha.$$

($z_{1-\alpha/2}$ bezeichnet das $(1-\alpha/2)$-Quantil der $N(0,1)$-Verteilung.) Wir lösen diese Ungleichung nach μ auf und erhalten das gesuchte Konfidenzintervall für μ dann als

$$[I_u(\mathbf{X}), I_o(\mathbf{X})] = \left[\bar{X} - z_{1-\alpha/2}\frac{\sigma_0}{\sqrt{n}}, \bar{X} + z_{1-\alpha/2}\frac{\sigma_0}{\sqrt{n}}\right]. \quad (6.17)$$

In der Anwendung wird der realisierte Wert $\bar{x}$ von $\bar{X}$ eingesetzt. Die Länge des Konfidenzintervalls

$$L = 2z_{1-\alpha/2}\frac{\sigma_0}{\sqrt{n}} \quad (6.18)$$

ist von α und n abhängig. Sind α und n konstant, so haben Konfidenzintervalle aus verschiedenen Stichproben (mit gleichem Umfang n) dieselbe Länge, jedoch eine unterschiedliche Lage. Wird α konstant gehalten, so kann die

Länge L des Intervalls durch Erhöhung des Stichprobenumfangs n verkleinert, die Genauigkeit der Schätzung also erhöht werden.

Wird die Genauigkeit durch die Intervallänge L vorgegeben, so läßt sich leicht der für diese Genauigkeit notwendige Mindeststichprobenumfang bestimmen. Wir lösen Gleichung (6.18) nach n auf und wählen das kleinste ganzzahlige n, für das

$$n \geq \left[\frac{2z_{1-\alpha/2}\sigma_0}{L}\right]^2 \qquad (6.19)$$

gilt.

Beispiel 6.4.1. Eine Maschine produziert Werkstücke. Die Länge X (in mm) dieser Werkstücke sei eine normalverteilte Zufallsvariable mit bekannter Varianz $\sigma_0^2 = 0.5^2$). In einer Stichprobe von $n = 25$ Werkstücken sei eine mittlere Länge (Stichprobenmittel) von $\bar{x} = 50.1$ mm ermittelt worden. Wir berechnen ein Konfidenzintervall zum Niveau $1 - \alpha = 0.95$ für den Erwartungswert μ von X. Nach (6.17) erhalten wir das gesuchte Intervall:

$$[50.1 - 1.96\frac{0.5}{\sqrt{25}}, 50.1 + 1.96\frac{0.5}{\sqrt{25}}]$$

(für $\alpha = 0.05$ hat $z_{1-\alpha/2}$ den Wert 1.96). Die Intervallgrenzen sind also

$$I_u(\mathbf{x}) = 49.904 \quad \text{und} \quad I_o(\mathbf{x}) = 50.296 \, .$$

Das Konfidenzintervall hat die Länge $L = 2z_{1-\alpha/2}\frac{\sigma_0}{\sqrt{n}} = 2 \cdot 1.96 \cdot 0.5/5 = 0.392$. Wird für das Intervall eine Maximallänge von z.B. $L_{\max} = 0.20$ gefordert, also eine höhere Genauigkeit der Schätzung verlangt, so ist dafür nach (6.19) ein Stichprobenumfang von mindestens 97 zu sichern:

$$n \geq \left[\frac{2 \cdot 1.96 \cdot 0.5}{0.20}\right]^2 = 96.04 \, .$$

Konfidenzschätzung für μ (σ^2 unbekannt)

Wenn die Varianz σ^2 unbekannt ist, schätzen wir sie durch die Stichprobenvarianz

$$S_X^2 = \frac{1}{n-1}\sum_{i=1}^{n}(X_i - \bar{X})^2 \sim \chi_{n-1}^2 \, .$$

Da $\bar{X}$ und S_X^2 unabhängig sind, ist

$$\frac{\bar{X} - \mu}{S_X}\sqrt{n} \sim t_{n-1}$$

t-verteilt mit $n - 1$ Freiheitsgraden (vgl. 4.26). Damit gilt

120 6. Schätzung von Parametern

$$P_{(\mu,\sigma^2)}(\bar{X} - t_{n-1;1-\alpha/2} \cdot \frac{S_X}{\sqrt{n}} \leq \mu \leq \bar{X} + t_{n-1;1-\alpha/2} \cdot \frac{S_X}{\sqrt{n}}) = 1 - \alpha,$$

wobei $t_{n-1;1-\alpha/2}$ das $(1 - \alpha/2)$-Quantil der t-Verteilung mit $n - 1$ Freiheitsgraden ist. Hieraus folgt das Konfidenzintervall für μ

$$[I_u(\mathbf{X}), I_o(\mathbf{X})] = \left[\bar{X} - t_{n-1;1-\alpha/2} \cdot \frac{S_X}{\sqrt{n}}, \bar{X} + t_{n-1;1-\alpha/2} \cdot \frac{S_X}{\sqrt{n}} \right]. \quad (6.20)$$

Für gleiches α und gleichen Stichprobenumfang n ist das Intervall (6.20) im allgemeinen breiter als das Intervall (6.17), da der unbekannte Parameter σ^2 durch S_X^2 geschätzt werden muß, was zusätzliche Unsicherheit hereinbringt.

Beispiel 6.4.2 (Fortsetzung von Beispiel 6.16). Zum Niveau 0.95 ergibt sich mit den Punktschätzungen $\bar{x} = 998.90$ und $s^2 = 79.23$ und $t_{49;1-0.05/2} = 2.01$ folgendes Konfidenzintervall für den Parameter μ der Zufallsvariablen „Füllgewicht der Dosen":

$$\left[998.90 - 2.01 \frac{\sqrt{79.23}}{\sqrt{50}}, 998.90 + 2.01 \frac{\sqrt{79.23}}{\sqrt{50}} \right]$$

also
$$[996.37, 1001.43].$$

Mit SPSS erhalten wir die Ausgabe wie in Abbildung 6.2 angegeben, mit $\bar{x}$: Mean 998.9000; s^2: Variance 79.2347 und dem Konfidenzintervall zum Niveau 0.95: 95 CI for Mean (996.3703, 1001.430).

Konfidenzschätzung für die Varianz σ^2 (μ unbekannt)

Für das unbekannte σ^2 wird zunächst die Punktschätzung

$$S_X^2 = \frac{1}{n-1} \sum_{i=1}^{n} (X_i - \bar{X})^2$$

bestimmt. Da die Zufallsvariable

$$C = \frac{(n-1)S_X^2}{\sigma^2} = \frac{1}{\sigma^2} \sum_{i=1}^{n} (X_i - \bar{X})^2$$

eine χ^2-Verteilung mit $(n - 1)$ Freiheitsgraden besitzt, werden wir das Konfidenzintervall für σ^2 wie folgt bestimmen können. Zunächst lesen wir zu vorgegebenem α aus Tabelle B.3 Werte c_1 und c_2 derart ab, daß

$$P\left(\frac{(n-1)S_X^2}{\sigma^2} < c_1 \right) = \frac{\alpha}{2}$$

Descriptives

			Statistic	Std. Error
X	Mean		998,9000	1,2588
	95% Confidence Interval for Mean	Lower Bound	996,3703	
		Upper Bound	1001,4297	
	5% Trimmed Mean		998,8222	
	Median		999,5000	
	Variance		79,235	
	Std. Deviation		8,9014	
	Minimum		980,00	
	Maximum		1020,00	
	Range		40,00	
	Interquartile Range		13,7500	
	Skewness		,175	,337
	Kurtosis		-,147	,662

Abb. 6.2. SPSS-Output zu Beispiel 6.4.2

und
$$P\left(\frac{(n-1)S_X^2}{\sigma^2} > c_2\right) = \frac{\alpha}{2}$$
gilt (Abbildung 6.3), d.h., insgesamt gilt
$$P\left(c_1 \leq \frac{(n-1)S_X^2}{\sigma^2} \leq c_2\right) = 1 - \alpha. \quad (6.21)$$

In unserer üblichen Schreibweise sind c_1 und c_2 Quantile der χ^2_{n-1}-Verteilung:
$$c_1 = c_{n-1;\alpha/2} \quad \text{und} \quad c_2 = c_{n-1;1-\alpha/2}.$$
Damit hat das Konfidenzintervall für die Varianz σ^2 zum Niveau $1 - \alpha$ die Gestalt
$$\left[\frac{n-1}{c_{n-1;1-\alpha/2}} S_X^2, \frac{n-1}{c_{n-1;\alpha/2}} S_X^2\right]. \quad (6.22)$$
Jede konkrete Stichprobe liefert also eine Realisierung des Zufallsintervalls (6.22), so daß die Konfidenzschätzung von σ^2 in der Realisierung die Gestalt hat
$$\left[\frac{\sum_{i=1}^n (x_i - \bar{x})^2}{c_{n-1;1-\alpha/2}}, \frac{\sum_{i=1}^n (x_i - \bar{x})^2}{c_{n-1;\alpha/2}}\right]. \quad (6.23)$$

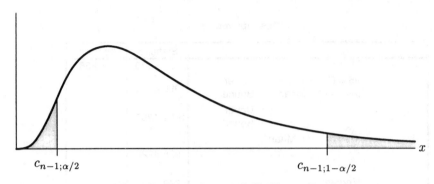

Abb. 6.3. Quantile gemäß Gleichung (6.21)

Beispiel 6.4.3 (Fortsetzung von Beispiel 6.16). Für die Varianz der Grundgesamtheit wurde aus der Stichprobe aus Beispiel 6.16 ein Schätzwert $s^2 = \frac{1}{49}\sum_{i=1}^{50}(x_i - \bar{x})^2 = 79.23$ berechnet (vgl. SPSS-Listing in Beispiel 6.4.2). Also ist $(n-1)s^2 = 49 \cdot 79.23 = 3882.27$. Zum Konfidenzniveau $1-\alpha = 0.95$ wird $c_{49;0.975} = 70.19$ und $c_{49;0.025} = 31.60$. Diese Werte werden durch lineare Interpolation über die Freiheitsgrade aus Tabelle B.3 bestimmt; z.B. gilt für den ersten Wert

$$40 \text{ Freiheitsgrade}, c_{40;0.975} = 59.30$$
$$50 \text{ Freiheitsgrade}, c_{50;0.975} = 71.40$$

also $c_{49;0.975} = 59.30 + \frac{71.40 - 59.30}{10} \cdot 9 = 70.19$. Damit können wir Formel (6.23) zur Berechnung des Konfidenzintervalls für σ^2 anwenden:

$$\left[\frac{3882.27}{70.19}, \frac{3882.27}{31.60}\right] = [55.31, 122.86].$$

6.5 Schätzen einer Binomialwahrscheinlichkeit

Wir betrachten ein Zufallsexperiment mit zwei möglichen Ausgängen: Ereignisse A und $\bar{A}$. Die Wahrscheinlichkeit für das Eintreten von A sei p, die Wahrscheinlichkeit für $\bar{A}$ ist dann $1-p$. Die Wahrscheinlichkeit p ist unbekannt und soll aus einer Stichprobe geschätzt werden. Ordnen wir wieder dem Ereignis A den Wert 1 und dem Ereignis $\bar{A}$ den Wert 0 zu. Bei n-facher Wiederholung dieses Experiments ist die Anzahl der Versuche mit eingetretenem Ereignis A eine Zufallsvariable X, die die Werte $0, 1, \ldots, n$ annehmen kann. X ist binomialverteilt: $X \sim B(n;p)$.

Als Punktschätzung der unbekannten Wahrscheinlichkeit p wählen wir den ML-Schätzer

$$\hat{p} = \frac{X}{n}.$$

Da X die Varianz $np(1-p)$ besitzt, lautet die Varianz der Schätzung $\hat{p}$

$$\operatorname{Var}(\hat{p}) = \frac{p(1-p)}{n},$$

die durch

$$S_{\hat{p}}^2 = \frac{\hat{p}(1-\hat{p})}{n}$$

geschätzt wird.

Beispiel 6.5.1. Aus der Kundendatei eines Versandhauses werden zufällig $n = 100$ Kunden (Ziehen mit Zurücklegen) gezogen. Bei jedem Kunden wird notiert, ob er in den letzten zwölf Monaten etwas bestellt hat (Ereignis A) oder nichts bestellt hat ($\bar{A}$). Es sei 40-mal A und 60-mal $\bar{A}$ beobachtet worden. Die Wahrscheinlichkeit p, daß ein zufällig gezogener Kunde in den letzten zwölf Monaten etwas bestellt hat, wird geschätzt als

$$\hat{p} = \frac{40}{100} = 0.4$$

mit einer geschätzten Varianz von

$$s_{\hat{p}}^2 = \frac{0.4 \cdot 0.6}{100} = 0.0024.$$

Konfidenzschätzung für p

Häufig ist man daran interessiert, ein Konfidenzintervall für die unbekannte Wahrscheinlichkeit p zu konstruieren, das p mit vorgegebener Wahrscheinlichkeit $1 - \alpha$ überdeckt. Man kann exakte Konfidenzintervalle mit Hilfe der Tafeln der Binomialverteilung bestimmen (vgl. Vogel, 1995, Anhang 12). Ist die Bedingung $np(1-p) \geq 9$ erfüllt, so kann man die Näherung (vgl. (5.12)) verwenden, die die Binomialverteilung durch die Normalverteilung approximiert:

$$Z = \frac{\hat{p} - p}{\sqrt{\hat{p}(1-\hat{p})/n}} \stackrel{approx.}{\sim} N(0,1),$$

also gilt

$$P\left(\hat{p} - z_{1-\alpha/2}\sqrt{\frac{\hat{p}(1-\hat{p})}{n}} \leq p \leq \hat{p} + z_{1-\alpha/2}\sqrt{\frac{\hat{p}(1-\hat{p})}{n}}\right) \approx 1 - \alpha, \quad (6.24)$$

und wir erhalten das Konfidenzintervall für p

$$\left[\hat{p} - z_{1-\alpha/2}\sqrt{\frac{\hat{p}(1-\hat{p})}{n}},\ \hat{p} + z_{1-\alpha/2}\sqrt{\frac{\hat{p}(1-\hat{p})}{n}}\right].$$

Beispiel 6.5.2 (Fortsetzung von Beispiel 6.5.1). Die Schätzung des Konfidenzintervalls für die Wahrscheinlichkeit p zum Niveau $1 - \alpha = 0.95$ wird mit der obigen Näherung wie folgt berechnet.

Mit $n\hat{p}(1-\hat{p}) = 100 \cdot 0.4 \cdot 0.6 = 24 > 9$ ist die notwendige Voraussetzung für die Verwendung der Normalapproximation erfüllt. Wir erhalten mit $z_{1-\alpha/2} = z_{0.975} = 1.96$ und $\hat{p} = 0.4$

$$\left[0.4 - 1.96\sqrt{\frac{0.4 \cdot 0.6}{100}}, \; 0.4 + 1.96\sqrt{\frac{0.4 \cdot 0.6}{100}}\right] = [0.304, 0.496]$$

als Konfidenzintervall für das unbekannte p. Mit SPSS erhalten wir (ebenfalls unter Verwendung der Normalapproximation) die Ausgabe in Abbildung 6.4

Descriptives

			Statistic	Std. Error
X	Mean		,4000	4,924E-02
	95% Confidence Interval for Mean	Lower Bound	,3023	
		Upper Bound	,4977	
	5% Trimmed Mean		,3889	
	Median		,0000	
	Variance		,242	
	Std. Deviation		,4924	
	Minimum		,00	
	Maximum		1,00	
	Range		1,00	
	Interquartile Range		1,0000	
	Skewness		,414	,241
	Kurtosis		-1,866	,478

Abb. 6.4. SPSS-Output zu Beispiel 6.5.2

6.6 Aufgaben und Kontrollfragen

Aufgabe 6.1: Sei $T(\mathbf{X})$ eine Schätzfunktion für einen unbekannten Parameter θ.

a) Wann ist $T(\mathbf{X})$ erwartungstreu?
b) Wie lautet der MSE für erwartungstreue Schätzfunktionen?
c) Wann ist eine Schätzfolge konsistent für θ?

Aufgabe 6.2: Gegeben seien zwei Schätzungen $T_1(\mathbf{X})$ und $T_2(\mathbf{X})$ von θ. Wann heißt $T_1(\mathbf{X})$ MSE-besser als $T_2(\mathbf{X})$?

Aufgabe 6.3: Sei $X \sim N(\mu, \sigma^2)$ und $\mathbf{x} = (x_1, \ldots, x_n)$ eine konkrete Stichprobe. Wie lautet

a) die Punktschätzung für μ (σ^2 unbekannt)?
b) die Punktschätzung für σ^2 (μ unbekannt)?
c) die Konfidenzschätzung für μ bei bekanntem bzw. bei unbekanntem σ^2?

Aufgabe 6.4: Sei $X \sim B(n; p)$ eine binomialverteilte Zufallsvariable. Leiten Sie die ML-Schätzung für p her.

Aufgabe 6.5: Sei $X_1, \ldots, X_n$ eine i.i.d. Stichprobe einer auf dem Intervall $[0, b]$ gleichverteilten Zufallsvariablen X. Bestimmen Sie die ML-Schätzung für $E(X) = b/2$.

Aufgabe 6.6: Gegeben sei eine i.i.d. Stichprobe einer $Po(\lambda)$-verteilten Zufallsvariablen Y. Zeigen Sie, daß $\bar{X}$ der ML-Schätzer für $E(Y)$ ist.

Aufgabe 6.7: Es soll der Mittelwert $\mu = E(X)$ des normalverteilten Kopfumfangs X (in cm) bei Mädchengeburten geschätzt werden. Dazu werden in einer Frauenklinik n Kopfumfänge gemessen; es kann davon ausgegangen werden, daß es sich dabei um eine unabhängige Stichprobe von X handelt. Bestimmen Sie für folgende Situationen ein Konfidenzintervall für μ zum Konfidenzniveau 0.99:

a) $n = 100$; $\sigma^2 = 16$; $\bar{x} = 42$
b) $n = 30$; $\bar{x} = 42$; $s^2 = 14$
c) Wie groß müßte der Stichprobenumfang in Teilaufgabe (a) gewählt werden, um eine Genauigkeit von 0.999 zu erreichen?

Aufgabe 6.8: Mittels eines neuartigen Verfahrens soll die Einschaltquote bei gewissen Fernsehsendungen geschätzt werden. Zu diesem Zweck werden durch reine Zufallsauswahl 2500 Haushalte bestimmt, wobei in jedem Haushalt ein Gerät installiert wird, das einer Zentralstelle anzeigt, wann der Fernsehapparat eingeschaltet ist.

Wie groß ist die Genauigkeit b, mit der die Einschaltquoten geschätzt werden können, wenn ein Konfidenzniveau von 0.95 für die Schätzung eingehalten werden soll?

6. Schätzung von Parametern

Aufgabe 6.9: Unter 3000 Neugeborenen wurden 1428 Mädchen gezählt. Bestimmen Sie daraus ein Konfidenzintervall für die Wahrscheinlichkeit p einer Mädchengeburt zum Konfidenzniveau 0.98.

Aufgabe 6.10: Eine Maschine füllt Gummibärchen in Tüten ab, die laut Aufdruck 250g Füllgewicht versprechen. Wir nehmen im folgenden an, daß das Füllgewicht normalverteilt ist. Bei 16 zufällig aus der Produktion herausgegriffenen Tüten wird ein mittleres Füllgewicht von 245g und eine Stichprobenstreuung (Standardabweichung) von 10g festgestellt.

a) Berechnen Sie ein Konfidenzintervall für das mittlere Füllgewicht zum Sicherheitsniveau von 95%.
b) Wenn Ihnen zusätzlich bekannt würde, daß die Stichprobenstreuung gleich der tatsächlichen Streuung ist, wäre dann das unter a) zu berechnende Konfidenzintervall für das mittlere Füllgewicht breiter oder schmäler? Begründen Sie Ihre Antwort ohne Rechnung.

7. Prüfen statistischer Hypothesen

7.1 Einleitung

Im vorausgegangenen Kapitel haben wir Schätzungen für unbekannte Parameter von Verteilungen zufälliger Variablen hergeleitet. Wir betrachten nun Annahmen (Hypothesen) über die nicht vollständig bekannte Wahrscheinlichkeitsverteilung einer Zufallsvariablen. Diese Hypothesen betreffen die Parameter der Verteilung. Sie werden anhand von Stichproben überprüft.

Beispiel. Ein Werk produziert Waschpulver der Sorte „1kg Reinweiß". Die Zufallsvariable X „Füllgewicht eines Pakets" (Maßeinheit Gramm) sei normalverteilt mit bekannter Standardabweichung $\sigma = 15$, d. h. $X \sim N(\mu, 15^2)$. Bei einer Qualitätskontrolle soll durch eine Stichprobe die Einhaltung des Sollgewichts $\mu = 1000$ Gramm überprüft werden.

Die Prüfung einer statistischen Hypothese H_0 erfolgt mit statistischen Tests. Ausgangspunkt ist die Beobachtung einer Zufallsvariablen in einer zufälligen Stichprobe. Mittels der daraus gewonnenen Schätzungen der unbekannten Parameter will man zu einer Aussage über die Glaubwürdigkeit der Hypothese H_0 gelangen.

7.2 Testtheorie

Der statistische Test stellt eine Methode dar, Verteilungsannahmen über eine Zufallsvariable X anhand einer konkreten Stichprobe zu überprüfen. Die Menge aller für die Zufallsvariable X in Frage kommenden Verteilungen wird als **Hypothesenraum** Ω bezeichnet. Diese Menge ist vor der Durchführung eines Tests festzulegen.

Betrachtet man einen Hypothesenraum Ω, der nur Verteilungen einer Familie (z. B. Normalverteilungen) enthält, so ist die Festlegung von Ω äquivalent zur Festlegung des Parameterraums Θ, der alle möglichen Werte eines Verteilungsparameters $\theta \in \Theta$ bzw. Parametervektors $\boldsymbol{\theta} \in \boldsymbol{\Theta}$ enthält (z. B. $\theta = \mu$ mit $\Theta = \mathbb{R}$; $\boldsymbol{\theta} = \binom{\mu}{\sigma^2}$ mit $\boldsymbol{\Theta} = \mathbb{R} \times \mathbb{R}^+$). In diesem Fall spricht man von einem **parametrischen Testproblem**.

7. Prüfen statistischer Hypothesen

Dieses Kapitel befaßt sich mit parametrischen Testproblemen. Nichtparametrische Testprobleme werden in Kapitel 8 behandelt.

Bei einem parametrischen Testproblem wird der Hypothesenraum (Parameterraum) in zwei Teilmengen aufgeteilt: die zu testende Hypothese (Nullhypothese) $H_0 = \{\theta | \theta \in \Theta_0\}$ und die Alternative $H_1 = \{\theta | \theta \in \Theta_1\}$. Hierbei gilt stets

$$\Theta_0 \cap \Theta_1 = \emptyset \quad \text{und (bei einem Signifikanztest)} \quad \Theta_0 \cup \Theta_1 = \Theta.$$

Ein Test heißt **Signifikanztest**, wenn die Hypothese direkt an die Alternative „grenzt", d. h., wenn die minimale Distanz zwischen der Hypothese und der Alternative gleich Null ist (z. B. H_0: $\mu = \mu_0$ gegen H_1: $\mu \neq \mu_0$ oder H_0: $\sigma^2 = \sigma_0^2$ gegen H_1: $\sigma^2 \neq \sigma_0^2$).

Ist der Abstand zwischen Hypothese und Alternative nicht Null, spricht man von einem **Alternativtest** (z. B. H_0: $\mu = 4$ gegen H_1: $\mu = 5$ oder H_0: $\sigma^2 = \sigma_0^2$ gegen H_1: $\sigma^2 = \sigma_1^2$ mit $\sigma_0^2 \neq \sigma_1^2$). Wir behandeln hier nur Signifikanztests.

Die Hypothese ist die Menge der Verteilungen, die die unbekannte Verteilung der Zufallsgröße X aufgrund von sachlichen Überlegungen enthalten soll. Mit Hilfe einer Realisation $(x_1, \ldots, x_n)$ der Zufallsvariablen X aus einer i.i.d. Stichprobe soll eine der folgenden beiden Entscheidungen getroffen werden:

- H_0 wird abgelehnt,
- H_0 wird beibehalten.

Die Funktion $T(\mathbf{X}) = T(X_1, \ldots, X_n)$ der Stichprobenvariablen $\mathbf{X} = (X_1, \ldots, X_n)$ heißt **Testgröße** oder Prüfgröße. $T(\mathbf{X})$ ist eine Zufallsvariable, deren Verteilung über die Stichprobenvariablen $(X_1, \ldots, X_n)$ von der Verteilung von X abhängt. Für die konkrete Stichprobe $(x_1, \ldots, x_n)$ ergibt sich $t = T(x_1, \ldots, x_n)$ als Realisation der Zufallsgröße $T(\mathbf{X})$. Der Wertebereich der Zufallsgröße $T(\mathbf{X})$ wird in folgende zwei Teilbereiche zerlegt:

- **kritischer Bereich** oder Ablehnbereich K
- **Annahmebereich** $\bar{K}$.

Aufgrund der Realisation $(x_1, \ldots, x_n)$ wird dann folgende Testentscheidung getroffen:

- H_0 ablehnen, falls $T(x_1, \ldots, x_n) \in K$,
- H_0 nicht ablehnen, falls $T(x_1, \ldots, x_n) \in \bar{K}$.

Bei einem Signifikanztest enthält die erste Testentscheidung H_0 abzulehnen eine wesentlich schärfere Aussage als die zweite. Denn eine Stichprobe, die nicht zu einer Ablehnung von H_0 führt, spricht nicht unbedingt gegen die Alternative, da Elemente der Alternative „beliebig nahe bei Elementen der

Hypothese liegen". Eine Bestätigung der Hypothese H_0 ist deshalb bei Signifikanztests nicht möglich. Will man eine Aussage bestätigen, muß das Gegenteil dieser Aussage als Hypothese formuliert werden. Eine Ablehnung dieser Hypothese stellt dann die gewünschte Bestätigung der Aussage dar.

Bei der Durchführung eines statistischen Tests können zwei Arten von Fehlern gemacht werden:

- Die Hypothese H_0 ist richtig und wird abgelehnt; diesen Fehler bezeichnet man als **Fehler 1. Art**.
- Die Hypothese H_0 wird nicht abgelehnt, obwohl sie falsch ist; dies ist der **Fehler 2. Art**.

Insgesamt gibt es also folgende vier Situationen.

	H_0 ist richtig	H_0 ist nicht richtig
H_0 wird nicht abgelehnt	richtige Entscheidung	Fehler 2. Art
H_0 wird abgelehnt	Fehler 1. Art	richtige Entscheidung

Bei der Konstruktion eines Tests gibt man sich für die Wahrscheinlichkeit für einen Fehler 1. Art eine Schranke α vor (z. B. $\alpha = 0.05$), die nicht überschritten werden darf. Diese Schranke bezeichnet man als **Signifikanzniveau** des Tests. Der zugehörige Test heißt dann **Signifikanztest zum Niveau α** oder kurz Niveau-α-Test.

Der kritische Bereich K wird so konstruiert, daß die Wahrscheinlichkeit für einen Fehler 1. Art nicht größer als α ist:

$$P_\theta(T(\mathbf{X}) \in K) \leq \alpha \quad \forall \theta \in \Theta_0 \,.$$

Wird H_0 abgelehnt, so gilt H_1 als **statistisch signifikant** mit einer Irrtumswahrscheinlichkeit von höchstens α. Der Fehler 1. Art ist „unter Kontrolle". Ziel bei der Konstruktion eines Niveau-α-Tests ist, daß die Wahrscheinlichkeit für einen Fehler 2. Art

$$P_\theta(T(\mathbf{X}) \in \bar{K}) \quad \forall \theta \in \Theta_1 \,,$$

für alle Verteilungen der Alternative möglichst klein ist.

Die Funktion $G(\theta)$, die für einen Test die Ablehnwahrscheinlichkeit in Abhängigkeit vom Parameter θ angibt, heißt **Gütefunktion** des Tests:

$$G_\theta(\theta) = P(T(\mathbf{X}) \in K) \,.$$

In der Qualitätskontrolle wird statt der Gütefunktion die **Operationscharakteristik** (OC-Kurve)

$$OC(\theta) = 1 - G(\theta) = P_\theta(T(\mathbf{X}) \in \bar{K})$$

betrachtet. Sie gibt die Wahrscheinlichkeit für die Nichtablehnung der Hypothese in Abhängigkeit vom Parameter θ an.

7. Prüfen statistischer Hypothesen

Definition 7.2.1. *Ein Test zum Signifikanzniveau α heißt **gleichmäßig bester Test** unter allen Tests zum Niveau α, wenn er für alle Parameterwerte der Alternative H_1 die kleinste Wahrscheinlichkeit für den Fehler 2. Art besitzt. Für die Gütefunktion des gleichmäßig besten Tests φ^* zum Niveau α gilt:*

$$G_{\varphi^*}(\theta) \geq G_{\varphi}(\theta) \quad \forall \theta \in \Theta_1 \quad \text{und} \quad \varphi \in \Phi_\alpha,$$

wobei Φ_α die Klasse aller Niveau-α-Tests ist.

Ein Test zum Niveau α heißt **unverfälscht**, wenn

$$G(\theta) \geq \alpha \quad \forall \theta \in \Theta_1$$

gilt, d. h., wenn die Ablehnwahrscheinlichkeit für alle Verteilungen der Alternative mindestens so groß ist wie für alle Verteilungen der Hypothese. Unverfälschte Tests gewährleisten, daß unter H_1 die Hypothese mit größerer Wahrscheinlichkeit abgelehnt wird als unter H_0. Wir betrachten in diesem Kapitel nur unverfälschte Tests. Die Unverfälschtheit wird als Minimalforderung an einen Test angesehen. Die Suche nach gleichmäßig besten Tests wird auf diese Klasse beschränkt.

Ein Test läuft im allgemeinen nach folgendem Schema ab:

1. Das Vorwissen über die Zufallsvariable X wird durch Festlegung der Verteilungsannahme umgesetzt. Im parametrischen Fall bedeutet dies, daß der Parameterraum festgelegt wird.
2. Formulierung der Hypothese und der Alternative.
3. Vorgabe der Irrtumswahrscheinlichkeit α.
4. Konstruktion einer geeigneten Testgröße $T(\mathbf{X}) = T(X_1, \ldots, X_n)$ als Funktion der Stichprobenvariablen $\mathbf{X}$, deren Verteilung unter der Nullhypothese vollständig bekannt sein muß.
5. Wahl des kritischen Bereichs K aus dem möglichen Wertebereich von $T(\mathbf{X})$ derart, daß $P_\theta(T(\mathbf{X}) \in K) \leq \alpha$ für alle $\theta \in \Theta_0$ gilt.
6. Berechnung der Realisierung $t = T(x_1, \ldots, x_n)$ der Testgröße $T(\mathbf{X})$ anhand der konkreten Stichprobe $(x_1, \ldots, x_n)$.
7. Entscheidungsregel: Liegt der Wert $t = T(x_1, \ldots, x_n)$ für die konkrete Stichprobe im kritischen Bereich K, so wird die Nullhypothese abgelehnt. Ist t nicht im kritischen Bereich, so wird die Nullhypothese nicht abgelehnt:

$$t \in K : H_0 \text{ ablehnen},$$
$$t \notin K : H_0 \text{ nicht ablehnen}.$$

Bei Hypothesen der Form $H_0: \theta = \theta_0$ gegen $H_1: \theta \neq \theta_0$ sprechen wir von **zweiseitiger Fragestellung** (Θ_1 enthält alle von θ_0 abweichenden Parameterwerte). Wir sprechen von **einseitiger Fragestellung**, wenn wir Hypothesen der Form $H_0: \theta \geq \theta_0$ gegen $H_1: \theta < \theta_0$ bzw. $H_0: \theta \leq \theta_0$ gegen $H_1: \theta > \theta_0$ testen.

Beispiel. Wird bei Glühbirnen geprüft, ob die mittlere Brenndauer μ einen Mindestsollwert erreicht, so bedeutet eine Unterschreitung des Sollwertes, daß die Glühbirnen die geforderte Qualität nicht erreichen. Die Überschreitung des Sollwertes dagegen hat keine negativen Folgen. Wir testen deshalb einseitig H_0: $\mu \leq \mu_0$ gegen H_1: $\mu > \mu_0$.

Testentscheidung mit p-values

Beim Einsatz von Statistiksoftware wie SPSS zum Prüfen von Hypothesen werden diese Schritte – insbesondere die Konstruktion des kritischen Bereichs K – nicht angezeigt. Statt dessen wird der konkrete Wert $t = T(x_1, \ldots, x_n)$ der Teststatistik $T(\mathbf{X})$ und der zugehörige **p-value** (auch 'significance') ausgegeben. Der p-value der Teststatistik $T(\mathbf{X})$ ist wie folgt definiert:

$$\text{zweiseitige Fragestellung:} \quad P_{\theta_0}(|T(\mathbf{X})| > t)) = p\text{-value}$$
$$\text{einseitige Fragestellung:} \quad P_{\theta_0}(T(\mathbf{X}) > t)) = p\text{-value}$$
$$\text{bzw.} \quad P_{\theta_0}(T(\mathbf{X}) < t)) = p\text{-value}$$

Die Testentscheidung lautet dann: H_0 ablehnen, falls der p-value kleiner oder gleich dem vorgegebenem Signifikanzniveau α ist, ansonsten H_0 nicht ablehnen.

Ein- und Zweistichprobenprobleme

Man spricht von einem Einstichprobenproblem, wenn Hypothesen über eine Zufallsvariable X und ihre Verteilung geprüft werden. Liegen dagegen zwei Zufallsvariablen X und Y vor, so spricht man von einem Zweistichprobenproblem, wenn die Hypothesen H_0 und H_1 beide Verteilungen betreffen. Seien z. B. $\mathbf{X} = (X_1, \ldots, X_{n_1})$ und $\mathbf{Y} = (Y_1, \ldots, Y_{n_2})$ jeweils i.i.d. Stichproben von unabhängigen Zufallsvariablen $X \sim N(\mu_X, \sigma_X^2)$ und $Y \sim N(\mu_Y, \sigma_Y^2)$, so sind Hypothesen wie H_0: $\mu_X = \mu_Y$ gegen H_1: $\mu_X \neq \mu_Y$ von Interesse.

7.3 Einstichprobenprobleme bei Normalverteilung

7.3.1 Prüfen des Mittelwertes bei bekannter Varianz (einfacher Gauß-Test)

Wir wollen im Folgenden prüfen, ob der unbekannte Erwartungswert μ einer $N(\mu, \sigma^2)$-verteilten Zufallsvariablen X einen bestimmten Wert $\mu = \mu_0$ besitzt bzw. über- oder unterschreitet. Dabei sei zunächst die Varianz $\sigma^2 = \sigma_0^2$ bekannt. Der vorgegebene Wert μ_0 kann beispielsweise ein Sollwert bei der Herstellung eines Produkts sein, über den gewisse Festlegungen oder Vermutungen vorliegen. Wir wollen diese Fragestellung ausführlich anhand des Testschemas demonstrieren. Die einzelnen Schritte des Testschemas sind:

7. Prüfen statistischer Hypothesen

1. Verteilungsannahme: Die Zufallsvariable X ist $N(\mu, \sigma_0^2)$-verteilt mit bekannter Varianz σ_0^2.

2. Festlegen von H_0: Für die zweiseitige Fragestellung lautet die Nullhypothese H_0: $\mu = \mu_0$, für die einseitige Fragestellung lautet die Nullhypothese H_0: $\mu \leq \mu_0$ oder H_0: $\mu \geq \mu_0$, jenachdem welche Richtung von Interesse ist.

3. Vorgabe der Irrtumswahrscheinlichkeit α: In der Regel wählt man $\alpha = 0.05$ oder $\alpha = 0.01$.

4. Konstruktion der Testgröße: Wir schätzen den unbekannten Erwartungswert durch das arithmetische Mittel der Stichprobenwerte (Stichprobenmittelwert)

$$\bar{X} = \frac{1}{n}\sum_{i=1}^{n} X_i \stackrel{H_0}{\sim} N(\mu_0, \frac{\sigma_0^2}{n})$$

und bilden durch Standardisierung daraus die unter H_0 $N(0,1)$-verteilte Prüfgröße

$$T(\mathbf{X}) = \frac{\bar{X} - \mu_0}{\sigma_0}\sqrt{n} \stackrel{H_0}{\sim} N(0,1).$$

5. Kritischer Bereich: Trifft bei zweiseitiger Fragestellung die Nullhypothese H_0: $\mu = \mu_0$ zu, so müßte auch das Stichprobenmittel $\bar{X}$ in der Realisierung einen Wert nahe μ_0 besitzen, d.h., die Realisierung t der Testgröße $T(\mathbf{X})$ müßte nahe Null liegen. Mit anderen Worten, der kritische Bereich K wird so gewählt, daß er alle betragsmäßig großen Werte von $T(\mathbf{X})$ enthält, wobei die Wahrscheinlichkeitsmasse von K unter H_0 gerade α ist. Bei einseitiger Fragestellung H_0: $E(X) \leq \mu_0$ (bzw. H_0: $E(X) \geq \mu_0$) sind große Abweichungen nach oben (bzw. nach unten) in K zusammengefaßt.

Für die zweiseitige Fragestellung ist der kritische Bereich also $K = \Theta \setminus [-k, k]$, wobei k so bestimmt wird, daß der Fehler 1. Art gleich α ist, d.h.

$$P_{\mu_0}(|T(\mathbf{X})| > k) = \alpha.$$

Man erhält $k = z_{1-\alpha/2}$, wobei $z_{1-\alpha/2}$ das $(1-\alpha/2)$-Quantil der $N(0,1)$-Verteilung ist. Die Werte hierzu findet man in Tabelle B.1. Es sind z.B. $z_{1-0.05/2} = 1.96$ oder $z_{1-0.01/2} = 2.57$. Wir erhalten den kritischen Bereich K als:

$$K = (-\infty, -z_{1-\alpha/2}) \cup (z_{1-\alpha/2}, \infty). \tag{7.1}$$

Bei der einseitigen Fragestellung erhalten wir entsprechend im Fall H_0: $\mu \leq \mu_0$ gegen H_1: $\mu > \mu_0$ den kritischen Bereich

$$K = (z_{1-\alpha}, \infty).$$

Im umgekehrten Fall H_0: $\mu \geq \mu_0$ gegen H_1: $\mu < \mu_0$ erhalten wir

$$K = (-\infty, -z_{1-\alpha}).$$

Die Standardwerte für die z-Quantile sind hierbei $z_{0.05} = z_{1-0.05} = 1.64$ oder $z_{0.01} = z_{1-0.01} = 2.33$.

6. *Realisierung der Testgröße:* Aus einer konkreten Stichprobe $x_1, \ldots, x_n$ wird der Stichprobenmittelwert

$$\bar{x} = \frac{1}{n} \sum_{i=1}^{n} x_i$$

und daraus die Realisierung $t = T(x_1, \ldots, x_n)$ der Testgröße $T(\mathbf{X})$ ermittelt

$$t = \frac{\bar{x} - \mu_0}{\sigma_0} \sqrt{n}.$$

7. *Testentscheidung:* Bei der zweiseitigen Fragestellung wird die Nullhypothese abgelehnt, falls die Testgröße im kritischen Bereich liegt, d.h., falls $|t| > z_{1-\alpha/2}$ gilt. H_0 wird nicht abgelehnt, falls umgekehrt $|t| \leq z_{1-\alpha/2}$ gilt. Die Bereiche sind in Abbildung 7.1 dargestellt.

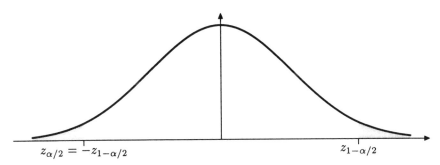

Abb. 7.1. Kritischer Bereich für den zweiseitigen einfachen Gauß-Test H_0: $\mu = \mu_0$ gegen H_1: $\mu \neq \mu_0$. Der kritische Bereich $K = (-\infty, -z_{1-\alpha/2}) \cup (z_{1-\alpha/2}, \infty)$ besitzt unter H_0 die durch die grauen Flächen dargestellte Wahrscheinlichkeitsmasse α

Bei der einseitigen Fragestellung H_0: $\mu \leq \mu_0$ gegen H_1: $\mu > \mu_0$ wird H_0 genau dann abgelehnt, wenn $t > z_{1-\alpha}$ gilt. Ist $t > z_{1-\alpha}$ nicht erfüllt, so wird H_0 nicht abgelehnt (vgl. Abbildung 7.2).

Bei der umgekehrt gerichteten einseitigen Fragestellung H_0: $\mu \geq \mu_0$ gegen H_1: $\mu < \mu_0$ wird H_0 genau dann abgelehnt, wenn $t < z_\alpha = -z_{1-\alpha}$ gilt. Anderenfalls wird H_0 nicht abgelehnt.

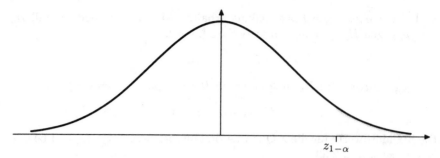

Abb. 7.2. Kritischer Bereich für den einseitigen einfachen Gauß-Test H_0: $\mu \leq \mu_0$ gegen H_1: $\mu > \mu_0$. Der kritische Bereich $K = (z_{1-\alpha}, \infty)$ besitzt unter H_0 die durch die graue Fläche dargestellte Wahrscheinlichkeitsmasse α

Beispiel 7.3.1. Die (in kg gemessene) Masse X von maschinell hergestellten Brotlaiben sei normalverteilt. Die Varianz $\sigma_0^2 = 0.1^2$ sei aus Erfahrung bekannt. Das angegebene Verkaufsgewicht und damit die geforderte Mindestmasse sei $\mu = 2$ kg. Liegt nun eine Stichprobe vom Umfang $n = 20$ Brotlaibe mit dem Stichprobenmittelwert $\bar{x} = 1.97$ kg vor, so soll überprüft werden, ob dieses Stichprobenergebnis gegen die Hypothese H_0: $\mu \geq \mu_0 = 2$ kg spricht.

Wir geben eine Irrtumswahrscheinlichkeit von $\alpha = 0.05$ vor. Für die einseitige Fragestellung

$$H_0 : \mu \geq 2 \quad \text{gegen} \quad H_1 : \mu < 2$$

verwenden wir bei vorgegebenem $\alpha = 0.05$ den Wert $z_{1-\alpha} = 1.64$. Für die Realisierung t der Testgröße $T(\mathbf{X}) = \frac{\bar{X}-\mu_0}{\sigma_0}\sqrt{n}$ ergibt sich der Wert

$$t = \frac{1.97 - 2}{0.1}\sqrt{20} = -1.34.$$

H_0 wird nicht abgelehnt, da $t = -1.34 > -1.64 = -z_{1-0.05} = z_{0.05}$.

Interpretation: Die in der Stichprobe beobachtete mittlere Masse $\bar{x} = 1.97$ kg liegt zwar unter dem Sollwert von $\mu = 2$ kg. Dieses Ergebnis widerspricht aber nicht der Hypothese, daß die Stichprobe aus einer $N(2, 0.1^2)$-verteilten Grundgesamtheit stammt. Die Wahrscheinlichkeit, in einer Stichprobe vom Umfang $n = 20$ einer $N(2, 0.1^2)$-verteilten Grundgesamtheit einen Mittelwert von höchstens 1.97 zu erhalten, ist größer als 0.05. Das beobachtete Ergebnis spricht damit nicht gegen die Nullhypothese. Die Abweichung zwischen $\bar{x} = 1.97$ kg und dem Sollwert von $\mu = 2$ kg ist als statistisch nicht signifikant und damit als zufällig anzusehen.

Anmerkung. Dieser Test existiert nicht in SPSS, da die Situation „σ_0^2 bekannt" in der Praxis unrealistisch ist.

7.3.2 Prüfung des Mittelwertes bei unbekannter Varianz (einfacher t-Test)

Wir wollen Hypothesen über μ für eine normalverteilte Zufallsvariable $X \sim N(\mu, \sigma^2)$ in dem Fall prüfen, in dem auch die Varianz σ^2 unbekannt ist und aus der zufälligen Stichprobe $(X_1, \ldots, X_n)$ durch

$$S_X^2 = \frac{1}{n-1} \sum_{i=1}^{n} (X_i - \bar{X})^2$$

geschätzt werden muß.

Die Testverfahren laufen analog zum vorangegangenen Abschnitt ab, allerdings ist eine andere Testgröße zu benutzen, nämlich

$$T(\mathbf{X}) = \frac{\bar{X} - \mu_0}{S_X} \sqrt{n},$$

die unter H_0 eine t-Verteilung mit $n-1$ Freiheitsgraden besitzt (vgl. (4.26)).

Kritischer Bereich

Bei der zweiseitigen Fragestellung $H_0: \mu = \mu_0$ gegen $H_1: \mu \neq \mu_0$ umfaßt der kritische Bereich wieder alle unter H_0 'unwahrscheinlichen' Werte:

$$K = (-\infty, -t_{n-1;1-\alpha/2}) \cup (t_{n-1;1-\alpha/2}, \infty), \quad (7.2)$$

wobei $t_{n-1;1-\alpha/2}$ das $(1-\alpha/2)$-Quantil der t-Verteilung mit $n-1$ Freiheitsgraden ist (vgl. Tabelle B.4). Bei einseitiger Fragestellung sind die kritischen Bereiche

$$K = (t_{n-1;1-\alpha}, \infty) \quad \text{für } H_0: \mu \leq \mu_0 \text{ gegen } H_1: \mu > \mu_0, \quad (7.3)$$

$$K = (-\infty, -t_{n-1;1-\alpha}) \quad \text{für } H_0: \mu \geq \mu_0 \text{ gegen } H_1: \mu < \mu_0. \quad (7.4)$$

Entscheidungsregel: Bei der zweiseitigen Fragestellung $H_0: \mu = \mu_0$ gegen $H_1: \mu \neq \mu_0$ wird H_0 abgelehnt, falls

$$|t| > t_{n-1;1-\alpha/2}.$$

Ansonsten wird H_0 wird nicht abgelehnt.

Bei einseitiger Fragestellung $H_0: \mu \leq \mu_0$ gegen $H_1: \mu > \mu_0$ wird die Nullhypothese genau dann abgelehnt, wenn

$$t > t_{n-1;1-\alpha}$$

gilt.

Bei der entgegengesetzt gerichteten einseitigen Fragestellung $H_0: \mu \geq \mu_0$ gegen $H_1: \mu < \mu_0$ wird die Nullhypothese genau dann abgelehnt, wenn

$$t < -t_{n-1;1-\alpha}$$

gilt.

Beispiel 7.3.2 (Fortsetzung von Beispiel 7.3.1). Bei der Herstellung der Brotlaibe wird nun eine neue Maschine zur Portionierung der Teigmasse eingesetzt. Die Masse X der Brotlaibe sei wieder normalverteilt, die Varianz sei nun aber unbekannt. Es liegt eine zufällige Stichprobe vom Umfang $n = 20$ mit dem Stichprobenmittelwert $\bar{x} = 1.9668$ und der Stichprobenvarianz $s^2 = 0.0927^2$ vor.

Tabelle 7.1. Masse (in kg) der Brotlaibe in Beispiel 7.3.2

1.971	1.969	2.040	1.832	1.856
1.882	2.106	1.872	1.942	2.085
2.122	1.949	1.970	1.892	2.105
1.943	1.938	2.076	1.939	1.848

Wir prüfen nun, ob dieses Stichprobenergebnis gegen die Hypothese H_0: $\mu = 2$ spricht. Die Irrtumswahrscheinlichkeit wird wieder mit $\alpha = 0.05$ vorgegeben. Für die Realisierung t der Testgröße $T(\mathbf{X}) = \frac{\bar{X}-\mu_0}{S_X}\sqrt{n}$ ergibt sich der Wert

$$t = \frac{1.9668 - 2}{0.0927}\sqrt{20} = -1.60.$$

H_0 wird nicht abgelehnt, da $|t| = 1.60 < 2.09 = t_{19;0.975}$ ist (vgl. Tabelle B.4).

Mit SPSS erhalten wir die Ausgabe in Abbildung 7.3.

One-Sample Statistics

	N	Mean	Std. Deviation	Std. Error Mean
X	20	1,96675	9,27E-02	2,07E-02

One-Sample Test

	Test Value = 2					
					95% Confidence Interval of the Difference	
	t	df	Sig. (2-tailed)	Mean Difference	Lower	Upper
X	-1,603	19	,125	-3,32E-02	-7,7E-02	1,02E-02

Abb. 7.3. SPSS-Output zu Beispiel 7.3.2

Hierbei ist zu beachten, daß hier automatisch die zweiseitige Fragestellung getestet wird. Der *p*-value (`2-Tail Sig`) beträgt 0.125 > 0.05, so daß H_0 nicht abgelehnt wird.

Vergleiche hierzu auch Abschnitt 7.7, in dem die Testentscheidung bei einseitiger Fragestellung unter Verwendung von Statistik Software diskutiert wird.

7.3.3 Prüfen der Varianz; χ^2-Test für die Varianz

Mittelwertstests wie die oben beschriebenen, untersuchen die Lage einer Verteilung. Die Varianz σ^2 ist ein Maß für die Streuung. Mit ihr werden z. B. in der Qualitätskontrolle Normbereiche wie $(\mu \pm 2\sigma)$ oder $(\mu \pm \sigma)$ gebildet. Ein Test für die Varianz prüft analog zum Vorgehen bei Mittelwertstests Hypothesen über die Varianz, um z. B. zu prüfen, ob eine vorgegebene Genauigkeit eingehalten wird.

Zunächst wollen wir wieder mit der zweiseitigen Fragestellung bei Normalverteilten Zufallsgrößen beginnen. Wir prüfen die Hypothese H_0: $\sigma^2 = \sigma_0^2$ für eine $N(\mu, \sigma^2)$-verteilte Zufallsvariable X. Als Testgröße wählen wir den (mit dem Faktor $n-1$ korrigierten) Quotienten aus der Stichprobenvarianz und der in der Nullhypothese angenommenen Varianz

$$T(\mathbf{X}) = \frac{(n-1)S_X^2}{\sigma_0^2}. \tag{7.5}$$

Die Testgröße besitzt unter H_0 eine χ^2-Verteilung mit $n-1$ Freiheitsgraden. Der kritische Bereich K wird mit Hilfe der in Tabelle B.3 angegebenen Quantile der χ^2-Verteilung wie folgt bestimmt.

Bei zweiseitiger Fragestellung H_0: $\sigma^2 = \sigma_0^2$ gegen H_1: $\sigma^2 \neq \sigma_0^2$ wird der kritische Bereich aus zu großen und zu kleinen Werten der Testgröße bestehen:

$$K = [0, c_{n-1;\alpha/2}] \cup (c_{n-1;1-\alpha/2}, \infty);$$

$c_{n-1;\alpha/2}$ und $c_{n-1;1-\alpha/2}$ sind die $\alpha/2$- bzw. $(1-\alpha/2)$-Quantile der χ^2-Verteilung mit $n-1$ Freiheitsgraden (vgl. Abbildung 7.4).

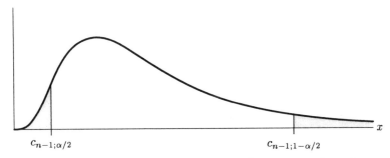

Abb. 7.4. Kritischer Bereich beim zweiseitigen χ^2-Test. H_0: $\sigma^2 = \sigma_0^2$ gegen H_1: $\sigma^2 \neq \sigma_0^2$. Der kritische Bereich $K = [0, -c_{n-1;1-\alpha/2}] \cup (c_{n-1;1-\alpha/2}, \infty)$ besitzt unter H_0 die durch die grauen Flächen dargestellte Wahrscheinlichkeitsmasse α

Entscheidungsregel: Für die konkrete Stichprobe $(x_1, \ldots, x_n)$ ergibt sich als Wert der Testgröße

$$t = \frac{\sum_{i=1}^{n}(x_i - \bar{x})^2}{\sigma_0^2}.$$

Die Nullhypothese $H_0\colon \sigma^2 = \sigma_0^2$ wird also abgelehnt, wenn die konkrete Stichprobe $(x_1, \ldots, x_n)$ so ausfällt, daß

$$t \leq c_{n-1;\alpha/2} \text{ oder } t \geq c_{n-1;1-\alpha/2}$$

gilt.

Bei einseitiger Fragestellung $H_0\colon \sigma^2 \leq \sigma_0^2$ gegen $H_1\colon \sigma^2 > \sigma_0^2$, die verwendet wird um zu zeigen, daß die Streuung größer als σ_0^2 ist, sprechen nur sehr große Werte t von $T(\mathbf{X})$ für eine Ablehnung der Nullhypothese, d. h., wir wählen

$$K = (c_{n-1;1-\alpha}, \infty)$$

und lehnen die Nullhypothese ab, falls die konkrete Stichprobe

$$t > c_{n-1;1-\alpha}$$

ergibt.

Bei der umgekehrt gerichteten einseitigen Fragestellung, die verwendet wird um zu zeigen, daß die Streuung kleiner als der vorgegebene Wert σ_0^2 ist, also $H_0\colon \sigma \geq \sigma_0^2$ gegen $H_1\colon \sigma^2 < \sigma_0^2$, sprechen nur kleine Werte der Testgröße (7.5) für eine Ablehnung, d. h., wir wählen

$$K = [0, c_{n-1;\alpha}) \tag{7.6}$$

und lehnen die Nullhypothese ab, falls die konkrete Stichprobe

$$t < c_{n-1;\alpha}$$

ergibt.

Anmerkung. Dieser Test ist verfälscht. Um eine unverfäschte Version zu erhalten, müssen die Werte c so gewählt werden, daß sie die Niveaubedingung einhalten und zugleich Stellen gleicher Dichte sind. In der Praxis werden die Werte der Einfachheit halber jedoch wie oben beschrieben symmetrisch ermittelt, indem auf beiden Seiten die Wahrscheinlichkeitsmasse $\alpha/2$ abgeschnitten wird. In dem in der Praxis eher unwahrscheinlichen Fall, daß μ bekannt ist, wird der bekannte Wert bei der Berechnung von s_X^2 anstelle $\bar{x}$ verwendet und geht damit in die Testgröße (7.5) mit ein. Dies bewirkt eine Erhöhung der Zahl der Freiheitsgrade von $n-1$ auf n und damit einen größeren kritischen Bereich. Die zusätzliche Information erhöht also die Güte des Tests.

Beispiel 7.3.3 (Fortsetzung von Beispiel 7.3.1). Bei Einsatz einer neuen Portionierungsmaschine ist die Masse X der produzierten Brotlaibe wieder als normalverteilt angenommen. Die Varianz ist unbekannt. Wir wollen nun überprüfen, ob die unbekannte Varianz σ^2 unter dem Erfahrungswert $\sigma_0^2 = 0.1^2$ aus Beispiel 7.3.1 liegt. Um diese Aussage zu bestätigen, wird nun das Gegenteil als statistische Hypothese formuliert. Es liegt eine neue Stichprobe vom Umfang $n = 20$ mit dem Stichprobenmittelwert $\bar{x} = 1.9886$ und der Stichprobenvarianz $s^2 = 0.0927^2$ vor. Wir geben eine Irrtumswahrscheinlichkeit von $\alpha = 0.05$ vor.

Tabelle 7.2. Masse (in kg) der $n = 20$ Brotlaibe aus Beispiel 7.3.3

1.966	1.962	2.012	2.114	2.059
1.965	2.019	1.815	2.085	1.980
1.997	1.924	1.877	2.026	2.051
2.074	1.960	1.962	1.980	1.945

Für die einseitige Fragestellung H_0: $\sigma^2 \geq 0.01$ gegen H_1: $\sigma^2 < 0.01$ entnehmen wir aus Tabelle B.3 $c_{n-1;\alpha} = c_{19;0.05} = 10.10$. Für die Realisation der Testgröße $T(\mathbf{X}) = \sum_{i=1}^{n}(X_i - \bar{X})^2/\sigma_0^2$ ergibt sich der Wert $t = 19 \cdot 0.0927^2/0.1^2 = 0.09632/0.01 = 9.632$, d. h., H_0 wird abgelehnt, da $9.632 < 10.10$ (vgl. (7.6)).

Dieser Test ist in SPSS nicht realisiert. Um zu einer mit SPSS realisierbaren Aussage zu kommen, müßten wir die Daten der alten Maschine zusammen mit denen der neuen Maschine verwenden und einen Test auf Varianzhomogenität anwenden. Ein solcher Test wird im folgenden Abschnitt beschrieben.

Interpretation: Durch die Ablehnung von H_0 wird unsere Aussage, daß die unbekannte Varianz σ^2 unter dem Erfahrungswert $\sigma_0^2 = 0.1^2$ aus Beispiel 7.3.1 liegt, mit einer Irrtumswahrscheinlichkeit von höchstens 5% bestätigt. Die neue Maschine kann also als besser (im Sinne höherer Genauigkeit) angesehen werden.

7.4 Zweistichprobenprobleme bei Normalverteilung

7.4.1 Prüfen der Gleichheit der Varianzen (F-Test)

Wir wollen zwei Variablen X und Y, von denen angenommen wird, daß sie unabhängig und jeweils normalverteilt sind ($X \sim N(\mu_X, \sigma_X^2)$ und $Y \sim N(\mu_Y, \sigma_Y^2)$), hinsichtlich ihrer Variabilität vergleichen. Wir testen die Hypothese H_0: $\sigma_X^2 = \sigma_Y^2$ gegen die Alternative H_1: $\sigma_X^2 \neq \sigma_Y^2$ bzw. einseitig H_0: $\sigma_X^2 \leq \sigma_Y^2$ gegen H_1: $\sigma_X^2 > \sigma_Y^2$. Wir setzen eine Stichprobe $(X_1, \ldots, X_{n_1})$ vom Umfang n_1 und eine (davon unabhängige) Stichprobe $(Y_1, \ldots, Y_{n_2})$ vom Umfang n_2 voraus. Die Testgröße ist der Quotient der beiden Stichprobenvarianzen

$$T(\mathbf{X},\mathbf{Y}) = \frac{S_X^2}{S_Y^2}, \tag{7.7}$$

der unter der Nullhypothese F-verteilt mit $n_1 - 1$ und $n_2 - 1$ Freiheitsgraden ist (vgl. (4.27)).

Bestimmung des kritischen Bereichs

Für die zweiseitige Fragestellung H_0: $\sigma_X^2 = \sigma_Y^2$ gegen H_1: $\sigma_X^2 \neq \sigma_Y^2$ gilt: Wenn die Nullhypothese wahr ist, die beiden Varianzen also gleich groß sind, müßte die Testgröße (7.7) Werte um 1 annehmen. Damit sprechen sehr kleine und sehr große Werte der Testgröße für eine Ablehnung der Nullhypothese. Der kritische Bereich $K = [0, k_1) \cup (k_2, \infty)$ wird also aus den Beziehungen

$$P(T(\mathbf{X},\mathbf{Y}) < k_1 | H_0) = \alpha/2$$

und

$$P(T(\mathbf{X},\mathbf{Y}) > k_2 | H_0) = \alpha/2$$

ermittelt. Es ergeben sich die Werte

$$k_1 = f_{n_1-1, n_2-1, \alpha/2}$$
$$k_2 = f_{n_1-1, n_2-1, 1-\alpha/2}.$$

Das untere Quantil k_1 kann durch folgende Beziehung aus Tabellen abgelesen werden, die meist nur die '$1 - \alpha$'-Werte angeben:

$$f_{n_1-1; n_2-1; \alpha/2} = \frac{1}{f_{n_2-1; n_1-1; 1-\alpha/2}}.$$

Bei einseitiger Fragestellung H_0: $\sigma_X^2 \leq \sigma_Y^2$ gegen H_1: $\sigma_X^2 > \sigma_Y^2$ besteht der kritische Bereich K aus großen Werten von $T(\mathbf{X})$ (S_X^2 im Zähler von T), d. h., $K = (k, \infty)$, wobei k aus

$$P(T(\mathbf{X},\mathbf{Y}) > k | H_0) = \alpha$$

bestimmt wird. Hier ergibt sich $k = f_{n_1-1; n_2-1; 1-\alpha}$.

Anmerkung. Bei einseitiger Fragestellung kann darauf verzichtet werden, die Richtung H_0: $\sigma_X^2 \geq \sigma_Y^2$ gegen H_1: $\sigma_X^2 < \sigma_Y^2$ gesondert zu betrachten, da dies vollkommen symmetrisch zu behandeln ist: $\sigma_X^2 \geq \sigma_Y^2$ entspricht genau $\sigma_Y^2 \leq \sigma_X^2$, d. h. es müssen nur die Variablen-Bezeichnungen X und Y vertauscht werden.

Aus den konkreten Stichproben $(x_1, \ldots, x_{n_1})$ und $(y_1, \ldots, y_{n_2})$ berechnen wir die Stichprobenmittelwerte $\bar{x} = \frac{1}{n_1} \sum_{i=1}^{n_1} x_i$ und $\bar{y} = \frac{1}{n_2} \sum_{i=1}^{n_2} y_i$ sowie die Stichprobenvarianzen

$$s_x^2 = \frac{1}{n_1 - 1} \sum_{i=1}^{n_1} (x_i - \bar{x})^2, \quad s_y^2 = \frac{1}{n_2 - 1} \sum_{i=1}^{n_2} (y_i - \bar{y})^2$$

und daraus die Realisierung der Testgröße:

$$t = \frac{s_x^2}{s_y^2}. \tag{7.8}$$

Entscheidungsregel: Bei der zweiseitigen Fragestellung wird H_0: $\sigma_X^2 = \sigma_Y^2$ zugunsten von H_1: $\sigma_X^2 \neq \sigma_Y^2$ abgelehnt, falls

$$t > f_{n_1-1;n_2-1;1-\alpha/2} \quad \text{oder} \quad t < f_{n_1-1;n_2-1;\alpha/2}$$

gilt. Falls diese Bedingungen nicht erfüllt sind, also

$$f_{n_1-1;n_2-1;\alpha/2} \leq t \leq f_{n_1-1;n_2-1;1-\alpha/2} \tag{7.9}$$

gilt, wird H_0 nicht abgelehnt.

Bei der einseitigen Fragestellung wird H_0: $\sigma_X^2 \leq \sigma_Y^2$ zugunsten von H_1: $\sigma_X^2 > \sigma_Y^2$ abgelehnt, falls

$$t > f_{n_1-1;n_2-1;1-\alpha} \tag{7.10}$$

gilt. Falls (7.10) nicht erfüllt ist, kann H_0 nicht abgelehnt werden.

Anmerkung. Ebenso wie im vorherigen Abschnitt wird davon ausgegangen, daß die in der Praxis relevante Situation unbekannter Erwartungswerte μ_X und μ_y vorliegt. Sind diese bekannt, so werden sie bei der Ermittlung von s_X^2 und s_Y^2 verwendet, was wiederum eine Erhöhung der Freiheitsgrade von $n_1 - 1$ auf n_1 bzw. $n_2 - 1$ auf n_2 bewirkt. Die zusätzliche Information erhöht auch hier wieder die Güte des Tests.

Beispiel 7.4.1. Zur Erhöhung der Kapazität einer Konservenfabrik wird eine zweite Maschine zur Befüllung der Konservendosen angeschafft. Die Füllgewichte der Dosen X (alte Maschine) und Y (neue Maschine) seien normalverteilte Zufallsvariablen $X \sim N(\mu_X, \sigma_X^2)$, $Y \sim N(\mu_Y, \sigma_Y^2)$. Die beiden Maschinen arbeiten unabhängig voneinander, weshalb X und Y werden als unabhängig angenommen werden können. Es soll überprüft werden, ob die Stichprobenergebnisse gegen die Hypothese H_0: $\sigma_X^2 = \sigma_Y^2$ sprechen, die neue Maschine also mit anderer Genauigkeit abfüllt.

Die Ergebnisse der Messungen sind in Tabelle 7.3 angegeben. Für die Zufallsvariable X liegt eine Stichprobe von Umfang $n_1 = 20$ mit dem Stichprobenmittelwert $\bar{x} = 1000.49$ und der Stichprobenvarianz $s_x^2 = 72.38$ vor. Die Stichprobe für die Zufallsvariable Y mit dem Umfang $n_2 = 25$ ergibt den Stichprobenmittelwert $\bar{y} = 1000.26$ und die Stichprobenvarianz $s_y^2 = 45.42$.

Das folgende SPSS Listing (Abbildung 7.5) gibt die Stichprobenmittelwerte und -varianzen an.

Tabelle 7.3. Daten zu Beispiel 7.4.1. Füllgewichte von Dosen in Gramm: x_i alte Maschine, y_i neue Maschine

x_i				
996.7	1006.6	1002.5	1003.6	998.8
1002.6	1003.9	1013.6	1020.4	1010.2
998.2	999.6	988.3	1000.2	985.2
989.6	998.8	1002.3	989.9	998.8

y_i				
1001.9	996.2	989.9	1001.4	997.6
999.9	1006.1	990.1	997.5	1001.6
1006.4	1006.8	993.8	998.3	1004.0
1006.2	997.2	1005.1	998.3	1020.2
996.1	995.7	994.0	1008.8	993.3

Descriptive Statistics

	N	Mean	Std. Deviation	Variance
X	20	1000,4900	8,5074	72,376
Y	25	1000,2560	6,7391	45,415
Valid N (listwise)	20			

Abb. 7.5. SPSS-Output zu Beispiel 7.4.1

Wir geben eine Irrtumswahrscheinlichkeit von $\alpha = 0.1$ vor. Für die einseitige Fragestellung

$$H_0 : \sigma_X^2 = \sigma_Y^2 \quad \text{gegen} \quad H_1 : \sigma_X^2 \neq \sigma_Y^2$$

ist $f_{19;24;0.95} = 2.06$ und $f_{19;24;0.05} = \frac{1}{f_{24;19;0.95}} = \frac{1}{2.06} = 0.49$ (vgl. Tabelle B5, lineare Interpolation von $f_{19;20;0.95}$=2.1370 und $f_{19;30;0.95}$=1.9452).
Für die Testgröße $T(\mathbf{X},\mathbf{Y}) = \frac{S_X^2}{S_Y^2}$ ergibt sich der Wert

$$t = \frac{72.38}{45.42} = 1.59.$$

Damit wird H_0 nicht abgelehnt (vgl. (7.9)), da $0.49 \leq t \leq 2.06$.

7.4.2 Prüfen der Gleichheit der Mittelwerte zweier unabhängiger normalverteilter Zufallsvariablen

Wir betrachten zwei normalverteilte Variablen $X \sim N(\mu_X, \sigma_X^2)$ und $Y \sim N(\mu_Y, \sigma_Y^2)$. Von Interesse sind Tests für die Hypothesen H_0: $\mu_X = \mu_Y$ gegen H_1: $\mu_X \neq \mu_Y$ (zweiseitige Fragestellung) und H_0: $\mu_X \geq \mu_Y$ gegen H_1: $\mu_X < \mu_Y$ oder H_0: $\mu_X \leq \mu_Y$ gegen H_1: $\mu_X > \mu_Y$ (einseitige Fragestellungen).
Die Prüfverfahren werden für die Fälle

- σ_X^2, σ_Y^2 bekannt
- σ_X^2, σ_Y^2 unbekannt, aber gleich
- $\sigma_X^2 \neq \sigma_Y^2$, beide unbekannt

entwickelt. Wir setzen dabei voraus, daß zwei unabhängige Stichproben $(X_1, \ldots, X_{n_1})$ und $(Y_1, \ldots, Y_{n_2})$ vorliegen.

Fall 1: Die Varianzen sind bekannt (doppelter Gauß-Test)

Trifft die Nullhypothese H_0: $\mu_X = \mu_Y$ zu, so ist die Prüfgröße

$$T(\mathbf{X}, \mathbf{Y}) = \frac{\bar{X} - \bar{Y}}{\sqrt{n_2 \sigma_X^2 + n_1 \sigma_Y^2}} \sqrt{n_1 \cdot n_2} \qquad (7.11)$$

standardnormalverteilt, $T(\mathbf{X}, \mathbf{Y}) \sim N(0,1)$. Der Test verläuft dann analog zum einfachen Gauß-Test (Abschnitt 7.3.1).

Fall 2: Die Varianzen sind unbekannt, aber gleich (doppelter t-Test)

Wir bezeichnen die unbekannte Varianz beider Verteilungen mit σ^2. Die gemeinsame Varianz wird durch die sogenannte gepoolte Stichprobenvarianz geschätzt, die beide Stichproben mit einem Gewicht relativ zu ihrer Größe verwendet.

$$S^2 = \frac{(n_1 - 1)S_X^2 + (n_2 - 1)S_Y^2}{n_1 + n_2 - 2}. \qquad (7.12)$$

Die Prüfgröße

$$T(\mathbf{X}, \mathbf{Y}) = \frac{\bar{X} - \bar{Y}}{S} \sqrt{\frac{n_1 \cdot n_2}{n_1 + n_2}}, \qquad (7.13)$$

mit S aus (7.12) besitzt unter H_0 eine Student'sche t-Verteilung mit $n_1 + n_2 - 2$ Freiheitsgraden. Das Testverfahren läuft wie in Abschnitt 7.3.2.

Beispiel 7.4.2. Die Brenndauer von Glühbirnen zweier verschiedener Typen sei jeweils normalverteilt und beide Typen besitzen die gleiche Varianz. Die Zufallsvariablen X bzw. Y bezeichnen die Brenndauer der Glühbirnen des beiden Typsen. Die beiden normalverteilten Zufallsvariablen $X \sim N(\mu_X, \sigma^2)$ und $Y \sim N(\mu_Y, \sigma^2)$ können als unabhängig voneinander vorausgesetzt werden. Eine Stichprobe (vgl. Tabelle 7.4) vom Umfang $n_1 = 25$ für X liefert den Stichprobenmittelwert $\bar{x} = 5996.4863$ und die Stichprobenvarianz $s_x^2 = 65.304^2$. Die Stichprobe für Y mit dem Stichprobenumfang $n_2 = 22$ ergibt einen Stichprobenmittelwert von $\bar{y} = 6125.5776$ und eine Stichprobenvarianz $s_y^2 = 56.961^2$.

Wir wollen prüfen, ob diese Stichprobenergebnisse gegen die Hypothese H_0: $\mu_X = \mu_Y$ (gleiche mittlere Brenndauern) sprechen. Als Irrtumswahrscheinlichkeit geben wir $\alpha = 0.05$ vor.

Tabelle 7.4. Daten zu Beispiel 7.4.2. Brenndauer (in Stunden) von Glühbirnen zweier Typen

x_i				
5958	6046	6073	6034	5918
6032	6016	5965	6074	5980
5904	5997	5987	6012	6034
5934	5927	5974	6032	6050
6000	5999	6124	5811	6035

y_i				
6149	6107	6121	6129	6094
6155	6102	6088	6059	6229
6226	6150	6180	6137	
6094	6131	6095	6015	
6082	6157	6224	6038	

Wir prüfen zunächst die Annahme gleicher Varianzen: $H_0: \sigma_X^2 = \sigma_Y^2$ gegen $H_1: \sigma_X^2 \neq \sigma_Y^2$. Mit (7.8) und (7.10), d. h.,

$$f_{24,21;0.025} 0.433 =< t = \frac{s_X^2}{s_Y^2} = \frac{65.304^2}{56.961^2} = 1.314 < 2.37 = f_{24,21;0.975},$$

wird H_0 nicht abgelehnt, die Annahme gleicher Varianzen wird also nicht widerlegt.

Anmerkung. SPSS verwendet einen anderen Test, den Levene Test, der robuster gegen Abweichungen von der Normalverteilung ist. Dieser Test ergibt einen *p*-value von 0.694, womit H_0 ebenfalls nicht ablehnt wird (vgl. SPSS Listing).

Wir schätzen zunächst die gemeinsame Varianz σ^2 mit (7.12):

$$\begin{aligned} s^2 &= \frac{(n_1-1)s_x^2 + (n_2-1)s_y^2}{n_1+n_2-2} \\ &= \frac{24 \cdot 65.304^2 + 21 \cdot 56.961^2}{45} = 3788.586 = 61.551^2. \end{aligned}$$

Für $\alpha = 0.05$ und die zweiseitige Fragestellung

$$H_0 : \mu_X = \mu_Y \quad \text{gegen} \quad H_1 : \mu_X \neq \mu_Y$$

ist $t_{40;0.975} = 2.02$. Für die Realisierung t der Testgröße $T(\mathbf{X},\mathbf{Y})$ (7.13) ergibt sich der Wert

$$t = \frac{5996.4863 - 6125.5776}{61.551} \sqrt{\frac{25 \cdot 22}{25+22}} = -7.17.$$

Damit wird H_0 abgelehnt, da $|t| = |-7.17| > 2.02 = t_{40;0.975}$ (vgl. (7.2)).

Die Berechnung der Stichprobenmittelwerte, der Stichprobenvarianzen und des *t*-Tests mit SPSS ergibt das Listing in Abbildung 7.6:

7.4 Zweistichprobenprobleme bei Normalverteilung   145

Group Statistics

	TYP	N	Mean	Std. Deviation	Std. Error Mean
Brenndauer	X	25	5996,6400	65,2207	13,0441
	Y	22	6125,5455	56,9425	12,1402

Independent Samples Test

	Levene's Test for Equality of Variances		t-test for Equality of Means				
	F	Sig.	t	df	Sig. (2-tailed)	Mean Difference	Std. Error Difference
Equal variances assumed	,156	,695	-7,171	45	,000	-128,9055	17,9770
Equal variances not assumed			-7,234	44,999	,000	-128,9055	17,8195

Abb. 7.6. SPSS-Output zu Beispiel 7.4.2

Fall 3: Die Varianzen sind unbekannt und ungleich (Welch-Test)

Wir prüfen H_0: $\mu_X = \mu_Y$ gegen die Alternative H_1: $\mu_X \neq \mu_Y$ für den Fall $\sigma_X^2 \neq \sigma_Y^2$. Dies ist das sogenannte Behrens-Fisher-Problem, für das es keine exakte Lösung gibt. Für praktische Zwecke wird als Näherungslösung folgende Testgröße empfohlen (vgl. Sachs, 1978):

$$T(\mathbf{X}, \mathbf{Y}) = \frac{|\bar{X} - \bar{Y}|}{\sqrt{\frac{S_X^2}{n_1} + \frac{S_Y^2}{n_2}}}, \qquad (7.14)$$

die t-verteilt ist mit annähernd v Freiheitsgraden (v wird ganzzahlig gerundet):

$$v = \left(\frac{s_x^2}{n_1} + \frac{s_y^2}{n_2}\right)^2 / \left(\frac{\left(s_x^2/n_1\right)^2}{n_1 - 1} + \frac{\left(s_y^2/n_2\right)^2}{n_2 - 1}\right). \qquad (7.15)$$

Der Test verläuft dann wie in Abschnitt 7.3.2.

Anmerkung. SPSS gibt beim doppelten t-Test sowohl die Teststatistik für den Fall gleicher Varianzen als auch für den Fall ungleicher Varianzen aus (vgl. Listing zu Beispiel 7.4.2: `Variances Equal, Unequal`).

7.4.3 Prüfen der Gleichheit der Mittelwerte aus einer verbundenen Stichprobe (paired t-Test)

Wie oben bertachten wir wieder zwei stetige Zufallsvariablen X mit $E(X) = \mu_X$ und Y mit $E(Y) = \mu_Y$. Die Annahme der Unabhängigkeit der beiden

7. Prüfen statistischer Hypothesen

Variablen wird nun aufgegeben, die beiden Variablen als abhängig angenommen. Diese Abhängigkeit kann in der Praxis beispielsweise dadurch entstehen, daß an einem Objekt zwei Merkmale gleichzeitig beobachtet werden oder ein Merkmal an einem Objekt zu verschiedenen Zeitpunkten beobachtet wird. Man spricht dann von einer gepaarten oder **verbundenen Stichprobe** oder von einem **matched-pair Design**.

Da beide Zufallsvariablen zum selben Objekt gehören ergibt das Bilden einer Differenz einen Sinn. Mit $D = X - Y$ bezeichnen wir die Zufallsvariable „Differenz von X und Y". Unter H_0: $\mu_X = \mu_Y$ ist die erwartete Differenz gleich Null, es gilt $E(D) = \mu_D = 0$. Wir setzen voraus, daß D unter H_0: $\mu_X = \mu_Y$ bzw. H_0: $\mu_D = 0$ normalverteilt ist, d. h., daß $D \sim N(0, \sigma_D^2)$ gilt. Es liege eine Stichprobe $(D_1, \ldots, D_n)$ vor. Dann ist

$$T(\mathbf{X}, \mathbf{Y}) = T(\mathbf{D}) = \frac{\bar{D}}{S_D}\sqrt{n} \qquad (7.16)$$

t-verteilt mit $n-1$ Freiheitsgraden. Dabei ist

$$S_D^2 = \frac{\sum_{i=1}^n (D_i - \bar{D})^2}{n-1}$$

eine Schätzung für σ_D^2. Der Test der zweiseitigen Fragestellung H_0: $\mu_D = 0$ gegen die Alternative H_1: $\mu_D \neq 0$ bzw. der einseitigen Fragestellungen H_0: $\mu_D \leq 0$ gegen H_1: $\mu_D > 0$ oder H_0: $\mu_D \geq 0$ gegen H_1: $\mu_D < 0$ erfolgt analog zu Abschnitt 7.3.2.

Anmerkung. Im Vergleich zum Verfahren aus Abschnitt 7.3.2 zum Prüfen der Mittelwerte zweier unabhängiger Normalverteilungen sind beim Test auf gleichen Mittelwert verbundener Stichproben die Voraussetzungen weitaus schwächer. Gefordert wird, daß die Differenz beider Zufallsvariablen normalverteilt ist, die beiden stetigen Variablen selbst müssen also nicht notwendig normalverteilt sein.

Beispiel 7.4.3. In einem Versuch soll die leistungssteigernde Wirkung von Koffein geprüft werden. Mit Y bzw. X bezeichnen wir die Zufallsvariablen „Punktewert vor bzw. nach dem Trinken von starkem Kaffee", die an $n = 10$ Studenten gemessen wurden. Aus den Daten in Tabelle 7.5 erhalten wir

$$\bar{d} = 1,$$
$$s_d^2 = \frac{8}{9} = 0.943^2.$$

Damit ergibt sich für die Prüfgröße t bei $\alpha = 0.05$

$$t = \frac{1}{0.943}\sqrt{10} = 3.35 > t_{9;0.95} = 1.83,$$

so H_0: $\mu_X \leq \mu_Y$ abgelehnt wird. Die Leistungen nach dem Genuß von Kaffee sind signifikant besser.

Tabelle 7.5. Paarweise Daten x_i, y_i und Differenzen d_i aus Beispiel 7.4.3

i	y_i	x_i	$d_i = x_i - y_i$	$(d_i - \bar{d})^2$
1	4	5	1	0
2	3	4	1	0
3	5	6	1	0
4	6	7	1	0
5	7	8	1	0
6	6	7	1	0
7	4	5	1	0
8	7	8	1	0
9	6	5	1	4
10	2	5	3	4
$\sum$			10	8

Mit SPSS erhalten wir wie bereits erwähnt immer den zweiseitigen Test, so daß wir den p-value halbieren müssen. Wir verweisen an dieser Stelle wieder auf Abschnitt 7.7, in dem dieser Zusammenhang detailliert erläutert wird.

In der SPSS Ausgabe ist zusätzlich auch der Test zum Prüfen der Korrelation (`Corr .832` mit `2-tail Sig .003`) angegeben, der im nächsten Abschnitt besprochen wird.

Paired Samples Statistics

		Mean	N	Std. Deviation	Std. Error Mean
Pair 1	X	5,0000	10	1,6997	,5375
	Y	6,0000	10	1,4142	,4472

Paired Samples Correlations

		N	Correlation	Sig.
Pair 1	X & Y	10	,832	,003

Paired Samples Test

		Paired Differences			t	df	Sig. (2-tailed)
		Mean	Std. Deviation	Std. Error Mean			
Pair 1	X - Y	-1,0000	,9428	,2981	-3,354	9	,008

Abb. 7.7. SPSS-Output zu Beispiel 7.4.3

7.5 Prüfen der Korrelation zweier Normalverteilungen

Wir haben zwei verbundene Stichproben, die wir als Realisation der Zufallsvariablen (X, Y) auffassen können, die eine zweidimensionale Normalverteilung besitzt. Wir wollen nun überprüfen, ob die beiden Zufallsvariablen X und Y unkorreliert sind oder ob zwischen ihnen ein linearer Zusammenhang besteht. Der Zusammenhang zwischen X und Y wird durch den Korrelationskoeffizienten ρ beschrieben. Der Test auf Unkorreliertheit (bei Normalverteilung gleichwertig mit Unabhängigkeit) prüft die Nullhypothese H_0: $\rho = 0$ gegen die Alternative H_1: $\rho \neq 0$. Ist man an der Richtung des Zusammenhangs interessiert, so wählt man die einseitige Fragestellung H_0: $\rho \leq 0$ gegen H_1: $\rho > 0$ für die positive Korrelation, die umgekehrte Fragestellung für die negative Korrelation. Der Test basiert auf dem Korrelationskoeffizienten der Stichprobe $(X_1, Y_1), \ldots, (X_n, Y_n)$

$$R(\mathbf{X},\mathbf{Y}) = \frac{\sum(X_i - \bar{X})(Y_i - \bar{Y})}{\sqrt{\sum(X_i - \bar{X})^2 \sum(Y_i - \bar{Y})^2}} = \frac{S_{XY}}{\sqrt{S_{XX}S_{YY}}}. \quad (7.17)$$

Die Testgröße hat die Gestalt

$$T(\mathbf{X},\mathbf{Y}) = R(\mathbf{X},\mathbf{Y}) \cdot \sqrt{\frac{n-2}{1 - R(\mathbf{X},\mathbf{Y})^2}} \quad (7.18)$$

und besitzt unter H_0 eine t-Verteilung mit $n - 2$ Freiheitsgraden.

Entscheidungsregel: Für die zweiseitige Fragestellung, H_0: $\rho = 0$ gegen H_1: $\rho \neq 0$ wird H_0 für $|t| > t_{n-2;1-\alpha/2}$ abgelehnt. Der kritische Bereich ist wie in (7.2) definiert, wobei jedoch die geänderte Zahl der Freiheitsgrade beachtet werden muß.

Bei der einseitigen Fragestellung H_0: $\rho \geq 0$ gegen H_1: $\rho < 0$ führt $t < -t_{n-2;1-\alpha}$ zur Ablehnung von H_0 (vgl. (7.3)). bei der umgekehrt gerichteten einseitigen Fragestellung H_0: $\rho \leq 0$ gegen H_1: $\rho > 0$ wird für $t > t_{n-2;1-\alpha}$ H_0 abgelehnt (vgl. (7.4)).

Beispiel 7.5.1. Bei Studenten der Wirtschaftswissenschaften soll der Zusammenhang der beiden Zufallsvariablen X: „Leistung im Seminar" und Y: „Leistung im Praktikum" untersucht werden, wobei auf einer Punkte-Skala mit einer Nachkommastelle bewertet und näherungsweise von einer zweidimensionalen Normalverteilung ausgegangen wird. Eine Stichprobe von $n = 26$ Studenten ergibt die Werte in Tabelle 7.6.

Aus den Daten berechnen wir $\bar{x} = 27.35$ und $\bar{y} = 32.58$ und damit

$$r = \frac{\sum_{i=1}^{n}(x_i - \bar{x})(y_i - \bar{y})}{\sqrt{\sum_{i=1}^{n}(x_i - \bar{x})^2 \sum_{i=1}^{n}(y_i - \bar{y})^2}} = 0.821,$$

womit wir

$$t = r\sqrt{\frac{n-2}{1-r^2}} = 7.045$$

erhalten. Da $t > t_{24;1-0.05/2} = 2.07$, lehnen wir H_0: $\rho = 0$ gegen H_1: $\rho \neq 0$ ab. Der lineare Zusammenhang zwischen „Leistung im Seminar" und „Leistung im Praktikum" ist signifikant auf dem 5%-Niveau.

Tabelle 7.6. Daten zu Beispiel 7.5.1; Leistungen im Seminar und im Praktikum

i	x_i	y_i	i	x_i	y_i
1	30.2	35.1	14	26.3	32.2
2	32.2	56.6	15	29.3	35.1
3	37.1	37.1	16	27.3	34.1
4	24.2	24.4	17	34.1	35.1
5	19.5	17.6	18	19.5	25.4
6	35.1	38.0	19	33.2	35.1
7	29.3	37.1	20	21.5	25.4
8	28.3	32.2	21	16.6	19.5
9	31.3	27.3	22	24.4	27.3
10	29.3	38.0	23	37.1	38.0
11	45.9	59.9	24	9.8	8.8
12	30.2	38.0	25	15.6	33.2
13	26.3	36.1	26	17.6	20.5

Mit SPSS erhalten wir den Stichprobenkorrelationskoeffizienten $\rho = 0.8210$, den Stichprobenumfang (in Klammern) und den zugehörigen p-value für die zweiseitige Fragestellung. Die Anordnung der Ergebnisse in einer Matrix ergibt sich dadurch, daß diese SPSS-Prozedur bei mehr als zwei Variablen automatisch alle zweiseitigen Tests durchführt.

Correlations

		X	Y
Pearson Correlation	X	1,000	,821
	Y	,821	1,000
Sig. (2-tailed)	X	,	,000
	Y	,000	,
N	X	26	26
	Y	26	26

Abb. 7.8. SPSS-Output zu Beispiel 7.5.1

7.6 Prüfen von Hypothesen über Binomialverteilungen

7.6.1 Prüfen der Wahrscheinlichkeit für das Auftreten eines Ereignisses (Binomialtest für p)

Wir betrachten eine Zufallsvariable X mit zwei Ausprägungen 1 und 0, die für das Eintreten bzw. Nichteintreten eines Ereignisses A stehen. Die Wahrscheinlichkeit für das Eintreten von A in der Grundgesamtheit sei p. Aus einer

Stichprobe $\mathbf{X} = (X_1, \ldots, X_n)$ von unabhängigen $B(1;p)$-verteilten Zufallsvariablen X_i bilden wir die erwartungstreue Schätzfunktion $\hat{p} = \frac{1}{n}\sum_{i=1}^n X_i$ (relative Häufigkeit).

Wir testen die Hypothese H_0: $p = p_0$ gegen H_1: $p \neq p_0$ (bzw. H_0: $p \leq p_0$ gegen H_1: $p > p_0$ oder H_0: $p \geq p_0$ gegen H_1: $p < p_0$). Unter H_0: $p = p_0$ gilt $\text{Var}(\hat{p}) = \frac{1}{n}p_0(1 - p_0)$. Also ist die folgende Variable unter H_0 standardisiert:

$$T(\mathbf{X}) = \frac{\hat{p} - p_0}{\sqrt{p_0(1 - p_0)}}\sqrt{n}. \tag{7.19}$$

Für hinreichend großes n ($np(1 - p) \geq 9$) kann die Binomialverteilung durch die Normalverteilung approximiert werden, so daß dann approximativ $T(\mathbf{X}) \sim N(0,1)$ gilt. Der Test der Nullhypothese H_0: $p = p_0$ verläuft damit wie in Abschnitt 7.3.1.

Für kleine Stichproben werden die Testgröße

$$T(\mathbf{X}) = \sum_{i=1}^n X_i \tag{7.20}$$

(absolute Häufigkeit) und die Quantile der Binomialverteilung verwendet. Für die zweiseitige Fragestellung wird der kritische Bereich $K = \{0, 1, \ldots, k_u - 1\} \cup \{k_o + 1, \ldots, n\}$ aus der Bedingung

$$P_{p_0}(T(\mathbf{X}) < k_u) + P_{p_0}(T(\mathbf{X}) > k_o) \leq \alpha$$

bestimmt, wobei die Aufteilung der Wahrscheinlichkeitsmasse α auf die zwei Teilmengen von K gemäß

$$P_{p_0}(T(\mathbf{X}) < k_u) \leq \alpha/2 \tag{7.21}$$
$$P_{p_0}(T(\mathbf{X}) > k_o) \leq \alpha/2 \tag{7.22}$$

erfolgt. Aus Gleichung (7.21) ergibt sich k_u als größte ganze Zahl, die

$$P_{p_0}(T(\mathbf{X}) < k_u) = \sum_{i=0}^{k_u-1} \binom{n}{i} p_0^i (1 - p_0)^{n-i} \leq \alpha/2 \tag{7.23}$$

erfüllt. k_o wird analog als kleinste ganze Zahl bestimmt, die (7.22) erfüllt:

$$P_{p_0}(T(\mathbf{X}) > k_o) = \sum_{i=k_o+1}^{n} \binom{n}{i} p_0^i (1 - p_0)^{n-i} \leq \alpha/2 \tag{7.24}$$

Für die einseitige Fragestellung H_0: $p \leq p_0$ gegen H_1: $p > p_0$ wird $K = \{k + 1, \ldots, n\}$ in analoger Weise aus der folgenden Forderung bestimmt:

$$P_{p_0}(T(\mathbf{X}) > k) \leq \alpha.$$

Für die einseitige Fragestellung H_0: $p \geq p_0$ gegen H_1: $p < p_0$ gilt schließlich $K = \{0, \ldots, k\}$ mit k gemäß

$$P_{p_0}(T(\mathbf{X}) < k) \leq \alpha.$$

7.6 Prüfen von Hypothesen über Binomialverteilungen

Anmerkung. Hierbei tritt im Gegensatz zu stetigen Verteilungen jeweils das Problem auf, daß das vorgegebene Niveau α nicht immer voll ausgeschöpft werden kann. Eine mögliche Lösung liegt in randomisierten Tests (vgl. Rüger, 1996).

Beispiel 7.6.1. Einem Versandhaus ist aus Erfahrung bekannt, daß bei 20% der Kunden, die ihre Ware in Raten bezahlen, Schwierigkeiten auftreten. Das Ereignis A „Kunde zahlt seine Raten nicht ordnungsgemäß" tritt mit einer Wahrscheinlichkeit von $p_0 = 0.2$ ein. Aus der Kundendatei der Ratenzahler wird zufällig (mit Zurücklegen) eine Stichprobe vom Umfang $n = 100$ gezogen. Die Anzahl des Auftretens von Ereignis A in der Stichprobe ist eine $B(n; p)$-verteilte Zufallsvariable. In der Stichprobe wird 25mal das Ereignis A und 75mal $\bar{A}$ (Kunde zahlt die Raten ordnungsgemäß) beobachtet. Es soll geprüft werden, ob die damit geschätzte Wahrscheinlichkeit $\hat{p} = \frac{25}{100}$ gegen die Hypothese H_0: $p \leq p_0$ spricht (bei höchstens 20% der Kunden treten Schwierigkeiten auf). Wir geben eine Irrtumswahrscheinlichkeit von $\alpha = 0.05$ vor.

Für die einseitige Fragestellung

$$H_0 : p \leq p_0 \quad \text{gegen} \quad H_1 : p > p_0$$

ergibt sich für die Testgröße $T(\mathbf{X})$ (vgl. (7.20)) der Wert $t = 25$. Zur exakten Berechnung des kritischen Bereichs bestimmen wir die Wahrscheinlichkeiten

$$P_{p_0}(t = l) = \binom{n}{l} p_0^l (1 - p_0)^{n-l}$$

und die kumulierten Wahrscheinlichkeiten

$$P_{p_0}(t \leq l) = \sum_{i=0}^{l} \binom{n}{i} p_0^i (1 - p_0)^{n-i},$$

die in Tabelle 7.7 angegeben sind.

Wir erhalten $k = 27$, da $P(t > 27) = 1 - P(t \leq 27) = 1 - 0.9658484 \leq 0.05$. Der beobachtete Wert 25 liegt nicht in $K = \{k+1, \ldots, n\} = \{28, \ldots, 100\}$, so daß H_0 hier nicht abgelehnt wird.

Da $np_0(1 - p_0) = 0.2 \cdot 0.8 \cdot 100 = 16 > 9$ gilt, kann die Binomialverteilung durch die Normalverteilung approximiert werden. Die Berechnung der Testgröße $T(\mathbf{X})$ gemäß (7.19) liefert den Wert

$$t = \frac{0.25 - 0.2}{\sqrt{0.2 \cdot 0.8}} \sqrt{100} = 1.25 \,.$$

H_0 wird also ebenfalls nicht abgelehnt, da $1.25 < 1.64 = z_{1-0.05}$.

Interpretation: Die alten Erfahrungswerte sind weiterhin gültig, es liegt kein signifikant höherer Anteil an säumigen Ratenzahlern vor.

Tabelle 7.7. Wahrscheinlichkeiten $P_{p_0}(t = l)$ und kum. Wahrscheinlichkeiten $P_{p_0}(t \leq l)$ für Beispiel 7.6.1

l	$P_{p_0}(t=l)$	$P_{p_0}(t\leq l)$	l	$P_{p_0}(t=l)$	$P_{p_0}(t\leq l)$
0	0.0000000	0.0000000	23	0.0719800	0.8109128
1	0.0000000	0.0000000	24	0.0577340	0.8686468
2	0.0000001	0.0000001	25	0.0438778	0.9125246
3	0.0000005	0.0000006	26	0.0316427	0.9441673
4	0.0000031	0.0000037	27	0.0216811	0.9658484
5	0.0000150	0.0000187	28	0.0141314	0.9799798
6	0.0000593	0.0000780	29	0.0087712	0.9887510
7	0.0001990	0.0002770	30	0.0051896	0.9939407
8	0.0005784	0.0008554	31	0.0029296	0.9968703
9	0.0014782	0.0023336	32	0.0015793	0.9984496
10	0.0033628	0.0056964	33	0.0008136	0.9992631
11	0.0068785	0.0125749	34	0.0004008	0.9996639
12	0.0127539	0.0253288	35	0.0001889	0.9998529
13	0.0215835	0.0469122	36	0.0000853	0.9999381
14	0.0335315	0.0804437	37	0.0000369	0.9999750
15	0.0480618	0.1285055	38	0.0000153	0.9999903
16	0.0638321	0.1923376	39	0.0000061	0.9999964
17	0.0788514	0.2711890	40	0.0000023	0.9999987
18	0.0908981	0.3620871	41	0.0000008	0.9999996
19	0.0980743	0.4601614	42	0.0000003	0.9999999
20	0.0993002	0.5594616	43	0.0000001	1.0000000
21	0.0945716	0.6540332	44	0.0000000	1.0000000
22	0.0848995	0.7389328	45	0.0000000	1.0000000

7.6.2 Prüfen der Gleichheit zweier Binomialwahrscheinlichkeiten

Wir betrachten wieder das obige Zufallsexperiment, jedoch nun als Zweistichprobenproblem mit zwei unabhängigen Stichproben $\mathbf{X} = (X_1, \ldots, X_{n_1})$ bzw. $\mathbf{Y} = (Y_1, \ldots, Y_{n_2})$. X_i bzw. Y_i sind $B(1; p_1)$- bzw. $B(1; p_2)$-verteilte Zufallsvariablen. Damit ist $X = \sum_{i=1}^{n_1} X_i \sim B(n_1; p_1)$ und $Y = \sum_{i=1}^{n_2} Y_i \sim B(n_2; p_2)$.

Wir wollen die Hypothese H_0: $p_1 = p_2 = p$ prüfen und bilden dazu die Differenz $D = \frac{X}{n_1} - \frac{Y}{n_2}$. Für hinreichend großes n_1 und n_2 sind $\frac{X}{n_1}$ und $\frac{Y}{n_2}$ näherungsweise normalverteilt:

$$\frac{X}{n_1} \overset{approx.}{\sim} N\left(p_1, \frac{p_1(1-p_1)}{n_1}\right),$$

$$\frac{Y}{n_2} \overset{approx.}{\sim} N\left(p_2, \frac{p_2(1-p_2)}{n_2}\right),$$

so daß unter H_0

$$D \overset{approx.}{\sim} N\left(0, p(1-p)\left(\frac{1}{n_1} + \frac{1}{n_2}\right)\right)$$

gilt. Die unter H_0 in beiden Verteilungen identische Wahrscheinlichkeit p wird durch die Schätzfunktion

$$\hat{p} = \frac{X+Y}{n_1+n_2} \quad (7.25)$$

erwartungstreu geschätzt. Dann erhalten wir folgende Teststatistik

$$T(\mathbf{X},\mathbf{Y}) = \frac{D}{\sqrt{\hat{p}(1-\hat{p})\left(\frac{1}{n_1}+\frac{1}{n_2}\right)}}, \quad (7.26)$$

die für große n_1, n_2 näherungsweise $N(0,1)$-verteilt ist. Der Test für die ein- und zweiseitigen Fragestellungen verläuft wie im Abschnitt 7.3.1.

Beispiel 7.6.2 (Fortsetzung von Beispiel 7.6.1). Das Versandhaus kauft die beiden Konkurrenzunternehmen Erwin-Versand und Hugo-Versand auf. Es liegen zwei unabhängige Stichproben (Ziehen mit Zurücklegen) vom Umfang $n_1 = 200$ bzw. $n_2 = 250$ aus den jeweiligen Kundendateien vor. In der Stichprobe des Erwin-Versands wird 35mal das Ereignis A beobachtet. 65mal tritt das Ereignis A in der Stichprobe des Hugo-Versands auf. X bzw. Y bezeichnen die Anzahl des Auftretens von Ereignis A in der Stichprobe 1 (Erwin-Versand) bzw. Stichprobe 2 (Hugo-Versand). X ist eine $B(n_1;p_1)$-verteilte und Y eine $B(n_2;p_2)$-verteilte Zufallsvariable. Wir wollen prüfen, ob die Auftretenswahrscheinlichkeit für Ereignis A in beiden Versandhäusern gleich groß ist, d. h., wir testen zweiseitig $H_0: p_1 = p_2 = p$ gegen $H_1: p_1 \neq p_2$. Die Irrtumswahrscheinlichkeit wird wieder mit $\alpha = 0.05$ vorgegeben.

Die geschätzten Wahrscheinlichkeiten für das Ereignis A sind $\hat{p}_1 = 35/200 = 0.175$ (Erwin-Versand) und $\hat{p}_2 = 65/250 = 0.260$ (Hugo-Versand), ihre Differenz ist also $d = 0.175 - 0.260 = -0.085$. Für die Schätzung der unter H_0 in beiden Verteilungen identischen Wahrscheinlichkeit p ergibt sich gemäß (7.25) der Wert

$$\hat{p} = \frac{35+65}{200+250} = \frac{100}{450} = 0.222.$$

Für die zweiseitige Fragestellung ergibt sich für die Testgröße $T(\mathbf{X},\mathbf{Y})$ der Wert

$$t = \frac{-0.085}{\sqrt{0.222(1-0.222)\left(\frac{1}{200}+\frac{1}{250}\right)}} = -2.16.$$

H_0 wird abgelehnt, da $|t| = 2.16 > 1.96 = z_{1-0.05/2}$.

7.6.3 Exakter Test von Fisher

Wir betrachten die gleiche Situation wie im letzten Abschnitt (Zweistichprobenproblem), jedoch mit der Einschränkung, daß die Stichprobenumfänge n_1 und n_2 klein sind und deshalb approximative Verfahren nicht angewendet werden können. Von Interesse sind die Wahrscheinlichkeiten $p_1 = P(X_i = 1)$

und $p_2 = P(Y_i = 1)$ sowie der Test für die Hypothese H_0: $p_1 = p_2 = p$ gegen die Alternative H_1: $p_1 \neq p_2$.

Zur Konstruktion einer Testgröße verwenden wir die Zufallsvariablen $X = \sum_{i=1}^{n_1} X_i$ und $Y = \sum_{i=1}^{n_2} Y_i$ sowie die bedingte Verteilung von X gegeben $X + Y$, die unter H_0 durch

$$P(X = t_1 | X + Y = t_1 + t_2 = t)$$
$$= \frac{P(X = t_1) P(Y = t - t_1)}{P(X + Y = t)}$$
$$= \frac{\binom{n_1}{t_1} p^{t_1}(1-p)^{n_1-t_1} \binom{n_2}{t-t_1} p^{t-t_1}(1-p)^{n_2-(t-t_1)}}{\binom{n_1+n_2}{t} p^t (1-p)^{n_1+n_2-t}}$$
$$= \frac{\binom{n_1}{t_1}\binom{n_2}{t-t_1}}{\binom{n_1+n_2}{t}} \qquad (7.27)$$

gegeben ist. Unter H_0 ist die bedingte Verteilung von X gegeben $X + Y$ also die hypergeometrische Verteilung $H(n_1 + n_2, n_1, t)$ und damit unabhängig vom unbekannten p.

Der kritische Bereich $K = \{0, \ldots, k_u - 1\} \cup \{k_o + 1, \ldots, t\}$ wird dann gemäß (7.27) aus

$$P(X > k_o | X + Y = t) \leq \alpha/2$$

und

$$P(X < k_u | X + Y = t) \leq \alpha/2$$

so bestimmt, daß k_u und k_o die größte bzw. kleinste ganze Zahl ist, die die jeweilige Niveaubedingung einhält (Vorgehensweise analog zur Bestimmung der kritischen Werte in Abschnitt 7.6.1). Auch hier gilt, daß der Test das Niveau α nicht immer ganz ausschöpft (vgl. Rüger, 1996).

Beispiel 7.6.3. Zwei Strategien A und B werden danach beurteilt, ob sie zu Erfolg oder Nichterfolg führen. Mit p_1 bezeichnen wir die Wahrscheinlichkeit $P(X_i = 1)$ für Erfolg unter Strategie A, mit p_2 bezeichnen wir die Wahrscheinlichkeit $P(Y_i = 1)$ für Erfolg unter Strategie B. Wir wollen prüfen, ob sich die beiden Strategien A und B hinsichtlich ihrer Erfolgsquote signifikant unterscheiden, d. h., wir prüfen die Hypothese H_0: $p_1 = p_2 = p$ gegen die Alternative H_1: $p_1 \neq p_2$. Wir setzen das Signifikanzniveau als $\alpha = 0.05$ fest.

In der folgenden Tabelle sind die Ergebnisse des Zufallsexperiments angegeben.

	Erfolge	Mißerfolge	
Strategie A	8	3	$n_1 = 11$
Strategie B	5	3	$n_2 = 8$
	13	6	$n_1 + n_2 = 19$

7.6 Prüfen von Hypothesen über Binomialverteilungen   155

Wir haben $n_1 = 11$, $n_2 = 8$, $t_1 = 8$, $t_2 = 5$ und damit $n = n_1 + n_2 = 19$ und $t = t_1 + t_2 = 13$. Die bedingte Verteilung von X unter der Bedingung $X + Y = t$ ist die hypergeometrische Verteilung $H(19, 11, 13)$. Wir berechnen

k	$P(X = k\|X + Y = 13)$
0	0.00000
1	0.00000
2	0.00000
3	0.00000
4	0.00000
5	0.01703
6	0.13622 k_u
7	0.34056
8	0.34056
9	0.14190 k_o
10	0.02270
11	0.00103
12	0.00000
13	0.00000

$\left. \begin{array}{l} \\ \\ \\ \\ \\ \\ \end{array} \right\} = 0.01703 < \alpha/2$

$\left. \begin{array}{l} \\ \\ \\ \\ \end{array} \right\} = 0.02373 < \alpha/2$

Daraus erhalten wir $K = \{0, \ldots, k_u - 1\} \cup \{k_o + 1, \ldots, t\} = \{0, \ldots, 5\} \cup \{10, \ldots, 13\}$, so daß H_0 wegen $X = 8 \notin K$ nicht abgelehnt wird. Beide Strategien können als gleich gut angesehen werden.

Anmerkung. Die bedingten Wahrscheinlichkeiten $P(X = 0|X + Y = 13), \ldots, P(X = 4|X + Y = 13)$ und $P(X = 12|X + Y = 13)$, $P(X = 13|X + Y = 13)$ sind Null, da diese Ereignisse unmöglich sind.

7.6.4 McNemar-Test für binären Response

Wir betrachten nun ein matched-pair Design mit den beiden Zufallsvariablen X und Y, die jedoch jeweils nur zwei mögliche Ausprägungen x_1, x_2 bzw. y_1, y_2 besitzen. Wir verwenden standardmäßig die Kodierungen 0 und 1 (binärer Response), so daß die Paare (x_i, y_i) die Responsetupel $(0, 0)$, $(0, 1)$, $(1, 0)$ oder $(1, 1)$ bilden. Die Ergebnisse werden in einer 2×2-Tafel zusammengefaßt.

		X		
		0	1	Summe
Y	0	A	C	$A + C$
	1	B	D	$B + D$
	Summe	$A + B$	$C + D$	$A + B + C + D = n$

Wir testen die Nullhypothese H_0: $P(X = 1) = P(Y = 1)$ gegen H_1: $P(X = 1) \neq P(Y = 1)$. Dieser Test ist damit das Pendant zum exakten Test von Fisher für den matched-pair Fall.

7. Prüfen statistischer Hypothesen

Der Test basiert auf den relativen (Rand-) Häufigkeiten, die sich in B und C (den Häufigkeiten für die diskonkordanten Ergebnisse $(0,1)$ bzw. $(1,0)$) unterscheiden. Unter H_0 müßten b und c (Realisierungen der Zufallsvariablen B und C) gleich groß sein. Unter fest vorgegebener Summe $b + c$ ist C = „Anzahl der $(1,0)$-Paare" damit eine binomialverteilte Zufallsvariable: $C \sim B(b+c; 1/2)$. Also gilt $\mathrm{E}(C) = (b+c)/2$ und $\mathrm{Var}(C) = (b+c) \cdot \frac{1}{2} \cdot \frac{1}{2}$.

Damit ist der folgende Quotient unter H_0 standardisiert:

$$\frac{C - (b+c)/2}{\sqrt{(b+c) \cdot 1/2 \cdot 1/2}}. \tag{7.28}$$

Für hinreichend großes $(b+c)$ folgt nach dem zentralen Grenzwertsatz, daß (7.28) $N(0,1)$-verteilt ist. Diese Näherung gilt ab $(b+c) \geq 20$.

Damit hat die Teststatistik folgende Gestalt:

$$Z = \frac{2C - (b+c)}{\sqrt{b+c}}. \tag{7.29}$$

Die Teststatistik von McNemar ist das Quadrat dieser Z-Statistik. Sie wird im Fall $(b+c) \geq 20$ und bei zweiseitiger Fragestellung verwendet und folgt einer χ^2-Verteilung mit einem Freiheitsgrad:

$$Z^2 = \frac{(2C - (b+c))^2}{b+c} \sim \chi_1^2 \tag{7.30}$$

mit der Realisierung

$$z^2 = \frac{(2c - (b+c))^2}{b+c} = \frac{(b-c)^2}{b+c}. \tag{7.31}$$

Für kleine Stichproben wählt man als Testgröße C und als kritische Werte die Quantile der Binomialverteilung $B(b+c; \frac{1}{2})$. Für $(b+c) \geq 20$ wählt man als Testgröße Z (bzw. Z^2) und die Quantile der Standardnormalverteilung (bzw. der Chi-Quadrat-Verteilung).

Beispiel 7.6.4. In einem matched-pair Design werden $n = 210$ Studenten bezüglich ihrer Leistungen im Seminar und im Praktikum eingeschätzt. Seien X (Leistung im Seminar) und Y (Leistung im Praktikum) binär kodiert $0 =$ (zufriedenstellend), 1 (nicht zufriedenstellend).

		\multicolumn{2}{c}{Y}	
		0	1	
X	0	10	50	60
	1	70	80	150
		80	130	210

Wir prüfen H_0: $P(X = 1) = P(Y = 1)$ und erhalten den Wert der Teststatistik (7.31)

X & Y

	Y	
X	0	1
0	10	50
1	70	80

Test Statistics[b]

	X & Y
N	210
Chi-Square[a]	3.008
Asymp. Sig.	.083

a. Continuity Corrected
b. McNemar Test

Abb. 7.9. SPSS-Output zu Beispiel 7.6.4

$$z^2 = \frac{(70-50)^2}{70+50} = \frac{400}{120} = 3.33 < 3.84 = c_{1;0.95},$$

so daß wir H_0 nicht ablehnen.

Hierbei ist zu beachten, daß SPSS bei der Auswertung von (7.31) eine Stetigkeitskorrektur $(|b-c|-1)^2)/(b+c)$ verwendet, so daß wir Chi-Square 3.008 anstelle von $z^2 = 3.33$ erhalten.

7.7 Testentscheidung mit Statistik Software

In der klassischen Testtheorie wird eine Hypothese H_0 zugunsten der Alternative H_1 verworfen, wenn der aus der Stichprobe berechnete Wert der Testgröße einen zugehörigen kritischen Wert zu vorgegebenem Signifikanzniveau α überschreitet. Die kritischen Werte der Tests sind für die verschiedenen Verteilungen der Testgrößen tabelliert, so daß die Testentscheidung durch Vergleich der berechneten Testgröße und des Tabellenwertes getroffen werden kann. Softwarepakete geben zu den berechneten Testgrößen (TG) sogenannte p-values aus, anhand derer die Testentscheidung getroffen werden kann. Die Analogie beider Vorgehensweisen soll im folgenden erläutert werden.

Der zweiseitige p-value ist wie in Abschnitt 7.2 definiert durch

$$p\text{-value} = P_{H_0}(|x| > |TG|)$$
$$= \int_{-\infty}^{-TG} f_{TG}(x)dx + \int_{TG}^{\infty} f_{TG}(x)dx.$$

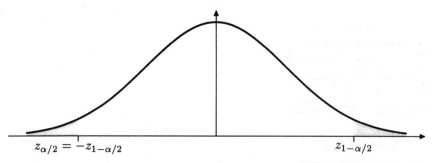

Abb. 7.10. Ablehnbereich $(-\infty, -z_{1-\alpha/2}) \cup (z_{1-\alpha/2}, \infty)$ des zweiseitigen Gauß-Tests. Die graue Fläche ist gemäß der Definition von $z_{1-\alpha/2}$ gleich $\alpha/2 + \alpha/2 = \alpha$

Er entspricht also der Wahrscheinlichkeit, daß bei Gültigkeit von H_0 ein Wert x beobachtet wird, der 'extremer' ist als der beobachtete Wert der Testgröße, was genau der Fläche unter der Dichte von TG für Werte größer als $|TG|$ entspricht. Die beiden Integrale sind für symmetrische Prüfverteilungen wie die Normal- oder t-Verteilung gleich, da die Dichte hier symmetrisch zu Null ist. Es gilt also

$$p\text{-value} = 2\int_{TG}^{\infty} f_{TG}(x)dx\,.$$

Für die einseitige Fragestellung ist je nach Richtung der Hypothese eines der beiden Integrale nicht von Bedeutung. Der Wert kann also halbiert werden.

Testentscheidung

Wir wollen die Testentscheidungen für die ein- und zweiseitigen Fragestellungen hier am Beispiel des Gauß-Tests aus Abschnitt 7.3.1 vorstellen.

Zweiseitige Fragestellung. Für den zweiseitigen Gauß-Test wird die Nullhypothese $H_0 : \mu_X = \mu_0$ zugunsten der Alternative $H_1 : \mu_X \neq \mu_0$ verworfen – der Test lehnt H_0 ab – falls die Realisierung der Testgröße TG größer als $z_{1-\alpha/2}$ bzw. kleiner als $-z_{1-\alpha/2}$ ist. Der Ablehnbereich $(-\infty, -z_{1-\alpha/2}) \cup (z_{1-\alpha/2}, \infty)$ ist in Abbildung 7.10 dargestellt.

In Abbildung 7.11 wird eine Situation dargestellt, die zum Ablehnen von H_0 führt. Die Realisation der Testgröße ist größer als $z_{1-\alpha/2}$. Die Fläche unter der Dichte rechts von TG ist damit kleiner als $\alpha/2$. Der p-value entspricht der Summe dieser Fläche und dem Pendant auf der negativen Halbachse. Es gilt also insgesamt p-value $< \alpha$ (Ablehnen von H_0).

Abbildung 7.12 zeigt die Situation, die nicht zum Verwerfen von H_0 führt. Die Realisation der Testgröße ist kleiner als $z_{1-\alpha/2}$. Die Fläche unter der Dichte rechts von TG ist damit größer als $\alpha/2$. Es gilt also insgesamt p-value $> \alpha$ (H_0 wird beibehalten).

7.7 Testentscheidung mit Statistik Software 159

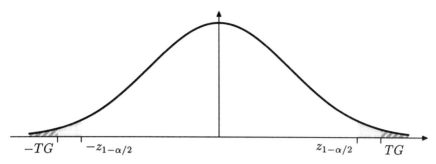

Abb. 7.11. Zweiseitiger Gauß-Test: Ablehnen von H_0. Die schraffierte Fläche rechts von TG ist kleiner als $\alpha/2$ (graue Fläche). Insgesamt gilt p-value $< \alpha$

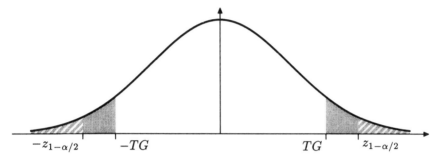

Abb. 7.12. Zweiseitiger Gauß-Test: H_0 wird nicht abgelehnt. Die dunkle Fläche rechts von TG ist größer als $\alpha/2$. Insgesamt gilt p-value $> \alpha$.

Einseitige Fragestellung. Für den einseitigen Gauß-Test wird die Nullhypothese $H_0 : \mu_X \leq \mu_0$ zugunsten der Alternative $H_1 : \mu_X > \mu_0$ verworfen – der Test lehnt H_0 ab – falls die Realisierung der Testgröße TG größer als $z_{1-\alpha}$ ist (die umgekehrte Fragestellung $H_0 : \mu_X \geq \mu_0$ wird analog behandelt und deshalb hier nicht näher erläutert).

Der Ablehnbereich $(z_{1-\alpha}, \infty)$ ist in Abbildung 7.13 dargestellt. Die Entscheidung H_0 abzulehnen oder beizubehalten verläuft analog zur Vorgehensweise beim zweiseitigen Test.

In Abbildung 7.14 werden die Ablehnbereiche der ein- und der zweiseitigen Fragestellung verglichen. Hier ist die Fläche unter der Dichte rechts von $z_{1-\alpha}$ gleich der Summe der Flächen unter der Dichte links von $-z_{1-\alpha/2}$ und rechts von $z_{1-\alpha/2}$.

160   7. Prüfen statistischer Hypothesen

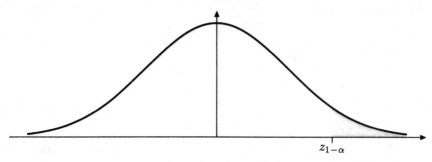

Abb. 7.13. Ablehnbereich $(z_{1-\alpha}, \infty)$ beim einseitigen Gauß-Test. Die graue Fläche ist α.

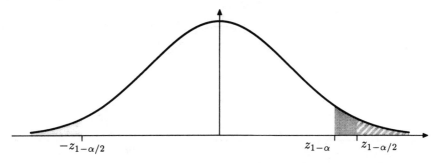

Abb. 7.14. Vergleich der Ablehnbereiche $(z_{1-\alpha}, \infty)$ beim einseitigen und $(-\infty, -z_{1-\alpha/2}) \cup (z_{1-\alpha/2}, \infty)$ beim zweiseitigen Gauß-Test. Die Summe der hellgrauen Flächen ist gleich der dunkelgrauen Fläche; jeweils gleich α.

7.8 Aufgaben und Kontrollfragen

Aufgabe 7.1: Erläutern Sie die Vorgehensweise beim Signifikanztest.

Aufgabe 7.2: Eine Mensa bezieht Semmeln aus einer Großbäckerei. Diese garantiert ein mittleres Gewicht von mindestens 45 g bei einer Standardabweichung von 2 g. Die Mensa unterzieht die tägliche große Lieferung einer Prüfung bezüglich des Sollgewichts.

a) Wie lauten Null- und Alternativhypothese?
b) Bestimmen Sie den Annahme- und Ablehnungsbereich für $\alpha = 0.05$ und den Stichprobenumfang $n = 25$ unter Verwendung der Normalverteilung.
c) Eine Stichprobe liefert $\bar{x} = 44g$. Wie entscheiden Sie?

Aufgabe 7.3: Eine Gaststätte bezieht die 1/2-Liter-Bierflaschen aus einer kleinen Brauerei im Nachbarort. Nach mehreren Beschwerden seiner Gäste, daß die Flaschen weniger als 1/2 Liter Bier enthalten würden, fordert der Gastwirt den Brauereibesitzer auf, seine Abfüllanlage überprüfen zu lassen.

Zu diesem Zweck wird eine Zufallsstichprobe vom Umfang $n = 150$ Flaschen ausgewählt. Bei deren Untersuchung ergaben sich die folgenden Werte: $\bar{x} = 498.8$ ml und $s = 3.5$ ml.

a) Ist der Verdacht der Besucher der Gaststätte bei einem Signifikanzniveau von 1% gerechtfertigt?
b) Der Brauereibesitzer behauptet nun, daß das Ergebnis der Stichprobe nicht widerlegen würde, daß seine Flaschen genau 500 ml enthalten. Überprüfen Sie diese Behauptung bei $\alpha = 0.01$.
c) Ein Jahr später wird nochmals eine Untersuchung durchgeführt, allerdings diesmal nur mit $n = 20$ Flaschen. Die Stichprobenresultate sind diesmal $\bar{x} = 498.1$ und $s = 3.7$. Wie lauten die Tests aus (a) und (b) unter Verwendung dieser Werte?

Aufgabe 7.4: In den Bundesländern Baden-Württemberg und Bayern wurde eine Untersuchung über das monatliche Bruttoeinkommen von Industriearbeitern einer Branche durchgeführt. Eine Stichprobe von je 41 Arbeitern ergab in Baden-Württemberg ein durchschnittliches Monatseinkommen von $\bar{x} = 3025$ DM bei einer Varianz von $s_x^2 = 41068$ bzw. in Bayern von $\bar{y} = 2846$ DM mit $s_y^2 = 39236$. Es soll angenommen werden, daß die Bruttoverdienste der Industriearbeiter normalverteilt sind. Prüfen Sie anhand der Stichprobenergebnisse, ob von einer Gleichheit der Varianzen ausgegangen werden kann ($\alpha = 0.05$). Hinweis: Das für den Test benötigte F-Quantil lautet $F_{40,40,0.975} = 1.88$.

Aufgabe 7.5: Während eines Behandlungszeitraumes von einem Jahr wird ein cholesterinsenkendes Präparat A an 15 Versuchspersonen, ein ebenso wirkendes Mittel B an 17 Personen verabreicht. Stichprobenmittel und -varianz der in dieser Zeit erzielten Senkung des Cholesterinspiegels (in mg) lauten:

A-Personen: $\bar{x}_A = 102$; $s_A^2 = 37$; B-Personen: $\bar{x}_B = 86$; $s_B^2 = 48$.

Kann aus diesen Beobachtungen mit einer Irrtumswahrscheinlichkeit von höchstens 0.05 darauf geschlossen werden, daß Präparat A im Durchschnitt zu einer um mehr als 10 mg höheren Senkung des Cholesterinspiegels führt als Präparat B? Gehen Sie dabei davon aus, daß die erzielten Cholesterinsenkungen unter A bzw. B normalverteilte Zufallsgrößen mit

a) übereinstimmenden Varianzen,
b) den Varianzen $\sigma_A^2 = 32$, $\sigma_B^2 = 50$

sind.

Aufgabe 7.6: 10 Personen werden zufällig ausgewählt, um die Reaktionszeit nach der Einnahme eines neuen Medikaments zu untersuchen (Personengruppe X). Dieselbe Untersuchung wird an 10 ebenfalls zufällig bestimmten Personen durchgeführt, wobei diese jedoch keinerlei Medikamente eingenommen haben (Personengruppe Y). Kann man aufgrund der in der Tabelle zusammengefaßten Ergebnisse behaupten, daß das Medikament die Reaktionszeit signifikant beeinflußt ($\alpha = 0.05$)? Wir gehen dabei von der Annahme $\sigma_X^2 \neq \sigma_Y^2$ aus.

Person	1	2	3	4	5	6	7	8	9	10
X	0.61	0.72	0.79	0.83	0.64	0.69	0.73	0.72	0.84	0.81
Y	0.68	0.65	0.58	0.67	0.70	0.82	0.59	0.60	0.71	0.62

Aufgabe 7.7: Auf einer landwirtschaftlichen Versuchsanlage werden zufällig 10 Felder ausgewählt, um ein neues Düngemittel für den Kartoffelanbau zu testen. Nachdem jedes Versuchsfeld halbiert wurde, wird in der ersten Hälfte das herkömmliche Düngemittel und in der zweiten Hälfte das neue Mittel eingesetzt. Die jeweiligen Ernteerträge (in kg/m²) sollen als Realisationen normalverteilter Zufallsgrößen X (herkömmliches Mittel) und Y (neues Mittel) angesehen werden.

Feld	1	2	3	4	5	6	7	8	9	10
X	7.1	6.4	6.8	8.8	7.2	9.1	7.4	5.2	5.1	5.9
Y	7.3	5.1	8.6	9.8	7.9	8.0	9.2	8.5	6.4	7.2

Wurden die durchschnittlichen Ernteerträge durch das neue Düngemittel signifikant gegenüber dem herkömmlichen Düngemittel gesteigert ($\alpha = 0.05$)?

Aufgabe 7.8: Worin unterscheiden sich der paired t-Test und der doppelte t-Test?

Aufgabe 7.9: Unter 3000 Neugeborenen wurden 1428 Mädchen gezählt. Testen Sie zum Niveau 0.05 die Hypothese, daß die Wahrscheinlichkeit für eine Mädchengeburt 0.5 beträgt.

Aufgabe 7.10: Bei den letzten Wahlen entschieden sich 48% der wahlberechtigten Bevölkerung einer Stadt mit mehr als 100000 Einwohnern für den Kandidaten A als Bürgermeister. In einer aktuellen Umfrage unter 3000 zufällig bestimmten Wählern entschieden sich 1312 wieder für diesen Kandidaten. Kann aus diesem Ergebnis mit einer Irrtumswahrscheinlichkeit von 0.05 auf eine Veränderung des Wähleranteils des Kandidaten A geschlossen werden?

Aufgabe 7.11: Frau Meier kauft im Supermarkt 10 Orangen. Später fällt ihr ein, daß sie nochmals 8 Orangen braucht, und kauft diese im Obstgeschäft um die Ecke. Als sie zuhause ist, stellt sie fest, daß 3 Orangen aus dem Supermarkt angefault sind. Beim Obsthändler hat sie nur eine schlechte Orange bekommen. Spricht dies für eine unterschiedliche Qualität in den beiden Geschäften?

Aufgabe 7.12: Ein Dauertest von Glühbirnen zweier verschiedener Firmen führte zu folgenden Ergebnissen: Von 400 Glühbirnen des Herstellers 1 waren 300 qualitätsmäßig ausreichend, von den 900 überprüften Glühbirnen des Herstellers 2 hingegen 648. Kann auf Grund dieses Ergebnisses behauptet werden ($\alpha = 0.01$), daß die Firmen mit verschiedenen Ausschußanteilen produzieren?

Aufgabe 7.13: Eine umfangreiche Lieferung von Eiern soll auf ihre Qualität hin überprüft werden. Zu diesem Zweck werden $n = 100$ Eier zufällig ausgewählt und überprüft. Dabei geben 3 Eier Anlaß zu Beanstandungen. Der Lieferant behauptet nun, daß der Anteil verdorbener Eier bei seinen Lieferungen kleiner als 4% ist. Überprüfen Sie diese Annahme unter Verwendung einer geeigneten Verteilungsapproximation mit dem dazugehörigen Test zum Niveau $\alpha = 0.05$.

Aufgabe 7.14: Eine Drahtziehmaschine erzeugt eine bestimmte Sorte Draht. Die mechanischen Eigenschaften von Draht werden durch seine Zugfestigkeit (in N/mm^2 = Newton pro Quadratmillimeter) gemessen. Die Zugfestigkeit einer Drahtprobe aus der laufenden Produktion kann als normalverteilte Zufallsgröße angesehen werden.

Erfahrungsgemäß streut die Zugfestigkeit von Draht aus einer laufenden Produktion umso mehr, je länger die Maschine im Einsatz ist. Dies soll anhand von zwei Stichproben überprüft werden, die nacheinander in einem bestimmten zeitlichen Abstand aus der laufenden Produktion entnommen wurden. Wir sehen die beiden Stichproben als unabhängig voneinander an.

Die zeitlich erste Stichprobe **Y** von 15 untersuchten Drahtproben ergab eine Streuung $s_Y = 80$ N/mm^2. die zweite Stichprobe **X** von 25 Drahtproben lieferte $s_X = 128$ N/mm^2.

Testen Sie die Hypothese $H_0 : \sigma_X^2 \leq \sigma_Y^2$ bei einem Signifikanzniveau von 5%.

Aufgabe 7.15: Wir nehmen an, daß die Wirkung von Kaffee auf die Lernleistung in einem Test erprobt werden soll. Dazu werden die Leistungen von Studenten vor bzw. nach dem Kaffeegenuß beurteilt. Die Leistungen seien binär kodiert gemäß Leistungen über/unter dem Durchschnitt: 1/0. Es sei folgendes Ergebnis bei $n = 100$ Studenten erzielt worden:

		vorher		
		0	1	
nachher	0	20	25	45
	1	15	40	55
		35	65	100

Prüfen Sie H_0: $p_1 = p_2$ gegen H_1: $p_1 \neq p_2$.

8. Nichtparametrische Tests

8.1 Einleitung

In die bisherigen Prüfverfahren des Kapitels 7 ging der Verteilungstyp der Stichprobenvariablen ein (z.B. normal- oder binomialverteilte Zufallsvariablen). Der Typ der Verteilung war also bekannt. Die zu prüfenden Hypothesen bezogen sich auf Parameter dieser Verteilung. Die für Parameter bekannter Verteilungen konstruierten Prüfverfahren heißen parametrische Tests, da die Hypothesen Parameterwerte festlegen. So wird beim einfachen t-Test beispielsweise die Hypothese $H_0 : \mu = 5$ geprüft. Möchte man Lage- oder Streuungsalternativen bei stetigen Variablen prüfen, deren Verteilung nicht bekannt ist, so sind die im folgenden dargestellten nichtparametrischen Tests zu verwenden.

Wir wollen in diesem Kapitel einige für die Praxis relevante Tests vorstellen. Für weitergehende Ausführungen verweisen wir auf Büning und Trenkler (1994).

8.2 Anpassungstests

Der einfache t-Test prüft anhand einer Stichprobe ob beispielsweise der Erwartungswert einer (normalverteilten) Zufallsvariablen kleiner ist als der Erwartungswert einer (theoretischen) Zufallsvariablen mit anderem Erwartungswert. Kennt man nun den Verteilungstyp der der Stichprobe zugrunde liegenden Zufallsvariablen nicht, so kann man prüfen, ob diese Zufallsvariable eine bestimmte Verteilung wie z.B. eine Normalverteilung besitzt. Es soll also untersucht werden, wie „gut" sich eine beobachtete Verteilung der hypothetischen Verteilung anpaßt.

Wie in Kapitel 7 beschrieben, ist es bei der Konstruktion des Tests notwendig, die Verteilung der Testgröße unter der Nullhypothese zu kennen. Daher sind alle Anpassungstests so aufgebaut, daß die eigentlich interessierende Hypothese als Nullhypothese und nicht – wie sonst üblich – als Alternative formuliert wird. Deshalb kann mit einem Anpassungstest auch kein statistischer Nachweis geführt werden, daß ein bestimmter Verteilungstyp vorliegt, sondern es kann nur nachgewiesen werden, daß ein bestimmter Verteilungstyp nicht vorliegt.

8.2.1 Chi-Quadrat-Anpassungstest

Der wohl bekannteste Anpassungstest ist der Chi-Quadrat-Anpassungstest. Die Teststatistik wird so konstruiert, daß sie die Abweichungen der unter H_0 erwarteten von den tatsächlich beobachteten absoluten Häufigkeiten mißt. Hierbei ist jedes Skalenniveau zulässig. Um jedoch die erwarteten Häufigkeiten zu berechnen ist es bei ordinalem oder stetigem Datenniveau notwendig, die Stichprobe $\mathbf{X} = (X_1, \ldots, X_n)$ in k Klassen

Klasse	1	2	$\cdots$	k	Total
Anzahl der Beobachtungen	n_1	n_2	$\cdots$	n_k	n

einzuteilen. Die Klasseneinteilung ist dabei in gewisser Weise willkürlich. Die Klasseneinteilung sollte jedoch nicht zu fein gewählt werden, um eine genügend große Anzahl an Beobachtungen in den einzelnen Klassen zu gewährleisten.

Wir prüfen die Nullhypothese H_0: „Die Verteilungsfunktion $F(x)$ der in der Stichprobe realisierten Zufallsvariablen X stimmt mit einer vorgegebenen Verteilungsfunktion $F_0(x)$ überein", d.h., wir prüfen H_0: $F(x) = F_0(x)$ gegen die zweiseitige Alternative H_1: $F(x) \neq F_0(x)$. Die Teststatistik lautet

$$T(\mathbf{X}) = \sum_{i=1}^{k} \frac{(N_i - np_i)^2}{np_i}, \tag{8.1}$$

wobei

- N_i die absolute Häufigkeit der Stichprobe $\mathbf{X}$ für die Klasse i ($i = 1, \ldots, k$) ist (N_i ist eine Zufallsvariable mit Realisierung n_i in der konkreten Stichprobe),
- p_i die mit Hilfe der vorgegebenen Verteilungsfunktion $F_0(x)$ berechnete (also hypothetische) Wahrscheinlichkeit dafür ist, daß die Zufallsvariable X in die Klasse i fällt,
- np_i die unter H_0 erwartete Häufigkeit in der Klasse i angibt.

Entscheidungsregel: Die Nullhypothese H_0 wird zum Signifikanzniveau α abgelehnt, falls $t = T(x_1, \ldots, x_n)$ größer als das $(1 - \alpha)$-Quantil der χ^2-Verteilung mit $k - 1 - r$ Freiheitsgraden ist, d.h., falls gilt:

$$t > c_{k-1-r, 1-\alpha}.$$

r ist dabei die Anzahl der Parameter der vorgegebenen Verteilungsfunktion $F_0(x)$. Sind die Parameter der Verteilungsfunktion unbekannt, so müssen diese aus der Stichprobe geschätzt werden. Die Schätzung der Parameter aus den gruppierten Daten führt dabei im Gegensatz zur Schätzung aus ungruppierten Daten zu Verzerrungen in dem Sinne, daß die Teststatistik dann nicht mehr χ^2-verteilt ist. Für eine genauere Diskussion sei auf Büning und Trenkler (1994) verwiesen.

Anmerkung. Die Teststatistik $T(X)$ ist unter der Nullhypothese nur asymptotisch χ^2-verteilt. Diese Approximation ist üblicherweise hinreichend genau, wenn nicht mehr als 20% der erwarteten Klassenbesetzungen np_i kleiner als 5 sind und kein Wert np_i kleiner als 1 ist.

Beispiel 8.2.1. In einem Betrieb werden Plastikteile produziert. Im Rahmen der Qualitätskontrolle entnimmt man bei einer neu aufgestellten Maschine $n = 50$ Teile und prüft, ob die Zufallsvariable X: „Durchmesser eines Teils" normalverteilt ist. Wir erhalten folgende Werte:

x_i									
7.6	7.1	7.1	6.0	7.7	6.8	6.4	6.0	7.3	7.9
6.9	6.3	6.5	6.4	6.0	6.9	7.2	6.9	6.9	6.7
7.5	7.1	7.9	7.0	7.0	7.4	6.1	7.2	6.9	7.1
7.4	6.4	7.8	6.6	7.3	7.3	6.5	6.9	7.9	6.7
7.1	6.9	7.0	6.3	7.2	6.9	6.7	6.1	7.0	6.9

Wir prüfen auf Normalverteilung, d.h. H_0: $F(x) = F_0(x) = N(\mu, \sigma^2)$. Die Nullhypothese legt hier also nur den Typ der Verteilung, nicht aber die Werte der Parameter μ und σ^2 fest. Wir müssen die Parameterwerte daher aus der Stichprobe schätzen. Wir ermitteln die Schätzwerte $\bar{x} = 6.93$ und $s^2 = 0.50^2$ als ML-Schätzungen für μ und σ^2.

Im nächsten Schritt müssen nun die Originaldaten klassiert werten. Wir wählen folgende Klasseneinteilung der Stichprobe vom Umfang $n = 50$.

Klasse	1	2	3	4
Grenzen	$(-\infty, 6.5)$	$[6.5, 7.0)$	$[7.0, 7.5)$	$[7.5, \infty)$
n_i	10	16	17	7

Um die Wahrscheinlichkeiten p_i ($i = 1, \ldots, 4$) zu berechnen führen wir mit $Z \sim N(0,1)$ wieder die standardisierte normalverteilte Zufallsvariable ein. Unter Verwendung von Tabelle B.1 erhalten wir für Klasse 1:

$$p_1 = P(X < 6.5) = P\left(Z < \frac{6.5 - 6.93}{0.50}\right)$$
$$= \Phi(-0.86) = 1 - \Phi(0.86)$$
$$= 0.194894 \,.$$

Die unter H_0 erwartete Häufigkeit für die Klasse 1 beträgt also $50 \cdot p_1 = 9.74$. Für Klasse 2 erhalten wir:

$$p_2 = P(6.5 \leq X < 7.0) = P\left(\frac{6.5 - 6.93}{0.50} \leq Z < \frac{7.0 - 6.93}{0.50}\right)$$
$$= \Phi(0.14) - \Phi(-0.86)$$
$$= \Phi(0.14) + \Phi(0.86) - 1$$
$$= 0.360876 \,.$$

Die erwartete Häufigkeit unter H_0 beträgt $50 \cdot p_2 = 18.04$. Für Klasse 3 erhalten wir:

$$p_3 = P(7.0 \leq X < 7.5) = P\left(\frac{7.0 - 6.93}{0.50} \leq Z < \frac{7.5 - 6.93}{0.50}\right)$$
$$= \Phi(1.14) - \Phi(0.14)$$
$$= 0.317187.$$

Die erwartete Häufigkeit unter H_0 beträgt $50 \cdot p_3 = 15.86$. Für Klasse 4 erhalten wir schließlich:

$$p_4 = P(X \geq 7.5) = P\left(Z \geq \frac{7.5 - 6.93}{0.50}\right)$$
$$= 1 - \Phi(1.14)$$
$$= 0.127143.$$

Die erwartete Häufigkeit unter H_0 beträgt $50 \cdot p_4 = 6.36$. Damit können wir den Wert der Testgröße (8.1) berechnen:

$$t = \frac{(10 - 9.74)^2}{9.74} + \frac{(16 - 18.04)^2}{18.04} + \frac{(17 - 15.86)^2}{15.86} + \frac{(7 - 6.36)^2}{6.36}$$
$$= 0.39.$$

Die Zahl der Freiheitsgrade beträgt

$$k - 1 - r = 4 \,(\text{Klassen}) - 1 - 2 \,(\text{geschätzte Parameter}) = 1.$$

Zur Irrtumswahrscheinlichkeit $\alpha = 0.05$ und der Freiheitsgradzahl 1 lesen wir aus Tabelle B.3 den kritischen Wert $c_{1,0.95} = 3.84$ ab. Da $t = 0.39 < 3.84$ ist, besteht kein Anlaß, die Nullhypothese abzulehnen. Die Annahme einer Normalverteilung für die Zufallsvariable X (Durchmesser) ist also im Rahmen der vorliegenden Stichprobe nicht widerlegt.

Anmerkung. Die Zahl der zu schätzenden Parameter wird bei der Bestimmung der Freiheitsgrade von SPSS nicht berücksichtigt. Es gilt hier stets $df = k - 1$ (in unserem Beispiel $df = 4 - 1 = 3$). Damit erhalten wir zwar den gleichen Wert der Teststatistik, jedoch einen anderen p-value, was gerade bei wenig Klassen deutliche Unterschiede ergibt.

8.2.2 Kolmogorov-Smirnov-Anpassungstest

Der Chi-Quadrat-Anpassungstest hat bei stetigen Variablen den Nachteil, das eine Gruppierung der Werte notwendig ist. Insbesondere kann die Klassenbildung auch die Teststatistik und damit das Testergebnis beeinflussen. Dieses Problem wirkt sich besonders stark bei kleinen Stichproben aus. In

Descriptive Statistics

	N	Mean	Std. Deviation	Variance
X	50	6,9340	,5041	,254
Valid N (listwise)	50			

KLASSE

	Observed N	Expected N	Residual
1	10	9,7	,3
2	16	18,0	-2,0
3	17	15,9	1,1
4	7	6,4	,6
Total	50		

Test Statistics

	KLASSE
Chi-Square[a]	,386
df	3
Asymp. Sig.	,943

a. 0 cells (,0%) have expected frequencies less than 5. The minimum expected cell frequency is 6,4.

Abb. 8.1. SPSS-Output zu Beispiel 8.2.1

diesen Fällen ist der Kolmogorov-Smirnov-Anpassungstest für stetige Variablen dem Chi-Quadrat-Anpassungstest vorzuziehen. Dieser Test prüft ebenfalls die Hypothese H_0: $F(x) = F_0(x)$ gegen H_1: $F(x) \neq F_0(x)$, wobei F eine stetige Verteilung ist. Die Testgröße basiert beim Kolmogorov-Smirnov-Anpassungstest auf der größten Abweichung zwischen empirischer und theoretischer Verteilungsfunktion.

Wir ordnen daher zunächst die Stichprobe $\mathbf{x} = (x_1, \ldots, x_n)$ der Größe nach zu $(x_{(1)} \leq \ldots \leq x_{(n)})$ und bestimmen die empirische Verteilungsfunktion $\hat{F}(x)$

$$\hat{F}(x) = \begin{cases} 0 & -\infty < x < x_{(1)} \\ i/n & x_{(i)} \leq x < x_{(i+1)} \quad i = 1, \ldots, n-1 \\ 1 & x_{(n)} \leq x < \infty \end{cases}$$

bzw. allgemeiner formuliert (für den Fall von Bindungen)

$$\hat{F}(x) = \frac{1}{n} \sum_{i=1}^{n} \mathbf{1}_{\{x_i \leq x\}}.$$

Dann lautet die Teststatistik

$$D = \sup_{x \in \mathbb{R}} |F_0(x) - \hat{F}(x)|. \tag{8.2}$$

Wegen der Monotonie von $F(x)$ ist (8.2) identisch zu

$$D = \max_{i=1,\ldots,n} \{|D_i^+|, |D_i^-|\}$$

mit

$$D_i^- = \hat{F}(x_{(i-1)}) - F_0(x_{(i)})$$
$$D_i^+ = \hat{F}(x_{(i)}) - F_0(x_{(i)}).$$

Zur Veranschaulichung dieser Situation vgl. Abbildung 8.2.

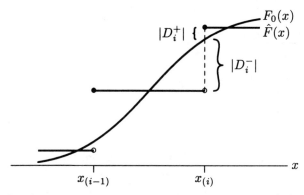

Abb. 8.2. Abstände zwischen empirischer Verteilungsfunktion $\hat{F}(x)$ und theoretischer Verteilungsfunktion $F_0(x)$

Entscheidungsregel: Die Nullhypothese H_0: $F(x) = F_0$ wird zugunsten der Alternative H_1: $F(x) \neq F_0(x)$ abgelehnt, falls $D \geq d_{n;1-\alpha}$ ist, wobei die kritischen Werte in der folgenden Tabelle enthalten sind.

n	3	4	5	6	7	8	9
$d_{n;1-\alpha}$	0.708	0.624	0.563	0.519	0.483	0.454	0.430
n	10	15	20	25	30	40	> 40
$d_{n;1-\alpha}$	0.409	0.338	0.294	0.264	0.242	0.210	$\approx 1.36/\sqrt{n}$

Im Gegensatz zum Chi-Quadrat-Anpassungstest gibt es keine allgemeine Methodik für den Fall, das die Parameter der theoretischen Verteilung unbekannt sind. Werden diese Parameter aus der Stichprobe geschätzt, dann ist der Test zu konservativ. Lilliefors (1967; 1969) hat für die Normalverteilung und Exponentialverteilung korrigierte kritische Werte für den Fall bestimmt, daß die Parameter aus der Stichprobe geschätzt werden.

Beispiel 8.2.2 (Fortsetzung von Beispiel 8.2.1). Wir prüfen H_0: $F(x) = F_0(x)$, wobei $F_0(x)$ die Verteilungsfunktion einer $N(\mu, \sigma^2)$-Verteilung mit $\mu=6.93$ und $\sigma^2=0.50$ ist. Wir bestimmen die Werte der empirischen Verteilungsfunktion $\hat{F}(x_{(i)})$, die der theoretischen Verteilungsfunktion $F_0(x_{(i)})$ und die daraus resultierenden Werte von D_i^- und D_i^+ gemäß Tabelle 8.1.

Tabelle 8.1. Verteilungsfunktionen und Abstände

n_i	$x_{(i)}$	$\hat{F}(x_{(i)})$	$F_0(x_{(i)})$	D_i^-	D_i^+	
3	6.00	0.0600	0.0320	−0.0320	0.0280	
2	6.10	0.1000	0.0490	0.0110	0.0510	
2	6.30	0.1400	0.1043	−0.0043	0.0367	
3	6.40	0.2000	0.1447	−0.0047	0.0553	
2	6.50	0.2400	0.1946	0.0054	0.0454	
1	6.60	0.2600	0.2538	−0.0138	0.0062	
3	6.70	0.3200	0.3213	−0.0613	−0.0013	
1	6.80	0.3400	0.3952	−0.0752	−0.0552	
9	6.90	0.5200	0.4731	−0.1331	0.0469	*
4	7.00	0.6000	0.5521	−0.0321	0.0479	
5	7.10	0.7000	0.6290	−0.0290	0.0710	
3	7.20	0.7600	0.7011	−0.0011	0.0589	
3	7.30	0.8200	0.7661	−0.0061	0.0539	
2	7.40	0.8600	0.8224	−0.0024	0.0376	
1	7.50	0.8800	0.8692	−0.0092	0.0108	
1	7.60	0.9000	0.9068	−0.0268	−0.0068	
1	7.70	0.9200	0.9357	−0.0357	−0.0157	
1	7.80	0.9400	0.9571	−0.0371	−0.0171	
3	7.90	1.0000	0.9723	−0.0323	0.0277	

Wir entnehmen $D = \max\{|D_i^-|, |D_i^+|\} = 0.1331 < d_{50;1-0.05} \approx 1.36/\sqrt{50} = 0.192$, so daß H_0 nicht abgelehnt wird.

Anmerkung. SPSS verwendet die Teststatistik $\sqrt{n}D$ mit D aus (8.2). Im Beispiel erhalten wir für $\sqrt{n}D = \sqrt{50} \cdot 0.1331 = 0.9413$ (K-S Z = .9413).

8.3 Homogenitätstests für zwei unabhängige Stichproben

Im Gegensatz zu den Anpassungstests vergleichen die Homogenitätstests die Verteilungen zweier Zufallsvariablen miteinander. Die beiden Zufallsvariablen können unabhängig sein oder im matched-pair Design vorliegen. Homogenitätstests für unabhängige Zufallsvariablen werden in diesem Abschnitt vorgestellt, Abschnitt 8.4 behandelt das matched-pair Design.

One-Sample Kolmogorov-Smirnov Test

		X
N		50
Normal Parameters[a,b]	Mean	6,9340
	Std. Deviation	,5041
Most Extreme Differences	Absolute	,133
	Positive	,071
	Negative	-,133
Kolmogorov-Smirnov Z		,941
Asymp. Sig. (2-tailed)		,338
Exact Sig. (2-tailed)		,310
Point Probability		,000

a. Test distribution is Normal.
b. Calculated from data.

Abb. 8.3. SPSS-Output zu Beispiel 8.2.2

8.3.1 Kolmogorov-Smirnov-Test im Zweistichprobenproblem

Gegeben seien zwei Stichproben $X_1, \ldots, X_{n_1}$ und $Y_1, \ldots, Y_{n_2}$ zweier unabhängiger Zufallsvariablen $X \sim F$ und $Y \sim G$. Zu prüfen ist nun die Hypothese H_0: $F(t) = G(t)$ gegen H_1: $F(t) \neq G(t)$ für alle $t \in \mathbb{R}$.

Analog zur Vorgehensweise beim Kolmogorov-Smirnov-Anpassungstest (Einstichprobenproblem) werden die Differenzen zwischen den beiden empirischen Verteilungsfunktionen bestimmt. Die Teststatistik ist der maximale absolute Abstand zwischen $\hat{F}(t)$ und $\hat{G}(t)$:

$$K = \max_{t \in \mathbb{R}} |\hat{F}(t) - \hat{G}(t)|.$$

Zur praktischen Anwendung ist es ausreichend, diesen Abstand für alle $t \in S$ zu bestimmen (S bezeichnet hierbei die (gepoolte) Stichprobe $S = \mathbf{X} \cup \mathbf{Y}$):

$$K = \max_{t \in S} |\hat{F}(t) - \hat{G}(t)|. \tag{8.3}$$

Entscheidungsregel: H_0 wird abgelehnt, falls $K > k_{n_1,n_2;1-\alpha}$ gilt. Die kritischen Werte $k_{n_1,n_2;1-\alpha}$ sind tabelliert (vgl. z.B. Büning und Trenkler, 1994, Tabellen J und K).

Beispiel 8.3.1. In zwei Städten wird der Quadratmeterpreis bei Altbauwohnungen ermittelt. Die Zufallsvariable X sei der „Preis in Stadt A", die Zufallsvariable Y sei der „Preis in Stadt B". Wir prüfen H_0: $F_A(i) = G_B(i)$

8.3 Homogenitätstests für zwei unabhängige Stichproben 173

gegen H_1: $F_A(i) \neq G_B(i)$ zum Niveau $\alpha = 0.05$. Die Daten sind in folgender Tabelle gegeben:

x_i				y_i	
8.18	6.95	9.32	10.93	13.03	8.68
9.45	11.47	12.85	10.28	12.17	9.26
6.29	10.03	9.11	7.47	9.24	
9.37	13.03	9.57	14.27	10.47	
9.63	9.97	11.39	10.37	7.43	

Daraus bestimmen wir die empirischen Verteilungsfunktionen $\hat{F}_A(i)$ und $\hat{G}_B(i)$:

$x_{(i)}$	$\hat{F}_A(x_{(i)})$	$y_{(i)}$	$\hat{G}_B(y_{(i)})$
6.29	0.067	7.43	0.083
6.95	0.133	7.47	0.167
8.18	0.200	8.68	0.250
9.11	0.267	9.24	0.333
9.32	0.333	9.26	0.417
9.37	0.400	10.28	0.500
9.45	0.467	10.37	0.583
9.57	0.533	10.47	0.667
9.63	0.600	10.93	0.750
9.97	0.667	12.17	0.833
10.03	0.733	13.03	0.917
11.39	0.800	14.27	1.000
11.47	0.867		
12.85	0.933		
13.03	1.000		

i	$\hat{F}(i) - \hat{G}(i)$	i	$\hat{F}(i) - \hat{G}(i)$	
6.29	0.067	9.63	0.183	
6.95	0.133	9.97	0.250	
7.43	0.050	10.03	0.316	*
7.47	−0.034	10.28	0.233	
8.18	0.033	10.37	0.150	
8.68	−0.050	10.47	0.066	
9.11	0.017	10.93	−0.017	
9.24	−0.066	11.39	0.050	
9.26	−0.150	11.47	0.117	
9.32	−0.084	12.17	0.037	
9.37	−0.017	12.85	0.100	
9.45	0.050	13.03	−0.083	
9.57	0.116	14.27	0.000	

Für die Werte $i \in s$ ($s = \mathbf{x} \cup \mathbf{y}$) erhalten wir die Differenzen $\hat{F}_A(i) - \hat{G}_B(i)$ wie in der obigen Tabelle und damit $K = \max_{i \in s} |\hat{F}(i) - \hat{G}(i)| = $

$0.316 < k_{n_1,n_2;1-0.05} = 0.5$, so daß (zum Niveau $\alpha = 0.05$, zweiseitig) H_0 nicht abgelehnt wird.

Frequencies

XY	Stichprobe	N
	X	15
	Y	12
	Total	27

Test Statistics[a]

		XY
Most Extreme Differences	Absolute	,317
	Positive	,317
	Negative	-,150
Kolmogorov-Smirnov Z		,818
Asymp. Sig. (2-tailed)		,516

a. Grouping Variable: Stichprobe

Abb. 8.4. SPSS-Output zu Beispiel 8.3.1

Hierbei ist zu beachten, daß der Wert Kolmogorov-Smirnov Z aus dem Wert K durch Multiplikation mit $\sqrt{n_1 n_2/(n_1 + n_2)}$ hervorgeht: $0.8176 = \sqrt{15 \cdot 12/(15 + 12)} \cdot 0.316$.

8.3.2 Mann-Whitney-U-Test

Der Kolmogorov-Smirnov-Test prüft allgemeine Hypothesen der Art „Die beiden Verteilungen sind gleich". Wir gehen nun davon aus, daß sich die Verteilungen zweier stetiger Variablen nur bezüglich der Lage unterscheiden. Der wohl bekannteste Test für Lagealternativen ist der U-Test von Mann und Whitney. Der U-Test von Mann und Whitney ist ein Rangtest. Er ist ein nichtparametrisches Gegenstück zum t-Test und wird bei Fehlen der Voraussetzungen des t-Tests (bzw. bei begründeten Zweifeln) angewandt.

Die zu prüfende Hypothese läßt sich auch formulieren als H_0: Die Wahrscheinlichkeit P, daß eine Beobachtung der ersten Grundgesamtheit X größer ist als ein beliebiger Wert der zweiten Grundgesamtheit Y, ist gleich 0.5. Die Alternative lautet H_1: $P \neq 0.5$.

Man fügt die Stichproben $(x_1, \ldots, x_{n_1})$ und $(y_1, \ldots, y_{n_2})$ zu einer gemeinsamen aufsteigend geordneten Stichprobe S zusammen. Die Summe der

Rangzahlen der X-Stichprobenelemente sei R_{1+}, die Summe der Rangzahlen der Y-Stichprobenelemente sei R_{2+}. Als Prüfgröße wählt man U, den kleineren der beiden Werte U_1, U_2:

$$U_1 = n_1 \cdot n_2 + \frac{n_1(n_1+1)}{2} - R_{1+}, \qquad (8.4)$$

$$U_2 = n_1 \cdot n_2 + \frac{n_2(n_2+1)}{2} - R_{2+}. \qquad (8.5)$$

Entscheidungsregel: H_0 wird abgelehnt, wenn $U \leq u_{n_1,n_2;\alpha}$ gilt. Da $U_1 + U_2 = n_1 \cdot n_2$ gilt, genügt es zur praktischen Berechnung des Tests, nur R_{i+} und damit $U = \min\{U_i, n_1 n_2 - U_i\}$ zu berechnen ($i = 1$ oder 2 wird dabei so gewählt, daß R_{i+} für die kleinere der beiden Stichproben ermittelt werden muß).

Für $n_1, n_2 \geq 8$ kann die Näherung

$$Z = \frac{U - \frac{n_1 \cdot n_2}{2}}{\sqrt{\frac{n_1 \cdot n_2 \cdot (n_1 + n_2 + 1)}{12}}} \overset{approx.}{\sim} N(0,1) \qquad (8.6)$$

benutzt werden. Für $|z| > z_{1-\alpha/2}$ wird H_0 abgelehnt.

Beispiel 8.3.2. Wir prüfen die Gleichheit der Mittelwerte der beiden Meßreihen aus Tabelle 8.2 mit dem U-Test. Es sei X: „Biegefestigkeit von Kunststoff A" und Y: „Biegefestigkeit von Kunststoff B". Wir ordnen die (16+15) Werte beider Meßreihen der Größe nach und bestimmen die Rangzahlen und daraus die Rangsumme $R_{2+} = 265$ (vgl. Tabelle 8.3).

Tabelle 8.2. Biegefestigkeit zweier Kunststoffe

Kunststoff			
A		B	
98.47	80.00	106.75	94.63
106.20	114.43	111.75	110.91
100.74	104.99	96.67	104.62
98.72	101.11	98.70	108.77
91.42	102.94	118.61	98.97
108.17	103.95	111.03	98.78
98.36	99.00	90.92	102.65
92.36	106.05	104.62	

Dann wird

$$U_2 = 16 \cdot 15 + \frac{15(15+1)}{2} - 265 = 95,$$
$$U_1 = (16 \cdot 15) - U_2 = 145.$$

8. Nichtparametrische Tests

Tabelle 8.3. Berechnung der Rangsumme $R_{2+} = 265$

Rangzahl	1	2	3	4	5	6	7	8	9
Meßwert	80.00	90.92	91.42	92.36	94.63	96.67	98.36	98.47	98.70
Variable	X	Y	X	X	Y	Y	X	X	Y
Rangsumme Y		2			+5	+6			+9

Rangzahl	10	11	12	13	14	15	16	17
Meßwert	98.72	98.78	98.97	99.00	100.47	101.11	102.65	102.94
Variable	X	Y	Y	X	X	X	Y	X
Rangsumme Y		+11	+12				+16	

Rangzahl	18	19	20	21	22	23	24
Meßwert	103.95	104.62	104.75	104.99	106.05	106.20	106.75
Variable	X	Y	Y	X	X	X	Y
Rangsumme Y		+19	+20				+24

Rangzahl	25	26	27	28	29	30	31
Meßwert	108.17	108.77	110.91	111.03	111.75	114.43	118.61
Variable	X	Y	Y	Y	Y	X	Y
Rangsumme Y		+26	+27	+28	+29		+31

Da $n_1 = 16$ und $n_2 = 15$ (also beide Stichprobenumfänge ≥ 8), wird die Prüfgröße (8.6) berechnet, und zwar mit $U = U_2$ als kleinerem der beiden U-Werte:

$$z = \frac{95 - 120}{\sqrt{\frac{240(16+15+1)}{12}}} = -\frac{25}{\sqrt{640}} = -0.99\,,$$

also ist $|z| = 0.99 < 1.96 = z_{1-0.05/2} = z_{0.975}$.

Die Nullhypothese wird damit nicht abgelehnt (Irrtumswahrscheinlichkeit 0.05, approximative Vorgehensweise). Der exakte kritische Wert für U beträgt $u_{16,15,0.05/2} = 70$ (Tabellen in Sachs, 1978), also haben wir die gleiche Entscheidung (H_0 nicht ablehnen).

Korrektur der U-Statistik bei Bindungen

Treten in der zusammengefaßten und der Größe nach geordneten Stichprobe S Meßwerte mehrfach auf, so spricht man von **Bindungen**. In diesem Fall ist jedem dieser Meßwerte der Mittelwert der Rangplätze zuzuordnen. Die korrigierte Formel für den U-Test lautet dann ($n_1 + n_2 = n$ gesetzt)

$$Z = \frac{U - \frac{n_1 \cdot n_2}{2}}{\sqrt{[\frac{n_1 \cdot n_2}{n(n-1)}][\frac{n^3 - n}{12} - \sum_{i=1}^{R} \frac{T_i^3 - T_i}{12}]}} \overset{approx.}{\sim} N(0,1)\,. \quad (8.7)$$

Dabei bezeichnet R die Zufallsvariable „Anzahl der Bindungen" mit der Realisierung r und T_i die Zufallsvariablen „Anzahl der gleichen Werte bei Bindung i" mit den Realisierungen t_i.

Beispiel 8.3.3. Wir vergleichen die Umsatzsteigerungen beim Einsatz von Werbemaßnahmen (Daten in Tabelle 10.1) und zwar bezüglich Maßnahme

8.3 Homogenitätstests für zwei unabhängige Stichproben

Ranks

WERT	XY	N	Mean Rank	Sum of Ranks
	1,00	16	14,44	231,00
	2,00	15	17,67	265,00
	Total	31		

Test Statistics[b]

	WERT
Mann-Whitney U	95,000
Wilcoxon W	231,000
Z	-,988
Asymp. Sig. (2-tailed)	,323
Exact Sig. [2*(1-tailed Sig.)]	,338[a]

a. Not corrected for ties.
b. Grouping Variable: XY

Abb. 8.5. SPSS-Output zu Beispiel 8.3.2

A (Werbung II) und Maßnahme B (Werbung III). Beide Stichproben werden zunächst in einer aufsteigenden Rangfolge zusammengefaßt (Tabelle 8.4).

Tabelle 8.4. Berechnung der Rangordnung (vgl. Tabelle 10.1)

Meßwert	19.5	31.5	31.5	33.5	37.0	40.0	43.5	50.5	53.0	54.0
Werbung	B	B	B	A	A	B	A	B	B	A
Rangzahl	1	2.5	2.5	4	5	6	7	8	9	10
Meßwert	56.0	57.0	59.5	60.0	62.5	62.5	65.5	67.0	75.0	
Werbung	A	A	A	A	B	B	A	A	A	
Rangzahl	11	12	13	14	15.5	15.5	17	18	19	

Wir haben $r = 2$ Gruppen gleicher Werte

Gruppe A : zweimal den Wert 31.5; $t_1 = 2$,
Gruppe B : zweimal den Wert 62.5; $t_2 = 2$.

Das Korrekturglied in (8.7) wird also

$$\sum_{i=1}^{2} \frac{t_i^3 - t_i}{12} = \frac{2^3 - 2}{12} + \frac{2^3 - 2}{12} = 1.$$

Die Rangsumme R_{2+} (Werbung B) ist

$$R_{2+} = 1 + 2.5 + \cdots + 15.5 = 60,$$

also erhalten wir nach (8.5)

$$U_2 = 11 \cdot 8 + \frac{8(8+1)}{2} - 60 = 64$$

und nach (8.4)

$$U_1 = 11 \cdot 8 - U_2 = 24.$$

Mit $n = n_1 + n_2 = 11 + 8 = 19$ und für $U = U_1$ wird die Prüfgröße (8.7)

$$z = \frac{24 - 44}{\sqrt{[\frac{88}{19 \cdot 18}][\frac{19^3 - 19}{12} - 1]}} = -1.65,$$

also ist $|z| = 1.65 < 1.96 = z_{1-0.05/2}$.

Die Nullhypothese H_0: „Beide Werbemaßnahmen führen im Mittel zur selben Umsatzsteigerung" wird damit nicht abgelehnt. Beide Stichproben können als homogen angesehen und zu einer gemeinsamen Stichprobe zusammengefaßt werden.

Ranks

	Werbung	N	Mean Rank	Sum of Ranks
WERT	Werbung A	11	11,82	130,00
	Werbung B	8	7,50	60,00
	Total	19		

Test Statistics[b]

	WERT
Mann-Whitney U	24,000
Wilcoxon W	60,000
Z	-1,653
Asymp. Sig. (2-tailed)	,098
Exact Sig. [2*(1-tailed Sig.)]	,109[a]

a. Not corrected for ties.
b. Grouping Variable: Werbung

Abb. 8.6. SPSS-Output zu Beispiel 8.3.3

Wir wollen feststellen, zu welchem Ergebnis wir bei gerechtfertigter Annahme von Normalverteilung mit dem t-Test gekommen wären:

$$\text{Werbung } A: \quad \bar{x} = 55.27 \quad s_x^2 = 12.74^2 \quad n_1 = 11$$
$$\text{Werbung } B: \quad \bar{y} = 43.88 \quad s_y^2 = 15.75^2 \quad n_2 = 8$$

Die Prüfgröße (7.7) für H_0: $\sigma_X^2 = \sigma_Y^2$ ergibt

$$t = \frac{15.75^2}{12.74^2} = 1.53 < 3.15 = f_{10,7;0.95}\,.$$

Also wird die Hypothese gleicher Varianzen nicht abgelehnt. Zum Prüfen der Hypothese H_0: $\mu_x = \mu_y$ wird also die Prüfgröße (7.13) verwendet, wobei die gemeinsame Varianz beider Stichproben nach (7.12) als $s^2 = (10 \cdot 12.74^2 + 7 \cdot 15.75^2)/17 = 14.06^2$ berechnet wird. Dann nimmt die Prüfgröße (7.13) folgenden Wert an:

$$t = \frac{55.27 - 43.88}{14.06}\sqrt{\frac{11 \cdot 8}{11 + 8}} = 1.74 < 2.11 = t_{17;0.95}\,.$$

Die Nullhypothese H_0: „Beide Werbemaßnahmen führen im Mittel zur selben Umsatzsteigerung" wird auch hier nicht abgelehnt.

Group Statistics

	Werbung	N	Mean	Std. Deviation	Std. Error Mean
WERT	Werbung A	11	55,2727	12,7404	3,8414
	Werbung B	8	43,8750	15,7497	5,5684

Independent Samples Test

	Levene's Test for Equality of Variances		t-test for Equality of Means				
	F	Sig.	t	df	Sig. (2-tailed)	Mean Difference	Std. Error Difference
Equal variances assumed	1,095	,310	1,745	17	,099	11,3977	6,5321
Equal variances not assumed			1,685	13,161	,116	11,3977	6,7648

Abb. 8.7. SPSS-Output zu Beispiel 8.3.3

8.4 Homogenitätstests im matched-pair Design

In Abschnitt 8.5 wurden Tests zum Vergleich zweier unabhängiger Zufallsvariablen behandelt. Im folgenden stellen wir zwei Tests für Lagealternativen bei abhängigen Zufallsvariablen vor.

8.4.1 Vorzeichen-Test

Für zwei abhängige Zufallsvariablen mit mindestens ordinalem Niveau kann zur Prüfung von H_0: $P(X < Y) = P(X > Y)$ gegen H_1: $P(X < Y) \neq P(X > Y)$ der Vorzeichen-Test (auch Sign-Test) verwendet werden.

Wir bilden dazu die Zufallsvariablen

$$D_i = \begin{cases} 1 \text{ falls } X_i < Y_i \\ 0 \text{ sonst} \end{cases}$$

für $i = 1, \ldots, n$. Die Teststatistik T ergibt sich als

$$T(\mathbf{X}, \mathbf{Y}) = \sum_{i=1}^{n} D_i.$$

Unter H_0 ist T binomialverteilt mit den Parametern n und $p = P(X < Y) = 1/2$.

Entscheidungsregel: H_0 wird abgelehnt, falls $t < b_{n;1-\alpha/2}$, oder falls $t > n - b_{n;1-\alpha/2}$, wobei $b_{n;1-\alpha/2}$ das $(1-\alpha/2)$-Quantil einer $B(n; 1/2)$-verteilten Zufallsvariablen ist.

Für $n \geq 20$ ist die Teststatistik T approximativ $N(\frac{n}{2}, \frac{n}{4})$-verteilt. H_0 wird dann abgelehnt, falls gilt

$$|z| = \frac{|2t - n|}{\sqrt{n}} > z_{1-\alpha/2}.$$

Beispiel 8.4.1. Die positive Wirkung von gezieltem Zähneputzen auf die Mundhygiene soll in einem klinischen Versuch überprüft werden. Der Response ist der ordinalskalierte OHI-Index mit den Werten 0 bis 3. An $n = 20$ Patienten wird der OHI-Index vor bzw. nach dem Putzkurs gemessen (Variable X bzw. Y).

x_i	y_i	d_i	x_i	y_i	d_i
3	2	0	1	0	0
2	1	0	2	1	0
3	2	0	3	1	0
2	1	0	0	0	0
1	0	0	0	1	1
1	0	0	2	1	0
2	0	0	1	0	0
3	2	0	0	1	1
2	1	0	3	2	0
0	0	0	3	2	0

Für die exakte Bestimmung des kritischen Bereichs ermitteln wir die folgenden Wahrscheinlichkeiten:

i	$P(T \leq i)$	i	$P(T \leq i)$
0	0.00000	11	0.74828
1	0.00002	12	0.86841
2	0.00020	13	0.94234
3	0.00129	14	0.97931
4	0.00591	15	0.99409
5	0.02069	16	0.99871
6	0.05766	17	0.99980
7	0.13159	18	0.99998
8	0.25172	19	1.00000
9	0.41190	20	1.00000
10	0.58810		

Damit erhalten wir den kritischen Bereich als $\{0,\ldots,5\} \cup \{15,\ldots,20\}$, so daß wir mit $t = \sum_{i=1}^{20} d_i = 2$ H_0 ablehnen.

Zur approximativen Bestimmung des Tests ermitteln wir $|z| = \frac{|2 \cdot 2 - 20|}{\sqrt{20}} = 3.58 > 1.96$, so daß H_0: $P(X < Y) = P(X > Y)$ ebenfalls zugunsten von H_1 abgelehnt wird.

Frequencies

		N
Y - X	Negative Differences[a]	16
	Positive Differences[b]	2
	Ties[c]	2
	Total	20

a. Y < X
b. Y > X
c. X = Y

Test Statistics[b]

	Y - X
Exact Sig. (2-tailed)	,001[a]

a. Binomial distribution used.
b. Sign Test

Abb. 8.8. SPSS-Output zu Beispiel 8.4.1

Hier wird bei der Bestimmung von d_i auch der Fall $x_i = y_i$ unterschieden, der bei unserer Vorgehensweise zu $d_i = 0$ führt. Fälle mit $x_i = y_i$ (Ties) werden von SPSS nicht berücksichtigt.

8.4.2 Wilcoxon-Test

Der Wilcoxon-Test für Paardifferenzen ist das nichtparametrische Pendant zum t-Test für Paardifferenzen. Dieser Test kann für stetigen (nicht notwendig normalverteilten) Response angewandt werden. Der Test gestattet die Prüfung, ob die Differenzen $Y_i - X_i$ paarweise angeordneter Beobachtungen (X_i, Y_i) symmetrisch um den Median $M = 0$ verteilt sind.

Die damit zu prüfende Hypothese lautet im zweiseitigen Testproblem H_0: $M = 0$ oder, äquivalent, H_0: $P(X < Y) = 0.5$ gegen H_1: $M \neq 0$. Die Hypothesen im einseitigen Testproblem lauten H_0: $M \leq 0$ gegen H_1: $M > 0$ bzw. H_0: $M \geq 0$ gegen H_1: $M < 0$.

Unter der Annahme einer um Null symmetrischen Verteilung von $X - Y$ gilt für einen beliebigen Wert der Differenz $D = Y - X$ also $f(-d) = f(d)$, wobei $f(\cdot)$ die Dichtefunktion der Differenzvariablen ist. Damit kann man unter H_0 erwarten, daß die Ränge der absoluten Differenzen $|D|$ bezüglich der negativen und positiven Differenzen gleichverteilt sind. Man bringt also die absoluten Differenzen in aufsteigende Rangordnung und notiert für jede Differenz $D_i = Y_i - X_i$ das Vorzeichen der Differenz. Dann bildet man die Summe der Ränge der absoluten Differenzen über die Menge mit positivem Vorzeichen (oder analog mit negativem Vorzeichen) und erhält die Teststatistik (vgl. Büning und Trenkler, 1994)

$$W^+ = \sum_{i=1}^{n} Z_i R(|D_i|) \tag{8.8}$$

mit

$$Z_i = \begin{cases} 1 : d_i > 0 \\ 0 : d_i < 0 \end{cases}.$$
$$R(|D_i|) : \text{Rang von } |D_i|,$$
$$D_i = Y_i - X_i.$$

Zur Kontrolle kann man auch die Ränge der negativen Differenzen aufsummieren (W^-). Dann muß $W^+ + W^- = n(n+1)/2$ sein.

Testprozeduren

Bei der zweiseitigen Fragestellung wird H_0: $M = 0$ zugunsten von H_1: $M \neq 0$ abgelehnt, wenn $W^+ \leq w_{\alpha/2}$ oder $W^+ \geq w_{1-\alpha/2}$ ist. Für die einseitigen Fragestellungen wird H_0: $M \leq 0$ zugunsten von H_1: $M > 0$ abgelehnt, wenn $W^+ \geq w_{1-\alpha}$ ist, bzw. H_0: $M \geq 0$ zugunsten von H_1: $M < 0$ abgelehnt, wenn $W^+ \leq w_\alpha$ ist. Die exakten kritischen Werte sind vertafelt (z.B. Büning und Trenkler, 1994, Tabelle H).

8.4 Homogenitätstests im matched-pair Design

Auftreten von Bindungen Treten Bindungen, d.h. Paare (x_i, y_i), mit $d_i = 0$ auf (Nulldifferenzen), so werden die zugehörigen x- und y-Werte aus der Stichprobe entfernt. Bindungen der Form $d_i = d_j$ ($i \neq j$, Verbunddifferenzen) werden durch Bilden von Durchschnittsrängen berücksichtigt.
Für große Stichproben ($n > 20$) kann man die Näherung

$$Z = \frac{W^+ - \mathrm{E}(W^+)}{\sqrt{\mathrm{Var}(W^+)}} \overset{H_0}{\sim} N(0,1),$$

verwenden. Mit $\mathrm{E}(W^+) = \frac{n(n+1)}{4}$ und $\mathrm{Var}(W^+) = \frac{n(n+1)(2n+1)}{24}$ erhalten wir für die Teststatistik

$$Z = \frac{W^+ - \frac{n(n+1)}{4}}{\sqrt{\frac{n(n+1)(2n+1)}{24}}}. \tag{8.9}$$

Die Ablehnungsbereiche für die Tests lauten dann $|Z| > z_{1-\alpha/2}$ (zweiseitige Fragestellung) und $Z > z_{1-\alpha}$ bzw. $Z < z_\alpha$ (einseitige Fragestellungen).

Beispiel 8.4.2. Nach Durchführung der ISO-9001-Zertifizierung will ein Konzern die Wirkung von gezielter Weiterbildung auf dem Gebiet Statistische Qualitätskontrolle und Qualitätssicherung überprüfen. Dazu werden $n = 22$ Fertigungsbereiche auf ihren Ausschuß, gemessen in 10TDM für Nacharbeit oder Verluste, untersucht. Die Zufallsvariablen sind X und Y: „Ausschußkosten vor bzw. nach der Weiterbildung".

x_i	y_i	d_i	Z_i	$R(|d_i|)$	x_i	y_i	d_i	Z_i	$R(|d_i|)$
17	10	-7	0	13	40	35	-5	0	9.5
25	22	-3	0	7	30	35	5	1	9.5
10	12	2	1	4.5	50	55	5	1	9.5
12	14	2	1	4.5	70	50	-20	0	21
34	20	-14	0	17.5	60	46	-14	0	17.5
20	10	-10	0	15	45	34	-11	0	16
14	12	-2	0	4.5	47	40	-7	0	13
10	11	1	1	1.5	27	20	-7	0	13
5	4	-1	0	1.5	13	8	-5	0	9.5
8	6	-2	0	4.5	83	53	-30	0	22
20	1	-19	0	20	48	30	-18	0	19

Mit diesen Werten ist $W^+ = 29.5$. Mit der Näherung (8.9) erhalten wir den Wert der Teststatistik

$$z = \frac{29.5 - \frac{(22(22+1))}{4}}{\sqrt{\frac{22(22+1)(44+1)}{24}}} = \frac{29.5 - 126.5}{\sqrt{\frac{22770}{24}}}$$

$$= \frac{-97}{30.80} = -3.15 < -1.64 = z_{0.05}.$$

Damit wird H_0: $M \geq 0$ gegen H_1: $M < 0$ abgelehnt. Die gezielte Weiterbildung führt zu einem statistisch signifikanten Rückgang der Kosten.

Ranks

		N	Mean Rank	Sum of Ranks
Y - X	Negative Ranks	17[a]	13,15	223,50
	Positive Ranks	5[b]	5,90	29,50
	Ties	0[c]		
	Total	22		

a. Y < X
b. Y > X
c. X = Y

Test Statistics[b]

	Y - X
Z	-3,155[a]
Asymp. Sig. (2-tailed)	,002

a. Based on positive ranks.
b. Wilcoxon Signed Ranks Test

Abb. 8.9. SPSS-Output zu Beispiel 8.4.2

8.5 Matched-Pair Design: Prüfung der Rangkorrelation

Liegt eine Stichprobe (x_i, y_i) $i = 1, \ldots, n$ aus zwei (mindestens ordinalskalierten) Zufallsvariablen eines matched-pair Designs vor, so können wir für beide konkreten Stichproben jeweils ihre Rangreihen und damit r_s, den **Rangkorrelationskoeffizienten von Spearman**, als Maß für die Korrelation der beiden Zufallsvariablen X und Y bestimmen. Man bestimmt dazu separat die Ränge innerhalb jeder Stichprobe. r_i bezeichnet den Rang von x_i und s_i den Rang von y_i. Treten keine gleichen Originalwerte und damit keine gleichen Ränge (Bindungen) auf, so wird der gewöhnliche Korrelationskoeffizient nach Pearson, angewandt auf die Ränge, bestimmt, der in diesem Fall gleich dem Rangkorrelationskoeffizienten von Spearman ist:

$$r_s = \frac{\sum_{i=1}^n (r_i - \bar{r})(s_i - \bar{s})}{\sqrt{\sum_{i=1}^n (r_i - \bar{r})^2 \sum_{i=1}^n (s_i - \bar{s})^2}}.$$

Diese Darstellung läßt sich vereinfachen zu

$$r_s = 1 - \frac{6 \sum_{i=1}^n (r_i - s_i)^2}{n(n^2 - 1)}.$$

Es gilt stets $-1 \leq r_s \leq 1$.

8.5 Matched-Pair Design: Prüfung der Rangkorrelation

Wenn beide Stichproben die gleiche Rangordnung besitzen, sind die Differenzen $d_i = r_i - s_i = 0$, und es wird $r_s = 1$. Sind die Rangordnungen völlig entgegengesetzt, so wird $r_s = -1$. Die Prüfung des Rangkorrelationskoeffizienten gestattet die Einschätzung, ob ein positiver oder ein negativer Zusammenhang vorliegt.

Entscheidungsregel: Überschreitet die Realisierung von $|r_s|$ den kritischen Wertes $r_{s;n,\alpha/2}$, so wird die Hypothese H_0: „Die beiden Variablen sind unkorreliert" abgelehnt. Für die einseitigen Fragestellungen H_0: $r_s \leq 0$ bzw. H_0: $r_s \geq 0$ wird H_0 abgelehnt, falls $r_s < r_{s;n,\alpha}$ bzw. falls $r_s > r_{s;n,1-\alpha}$. Eine Tabelle mit kritischen Werten für $|r_s|$ ist z.B. in Büning und Trenkler (1994, Tabelle S) angegeben. Hierbei ist allerdings zu beachten, daß dort kritische Werte für $d = \sum_{i=1}^{n}(r_i - s_i)^2$ betrachtet werden. d – und damit auch die kritischen Werte – steht jedoch in direktem Zusammenhang mit r_s: $d = n(n^2 - 1)(1 - r_s)/6$.

Für $n \geq 30$ liefert eine Näherungslösung auf der Basis der $N(0,1)$-Verteilung zufriedenstellende Resultate bei der Prüfung der Signifikanz von r_s. Die Prüfgröße lautet in diesem Fall

$$z = r_s \sqrt{n-1}.$$

Die Nullhypothese wird abgelehnt, wenn im zweiseitigen Fall $|z| > z_{1-\alpha/2}$ ist bzw. wenn bei einseitiger Fragestellung $z > z_{1-\alpha}$ oder $z < z_\alpha$ ist.

Falls Bindungen (also mehrfach gleiche Ränge) auftreten, muß man einen korrigierten Rangkorrelationskoeffizienten r_{korr} berechnen:

$$r_{korr} = \frac{n(n^2 - 1) - \frac{1}{2}\sum_j l_j(l_j^2 - 1) - \frac{1}{2}\sum_k m_k(m_k^2 - 1) - 6\sum_i (r_i - s_i)^2}{\sqrt{n(n^2 - 1) - \sum_j l_j(l_j^2 - 1)} \sqrt{n(n^2 - 1) - \sum_k m_k(m_k^2 - 1)}}.$$

(8.10)

Dabei haben wir folgende Bezeichnungen benutzt:
Für die X-Rangreihe

$j = 1, \ldots, J$ Gruppen mit jeweils gleichen Meßwerten in der j-ten Gruppe,
l_j = Anzahl der gleichen Meßwerte in der j-ten Gruppe,

für die Y-Rangreihe

$k = 1, \ldots, K$ Gruppen mit jeweils gleichen Meßwerten in der k-ten Gruppe,
m_k = Anzahl der gleichen Meßwerte in der k-ten Gruppe

und n = Gesamtzahl der Einheiten.

Beispiel 8.5.1. Bei einem Unternehmen ergab sich in den Jahren 1990–1994 folgende Entwicklung des Umsatzes und des Gewinns (in Mio. DM):

8. Nichtparametrische Tests

Jahr	Umsatz (X)	Gewinn (Y)
1990	60	2
1991	70	3
1992	70	5
1993	80	3
1994	90	5

Um r_s zu ermitteln, müssen zunächst die Ränge vergeben werden. Dabei gehen wir so vor, daß dem Jahr mit dem höchsten Umsatz bzw. Gewinn der Rang 1, dem Jahr mit dem zweithöchsten Umsatz bzw. Gewinn der Rang 2 usw. zugewiesen wird.

Da hier sowohl bei der Zufallsvariablen X (Wert 70) als auch bei Y (Wert 3 und 5) Bindungen auftreten, müssen gemittelte Ränge vergeben werden. So erhält man folgende Tabelle:

Jahr	$R_i(x)$	$R_i(y)$	d_i	d_i^2
1990	5	5	0	0
1991	$\frac{3+4}{2} = 3.5$	3.5	0	0
1992	$\frac{3+4}{2} = 3.5$	1.5	2	4
1993	2	3.5	-1.5	2.25
1994	1	$\frac{1+2}{2} = 1.5$	-0.5	0.25
				$\sum_i d_i^2 = 6.50$

In der X-Rangreihe ist eine Bindung bei 3.5, also ist $J = 1$ und $r_1 = 2$. In der Y-Rangreihe liegt eine Bindung bei 1.5 und eine Bindung bei 3.5, also ist $K = 2$, $s_1 = 2$ und $s_2 = 2$.

Setzt man die Werte in (8.10) ein, so erhält man

$$r_{korr} = \frac{5(25-1) - \frac{1}{2}[2(4-1)] - \frac{1}{2}[2(4-1) + 2(4-1)] - 6 \cdot 6.50}{\sqrt{5(25-1) - [2(4-1)]}\sqrt{5(25-1) - [2(4-1) + 2(4-1)]}}$$

$$= \frac{120 - 3 - 6 - 39}{\sqrt{114}\sqrt{108}} = 0.6489,$$

diese positive Korrelation ist jedoch nicht signifikant (p-value $= 0.236$).

Correlations

			X	Y
Spearman's rho	Correlation Coefficient	X	1,000	,649
		Y	,649	1,000
	Sig. (2-tailed)	X	,	,236
		Y	,236	,
	N	X	5	5
		Y	5	5

Abb. 8.10. SPSS-Output zu Beispiel 8.5.1

8.6 Aufgaben und Kontrollfragen

Aufgabe 8.1: Von einem Würfel wird vermutet, daß er gefälscht ist. Um diese Vermutung zu bestätigen, wird der Würfel 300mal geworfen. Dabei ergeben sich folgende Häufigkeiten für die einzelnen Augenzahlen:

Augenzahl	1	2	3	4	5	6
Häufigkeit	39	42	41	50	58	70

Kann die Annahme, daß nicht alle Augenzahlen dieselbe Wahrscheinlichkeit besitzen, auf Grund dieser Beobachtung bestätigt werden (Signifikanzniveau $\alpha = 0.05$)?

Aufgabe 8.2: Wegen der bevorstehenden Wahlen werden 5000 Wähler zufällig ausgewählt und nach ihrer Meinung befragt. Von diesen Wählern bevorzugen 1984 die Partei A, 911 die Partei B, 1403 die Partei C und der Rest die verbleibenden, kleineren Parteigruppierungen. Aus den Ergebnissen der letzten Wahlen ist bekannt, daß Partei A 42%, B 15%, C 27% und sonstige Parteien 16% der Stimmen erhielten.

Prüfen Sie, ob sich die Stimmenverteilung seit den letzten Wahlen verändert hat ($\alpha = 0.01$).

Aufgabe 8.3: Nachdem 150 Kaffeepakete, die von einer bestimmten Maschine abgefüllt werden und 500 g enthalten sollen, zufällig ausgewählt und nachgewogen wurden, ergaben sich betragsmäßig folgende Abweichungen von dem geforderten Soll-Gewicht:

Abweichung (von – bis unter)	0–5	5–10	10–15	15–20
Häufigkeit	43	36	41	30

Sind diese Ergebnisse bei einem Signifikanzniveau von $\alpha = 0.05$ mit der Normalverteilungsannahme verträglich?

Aufgabe 8.4: Als Ergebnis zweier unabhängiger Stichproben erhält man die beiden folgenden Meßreihen:

x_i	1.2	2.1	1.7	0.6	2.8	3.1	1.7	3.3	1.6	2.9
y_i	3.2	2.3	2.0	3.2	3.5	3.8	4.6	3.0	7.2	3.4

Überprüfen Sie zum Signifikanzniveau $\alpha = 0.05$ die Hypothese, daß die beiden Stichproben aus derselben Grundgesamtheit stammen mit Hilfe des Homogenitätstests von Kolmogorov-Smirnov, wobei hier die beiden Stichproben folgendermaßen eingeteilt sind:

Klasse	1	2	3	4	5
Klassengrenzen	< 2.1	[2.1; 2.5)	[2.5; 2.9)	[2.9; 3.3)	≥ 3.3
$h_i(x)$	5	1	1	2	1
$h_i(y)$	1	1	0	3	5

Hinweis: Der kritische Wert lautet $k_{10,10;0.95} = 0.6$.

Aufgabe 8.5: Im Rahmen einer klinischen Studie wird die Körpergröße von Mädchen im Alter von 18 Jahren bestimmt. Dabei ergaben sich die folgenden Größen (in cm):

Größe	159	160	161	162	163	164	165	166	167	168	169
Häufigkeit	1	1	1	2	3	5	3	2	3	3	4
Größe	170	171	172	173	174	175	176	177	178	179	
Häufigkeit	3	4	1	4	3	2	2	1	1	1	

a) Überprüfen Sie die Hypothese, daß die Körpergröße 18jähriger Mädchen normalverteilt ist mit $\mu = 169$ und $\sigma^2 = 16$. Verwenden Sie dazu sowohl den Kolmogorov-Smirnov-Test, als auch den Chi-Quadrat-Test.

b) Was würde sich gegenüber (a) ändern, wenn die Hypothese der Normalverteilung beibehalten wird, deren Parameter aber nicht spezifiziert sind?

Aufgabe 8.6: Im Vergleich zweier unabhängiger Stichproben X: „Blattlänge von Erdbeeren mit Düngung A" und Y: „Düngung B" seien Zweifel an der Normalverteilung angebracht. Prüfen sie H_0: $F(x) = G(y)$ mit dem Mann-Whitney-U-Test. Beachten Sie, daß Bindungen vorliegen.

A	B
37	45
49	51
51	62
62	73
74	87
44	45
53	33
17	89

Aufgabe 8.7: Führen Sie den Wilcoxon-Test (einseitig, zum Niveau $\alpha = 0.05$) für das matched-pair Design in folgender Tabelle durch, die Punktwerte von Studenten enthält, die einmal vor bzw. direkt nach der Vorlesung einen starken Kaffee tranken und deren Leistungen jeweils nach der Vorlesung geprüft wurden. Hat die Behandlung B (Kaffee nachher) einen signifikanten Einfluß auf die Leistung?

Student	vorher	nachher
1	17	25
2	18	45
3	25	37
4	12	10
5	19	21
6	34	27
7	29	29

Aufgabe 8.8: Ein Hersteller erzeugt Schrauben, deren Durchmesser 3 mm betragen soll. Eine Abweichung um 0.0196 mm nach oben bzw. unten ist jedoch noch tolerabel. Aus früheren Produktionsserien ist die Streuung des Schraubendurchmessers bekannt, nämlich $\sigma = 0.01$.

a) Wir nehmen nun an, der Schraubendurchmesser sei $N(3, 0.01^2)$-verteilt. Berechnen Sie mit dieser Annahme die Wahrscheinlichkeit für die folgenden Ereignisse:
A:„Der Durchmesser einer produzierten Schraube ist zu klein."
B:„Der Durchmesser einer produzierten Schraube ist tolerabel."
C:„Der Durchmesser einer produzierten Schraube ist zu groß."
b) Eine Stichprobe von 200 Schrauben aus der laufenden Produktion enthält 5 zu schmale und 10 zu breite Schrauben, der Rest genügt den Anforderungen. Testen Sie anhand dieser Stichprobe mit einem geeigneten Test die Hypothese: „Der Schraubendurchmesser ist $N(3, 0.01^2)$-verteilt" bei einem Signifikanzniveau von 5%.

Teil III

Modellierung von Ursache-
Wirkungsbeziehungen

9. Lineare Regression

9.1 Bivariate Ursache-Wirkungsbeziehungen

In diesem Kapitel behandeln wir Methoden zur Analyse und Modellierung der Beziehung zwischen zwei und mehr stetigen Variablen. Wir setzen zunächst voraus, daß an einem Untersuchungsobjekt (Person, Firma, Geldinstitut usw.) zwei Variablen X und Y erhoben werden. Diese Variablen seien stetig (Intervall- oder Ratioskala). Wir erhalten also die zweidimensionale Stichprobe (X_i, Y_i), $i = 1, \ldots, n$.

Beispiele.

- Einkommen (X) und Kreditwunsch (Y) eines Bankkunden,
- Geschwindigkeit (X) und Bremsweg (Y) eines Pkw,
- Einsatz von Werbung in DM (X) und Umsatz in DM (Y) in einer Filiale,
- Investition (X) und Exporterlös (Y) eines Betriebes.

Mit dem Korrelationskoeffizienten ρ haben wir bereits ein dimensionsloses Maß kennengelernt, das die Stärke und die Richtung des linearen Zusammenhangs zwischen X und Y mißt. Ziel der Regressionsanalyse ist es, diesen Zusammenhang durch ein einfaches Modell zu erfassen.

Die obigen Beispiele verdeutlichen, daß eine Variable (X) als gegeben oder beeinflußbar angesehen werden kann, während die andere Variable (Y) als Reaktion auf X beobachtet wird. Dies ist die allgemeine Struktur einer **Ursache-Wirkungsbeziehung** zwischen X und Y. Das einfachste Modell für einen Zusammenhang $Y = f(X)$ ist die lineare Gleichung

$$Y = \beta_0 + \beta_1 X \, .$$

Eine lineare Funktion liefert einen einfach zu handhabenden mathematischen Ansatz und ist auch insofern gerechtfertigt, als sich viele Funktionstypen gut durch lineare Funktionen stückweise approximieren lassen.

Bevor man an die Modellierung einer Ursache-Wirkungsbeziehung geht, sollte man sich durch grafische Darstellungen eine Vorstellung vom möglichen Verlauf (Modell) verschaffen. Diese Problematik haben wir im Buch „Deskriptive Statistik" ausführlich diskutiert.

9.2 Induktive lineare Regression

Die Aufgabe der univariaten induktiven linearen Regression ist es, den durch das **univariate lineare Modell**

$$Y = \beta_0 + \beta_1 X + \epsilon \tag{9.1}$$

beschriebenen Zusammenhang zwischen den Variablen X und Y zu beurteilen. Dabei sind im Gegensatz zur deskriptiven Regression β_0 und β_1 unbekannte Modellparameter und ϵ eine zufällige Fehlervariable, für die

$$\mathrm{E}(\epsilon) = 0, \quad \mathrm{Var}(\epsilon) = \sigma^2 \tag{9.2}$$

gelten soll. Man unterscheidet dabei Modelle, bei denen X und Y zufällig sind, und Modelle, bei denen X als gegeben angesehen wird. Wir beschränken uns hier auf den Fall eines vorgegebenen nichtzufälligen X. Für fest gegebenes X folgt für die zufällige Variable Y wegen (9.2) sofort

$$\mathrm{E}(Y) = \beta_0 + \beta_1 X$$

und

$$\mathrm{Var}(Y) = \sigma^2.$$

Wir führen die induktive lineare Regression im univariaten Fall zunächst nicht gesondert aus, sondern beschränken uns im folgenden auf das multiple Regressionsmodell. Das univariate Modell wird in 9.2.7 als Spezialfall behandelt

9.2.1 Modellannahmen der induktiven Regression

Bei der Untersuchung von Zusammenhängen in der Wirtschaft, den Sozialwissenschaften, in Naturwissenschaften, Technik oder Medizin steht man häufig vor dem Problem, daß eine zufällige Variable Y (auch Response genannt) von mehr als einer Einflußgröße, d.h. von $X_1, \ldots, X_K$, abhängt. Wir beschränken uns auf den Fall, daß $X_1, \ldots, X_K$ stetig und nicht zufällig sind und Y stetig ist. Das Modell lautet

$$Y_i = \beta_1 X_{i1} + \ldots + \beta_K X_{iK} + \epsilon_i, \quad i = 1, \ldots, n.$$

Wir setzen voraus, daß alle Variablen n-mal beobachtet wurden und stellen dies in Matrixschreibweise dar

$$\mathbf{y} = \beta_1 \mathbf{x_1} + \ldots + \beta_k \mathbf{x_k} + \boldsymbol{\epsilon}$$
$$= \mathbf{X}\boldsymbol{\beta} + \boldsymbol{\epsilon}.$$

Dabei sind $\mathbf{y}$, $\mathbf{x_i}$ und $\boldsymbol{\epsilon}$ n-Vektoren, $\boldsymbol{\beta}$ ein K-Vektor und $\mathbf{X}$ eine $n \times K$-Matrix. Zusätzlich wird $\mathbf{x_1}$ im allgemeinen als $\mathbf{1} = (1, \ldots, 1)'$ gesetzt, wodurch eine Konstante (Intercept) in das Modell eingeführt wird.

Anmerkung. Im Gegensatz zur bisherigen strengen Unterscheidung zwischen Zufallsvariable Y und Realisierung y bedeutet der Vektor **y** nun sowohl die vektorielle Zufallsvariable $\mathbf{y} = (y_1, \ldots, y_n)'$ als auch die Realisierung in der Stichprobe bei der Berechnung des konkreten Wertes von Parameterschätzungen. Dies wird jedoch jeweils aus dem Zusammenhang klar. Die Matrix **X** ist keine Zufallsgröße.

Wir treffen folgende Annahmen über das klassische lineare Regressionsmodell

$$\left.\begin{array}{l} \mathbf{y} = \mathbf{X}\boldsymbol{\beta} + \boldsymbol{\epsilon} \\ \mathbf{X} \text{ nichtstochastisch} \\ \text{Rang}(\mathbf{X}) = K \\ \text{E}(\boldsymbol{\epsilon}) = 0 \\ \text{E}(\boldsymbol{\epsilon}\boldsymbol{\epsilon}') = \sigma^2 \mathbf{I_n} \,. \end{array}\right\} \quad (9.3)$$

Die letzte Annahme $\text{E}(\boldsymbol{\epsilon}\boldsymbol{\epsilon}') = \sigma^2 \mathbf{I_n}$ bedeutet, daß $\text{E}(\epsilon_i^2) = \sigma^2$ $(i = 1, \ldots, n)$ und $\text{Cov}(\epsilon_i, \epsilon_j) = 0$ (für alle $i \neq j$) gilt. Die Fehlervariablen ϵ_i haben dieselbe Varianz σ^2 und sind unkorreliert. Die Rangbedingung an **X** besagt, daß keine exakten linearen Beziehungen zwischen den Einflußgrößen $X_1, \ldots, X_K$ (den sogenannten Regressoren) bestehen. Insbesondere existiert die Inverse $(\mathbf{X}'\mathbf{X})^{-1}$.

9.2.2 Beste lineare erwartungstreue Schätzung von β

Wir sind an optimalen Schätzungen der unbekannten Parameter β und σ^2 interessiert, die nach folgendem Prinzip hergeleitet werden: Wir wählen eine in **y** lineare Schätzfunktion $\hat{\beta}$ von β gemäß

$$\hat{\beta} = \mathbf{C}\mathbf{y}\,,$$

wobei die $K \times n$-Matrix **C** durch Minimierung einer geeignet gewählten Risikofunktion bestimmt wird. Wir wählen die quadratische Risikofunktion.

Definition 9.2.1. *Die quadratische **Risikofunktion** einer Schätzung $\hat{\beta}$ von β im Modell (9.3) ist definiert als*

$$r(\hat{\beta}, \beta) = \text{E}(\mathbf{y} - \mathbf{X}\hat{\beta})'(\mathbf{y} - \mathbf{X}\hat{\beta})\,.$$

Die quadratische Form $(\mathbf{y} - \mathbf{X}\hat{\beta})'(\mathbf{y} - \mathbf{X}\hat{\beta})$ ist eine zufällige Variable, die als Verlust bei der Schätzung von **y** durch $\mathbf{X}\hat{\beta}$ bezeichnet wird. Durch den Erwartungswert wird der über die Verteilung von **y** gemittelte Verlust – das Risiko $r(\hat{\beta}, \beta)$ – gebildet. Ziel ist die Minimierung von $r(\hat{\beta}, \beta)$ in der Klasse der linearen erwartungstreuen Schätzungen.

Wir erhalten die Lösung des Optimierungsproblems als (vgl. z. B. Toutenburg, 1992a)

$$\hat{\beta} = \mathbf{b} = (\mathbf{X}'\mathbf{X})^{-1}\mathbf{X}'\mathbf{y}, \quad (9.4)$$

die mit der empirischen KQ-Schätzung **b** übereinstimmt. Die Optimalität von **b** wird in Gestalt des fundamentalen Gauss-Markov-Theorems formuliert.

Theorem 9.2.1 (Gauss–Markov-Theorem). *Im klassischen linearen Regressionsmodell (9.3) ist die Schätzung*

$$\mathbf{b} = (\mathbf{X}'\mathbf{X})^{-1}\mathbf{X}'\mathbf{y} \tag{9.5}$$

mit der Kovarianzmatrix

$$V_b = \sigma^2 (\mathbf{X}'\mathbf{X})^{-1}$$

die beste (homogene) lineare erwartungstreue Schätzung von β. (Man bezeichnet $\mathbf{b}$ auch als Gauss–Markov-(GM)-Schätzung.)

Diese Optimalität überträgt sich auch auf die Schätzung des bedingten Erwartungswertes von y. Sei $\mathbf{x}_*$ ein K-Vektor von Werten der Variablen $X_1, \ldots, X_K$ und $y_* = \mathbf{x}_*\beta + \epsilon_*$ das lineare Modell zum Index $*$ (z.B. ein Zeitpunkt). Dann gilt für die optimale lineare Schätzung von $\mathbf{x}'_*\beta$ der folgende Satz:

Theorem 9.2.2. *Im klassischen linearen Regressionsmodell (9.3) hat die beste lineare erwartungstreue Schätzung des bedingten Erwartungswertes $E(y_*|\mathbf{x}'_*) = \mathbf{x}'_*\beta$ die Gestalt*

$$\hat{y}_* = \mathbf{x}'_*\mathbf{b}$$

und die Varianz

$$\mathrm{Var}(\hat{y}_*) = \mathbf{x}'_* V_b \mathbf{x}_* \, .$$

9.2.3 Schätzung von σ^2

Der Vorhersagewert von $\mathbf{y}$ ist $\hat{\mathbf{y}} = \mathbf{X}\mathbf{b}$, der geschätzte Fehlervektor ist $\hat{\epsilon} = \mathbf{y} - \hat{\mathbf{y}}$. Die Quadratsumme $\hat{\epsilon}'\hat{\epsilon}$ des geschätzten Fehlervektors $\hat{\epsilon}$ bietet sich als Grundlage für eine Schätzung von σ^2 in natürlicher Weise an. Es gilt

$$\mathrm{E}(\hat{\epsilon}'\hat{\epsilon}) = \sigma^2(n - K)$$

(für eine ausführliche Herleitung verweisen wir auf Toutenburg, 1992a) so daß wir die erwartungstreue Schätzung für σ^2

$$s^2 = \frac{\hat{\epsilon}'\hat{\epsilon}}{(n-K)} = \frac{(\mathbf{y} - \mathbf{X}\mathbf{b})'(\mathbf{y} - \mathbf{X}\mathbf{b})}{(n-K)} \tag{9.6}$$

und damit als erwartungstreue Schätzung für V_b

$$\hat{V}_b = s^2 (\mathbf{X}'\mathbf{X})^{-1} \tag{9.7}$$

erhalten.

9.2.4 Klassische Normalregression

Die bisher abgeleiteten Ergebnisse im klassischen linearen Regressionsmodell haben Gültigkeit für alle Wahrscheinlichkeitsverteilungen der Fehlervariablen ϵ, für die $E(\epsilon) = 0$ und $E(\epsilon\epsilon') = \sigma^2 \mathbf{I}$ gilt. Wir spezifizieren nun auch den Typ der Verteilung von ϵ, indem wir zusätzlich zu den Modellannahmen (9.3) die folgende Annahme treffen.

Der Vektor ϵ der zufälligen Fehler ϵ_i besitzt eine n-dimensionale Normalverteilung $N_n(\mathbf{0}, \sigma^2\mathbf{I})$, d.h., es ist $\epsilon \sim N_n(\mathbf{0}, \sigma^2\mathbf{I})$, so daß die Komponenten ϵ_i $i = 1, \ldots, n$ unabhängig und identisch $N(0, \sigma^2)$-verteilt sind.

Damit besitzt ϵ die Dichtefunktion

$$f(\epsilon; \mathbf{0}, \sigma^2\mathbf{I}) = \prod_{i=1}^{n}(2\pi\sigma^2)^{-1/2} \exp\left(-\frac{1}{2\sigma^2}\epsilon_i^2\right)$$

$$= (2\pi\sigma^2)^{-n/2} \exp\left\{-\frac{1}{2\sigma^2}\sum_{i=1}^{n}\epsilon_i^2\right\}.$$

Das klassische lineare Regressionsmodell mit normalverteilten Fehlern – kurz das klassische Modell der Normalregression – hat dann die Gestalt

$$\left.\begin{array}{l} \mathbf{y} = \mathbf{X}\boldsymbol{\beta} + \boldsymbol{\epsilon}, \\ \boldsymbol{\epsilon} \sim N_n(\mathbf{0}, \sigma^2\mathbf{I}), \\ \mathbf{X} \quad \text{nichtstochastisch,} \ \text{Rang}(\mathbf{X}) = K. \end{array}\right\} \qquad (9.8)$$

9.2.5 Maximum-Likelihood-Schätzung

Durch die Festlegung der Verteilung ist es nun möglich, die ML-Schätzungen der Parameter herzuleiten. Mit (9.8) erhalten wir für $\mathbf{y}$

$$\mathbf{y} = \mathbf{X}\boldsymbol{\beta} + \boldsymbol{\epsilon} \sim N_n(\mathbf{X}\boldsymbol{\beta}, \sigma^2\mathbf{I}),$$

so daß die Likelihood-Funktion von $\mathbf{y}$ die folgende Gestalt hat:

$$L(\boldsymbol{\beta}, \sigma^2) = (2\pi\sigma^2)^{-n/2} \exp\left\{-\frac{1}{2\sigma^2}(\mathbf{y} - \mathbf{X}\boldsymbol{\beta})'(\mathbf{y} - \mathbf{X}\boldsymbol{\beta})\right\}.$$

Wegen der strengen Monotonie der logarithmischen Transformation kann man statt $L(\boldsymbol{\beta}, \sigma^2)$ auch die Loglikelihood $l(\boldsymbol{\beta}, \sigma^2) = \ln L(\boldsymbol{\beta}, \sigma^2)$ maximieren, ohne daß sich das Maximum ändert:

$$l(\boldsymbol{\beta}, \sigma^2) = -\frac{n}{2}\ln(2\pi\sigma^2) - \frac{1}{2\sigma^2}(\mathbf{y} - \mathbf{X}\boldsymbol{\beta})'(\mathbf{y} - \mathbf{X}\boldsymbol{\beta}).$$

Wir erhalten die ML-Schätzungen von $\boldsymbol{\beta}$ und σ^2 durch Nullsetzen der ersten (vektoriellen) Ableitungen

$$\frac{\partial l}{\partial \beta} = \frac{1}{2\sigma^2} 2\mathbf{X}'(\mathbf{y} - \mathbf{X}\beta) = \mathbf{0},$$
$$\frac{\partial l}{\partial \sigma^2} = -\frac{n}{2\sigma^2} + \frac{1}{2(\sigma^2)^2}(\mathbf{y} - \mathbf{X}\beta)'(\mathbf{y} - \mathbf{X}\beta) = 0$$

also

$$\mathbf{X}'\mathbf{X}\hat{\beta} = \mathbf{X}'\mathbf{y}, \tag{9.9}$$
$$\hat{\sigma}^2 = \frac{1}{n}(\mathbf{y} - \mathbf{X}\hat{\beta})'(\mathbf{y} - \mathbf{X}\hat{\beta}). \tag{9.10}$$

Gleichung (9.9) ist die Normalgleichung, aus der wir auf Grund der Voraussetzung Rang($\mathbf{X}$) = K die eindeutig bestimmte Lösung (ML-Schätzung)

$$\hat{\beta} = \mathbf{b} = (\mathbf{X}'\mathbf{X})^{-1}\mathbf{X}'\mathbf{y} \tag{9.11}$$

erhalten. Ein Vergleich von (9.10) mit der erwartungstreuen Schätzung s^2 (9.6) ergibt die Relation

$$\hat{\sigma}^2 = \frac{n-K}{n} s^2, \tag{9.12}$$

so daß $\hat{\sigma}^2$ nicht erwartungstreu ist. Für den asymptotischen Erwartungswert erhalten wir

$$\lim_{n \to \infty} \mathrm{E}(\hat{\sigma}^2) = \mathrm{E}(s^2) = \sigma^2.$$

Damit gilt

Theorem 9.2.3. *Im Modell (9.8) der klassischen Normalregression stimmen die ML- und die KQ-Schätzung von β überein. Die ML-Schätzung $\hat{\sigma}^2$ (9.12) von σ^2 ist verzerrt, jedoch asymptotisch erwartungstreu.*

In der Praxis wird man s^2 aus (9.6) als erwartungstreue Schätzung von σ^2 verwenden.

9.2.6 Prüfen von linearen Hypothesen

Wir entwickeln in diesem Abschnitt Testverfahren zum Prüfen von linearen Hypothesen im Modell (9.8) der klassischen Normalregression.

Bei der statistischen Untersuchung eines Regressionsmodells (mit Intercept) $y = \beta_0 + X_1\beta_1 + \ldots + X_K\beta_K + \epsilon$ sind folgende Hypothesen von Interesse.

(i) Globale Hypothese

$$H_0 : \beta_1 = \ldots = \beta_K = 0 \quad \text{gegen}$$
$$H_1 : \beta_1 \neq 0, \ldots, \beta_K \neq 0$$

Dies bedeutet den Vergleich der Modelle

$$(\text{unter} H_0) \quad y = \beta_0 + \epsilon$$

und
$$(\text{unter } H_1) \quad y = \beta_0 + X_1\beta_1 + \ldots + X_K\beta_K + \epsilon.$$

Die Nullhypothese besagt, daß y durch kein Modell erklärt wird.

(ii) Prüfen des Einflusses einer Variablen X_i
Die Hypothesen lauten
$$H_o : \beta_i = 0 \quad \text{gegen} \quad H_1 : \beta_i \neq 0.$$

Falls H_0 nicht abgelehnt wird, kommt die Variable X_i als Einflußgröße (im Rahmen des linearen Modells) nicht in Betracht. Anderenfalls wird X_i in das Modell als Einflußgröße aufgenommen.

(iii) Gleichzeitiges Prüfen des Einflusses mehrerer X-Variablen
Die Hypothesen lauten z. B.
$$H_0 : \beta_1 = \beta_2 = \beta_3 = 0 \quad \text{gegen}$$
$$H_1 : \beta_i \neq 0 \quad (i = 1, 2, 3)$$

Dabei werden die Modelle
$$(\text{unter } H_0) \quad y = \beta_0 + \beta_4 X_4 + \ldots + \beta_K X_K + \epsilon$$

und
$$(\text{unter } H_1) \quad y = \beta_0 + \beta_1 X_1 + \beta_2 X_2 + \beta_3 X_3 + \beta_4 X_4 + \ldots + \beta_K X_K + \epsilon$$

verglichen. Die Modelle unter H_0 sind also stets Teilmodelle des vollen Modells, das alle Variablen X_i enthält.

Diese Hypothesen lassen sich in folgenden Formalismus einbinden.

Die allgemeine lineare Hypothese
$$H_0 : \mathbf{R}\boldsymbol{\beta} = \mathbf{r}, \quad \sigma^2 > 0 \text{ beliebig} \tag{9.13}$$

wird gegen die Alternative
$$H_1 : \mathbf{R}\boldsymbol{\beta} \neq \mathbf{r}, \quad \sigma^2 > 0 \text{ beliebig} \tag{9.14}$$

getestet, wobei wir voraussetzen:

$$\left. \begin{array}{l} \mathbf{R} \text{ eine } (K-l) \times K\text{-Matrix}, \\ \mathbf{r} \text{ ein } (K-l)\text{-Vektor}, \\ \text{Rang}(\mathbf{R}) = K - l, \\ l \in \{0, 1, \ldots, K-1\}, \\ \mathbf{R}, \mathbf{r} \text{ nichtstochastisch und bekannt.} \end{array} \right\} \tag{9.15}$$

Die Hypothese H_0 besagt, daß der Parametervektor $\boldsymbol{\beta}$ zusätzlich zu den Modellannahmen $(K-l)$ exakten linearen Restriktionen genügt, die wegen Rang$(\mathbf{R}) = K - l$ linear unabhängig sind. Die Rangbedingung an $\mathbf{R}$ sichert, daß keine Scheinrestriktionen geprüft werden.

9. Lineare Regression

Beispiel 9.2.1. Sei $K = 3$, so daß wir das Modell

$$\begin{aligned}
\mathbf{y} &= \mathbf{x}_1\beta_1 + \mathbf{x}_2\beta_2 + \mathbf{x}_3\beta_3 + \epsilon \\
&= (\mathbf{x}_1, \mathbf{x}_2, \mathbf{x}_3) \begin{pmatrix} \beta_1 \\ \beta_2 \\ \beta_3 \end{pmatrix} + \epsilon \\
&= \mathbf{X}\beta + \epsilon
\end{aligned}$$

betrachten.

Sei H_0: $\beta_3 = 0$ gewählt, so läßt sich dies als $r = \mathbf{R}\beta$ formulieren mit

$$r = 0, \quad \mathbf{R} = (0, 0, 1), \quad \text{Rang}(\mathbf{R}) = 1.$$

Sei $H_0 : \beta_2 = \beta_3 = 0$, so erhalten wir

$$\mathbf{r} = \begin{pmatrix} 0 \\ 0 \end{pmatrix}, \quad \mathbf{R} = \begin{pmatrix} 0 & 1 & 0 \\ 0 & 0 & 1 \end{pmatrix}, \quad \text{Rang}(\mathbf{R}) = 2.$$

Die allgemeine lineare Hypothese (9.13) läßt sich auf zwei wesentliche Spezialfälle ausrichten.

Fall 1, $l = 0$: Die Hypothese H_0 aus (9.13) betrifft dann den gesamten Parametervektor. Nach Voraussetzung (9.15) ist dann die $K \times K$-Matrix $\mathbf{R}$ regulär, und wir können H_0 und H_1 wie folgt darstellen:

$$H_0 : \beta = \mathbf{R}^{-1}\mathbf{r} = \beta^*, \quad \sigma^2 > 0 \text{ beliebig}, \quad (9.16)$$
$$H_1 : \beta \neq \beta^*, \quad \sigma^2 > 0 \text{ beliebig}. \quad (9.17)$$

Fall 2, $l > 0$: Die Hypothese H_0 legt $K - l$ Komponenten von β fest. Bei der Behandlung dieses Falles beschränken wir uns auf eine spezielle Matrix $\mathbf{R}$, nämlich

$$\mathbf{R} = (\mathbf{0}, \mathbf{I}_{K-l}).$$

Wir unterteilen den Parametervektor β in $\beta = \begin{pmatrix} \beta_1 \\ \beta_2 \end{pmatrix}$ und analog die $\mathbf{X}$-Matrix in $(\mathbf{X}_1, \mathbf{X}_2)$. Dann bedeutet die Restriktion $\mathbf{r} = \mathbf{R}\beta$

$$\mathbf{r} = (\mathbf{0}, \mathbf{I}) \begin{pmatrix} \beta_1 \\ \beta_2 \end{pmatrix} = \beta_2.$$

Die Hypothesen H_0 (9.13) und H_1 (9.14) sind dann gleichwertig mit

$$H_0 : \beta_2 = \mathbf{r}, \quad \beta_1 \text{ und } \sigma^2 > 0 \text{ beliebig}, \quad (9.18)$$
$$H_1 : \beta_2 \neq \mathbf{r}, \quad \beta_1 \text{ und } \sigma^2 > 0 \text{ beliebig}.$$

Diese Hypothesen werden bei der Modellwahl eingesetzt. Setzt man $\mathbf{r} = \mathbf{0}$, so wird H_0: $\mathbf{y} = \mathbf{X}_1\beta_1 + \epsilon$ gegen H_1: $\mathbf{y} = \mathbf{X}_1\beta_1 + \mathbf{X}_2\beta_2 + \epsilon$ geprüft.

Prüfen der Hypothesen

Bezeichnen wir den vollen Parameterraum, d.h. den Raum, in dem entweder H_0 oder H_1 gilt, mit Ω und den durch H_0 eingeschränkten Parameterraum mit Ω', so gilt $\Omega' \subset \Omega$ mit

$$\Omega = \{\beta, \sigma^2 : \beta \in \mathbb{R}^K, \sigma^2 > 0\},$$
$$\Omega' = \{\beta, \sigma^2 : \beta \in \mathbb{R}^K \text{ und } \mathbf{R}\beta = \mathbf{r}, \sigma^2 > 0\}.$$

Zur Konstruktion der Teststatistik verwenden wir den Likelihood-Quotienten

$$\lambda(\mathbf{y}) = \frac{\max_{\Omega'} L(\Theta)}{\max_{\Omega} L(\Theta)} = \frac{\max_{H_0} L(\Theta)}{\max_{H_0 \cup H_1} L(\Theta)}, \qquad (9.19)$$

der für das Modell (9.8) der klassischen Normalregression folgende Gestalt hat. $L(\Theta)$ nimmt sein Maximum für die ML-Schätzung $\hat{\Theta}$ an, es gilt also mit $\Theta = (\beta, \sigma^2)$

$$\max_{\beta, \sigma^2} L(\beta, \sigma^2) = L(\hat{\beta}, \hat{\sigma}^2)$$
$$= (2\pi\hat{\sigma}^2)^{-n/2} \exp\left\{-\frac{1}{2\hat{\sigma}^2}(\mathbf{y} - \mathbf{X}\hat{\beta})'(\mathbf{y} - \mathbf{X}\hat{\beta})\right\}$$
$$= (2\pi\hat{\sigma}^2)^{-n/2} \exp\left\{-\frac{n}{2}\right\}$$

und damit

$$\lambda(\mathbf{y}) = \left(\frac{\hat{\sigma}^2_{\Omega'}}{\hat{\sigma}^2_{\Omega}}\right)^{-n/2},$$

wobei $\hat{\sigma}^2_{\Omega'}$ bzw. $\hat{\sigma}^2_{\Omega}$ die ML-Schätzungen von σ^2 unter H_0 bzw. im vollen Parameterraum Ω sind.

Wie aus (9.19) ersichtlich ist, liegt $\lambda(\mathbf{y})$ zwischen 0 und 1. $\lambda(\mathbf{y})$ ist selbst eine Zufallsvariable. Ist H_0 richtig, so müßte der Zähler von $\lambda(\mathbf{y})$ bei unabhängigen Stichproben in der Mehrzahl der Fälle einen im Vergleich zum Nenner hinreichend großen Wert ergeben, so daß $\lambda(\mathbf{y})$ unter H_0 einen Wert nahe 1 annehmen müßte. Umgekehrt müßte $\lambda(\mathbf{y})$ bei Gültigkeit von H_1 vorwiegend Werte nahe 0 annehmen.

Wir führen folgende streng monotone Transformation durch, um zu einer Teststatistik zu kommen, die unter H_0 eine bekannte Verteilung besitzt.

$$F = \{(\lambda(\mathbf{y}))^{-2/n} - 1\}(n - K)(K - l)^{-1}$$
$$= \frac{\hat{\sigma}^2_{\Omega'} - \hat{\sigma}^2_{\Omega}}{\hat{\sigma}^2_{\Omega}} \cdot \frac{n - K}{K - l}. \qquad (9.20)$$

Für $\lambda(\mathbf{y}) \to 0$ gilt $F \to \infty$ und für $\lambda(\mathbf{y}) \to 1$ gilt $F \to 0$, so daß eine Stichprobe im Bereich „F nahe 0" nicht gegen H_0 und im Bereich „F hinreichend groß" gegen H_0 spricht. Wir bestimmen nun F und seine Verteilung für die beiden Spezialfälle der allgemeinen linearen Hypothese.

Fall 1, l = 0: Die ML-Schätzungen unter H_0 (9.16) sind

$$\hat{\beta} = \beta^* \quad \text{und} \quad \hat{\sigma}^2_{\Omega'} = \frac{1}{n}(\mathbf{y} - \mathbf{X}\beta^*)'(\mathbf{y} - \mathbf{X}\beta^*).$$

Die ML-Schätzungen über dem vollen Parameterraum Ω sind nach (9.11) und (9.10)

$$\hat{\beta} = \mathbf{b} \quad \text{und} \quad \hat{\sigma}^2_{\Omega} = \frac{1}{n}(\mathbf{y} - \mathbf{X}\mathbf{b})'(\mathbf{y} - \mathbf{X}\mathbf{b}).$$

Nach einer Reihe von Umformungen erhalten wir (vgl. Toutenburg, 1992a) als Teststatistik

$$F = \frac{(\mathbf{b} - \beta^*)'\mathbf{X}'\mathbf{X}(\mathbf{b} - \beta^*)}{(\mathbf{y} - \mathbf{X}\mathbf{b})'(\mathbf{y} - \mathbf{X}\mathbf{b})} \cdot \frac{n - K}{K}, \qquad (9.21)$$

die unter $H_0 : \beta = \beta^*$ eine $F_{K,n-K}$-Verteilung besitzt.

Bezeichnung: der Nenner von F wird als $SQ_{Residual}$ bezeichnet (Restvarianz), der Ausdruck im Zähler von F (9.21) heißt $SQ_{Regression}$:

$$SQ_{Residual} = (\mathbf{y} - \mathbf{X}\mathbf{b})'(\mathbf{y} - \mathbf{X}\mathbf{b})$$
$$SQ_{Regression} = (\mathbf{b} - \beta^*)'\mathbf{X}'\mathbf{X}(\mathbf{b} - \beta^*)$$

$SQ_{Regression}$ mißt den durch das Regressionsmodell erklärten Anteil an der Gesamtvariabilität. Es gilt die fundamentale Formel der Streuungszerlegung

$$SQ_{Total} = SQ_{Regression} + SQ_{Residual}$$

mit $SQ_{Total} = \sum_{i=1}^{n}(y_i - \bar{y})^2$. SQ_{Total} ist -bis auf die Freiheitsgrade- die Stichprobenvarianz in der y-Stichprobe.

Mit diesen Bezeichnungen läßt sich F schreiben als

$$F = \frac{SQ_{Regression}}{SQ_{Residual}} \cdot \frac{n - K}{K}.$$

Bezeichnen wir mit $f_{K,n-K,1-\alpha}$ das $(1-\alpha)$-Quantil der $F_{K,n-K}$-Verteilung, so erhalten wir auf Grund unserer soeben geführten Überlegungen bei einer vorgegebenen Irrtumswahrscheinlichkeit α folgende Entscheidungsregel:

$$\left.\begin{array}{l} H_0 \text{ nicht ablehnen, falls } 0 \leq F \leq f_{K,n-K,1-\alpha}, \\ H_0 \text{ ablehnen, falls } \qquad\qquad F > f_{K,n-K,1-\alpha}. \end{array}\right\}$$

Eine Auswahl kritischer Werte der F-Verteilung ist im Anhang (Tabellen B5-B8) enthalten.

Fall 2, l > 0: Die ML-Schätzungen unter $H_0: \beta_2 = \mathbf{r}$ (9.18) sind

$$\hat{\beta}_1 = (\mathbf{X}_1'\mathbf{X}_1)^{-1}\mathbf{X}_1'(\mathbf{y} - \mathbf{X}_2\mathbf{r}),$$
$$\hat{\beta}_2 = \mathbf{r},$$
$$\hat{\sigma}_{\Omega'}^2 = \frac{1}{n}\left(\mathbf{y} - \mathbf{X}_1\hat{\beta}_1\right)'\left(\mathbf{y} - \mathbf{X}_1\hat{\beta}_1\right).$$

Hier erhalten wir als Teststatistik (vgl. Toutenburg, 1992a)

$$F = \frac{(\mathbf{b}_2 - \mathbf{r})'\mathbf{D}(\mathbf{b}_2 - \mathbf{r})}{(\mathbf{y} - \mathbf{X}\mathbf{b})'(\mathbf{y} - \mathbf{X}\mathbf{b})} \frac{n - K}{K - l}$$
$$= \frac{SQ_{Regression}}{SQ_{Residual}} \cdot \frac{n - K}{K - l} \qquad (9.22)$$

mit

$$\left.\begin{array}{l} \mathbf{b}_2 = \mathbf{D}^{-1}\mathbf{X}_2'\mathbf{M}_1\mathbf{y}, \\ \mathbf{D} = \mathbf{X}_2'\mathbf{M}_1\mathbf{X}_2, \\ \mathbf{M}_1 = \mathbf{I} - \mathbf{X}_1(\mathbf{X}_1'\mathbf{X}_1)^{-1}\mathbf{X}_1' \end{array}\right\} \qquad (9.23)$$

($\mathbf{b}_2$ ist die β_2 entsprechende Komponente in $\mathbf{b}$).

Dann besitzt die Teststatistik F unter H_0 eine $F_{K-l,n-K}$-Verteilung. H_0 wird abgelehnt, falls

$$F > f_{K-l,n-K,1-\alpha}$$

ist.

9.2.7 Prüfen der univariaten Regression

Gegeben sei das univariate lineare Modell

$$y = \beta_0 + \beta_1 x_i + \epsilon_i \quad (i = 1, \ldots, n) \qquad (9.24)$$

mit $\epsilon_i \sim N(0, \sigma^2)$.

Das Modell (9.24) hat in Matrixschreibweise die Gestalt

$$\mathbf{y} = (\mathbf{1}\mathbf{x})\beta + \epsilon$$

mit

$$\beta = \begin{pmatrix} \beta_0 \\ \beta_1 \end{pmatrix}.$$

Die Kleinste-Quadrat-Schätzung $\mathbf{b} = (\mathbf{X}'\mathbf{X})^{-1}\mathbf{X}'\mathbf{y}$ (vgl. (9.5)) von β lautet in diesem speziellen Modell mit der Matrix $\mathbf{X} = (\mathbf{1}\mathbf{x})$

$$\mathbf{b} = \begin{pmatrix} b_0 \\ b_1 \end{pmatrix}$$

mit den Komponenten

$$b_0 = \bar{y} - b_1 \bar{x} \quad \text{und} \quad b_1 = \frac{S_{xy}}{S_{xx}}.$$

Die Gültigkeit des Modells (9.24) bedeutet insbesondere, daß der Parameter β_1 von Null verschieden ist. Die Überprüfung dieser Annahme bedeutet formal den Vergleich der Modelle unter den Hypothesen

$$H_0: y_t = \beta_0 + \epsilon_t$$
$$H_1: y_t = \beta_0 + \beta_1 x_t + \epsilon_t,$$

d.h. die Prüfung von H_0: $\beta_1 = 0$ gegen H_1: $\beta_1 \neq 0$.

Die zugehörige Teststatistik (9.22) wird mit D aus (9.23), d.h. mit

$$D = \mathbf{x}'\mathbf{x} - \mathbf{x}'\mathbf{1}(\mathbf{1}'\mathbf{1})^{-1}\mathbf{1}'\mathbf{x}$$
$$= \sum x_i^2 - \frac{(\sum x_i)^2}{n} = \sum (x_i - \bar{x})^2 = S_{xx}$$

und $K = 2$, $l = 1$ zu

$$F = \frac{b_1^2 S_{xx}}{s^2}$$
$$= \frac{SQ_{Regression}}{SQ_{Residual}} \cdot (n - 2).$$

Mit den Bezeichnungen

$$MQ_{Regression} = \frac{SQ_{Regression}}{K - l}$$

und

$$MQ_{Residual} = \frac{SQ_{Residual}}{n - K} = s^2$$

läßt sich die Teststatistik (9.22) schreiben als (beachte $K = 2$, $l = 1$)

$$F = \frac{MQ_{Regression}}{MQ_{Residual}}.$$

Sie besitzt unter H_0: $\beta_1 = 0$ eine $F_{1,n-2}$-Verteilung.

Beispiel 9.2.2. In einem Kaufhauskonzern mit $n = 10$ Filialen sollen die Auswirkungen von Werbeausgaben x_i auf die Umsatzsteigerung y_i untersucht werden (Werbung: 1000 DM als Einheit, Umsatzsteigerung: 10000 DM als Einheit).

Wir verwenden die Daten aus Tabelle 9.1 und wollen die Hypothese H_0: $\beta_1 = 0$ gegen H_1: $\beta_1 \neq 0$ für das univariate lineare Regressionsmodell $y_i = \beta_0 + \beta_1 x_i + \epsilon_i$ überprüfen. Es ist $n = 10$, $K = 2$, $l = 1$,

$$SQ_{Residual} = 12$$
$$SQ_{Regression} = 240$$

Tabelle 9.1. Arbeitstabelle zur Berechnung der Schätzungen

i	y_i	x_i	$y_i - \bar{y}$	$x_i - \bar{x}$	$(x_i - \bar{x})(y_i - \bar{y})$
1	2.0	1.5	−5.0	−2.5	12.5
2	3.0	2.0	−4.0	−2.0	8.0
3	6.0	3.5	−1.0	−0.5	0.5
4	5.0	2.5	−2.0	−1.5	3.0
5	1.0	0.5	−6.0	−3.5	21.0
6	6.0	4.5	−1.0	0.5	−0.5
7	5.0	4.0	−2.0	0.0	0.0
8	11.0	5.5	4.0	1.5	6.0
9	14.0	7.5	7.0	3.5	24.5
10	17.0	8.5	10.0	4.5	45.0
$\sum$	70	40	0.0	0.0	
	$\bar{y} = 7$	$\bar{x} = 4$	$S_{xx} = 60$	$S_{yy} = 252$	$S_{xy} = 120$

und damit

$$MQ_{Residual} = \frac{SQ_{Residual}}{n - K} = \frac{12}{10 - 2} = 1.5$$

$$MQ_{Regression} = \frac{SQ_{Regression}}{K - s} = \frac{240}{1} = 240.$$

Die Teststatistik hat den Wert $F = \frac{240}{1.5} = 160$. Sie ist unter H_0: $\beta_1 = 0$ $F_{1,8}$-verteilt. Der Wert $F = 160$ ist größer als der kritische Wert $f_{1,8,0.05} = 5.32$ (p-value von 0.000, vgl. SPSS Listing), so daß H_0: $\beta_1 = 0$ zugunsten von H_1: $\beta_1 \neq 0$ abgelehnt wird. Dies ist äquivalent zur Ablehnung des Modells $y_i = \beta_0 + \epsilon_i$ zugunsten des Modells $y_i = \beta_0 + \beta_1 x_i + \epsilon_i$.

Model Summary

Model	R	R Square	Adjusted R Square	Std. Error of the Estimate
1	,976[a]	,952	,946	1,2247

a. Predictors: (Constant), X

ANOVA[b]

Model		Sum of Squares	df	Mean Square	F	Sig.
1	Regression	240,000	1	240,000	160,000	,000[a]
	Residual	12,000	8	1,500		
	Total	252,000	9			

a. Predictors: (Constant), X
b. Dependent Variable: Y

Abb. 9.1. SPSS-Output zu Beispiel 9.2.2

In Abbildung 9.3 ist die Regressionsgerade dargestellt, das Listing in Abbildung 9.2 zeigt die Berechnungen der Schätzungen mit SPSS.

Coefficients[a]

Model		Unstandardized Coefficients		Standardized Coefficients	t	Sig.
		B	Std. Error	Beta		
1	(Constant)	-1,000	,742		-1,348	,214
	X	2,000	,158	,976	12,649	,000

a. Dependent Variable: Y

Abb. 9.2. SPSS-Output zu Beispiel 9.2.2 (Fortsetzung)

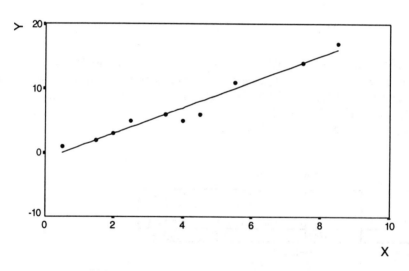

Abb. 9.3. Regressionsgerade im Beispiel 9.2.3

9.2.8 Konfidenzbereiche

Neben der Punktschätzung **b** für β wollen wir nun auch Konfidenzschätzungen für β herleiten. Falls β ein Vektor ist, ergeben sich Konfidenzellipsoide statt der Konfidenzintervalle im univariaten Fall.

Konfidenzintervalle im univariaten Fall: β_0 und β_1

Die Kovarianzmatrix der KQ-Schätzung hat die Gestalt $V_b = \sigma^2(\mathbf{X}'\mathbf{X})^{-1}$ (vgl. (9.7)). Für das Modell (9.24) erhalten wir mit $\mathbf{X} = (\mathbf{1}, \mathbf{x})$

$$\mathbf{X}'\mathbf{X} = \begin{pmatrix} \mathbf{1}'\mathbf{1} & \mathbf{1}'\mathbf{x} \\ \mathbf{1}'\mathbf{x} & \mathbf{x}'\mathbf{x} \end{pmatrix} = \begin{pmatrix} n & n\bar{x} \\ n\bar{x} & \sum x_i^2 \end{pmatrix},$$

$$\sigma^2(\mathbf{X}'\mathbf{X})^{-1} = \frac{\sigma^2}{S_{xx}} \begin{pmatrix} \frac{1}{n}\sum x_i^2 & -\bar{x} \\ -\bar{x} & 1 \end{pmatrix}$$

mit $S_{xx} = \sum(x_i - \bar{x})^2$ und daraus

$$\operatorname{Var}(b_1) = \sigma^2 \frac{1}{S_{xx}}$$

$$\operatorname{Var}(b_0) = \frac{\sigma^2}{n} \cdot \frac{\sum x_i^2}{S_{xx}} = \frac{\sigma^2}{n} \frac{\sum x_i^2 - n\bar{x}^2 + n\bar{x}^2}{S_{xx}}$$

$$= \sigma^2 \left(\frac{1}{n} + \frac{\bar{x}^2}{S_{xx}} \right).$$

Die geschätzten Varianzen sind also

$$\widehat{\operatorname{Var}(b_1)} = \frac{s^2}{S_{xx}} \qquad (9.25)$$

und

$$\widehat{\operatorname{Var}(b_0)} = s^2 \left(\frac{1}{n} + \frac{\bar{x}^2}{S_{xx}} \right) \qquad (9.26)$$

mit s^2 aus (9.6) ($K = 2$ gesetzt).

Da $\epsilon_i \stackrel{iid.}{\sim} N(0, \sigma^2)$ gilt, ist

$$b_1 \sim N\left(\beta_1, \frac{\sigma^2}{S_{xx}}\right),$$

also gilt

$$\frac{b_1 - \beta_1}{\sqrt{\widehat{\operatorname{Var}(b_1)}}} \sim t_{n-2}.$$

Analog erhalten wir

$$b_0 \sim N\left(\beta_0, \sigma^2 \left(\frac{1}{n} + \frac{\bar{x}^2}{S_{xx}} \right)\right),$$

$$\frac{b_0 - \beta_0}{\sqrt{\widehat{\operatorname{Var}(b_0)}}} \sim t_{n-2}.$$

Wir berechnen die Konfidenzintervalle für β_0 und β_1 zum Niveau $1 - \alpha$

$$\left[b_0 - t_{n-2,1-\alpha/2} \cdot \sqrt{\widehat{\mathrm{Var}(b_0)}},\ b_0 + t_{n-2,1-\alpha/2} \cdot \sqrt{\widehat{\mathrm{Var}(b_0)}}\right] \quad (9.27)$$

bzw.

$$\left[b_1 - t_{n-2,1-\alpha/2} \cdot \sqrt{\widehat{\mathrm{Var}(b_1)}},\ b_1 + t_{n-2,1-\alpha/2} \cdot \sqrt{\widehat{\mathrm{Var}(b_1)}}\right]. \quad (9.28)$$

Beispiel 9.2.3 (Fortsetzung von Beispiel 9.2.2). Das SPSS Listing in Beispiel 9.2.2 zeigt zusätzlich zu den Schätzungen b_0 und b_1 (Spalte B) auch die Konfidenzintervalle für β_0 (Zeile (Constant)) und β_1 (Zeile X). Die in (9.27) und (9.28) verwendeten Schätzungen der Quadratwurzeln der Varianzen ((9.25) und (9.26)) sind in der Spalte SE B gegeben.

Coefficients

Model		Unstandardized Coefficients		Standardized Coefficients	t	Sig.
		B	Std. Error	Beta		
1	(Constant)	-1,000	,742		-1,348	,214
	X	2,000	,158	,976	12,649	,000

a. Dependent Variable: Y

Abb. 9.4. SPSS-Output zu Beispiel 9.2.3

Konfidenzellipsoid für den vollen Parametervektor β

Wie im univariaten Fall gibt es auch im multiplen Modell einen engen Zusammenhang zwischen den Bereichen $\bar{K}$ der F-Tests und Konfidenzbereichen für β oder Subvektoren von β. Aus (9.21) erhalten wir für $\beta^* = \beta$ das Konfidenzellipsoid zum Niveau $1 - \alpha$ aus der Ungleichung

$$\frac{(\mathbf{b}-\boldsymbol{\beta})'\mathbf{X}'\mathbf{X}(\mathbf{b}-\boldsymbol{\beta})}{(\mathbf{y}-\mathbf{Xb})'(\mathbf{y}-\mathbf{Xb})} \cdot \frac{n-K}{K} \leq f_{K,n-K,1-\alpha}. \quad (9.29)$$

Das Konfidenzellipsoid ist die Menge aller Punkte $\beta \in \mathbb{R}^K$, für die (9.29) erfüllt ist.

Konfidenzellipsoid für einen Teilvektor β_2 von $\beta = (\beta_1', \beta_2')'$

Setzen wir β_2 für $\mathbf{r}$ in (9.22) ein, so folgt, daß alle $\beta_2 \in \mathbb{R}^{K-l}$, die die folgende Ungleichung erfüllen, ein $(1-\alpha)$-Konfidenzelipsiod für β_2 bilden:

$$\frac{(\mathbf{b}_2-\boldsymbol{\beta}_2)'\mathbf{D}(\mathbf{b}_2-\boldsymbol{\beta}_2)}{(\mathbf{y}-\mathbf{Xb})'(\mathbf{y}-\mathbf{Xb})} \cdot \frac{n-K}{K-l} \leq f_{K-l,n-K,1-\alpha}.$$

9.2.9 Vergleich von Modellen

In der multiplen Regression steht man vor dem Problem des Vergleichs von Modellen mit hierarchisch angeordneten Variablenmengen. Sei das folgende lineare Modell mit einer Konstanten **1** und $K - 1$ echten Regressoren $X_1, \ldots, X_{K-1}$ gegeben:

$$\begin{aligned} \mathbf{y} &= \mathbf{1}\beta_0 + \mathbf{x}_1\beta_1 + \ldots + \mathbf{x}_{K-1}\beta_{K-1} + \boldsymbol{\epsilon} \\ &= \mathbf{1}\beta_0 + \tilde{\mathbf{X}}\boldsymbol{\beta}_* + \boldsymbol{\epsilon} \\ &= (\mathbf{1}\,\tilde{\mathbf{X}})\begin{pmatrix}\beta_0 \\ \boldsymbol{\beta}_*\end{pmatrix} + \boldsymbol{\epsilon} \\ &= \mathbf{X}\boldsymbol{\beta} + \boldsymbol{\epsilon}. \end{aligned}$$

Man vergleicht zunächst das volle Modell $\mathbf{y} = \mathbf{1}\beta_0 + \tilde{\mathbf{X}}\boldsymbol{\beta}_* + \boldsymbol{\epsilon} = \mathbf{X}\boldsymbol{\beta} + \boldsymbol{\epsilon}$ mit dem Modell $\mathbf{y} = \mathbf{1}\beta_0 + \boldsymbol{\epsilon}$ ohne echte Regressoren. In diesem Modell ist $\hat{\beta}_0 = \bar{y}$, und die zugehörige Residual-Quadratsumme ist

$$\sum(y_t - \hat{y}_t)^2 = \sum(y_t - \bar{y})^2 = S_{yy}.$$

Damit ist $SQ_{Residual}$ im Modell $\mathbf{y} = \mathbf{1}\beta_0 + \boldsymbol{\epsilon}$ gleich SQ_{Total} im vollen Modell. Für das volle Modell wird $\boldsymbol{\beta} = (\beta_0, \boldsymbol{\beta}_*)'$ durch die KQ-Schätzung $\mathbf{b} = (\mathbf{X}'\mathbf{X})^{-1}\mathbf{X}'\mathbf{y}$ geschätzt.

Nehmen wir die Unterteilung von $\boldsymbol{\beta}$ in den zur Konstanten **1** gehörenden Parameter β_0 und den zu den echten Regressoren gehörenden Subvektor $\boldsymbol{\beta}_*$ in die Schätzung **b** hinein, so erhalten wir mit $\bar{\mathbf{x}} = (\bar{x}_1, \ldots, \bar{x}_{K-1})'$

$$\mathbf{b} = \begin{pmatrix}\hat{\beta}_0 \\ \hat{\boldsymbol{\beta}}_*\end{pmatrix}, \quad \hat{\boldsymbol{\beta}}_* = (\tilde{\mathbf{X}}'\tilde{\mathbf{X}})^{-1}\tilde{\mathbf{X}}'\mathbf{y}, \quad \hat{\beta}_0 = \bar{y} - \hat{\boldsymbol{\beta}}_*'\bar{\mathbf{x}}.$$

Damit gilt im vollen Modell (vgl. Weisberg, 1980)

$$\begin{aligned} SQ_{Residual} &= (\mathbf{y} - \mathbf{X}\mathbf{b})'(\mathbf{y} - \mathbf{X}\mathbf{b}) \\ &= \mathbf{y}'\mathbf{y} - \mathbf{b}'\mathbf{X}'\mathbf{X}\mathbf{b} \\ &= (\mathbf{y} - \mathbf{1}\bar{y})'(\mathbf{y} - \mathbf{1}\bar{y}) - \hat{\boldsymbol{\beta}}_*'(\tilde{\mathbf{X}}'\tilde{\mathbf{X}})\hat{\boldsymbol{\beta}}_* + n\bar{y}^2. \end{aligned}$$

Der durch die Regression – also die Hereinnahme der Regressormatrix **X** – erklärte Variabilitätsanteil wird

$$SQ_{Regression} = SQ_{Total} - SQ_{Residual} = \hat{\boldsymbol{\beta}}_*'(\tilde{\mathbf{X}}'\tilde{\mathbf{X}})\hat{\boldsymbol{\beta}}_* - n\bar{y}^2.$$

Das multiple Bestimmtheitsmaß

$$R_K^2 = \frac{SQ_{Regression}}{SQ_{Total}}$$

mißt den relativen Anteil der durch Regression auf $X_1, \ldots, X_{K-1}$ erklärten Variabilität im Verhältnis zur Gesamtvariabilität SQ_{Total}.

Der F-Test zum Prüfen von H_0: $\beta_* = 0$ gegen H_1: $\beta_* \neq 0$ (also H_0: $\mathbf{y} = \mathbf{1}\beta_0 + \epsilon$ gegen H_1: $\mathbf{y} = \mathbf{1}\beta_0 + \tilde{\mathbf{X}}\beta_* + \epsilon$) basiert auf der Teststatistik

$$F = \frac{SQ_{Regression}/(K-1)}{s^2}, \qquad (9.30)$$

die unter H_0 eine $F_{K-1,n-K}$-Verteilung besitzt. Falls H_0: $\beta_* = 0$ abgelehnt wird, folgt die Prüfung von Hypothesen bezüglich einzelner Komponenten von β. Dieses Problem tritt auf, wenn man aus einer möglichen Menge $X_1, \ldots, X_{K-1}$ von Regressoren ein z.B. bezüglich des Bestimmtheitsmaßes bestes Modell finden will.

9.2.10 Kriterien zur Modellwahl

Draper und Smith (1966) und Weisberg (1980) geben eine Reihe von Kriterien zur Modellwahl an. Wir beschränken uns im Folgenden auf das Ad-hoc-Kriterium und das Bestimmtheitsmaß.

Ad-hoc-Kriterium

Sei $\{X_1, \ldots, X_K\}$ die volle Regressormenge (unter Einschluß der Konstanten) und $\{X_{i1}, \ldots, X_{ip}\}$ eine Auswahl von p Regressoren (Untermenge). Wir bezeichnen die Residual-Quadratsummen mit $SQ_{Residual}^K$ bzw. $SQ_{Residual}^p$. Die Parametervektoren seien

β für $\mathbf{X} = \{X_1, \cdots, X_K\}$,
β_1 für $\mathbf{X}_1 = \{X_{i1}, \cdots, X_{ip}\}$ und
β_2 für $\mathbf{X}_2 = \{X_1, \cdots, X_K\} \setminus \{X_{i1}, \cdots, X_{ip}\}$.

Dann bedeutet die Wahl zwischen dem Modell mit der vollen Regressormenge und dem Modell mit der Untermenge von Regressoren die Prüfung von H_0: $\beta_2 = 0$. Wir wenden den F-Test (vgl. (9.20)) an:

$$F = \frac{(SQ_{Residual}^p - SQ_{Residual}^K)/(K-p)}{SQ_{Residual}^K/(n-K)}. \qquad (9.31)$$

Diese Teststatistik hat unter H_0 eine $F_{(K-p),n-K}$-Verteilung. Das volle Modell ist gegenüber dem Submodell zu bevorzugen, falls H_0: $\beta_2 = 0$ abgelehnt wird, d.h., falls $F > f_{(K-p),n-K;1-\alpha}$ gilt.

Anmerkung. Will man die jeweils einbezogene Matrix der Regressoren deutlich machen, so verwendet man sie als Index bei R^2 und $SQ_{Residual}$, also z.B. $R^2_{X_1}$ oder $SQ_{Residual}^{1,X_1,X_2}$. Ist klar, um welche Variablen es sich handelt, und ist nur die Anzahl p interessant, so verwendet man die Kennzeichnung R_p^2 oder $SQ_{Residual}^p$.

Die F-Statistik von (9.31) kann mit dieser Nomenklatur auch in folgender Gestalt geschrieben werden:

$$F\text{-Change} = \frac{(SQ^{X_1}_{Residual} - SQ^{X}_{Residual})/(K-p)}{SQ^{X}_{Residual}/(n-K)}. \quad (9.32)$$

Sie wird mit F-Change bezeichnet, da sie bei Modellwahlverfahren die Signifikanz in der Veränderung von R_p^2 durch Hinzunahme weiterer $K-p$ Variablen zum kleineren Modell ($\mathbf{X}_1$-Matrix) prüft.

Modellwahl auf der Basis des adjustierten Bestimmtheitsmaßes

Das multiple Bestimmtheitsmaß

$$R_p^2 = 1 - \frac{SQ^p_{Residual}}{SQ_{Total}}$$

für ein Modell mit p Regressoren wächst für hierarchische Regressorenmengen monoton in p im Sinne von $R_{p+1}^2 \geq R_p^2$ gemäß dem folgenden Satz:

Theorem 9.2.4. *Sei* $\mathbf{y} = \mathbf{X}_1\beta_1 + \mathbf{X}_2\beta_2 + \epsilon = \mathbf{X}\beta + \epsilon$ *ein volles Modell mit K Regressoren und* $\mathbf{y} = \mathbf{X}_1\beta_1 + \epsilon$ *ein Submodell mit p Regressoren. Dann gilt*

$$R_X^2 - R_{X_1}^2 \geq 0. \quad (9.33)$$

Damit ist R^2 als Vergleichskriterium ungeeignet, da das volle Modell stets den größten R^2-Wert hätte. Die Monotonieeigenschaft von R_p^2 in der Parameter- oder Regressorenanzahl erfordert also eine Korrektur, die zum sogenannten adjustierten Bestimmtheitsmaß führt:

$$\bar{R}_p^2 = 1 - \left(\frac{n-1}{n-p}\right)(1 - R_p^2).$$

Anmerkung. Falls keine Konstante β_0 im Modell enthalten ist, steht im Zähler n statt $n-1$. $\bar{R}_p^2$ kann – im Gegensatz zu R_p^2 – negativ werden. In der Praxis hat es sich durchgesetzt, eine Konstante im Modell mitzuführen, die als Skalierungsgröße (wie auch in den Modellen der Varianzanalyse üblich, vgl. Kapitel 10) dient. Deshalb wird bei der Modellwahl die Signifikanz der Konstanten nicht überprüft.

Falls für zwei Modelle, von denen das kleinere vollständig im größeren Modell enthalten ist,

$$\bar{R}_{p+q}^2 < \bar{R}_p^2$$

gilt, so signalisiert dies eine bessere Anpassung durch das Submodell.

9.2.11 Die bedingte KQ-Schätzung

Die Normalgleichung (9.9) ist nur eindeutig lösbar, wenn die $n \times K$-Matrix $\mathbf{X}$ von vollem Spaltenrang K ist, so daß $(\mathbf{X}'\mathbf{X})^{-1}$ existiert. Im Fall Rang$(\mathbf{X}) = p < K$, der in der Varianzanalyse auftritt, geht man wie folgt vor:

Man bestimmt eine $(K-p) \times K$-Matrix $\mathbf{R}$ mit Rang$(\mathbf{R}) = K-p$ so, daß die zusammengesetzte Matrix $\begin{pmatrix} \mathbf{X} \\ \mathbf{R} \end{pmatrix}$ den Rang K besitzt. Ist dies erfüllt, so heißt $\mathbf{R}$ eine zu $\mathbf{X}$ komplementäre Matrix.

Wir führen über $\mathbf{R}$ die zusätzliche lineare Restriktion

$$\mathbf{r} = \mathbf{R}\boldsymbol{\beta}$$

in das Modell $\mathbf{y} = \mathbf{X}\boldsymbol{\beta} + \boldsymbol{\epsilon}$ ein und berücksichtigen diese Restriktion in der Zielfunktion:

$$Q(\boldsymbol{\beta}, \boldsymbol{\lambda}) = (\mathbf{y} - \mathbf{X}\boldsymbol{\beta})'(\mathbf{y} - \mathbf{X}\boldsymbol{\beta}) + 2\boldsymbol{\lambda}'(\mathbf{R}\boldsymbol{\beta} - \mathbf{r}),$$

$\boldsymbol{\lambda}$ ist ein $(K-p)$-Vektor aus Lagrange-Multiplikatoren. Aus dem Gleichungssystem

$$\frac{1}{2}\frac{\partial Q(\boldsymbol{\beta}, \boldsymbol{\lambda})}{\partial \boldsymbol{\beta}} = \mathbf{X}'\mathbf{X}\boldsymbol{\beta} - \mathbf{X}'\mathbf{y} + \mathbf{R}'\boldsymbol{\lambda} = 0$$

$$\frac{1}{2}\frac{\partial Q(\boldsymbol{\beta}, \boldsymbol{\lambda})}{\partial \boldsymbol{\lambda}} = \mathbf{R}\boldsymbol{\beta} - \mathbf{r} = 0$$

erhalten wir die eindeutig bestimmte Lösung

$$\mathbf{b}(\mathbf{R}, \mathbf{r}) = (\mathbf{X}'\mathbf{X} + \mathbf{R}'\mathbf{R})^{-1}(\mathbf{X}'\mathbf{y} + \mathbf{R}'\mathbf{r}), \qquad (9.34)$$

die wir als bedingte KQ-Schätzung von $\boldsymbol{\beta}$ bezeichnen. Es gilt

$$E(\mathbf{b}(\mathbf{R}, \mathbf{r})) = \boldsymbol{\beta} \qquad (9.35)$$

und

$$V(\mathbf{b}(\mathbf{R}, \mathbf{r})) = \sigma^2 (\mathbf{X}'\mathbf{X} + \mathbf{R}'\mathbf{R})^{-1} \mathbf{X}'\mathbf{X} (\mathbf{X}'\mathbf{X} + \mathbf{R}'\mathbf{R})^{-1}.$$

Die bedingte KQ-Schätzung wird in Kapitel 10 zur Schätzung im Modell der Varianzanalyse eingesetzt.

9.3 Ein komplexes Beispiel

Wir wollen die Modellwahl anhand der eingeführten Kriterien ausführlich an einem Datensatz erläutern. Es sei folgendes Modell mit $K = 4$ echten Regressoren und $n = 10$ Beobachtungen gegeben:

$$\mathbf{y} = \mathbf{1}\beta_0 + \mathbf{x}_1\beta_1 + \mathbf{x}_2\beta_2 + \mathbf{x}_3\beta_3 + \mathbf{x}_4\beta_4 + \boldsymbol{\epsilon}.$$

Die Datenmatrix $(\mathbf{y}, \mathbf{X})$ ist

$$\begin{pmatrix} Y & X_1 & X_2 & X_3 & X_4 \\ 18 & 3 & 7 & 20 & -10 \\ 47 & 7 & 13 & 5 & 19 \\ 125 & 10 & 19 & -10 & 100 \\ 40 & 8 & 17 & 4 & 17 \\ 37 & 5 & 11 & 3 & 13 \\ 20 & 4 & 7 & 3 & 10 \\ 24 & 3 & 6 & 10 & 5 \\ 35 & 3 & 7 & 0 & 22 \\ 59 & 9 & 21 & -2 & 35 \\ 50 & 10 & 24 & 0 & 20 \end{pmatrix}$$

Zur Auswertung verwenden wir SPSS.

9.3.1 Normalverteilungsannahme

Die Voraussetzung für die Gültigkeit der im folgenden angewendeten Tests – die Normalverteilungsannahme für $\mathbf{y}$ – überprüfen wir mit dem Kolmogorov-Smirnov-Test:

One-Sample Kolmogorov-Smirnov Test

		Y
N		10
Normal Parameters[a,b]	Mean	45,5000
	Std. Deviation	30,9237
Most Extreme Differences	Absolute	,242
	Positive	,242
	Negative	-,187
Kolmogorov-Smirnov Z		,766
Asymp. Sig. (2-tailed)		,601

a. Test distribution is Normal.
b. Calculated from data.

Abb. 9.5. SPSS-Output zum komplexen Beispiel

Die Annahme einer Normalverteilung für die Zufallsvariable Y wird nicht abgelehnt (p-value 0.6007). Die für die Tests nötigen Modellannahmen sind damit nicht widerlegt und können beibehalten werden.

9.3.2 Schrittweise Einbeziehung von Variablen

Die Modellwahl kann nach verschiedenen Strategien erfolgen. Entweder man nimmt die X-Variablen schrittweise in das Modell hinein, bis ein Endmodell erreicht ist (forward selection), oder die X-Variablen des vollen Modells werden schrittweise aus dem Modell entfernt, bis ein Endmodell erreicht ist (backward selection). Eine dritte Möglichkeit der Modellwahl besteht aus der Kombination der ersten beiden Verfahren. Man nimmt schrittweise X-Variablen ins Modell hinein, prüft aber zugleich in jedem Schritt ab, ob eine im Modell vorhandene X-Variable wieder entfernt werden muß (stepwise selection).

Als Kriteriun für die Hereinnahme bzw. Entfernung von X-Variablen dient dabei die F-Change-Statistik. Da in jedem Schritt nur eine X-Variable ins Modell aufgenommen oder aus dem Modell entfernt wird, hat die F-Change-Statistik im Zähler nur einen Freiheitsgrad und ist damit das Quadrat einer t-Statistik. Diese findet man in den SPSS-Listings unter T. Für die Modellwahl muß das Signifikanzniveau für F-Change vorher festgelegt werden. Dies geschieht in SPSS durch die Wahl von PIN (probability of F-to-enter) und POUT (probability of F-to-remove). Um zu vermeiden, daß Variablen zu schnell aus dem Modell entfernt werden oder erst gar nicht aufgenommen werden, sollte man PIN und POUT im Gegensatz zum sonstigen Vorgehen bei Tests größer, also z.B. als 0.1, wählen. Wir betrachten im Folgenden nur die Modellwahl mit der stepwise-Prozedur.

Anmerkung. In den folgenden SPSS Listings bedeuten

B die Schätzung eines Parameters,
SE B die geschätzte Standardabweichung der Parameterschätzung,
Beta den Beta-Koeffizienten

$$Beta_k = \frac{s^2_{yk}}{s^2_{yy} s^2_{kk}}$$

mit s^2_{yk} = Stichprobenkovarianz zwischen Y und X_k, s^2_{yy} = Stichprobenvarianz von Y und s^2_{kk} = Stichprobenvarianz von X_k.
T den Wert der Teststatistik (t-Test) B/SE B,
Sig T den p-value von T beim Testen von H_0: B = 0,
Multiple R Wurzel aus dem multiplen Bestimmtheitsmaß R^2.

Schritt 1 der Prozedur

Die schrittweise Prozedur zum Auffinden des besten Modells wählt als erste Variable X_4 aus, da X_4 die höchste Korrelation zu Y aufweist. Dies ist äquivalent zum größten F-Change-Wert.

* * * * M U L T I P L E   R E G R E S S I O N * * * *

```
Listwise Deletion of Missing Data

Equation Number 1    Dependent Variable..  Y

Block Number  1.  Method: Stepwise
    Criteria    FIN   3.840    FOUT   3.839
    X1         X2         X3         X4

Variable(s) Entered on Step Number
    1..  X4

Multiple R              .97760
R Square                .95571
Adjusted R Square       .95017
Standard Error         6.90290

Analysis of Variance
                 DF       Sum of Squares      Mean Square
Regression        1          8225.29932        8225.29932
Residual          8           381.20068          47.65009

F =     172.61878       Signif F =   .0000

------------------ Variables in the Equation ------------------

Variable           B         SE B        Beta         T    Sig T

X4            1.025790    .078075     .977603     13.138   .0000
(Constant)   21.804245   2.831568                  7.700   .0001

------------ Variables not in the Equation ------------

Variable   Beta In   Partial   Min Toler     T    Sig T

X1         .179010   .644927    .574902    2.233   .0607
X2         .155826   .629328    .722436    2.143   .0694
X3         .143838   .369763    .292702    1.053   .3274
```

Das Bestimmtheitsmaß für das Modell $\mathbf{y} = \mathbf{1}\hat{\beta}_0 + \mathbf{x}_4\hat{\beta}_4 + \epsilon$ wird

$$R_2^2 = \frac{SQ_{Regression}}{SQ_{Total}} = \frac{8225.29932}{8225.29932 + 381.20068} = 0.95571$$

und das adjustierte Bestimmtheitsmaß

$$\bar{R}_2^2 = 1 - \left(\frac{10-1}{10-2}\right)(1 - 0.95571) = 0.95017.$$

Die Tabelle der Schätzungen ergibt $\hat{\beta}_0 = 21.804$ und $\hat{\beta}_4 = 1.026$.

Schritt 2 der Prozedur:

Hier wird die Variable X_1 hinzugenommen, da X_1 im ersten Schritt unter den Variablen die nicht im Modell sind, den größten T-Wert hat. Das adjustierte Bestimmtheitsmaß wächst auf $\bar{R}_3^2 = 0.96674$.

```
**** MULTIPLE REGRESSION ****


Equation Number 1    Dependent Variable..  Y


Variable(s) Entered on Step Number
    2..    X1


Multiple R           .98698
R Square             .97413
Adjusted R Square    .96674
Standard Error      5.63975

Analysis of Variance
                  DF    Sum of Squares     Mean Square
Regression         2        8383.85240      4191.92620
Residual           7         222.64760        31.80680

F =      131.79340       Signif F =   .0000

------------------ Variables in the Equation ------------------

Variable             B          SE B         Beta         T      Sig T

X1            1.885209      .844369      .179010       2.233    .0607
X4             .903324      .084129      .860889      10.737    .0000
(Constant)   12.944925     4.593152                    2.818    .0258

------------- Variables not in the Equation -------------

Variable     Beta In    Partial    Min Toler       T      Sig T

X2           .005496    .006574      .029451      .016    .9877
X3           .237627    .764301      .267626     2.903    .0272
```

Die Schätzungen ändern sich durch die Hinzunahme von X_1 zu $\hat{\beta}_0 = 12.945$, $\hat{\beta}_1 = 1.885$ und $\hat{\beta}_4 = 1.026$.

Schritt 3 der Prozedur:

Hier wird X_3 hinzugenommen, das adjustierte Bestimmtheitsmaß wächst weiter auf $\bar{R}_4^2 = 0.98386$.

```
**** MULTIPLE REGRESSION ****
```

```
Equation Number 1    Dependent Variable..  Y

Variable(s) Entered on Step Number
    3..   X3

Multiple R              .99461
R Square                .98924
Adjusted R Square       .98386
Standard Error         3.92825

Analysis of Variance
                DF    Sum of Squares    Mean Square
Regression       3        8513.91330     2837.97110
Residual         6          92.58670       15.43112

F =      183.91223         Signif F =  .0000

------------------ Variables in the Equation ------------------

Variable          B          SE B         Beta          T      Sig T

X1             2.407861    .615063      .228638      3.915    .0078
X3              .936516    .322582      .237627      2.903    .0272
X4             1.079069    .084251     1.028379     12.808    .0000
(Constant)     2.554272   4.800509                    .532    .6138

-------------- Variables not in the Equation --------------

Variable    Beta In    Partial    Min Toler       T     Sig T

X2          .166664    .300278     .028653      .704    .5129
```

Die Schätzungen ändern sich durch die Hinzunahme von X_3 erneut, und zwar zu $\hat{\beta}_0 = 2.554$, $\hat{\beta}_1 = 2.408$, $\hat{\beta}_3 = 0.937$ und $\hat{\beta}_4 = 1.026$.

Die Prüfgröße F-Change wird wie folgt berechnet:

$$F\text{-Change} = \frac{SQ_{Residual}^{(X_4, X_1, 1)} - SQ_{Residual}^{(X_4, X_1, X_3, 1)}}{SQ_{Residual}^{(X_4, X_1, X_3, 1)}/6}$$

$$= \frac{222.64760 - 92.58670}{15.4311}$$

$$= 8.42848.$$

Das 95%-Quantil der $F_{1,6}$-Verteilung ist $5.99 < F$-Change. Der Zuwachs an Bestimmtheit ist also auf dem 5%-Niveau signifikant (der p-value von F-Change liegt mit 0.0272 unter 0.05).

Schritt 4 der Prozedur:

SPSS bricht nun die Modellwahl ab, da der Zuwachs (F-Change) im nächsten Schritt nicht mehr signifikant ist. Die Variable X_2 wird damit nicht berücksichtigt (vgl. `Sig T .5129` im oberen Listing).

Damit lautet das gewählte Modell $Y = \beta_0 + \beta_1 X_1 + \beta_3 X_3 + \beta_4 X_4 + \epsilon$ mit den statistischen Kenngrößen

```
------------------ Variables in the Equation ------------------

Variable              B         SE B        Beta            T    Sig T

X1             2.407861      .615063     .228638        3.915    .0078
X3              .936516      .322582     .237627        2.903    .0272
X4             1.079069      .084251    1.028379       12.808    .0000
(Constant)     2.554272     4.800509                     .532    .6138
```

9.3.3 Grafische Darstellung

Die folgenden Grafiken geben einen Eindruck vom korrelativen Zusammenhang zwischen y und den X-Variablen. Die Korrelationskoeffizienten und die zugehörigen p-values sind in Tabelle 9.2 angegeben.

Tabelle 9.2. Bivariate Korrelationen

Vergleich	r	p-value
y, X_1	0.7403	0.014
y, X_2	0.6276	0.052
y, X_3	−0.7801	0.008
y, X_4	0.9776	0.000

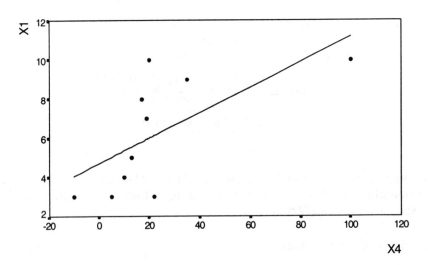

Abb. 9.6. Regression von y auf X_1

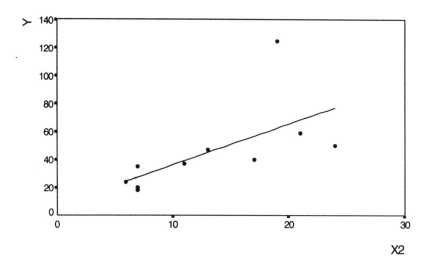

Abb. 9.7. Regression von y auf X_2

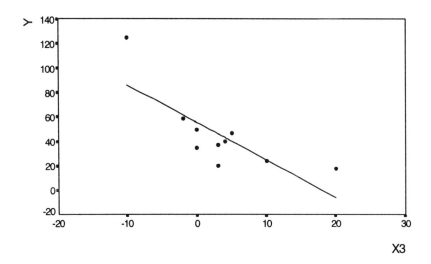

Abb. 9.8. Regression von y auf X_3

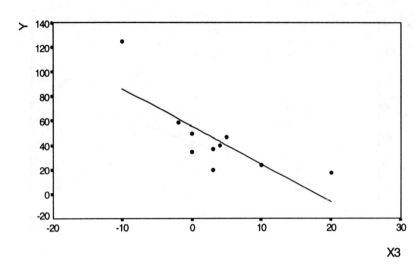

Abb. 9.9. Regression von y auf X_4

9.4 Aufgaben und Kontrollfragen

Aufgabe 9.1: In einer Schulklasse wurden bei $n = 10$ Schülern die Körpergröße und das Gewicht gemessen. Die nachfolgende Tabelle enthält die gemessenen Werte.

i	Größe in cm y_i	Gewicht in kg x_i
1	188	80
2	160	50
3	172	58
4	198	100
5	189	85
6	177	78
7	175	88
8	188	90
9	165	76
10	183	73

Bestimmen Sie $\hat{\beta}_0, \hat{\beta}_1$ und s^2.

Aufgabe 9.2: Interpretieren Sie das folgende SPSS-Listing.

Model Summary

Model	R	R Square	Adjusted R Square	Std. Error of the Estimate
1	,065ª	,004	-,017	2,9390

a. Predictors: (Constant), X

ANOVAᵇ

Model		Sum of Squares	df	Mean Square	F	Sig.
1	Regression	1,754	1	1,754	,203	,654ª
	Residual	414,600	48	8,638		
	Total	416,354	49			

a. Predictors: (Constant), X
b. Dependent Variable: Y

Coefficientsª

Model		Unstandardized Coefficients B	Std. Error	Standardized Coefficients Beta	t	Sig.
1	(Constant)	,323	,421		,768	,446
	X	17,407	38,624	,065	,451	,654

a. Dependent Variable: Y

Aufgabe 9.3: Sei Y (SALNOW) das aktuelle Gehalt eines Arbeitnehmers. In einem linearen Regressionsmodell soll der Einfluß der X-Variablen X_1 (WORK): Berufserfahrung, X_2 (TIME): Dienstalter, X_3 (SALBEG): Anfangsgehalt und X_4 (AGE): Alter auf Y untersucht werden. Interpretieren Sie das folgende SPSS-Listing. Welches weitere Vorgehen würden Sie vorschlagen?

9. Lineare Regression

Model Summary

Model	R	R Square	Adjusted R Square	Std. Error of the Estimate
1	,898[a]	,807	,805	3017,00

a. Predictors: (Constant), WORK EXPERIENCE, JOB SENIORITY, BEGINNING SALARY, AGE OF EMPLOYEE

ANOVA[b]

Model		Sum of Squares	df	Mean Square	F	Sig.
1	Regression	1,8E+10	4	4,4E+09	488,824	,000[a]
	Residual	4,3E+09	469	9102284		
	Total	2,2E+10	473			

a. Predictors: (Constant), WORK EXPERIENCE, JOB SENIORITY, BEGINNING SALARY, AGE OF EMPLOYEE

b. Dependent Variable: CURRENT SALARY

Coefficients[a]

Model		Unstandardized Coefficients		Standardized Coefficients	t	Sig.
		B	Std. Error	Beta		
1	(Constant)	-2835,937	1278,840		-2,218	,027
	BEGINNING SALARY	1,919	,044	,884	43,353	,000
	JOB SENIORITY	72,149	13,837	,106	5,214	,000
	AGE OF EMPLOYEE	-50,688	19,940	-,087	-2,542	,011
	WORK EXPERIENCE	-52,766	26,958	-,067	-1,957	,051

a. Dependent Variable: CURRENT SALARY

10. Varianzanalyse

10.1 Einleitung

Die Modelle der Varianzanalyse sind spezielle lineare Regressionsmodelle, die den Einfluß (Effekt) der Faktoren (Kovariablen) auf eine stetige Responsevariable untersuchen. Im Gegensatz zur linearen Regression müssen die Kovariablen jedoch diskret vorliegen. Die Varianzanalyse unterscheidet zwei grundsätzliche Problemstellungen, je nachdem, ob die Effekte als fest oder als zufällig angesehen werden.

Beim **Modell mit festen Effekten** werden die Faktoren und ihre Faktorstufen (Kategorien der Kovariablen) durch den Experimentator (Versuchsleiter) festgelegt. Damit können nur Vergleiche zwischen den festgelegten Faktorstufen vorgenommen werden, weitere mögliche, im Experiment nicht berücksichtigte Faktorstufen sind nicht von Interesse. Das Modell mit festen Effekten dient dem mehrfachen Mittelwertsvergleich normalverteilter Zufallsvariablen $Y_1, \ldots, Y_a$, $Y_i \sim N(\mu_i, \sigma^2)$. Man prüft die Nullhypothese $H_0 : \mu_1 = \mu_2 = \ldots = \mu_a$ gegen die Alternative H_1 : „mindestens zwei Mittelwerte sind verschieden". Diese Hypothese wird mit Hilfe des F-Tests geprüft, der eine Verallgemeinerung des t-Tests ist, der dem Mittelwertsvergleich zweier normalverteilter Zufallsvariablen dient. Der mehrfache Mittelwertsvergleich wird auch als Vergleich der Wirkungen von Behandlungen bezeichnet, wobei Behandlungen im weitesten Sinne des Wortes als gezielte Beeinflussung einer Responsevariablen zu verstehen sind. Verschiedene Behandlungen, die man miteinander vergleichen will, wird man sicher nicht zufällig auswählen, sondern fest vorgeben. Daher ist in diesem Fall das Modell mit festen Effekten zu wählen.

Die festgelegten Faktorstufen müssen den vorliegenden Objekten (Beobachtungseinheiten) nach einem bestimmten Schema zugeordnet werden. Diese Zuordnung bezeichnet man als **Versuchsplan**.

Anmerkung. Das Modell mit festen Effekten kann auch für Vergleiche von nicht normalverteilten Responsevariablen durch nichtparametrische Verfahren herangezogen werden. Dies wird in Abschnitt 10.4 besprochen.

Beispiel 10.1.1. Ein Kaufhauskonzern will feststellen, ob verschiedene Werbemaßnahmen den Umsatz beeinflussen. Hierfür werden die Werbemaßnahmen I (Inserate), II (Sonderangebote) und III (Radiowerbung) ausgewählt und auf 33 Filialen aufgeteilt. Die Umsatzsteigerung der Filialen nach der Werbekampagne wurde in Tabelle 10.1 festgehalten.

Tabelle 10.1. Umsatzsteigerung (in 1000 DM) bei drei Werbemaßnahmen

Werbung I	Werbung II	Werbung III
55.5	67.0	62.5
40.0	57.0	31.5
38.5	33.5	31.5
31.5	37.0	53.0
45.5	75.0	50.5
70.0	60.0	62.5
78.0	43.5	40.0
80.0	56.0	19.5
74.5	65.5	
57.5	54.0	
72.0	59.5	
70.0		
48.0		
59.0		

Beim **Modell mit zufälligen Effekten** sind die Faktorstufen eine Zufallsauswahl aus einer Grundmenge von Faktorstufen. Dadurch ist man weniger am Vergleich der beobachteten Faktorstufen interessiert, sondern möchte vielmehr den Einfluß aller möglichen Faktorstufen beurteilen. Das Modell mit zufälligen Effekten zerlegt deshalb die Gesamtvariabilität (Varianz) in Komponenten, die den Einfluß jedes Faktors widerspiegeln und in eine Komponente, die nicht durch die Faktoren erklärt wird (Residualvarianz).

Beispiel. Aus der Gesamtpopulation „Belegschaft" werden die Arbeitszeitwerte von (z.B. drei) zufällig ausgewählten Arbeitern bezüglich ihres Anteils an der Gesamtvariabilität der Fertigungszeiten analysiert.

Anmerkung. Wir beschränken uns im Folgenden auf das Modell mit festen Effekten und verweisen für Verfahren beim Modell mit zufälligen Effekten z.B. auf Toutenburg (1994) und Toutenburg (1995).

10.2 Einfaktorielle Varianzanalyse

Gegeben seien a Stichproben von a normalverteilten Zufallsvariablen $Y_i \sim N(\mu_i, \sigma^2)$. Die Varianzen σ^2 seien unbekannt, aber in allen Grundgesamtheiten gleich. Die Stichprobenumfänge seien n_i, der Gesamtstichprobenumfang sei n

$$\sum_{i=1}^{a} n_i = n.$$

Definition 10.2.1. *Sind alle n_i gleich, so heißt der Versuchsplan **balanciert**, anderenfalls heißt er **unbalanciert**.*

Jede der a Stichproben der Zufallsvariablen $Y_1, \ldots, Y_a$ stellt eine Stufe des Faktors A dar. Man sagt deshalb, der Faktor A wirkt in a Stufen, und zu vergleichen sind die a Effekte, die sich in den Stichprobenmittelwerten niederschlagen. Die Meßwerte sind also nach einem Faktor klassifiziert (**einfache Klassifikation**).

Beispiele.

- Faktor A: Gasgemisch beim Lasertrennschneiden
  3 Stufen: 3 verschiedene Konzentrationen von Sauerstoff
  3 Effekte: Schneidegeschwindigkeit des Lasers bei den 3 verschiedenen Sauerstoffkonzentrationen
- Faktor A: Düngung
  5 Stufen: 5 verschiedene Düngemittel (oder ein Düngemittel mit 5 verschiedenen Konzentrationen von Phosphat)
  5 Effekte: Ertrag (je ha) bei den 5 Düngemitteln

Die beschriebene Datensituation ist in Tabelle 10.1 dargestellt. Ein '+' als Index deutet darauf hin, daß über diesen Index summiert wurde. So ist zum Beispiel y_{1+} der Mittelwert der 1. Zeile, y_{++} das Gesamtmittel. Für summierten Response verwendet man große Buchstaben (Y_{i+}), für Mittelwerte kleine Buchstaben (y_{i+}). Wir halten uns somit im Folgenden an die in der Varianzanalyse übliche Nomenklatur und verzichten – wie bereits in Kapitel 9 – auf die gesonderte Unterscheidung von Zufallsvariablen und ihren Realisierungen.

Tabelle 10.2. Datensituation (einfache Klassifikation)

	Einzelversuche je Stufe von A				Summe der Beobachtungen je Stichprobe (Totaler Response)	Stichprobenmittel
	1	2	$\ldots$	n_i		
1	y_{11}	y_{12}	$\ldots$	y_{1n_1}	$\sum y_{1j} = Y_{1+}$	$Y_{1+}/n_1 = y_{1+}$
2	y_{21}	y_{22}	$\ldots$	y_{2n_2}	$\sum y_{2j} = Y_{2+}$	$Y_{2+}/n_2 = y_{2+}$
$\vdots$						
a	y_{l1}	y_{l2}	$\ldots$	y_{ln_l}	$\sum y_{lj} = Y_{l+}$	$Y_{l+}/n_l = y_{l+}$
				$n = \sum n_i$	$\sum Y_{i+} = Y_{++}$	$Y_{++}/n = y_{++}$

Für die Beobachtungen y_{ij} wird das folgende lineare Modell angenommen:

$$y_{ij} = \mu + \alpha_i + \epsilon_{ij} \quad (i = 1, \ldots, a; j = 1, \ldots, n_i), \tag{10.1}$$

wobei

- μ das Gesamtmittel,

- α_i den Effekt der i-ten Stufe des Faktors A, d.h. die durch die i-te Stufe verursachte Abweichung vom Gesamtmittel μ, und
- ϵ_{ij} einen zufälligen Fehler (d.h. Zufallsabweichung von μ und α_i)

darstellen. μ und α_i sind unbekannte Parameter, die ϵ_{ij} sind zufällige Variablen. Folgende Voraussetzungen sind zu sichern:

- Die Fehler ϵ_{ij} sind unabhängig und identisch normalverteilt mit Erwartungswert 0 und Varianz σ^2, d.h., es gilt

$$\epsilon_{ij} \stackrel{iid.}{\sim} N(0, \sigma^2),$$

- es gilt die sogenannte **Reparametrisierungsbedingung**

$$\sum_{i=1}^{a} \alpha_i n_i = 0. \tag{10.2}$$

Mit der gewählten Parametrisierung des Modells (10.1) ist $\mu_i = \mu + \alpha_i$, so daß die Nullhypothese $H_0: \mu_1 = \cdots = \mu_a$ äquivalent ist zu $H_0: \alpha_1 = \cdots \alpha_a = 0$.

Im Gegensatz zum linearen Regressionsmodell $\mathbf{y} = \mathbf{X}\boldsymbol{\beta} + \boldsymbol{\epsilon}$ mit quantitativen stetigen X-Variablen sind im linearen Modell der Varianzanalyse die X-Variablen quantitativ diskret oder qualitativ. Sie gehen in das Modell nur mit ihrer Faktorstufe ein. Daher ist es notwendig, die X-Variable entsprechend zu kodieren. Betrachten wir beispielsweise die Einflußgröße Werbung im Beispiel 10.1.1, so sind die nachfolgenden Situationen denkbar. Die Einflußgröße sei

(a)
qualitativ		Kodierung
Stufe 1:	Inserate	$i = 1$
Stufe 2:	Sonderangebote	$i = 2$
Stufe 3:	Radiowerbung	$i = 3$

(b)
quantitativ diskret		Kodierung
Stufe 1:	$x_1 = 10000$ DM	$i = 1$
Stufe 2:	$x_2 = 20000$ DM	$i = 2$
Stufe 3:	$x_3 = 70000$ DM	$i = 3$

Die Kodierung ist von $i = 1$ bis a durchgängig zu wählen. Die Varianzanalyse kann prüfen, ob Werbung mit ihren a Stufen Einfluß auf den Umsatz hat, eine quantitative Aussage wie im Regressionsmodell

$$\text{Umsatz (in DM)} = 500 \text{ DM} + 100 \cdot \text{Werbung (in DM)}$$

ist nicht möglich.

Vollständig randomisierter Versuchsplan

Der einfachste und am wenigsten restriktive Versuchsplan besteht darin, die a Faktorstufen den n Versuchseinheiten in folgender Weise zuzuordnen. Wir wählen n_1 Versuchseinheiten zufällig aus und ordnen sie der Faktorstufe $i = 1$ zu. Danach werden n_2 Versuchseinheiten wiederum zufällig aus den $n - n_1$ verbleibenden Einheiten ausgewählt und der Faktorstufe $i = 2$ zugeordnet usw. Die restlichen $n - \sum_{i=1}^{a-1} n_i = n_a$ Einheiten erhalten die a-te Faktorstufe. Wir beschränken uns im Folgenden auf diesen Versuchsplan. Weitere Versuchspläne findet man in der speziellen Literatur zur Versuchsplanung (vgl. z.B. Petersen, 1985; Toutenburg, 1995). Bei der Versuchsplanung sollte man möglichst gleiche Stichprobenumfänge n_i in den Gruppen anstreben (balancierter Fall), weil dann die Varianzanalyse robust gegen Abweichungen von den Voraussetzungen (Normalverteilung, gleiche Varianz) ist.

10.2.1 Darstellung als restriktives Modell

Das lineare Modell (10.1) läßt sich in Matrixschreibweise formulieren gemäß

$$\begin{pmatrix} y_{11} \\ \vdots \\ y_{1n_1} \\ \vdots \\ y_{a1} \\ \vdots \\ y_{an_a} \end{pmatrix} = \begin{pmatrix} 1 & 1 & 0 & \ldots & 0 \\ \vdots & \vdots & \vdots & & \vdots \\ 1 & 1 & 0 & \ldots & 0 \\ \vdots & & \ddots & & \\ 1 & 0 & \cdots & 0 & 1 \\ \vdots & \vdots & & \vdots & \vdots \\ 1 & 0 & \cdots & 0 & 1 \end{pmatrix} \begin{pmatrix} \mu \\ \alpha_1 \\ \vdots \\ \alpha_a \end{pmatrix} + \begin{pmatrix} \epsilon_{11} \\ \vdots \\ \epsilon_{1n_1} \\ \vdots \\ \epsilon_{a1} \\ \vdots \\ \epsilon_{an_a} \end{pmatrix},$$

d.h. als

$$\mathbf{y} = \mathbf{X}\boldsymbol{\beta} + \boldsymbol{\epsilon}, \quad \boldsymbol{\epsilon} \sim N(\mathbf{0}, \sigma^2 \mathbf{I}) \tag{10.3}$$

mit $\mathbf{X}$ vom Typ $n \times (a+1)$ und $\text{Rang}(\mathbf{X}) = a$. Damit ist $\mathbf{X}'\mathbf{X}$ singulär, so daß zur Schätzung des $(a+1)$-Vektors $\boldsymbol{\beta}' = (\mu, \alpha_1, \ldots, \alpha_a)$ eine lineare Restriktion $r = \mathbf{R}'\boldsymbol{\beta}$ mit

$$\text{Rang}(\mathbf{R}) = J = 1 \quad \text{und} \quad \text{Rang}\begin{pmatrix} \mathbf{X} \\ \mathbf{R}' \end{pmatrix} = a + 1$$

hinzugefügt werden muß (vgl. Abschnitt 9.2.11).

Wir wählen

$$r = 0, \quad \mathbf{R}' = (0, n_1, \ldots, n_a), \tag{10.4}$$

also ist $r = \mathbf{R}'\boldsymbol{\beta}$ äquivalent zu

$$\sum_{i=1}^{a} \alpha_i n_i = 0 \tag{10.5}$$

(vgl. (10.2)).

10. Varianzanalyse

Anmerkung. Die gewählte Restriktion (10.5) bietet den Vorteil einer sachlogisch gerechtfertigten Interpretation. Die Parameter α_i sind danach die Abweichungen vom Gesamtmittel μ und somit de facto auf μ standardisiert. Die α_i bestimmen also mit ihrer Größe und ihrem Vorzeichen die relativen (positiven oder negativen) Kräfte, mit denen die i-te Behandlung zu Abweichungen von μ führt.

Die Matrix $\begin{pmatrix} \mathbf{X} \\ \mathbf{R}' \end{pmatrix}$ hat vollen Spaltenrang $a+1$, so daß die Inverse $(\mathbf{X}'\mathbf{X} + \mathbf{R}\mathbf{R}')^{-1}$ existiert. Damit erhalten wir die bedingte KQ-Schätzung von $\beta' = (\mu, \alpha_1, \ldots, \alpha_a)$

$$\mathbf{b}(\mathbf{R}', 0) = (\mathbf{X}'\mathbf{X} + \mathbf{R}\mathbf{R}')^{-1}\mathbf{X}'\mathbf{y} \tag{10.6}$$

$$= \begin{pmatrix} y_{++} \\ y_{1+} - y_{++} \\ y_{2+} - y_{++} \\ \vdots \\ y_{a+} - y_{++} \end{pmatrix} = \begin{pmatrix} \hat{\mu} \\ \hat{\alpha}_1 \\ \hat{\alpha}_2 \\ \vdots \\ \hat{\alpha}_a \end{pmatrix}.$$

Beispiel 10.2.1. Wir demonstrieren die Berechnung der Schätzung $\mathbf{b}(\mathbf{R}', 0)$ für den Fall $a = 2$. Wir erhalten mit der Bezeichnung $\mathbf{1}'_{n_i} = (1, \ldots, 1)$ für den n_i-Vektor aus Einsen folgende Darstellungen:

$$\underset{n,3}{\mathbf{X}} = \begin{pmatrix} \mathbf{1}_{n_1} & \mathbf{1}_{n_1} & \mathbf{0} \\ \mathbf{1}_{n_2} & \mathbf{0} & \mathbf{1}_{n_2} \end{pmatrix},$$

$$\mathbf{X}'\mathbf{X} = \begin{pmatrix} \mathbf{1}'_{n_1} & \mathbf{1}'_{n_2} \\ \mathbf{1}'_{n_1} & \mathbf{0}' \\ \mathbf{0}' & \mathbf{1}'_{n_2} \end{pmatrix} \begin{pmatrix} \mathbf{1}_{n_1} & \mathbf{1}_{n_1} & \mathbf{0} \\ \mathbf{1}_{n_2} & \mathbf{0} & \mathbf{1}_{n_2} \end{pmatrix}$$

$$= \begin{pmatrix} n_1 + n_2 & n_1 & n_2 \\ n_1 & n_1 & 0 \\ n_2 & 0 & n_2 \end{pmatrix},$$

$$\mathbf{R}\mathbf{R}' = \begin{pmatrix} 0 \\ n_1 \\ n_2 \end{pmatrix} \begin{pmatrix} 0 & n_1 & n_2 \end{pmatrix} \tag{10.7}$$

$$= \begin{pmatrix} 0 & 0 & 0 \\ 0 & n_1^2 & n_1 n_2 \\ 0 & n_1 n_2 & n_2^2 \end{pmatrix}.$$

Mit $n = n_1 + n_2$ folgt

$$(\mathbf{X}'\mathbf{X} + \mathbf{R}\mathbf{R}') = \begin{pmatrix} n & n_1 & n_2 \\ n_1 & n_1 + n_1^2 & n_1 n_2 \\ n_2 & n_1 n_2 & n_2 + n_2^2 \end{pmatrix},$$

$$|\mathbf{X'X} + \mathbf{RR'}| = n_1 n_2 n^2,$$

$$(\mathbf{X'X} + \mathbf{RR'})^{-1} = \frac{1}{n_1 n_2 n^2} \begin{pmatrix} n_1 n_2 (1+n) & -n_1 n_2 & -n_1 n_2 \\ -n_1 n_2 & n_2(n(1+n_2)-n_2) & -n_1 n_2(n-1) \\ -n_1 n_2 & -n_1 n_2 (n-1) & n_1(n(1+n_1)-n_1) \end{pmatrix},$$
(10.8)

$$\mathbf{X'y} = \begin{pmatrix} \mathbf{1}'_{n_1} & \mathbf{1}'_{n_2} \\ \mathbf{1}'_{n_1} & \mathbf{0'} \\ \mathbf{0'} & \mathbf{1}'_{n_2} \end{pmatrix} \begin{pmatrix} \mathbf{y}_1 \\ \mathbf{y}_2 \end{pmatrix} = \begin{pmatrix} Y_{++} \\ Y_{1+} \\ Y_{2+} \end{pmatrix}.$$
(10.9)

Dabei sind

$$\mathbf{y}_1 = \begin{pmatrix} y_{11} \\ \vdots \\ y_{1n_1} \end{pmatrix}, \quad \mathbf{y}_2 = \begin{pmatrix} y_{21} \\ \vdots \\ y_{2n_2} \end{pmatrix},$$

$$Y_{1+} = \sum_{i=1}^{n_1} y_{1i}, \quad Y_{2+} = \sum_{i=1}^{n_2} y_{2i}, \quad Y_{++} = Y_{1+} + Y_{2+}.$$

Die zeilenweise Multiplikation von (10.8) mit (10.9) ergibt

$$\hat{\mu} = \frac{n_1 n_2 (1+n) Y_{++} - n_1 n_2 Y_{1+} - n_1 n_2 Y_{2+}}{n_1 n_2 n^2}$$

$$= \frac{n Y_{++}}{n^2} = \frac{Y_{++}}{n} = y_{++},$$

$$\hat{\alpha}_1 = \frac{-n_1 n_2 Y_{++} + n_2 (n(1+n_2) - n_2) Y_{1+} - n_1 n_2 (n-1) Y_{2+}}{n_1 n_2 n^2}$$

$$= -\frac{Y_{++}}{n^2} + \frac{n + n n_2 - n_2}{n_1 n^2} Y_{1+} - \frac{n-1}{n^2}(Y_{++} - Y_{1+})$$

$$= Y_{1+} \left(\frac{n + n n_2 - n_2 + n n_1 - n_1}{n_1 n^2} \right) - Y_{++} \left(\frac{1 - 1 + n}{n^2} \right)$$

$$= \frac{Y_{1+}}{n_1} - \frac{Y_{++}}{n} = y_{1+} - y_{++}$$

und analog

$$\hat{\alpha}_2 = y_{2+} - y_{++}.$$

Damit erhalten wir schließlich die bedingte KQ-Schätzung (10.6)

$$\mathbf{b}((0, n_1, n_2), 0) = (\mathbf{X'X} + \mathbf{RR'})^{-1} \mathbf{X'y}$$

$$= \begin{pmatrix} \hat{\mu} \\ \hat{\alpha}_1 \\ \hat{\alpha}_2 \end{pmatrix} = \begin{pmatrix} y_{++} \\ y_{1+} - y_{++} \\ y_{2+} - y_{++} \end{pmatrix}.$$
(10.10)

10.2.2 Zerlegung der Fehlerquadratsumme

Zur Herleitung der Teststatistik zum Prüfen von H_0: $\alpha_1 = \cdots = \alpha_a = 0$ gehen wir analog zum linearen Regressionsmodell vor und zerlegen die

Fehlerquadratsumme (vgl. Abschnitt 9.2.6). Dazu bestimmen wir zunächst die geschätzten Responsewerte $\hat{y}_{ij}$ in unserem speziellen Modell. Mit $\mathbf{b}(\mathbf{R}',0)$ aus (10.10) und $\mathbf{X}$ aus (10.7) erhalten wir im Fall $a = 2$

$$\hat{\mathbf{y}} = \mathbf{X}\mathbf{b}(\mathbf{R}',0) = \begin{pmatrix} y_{1+}\mathbf{1}_{n_1} \\ y_{2+}\mathbf{1}_{n_2} \end{pmatrix}.$$

Allgemein gilt analog für beliebiges a

$$\hat{\mathbf{y}} = \begin{pmatrix} y_{1+}\mathbf{1}_{n_1} \\ \vdots \\ y_{a+}\mathbf{1}_{n_a} \end{pmatrix}. \tag{10.11}$$

Die Zerlegung der Fehlerquadratsumme (vgl. Abschnitt 9.2.6)

$$\sum_{t=1}^{n}(y_t - \bar{y})^2 = \sum_{t=1}^{n}(y_t - \hat{y}_t)^2 + \sum_{t=1}^{n}(\hat{y}_t - \bar{y})^2$$

hat im Modell (10.3) mit den neuen Bezeichnungen und mit $\hat{y}_{ij} = y_{i+}$ gemäß (10.11) die Gestalt

$$\sum_{i=1}^{a}\sum_{j=1}^{n_i}(y_{ij} - y_{++})^2 = \sum_{i=1}^{a}\sum_{j=1}^{n_i}(y_{ij} - y_{i+})^2 + \sum_{i=1}^{a}n_i(y_{i+} - y_{++})^2$$

bzw. in der Nomenklatur der Varianzanalyse ($SQ_{Regression} = SQ_A$ gesetzt)

$$SQ_{Total} = SQ_{Residual} + SQ_A.$$

Die Quadratsumme

$$SQ_{Residual} = \sum_{i=1}^{a}\sum_{j=1}^{n_i}(y_{ij} - y_{i+})^2$$

mißt die Variabilität innerhalb jeder Behandlung, während die Quadratsumme

$$SQ_A = \sum_{i=1}^{a}n_i(y_{i+} - y_{++})^2$$

die Variabilitätsunterschiede der Responsevariablen zwischen den Stufen des Faktors A, also den eigentlichen Behandlungseffekt mißt. Alternativ lassen sich die Quadratsummen wie folgt darstellen:

$$SQ_{Total} = \sum_{i=1}^{a}\sum_{j=1}^{n_i}(y_{ij} - y_{++})^2 = \sum_{i=1}^{a}\sum_{j=1}^{n_i}y_{ij}^2 - ny_{++}^2, \tag{10.12}$$

$$SQ_A = \sum_{i=1}^{a}\sum_{j=1}^{n_i}(y_{i+} - y_{++})^2 = \sum_{i=1}^{a}n_iy_{i+}^2 - ny_{++}^2, \tag{10.13}$$

$$SQ_{Residual} = \sum_{i=1}^{a}\sum_{j=1}^{n_i}(y_{ij} - y_{i+})^2 = \sum_{i=1}^{a}\sum_{j=1}^{n_i}y_{ij}^2 - \sum_{i=1}^{a}n_iy_{i+}^2. \tag{10.14}$$

Wegen der vorausgesetzten Normalverteilung sind die Quadratsummen jeweils χ^2-verteilt mit den zugehörigen Freiheitsgraden df. Die Quotienten SQ/df bezeichnet man als MQ.

10.2.3 Schätzung von σ^2

In (9.6) haben wir für das lineare Regressionsmodell $\mathbf{y} = \mathbf{X}\beta + \epsilon$ als erwartungstreue Schätzung für σ^2 die Statistik

$$s^2 = \frac{1}{n-K}(\mathbf{y} - \mathbf{Xb})'(\mathbf{y} - \mathbf{Xb}) \qquad (10.15)$$

hergeleitet. In unserem Spezialfall des Modells (10.3) und unter Verwendung von

$$\hat{\mathbf{y}} = \mathbf{Xb}(\mathbf{R}', 0) = \begin{pmatrix} y_{1+}\mathbf{1}_{n_1} \\ y_{2+}\mathbf{1}_{n_2} \\ \vdots \\ y_{a+}\mathbf{1}_{n_a} \end{pmatrix}$$

erhalten wir analog zu (10.15) mit $K = a$:

$$s^2 = \frac{1}{n-a}\left((\mathbf{y}_1 - y_{1+}\mathbf{1}_{n_1})', \ldots, (\mathbf{y}_a - y_{a+}\mathbf{1}_{n_a})'\right) \begin{pmatrix} \mathbf{y}_1 - y_{1+}\mathbf{1}_{n_1} \\ \vdots \\ \mathbf{y}_a - y_{a+}\mathbf{1}_{n_a} \end{pmatrix}$$

$$= \frac{1}{n-a} \sum_{i=1}^{a} \sum_{j=1}^{n_i} (y_{ij} - y_{i+})^2$$

$$= MQ_{Residual}.$$

Aus dem Modell (10.1) folgt

$$y_{i+} = \mu + \alpha_i + \epsilon_{i+}, \qquad \epsilon_{i+} \sim N\left(0, \frac{\sigma^2}{n_i}\right) \qquad (10.16)$$

und damit erhalten wir

$$\mathrm{E}(MQ_{Residual}) = \frac{1}{n-a} \mathrm{E}\left[\sum_{i=1}^{a} \sum_{j=1}^{n_i} (y_{ij} - y_{i+})^2\right]$$

$$= \frac{1}{n-a} \mathrm{E}\left[\sum_{i=1}^{a} \sum_{j=1}^{n_i} (\epsilon_{ij}^2 + \epsilon_{i+}^2 - 2\epsilon_{ij}\epsilon_{i+})\right]$$

$$= \frac{1}{n-a} \sum_{i=1}^{a} \sum_{j=1}^{n_i} (\sigma^2 + \frac{\sigma^2}{n_i} - 2\frac{\sigma^2}{n_i})$$

$$= \sigma^2.$$

$MQ_{Residual}$ ist also eine erwartungstreue Schätzung von σ^2. Wir bestimmen nun den Erwartungswert von MQ_A. Aus (10.16) folgt mit (10.5)

$$y_{++} = \mu + \frac{1}{n}\sum_{i=1}^{a} n_i \alpha_i + \epsilon_{++}$$

$$= \mu + \epsilon_{++}, \qquad \epsilon_{++} \sim N\left(0, \frac{\sigma^2}{n}\right), \qquad (10.17)$$

$$\mathrm{E}(\epsilon_{i+}\epsilon_{++}) = \frac{1}{n_i n} \mathrm{E}\left[\sum_{j=1}^{n_i} \epsilon_{ij} \sum_{i=1}^{a} \sum_{j=1}^{n_i} \epsilon_{ij}\right]$$

$$= \frac{\sigma^2}{n}.$$

Also gilt

$$y_{i+} - y_{++} = \alpha_i + \epsilon_{i+} - \epsilon_{++},$$

$$\mathrm{E}(y_{i+} - y_{++})^2 = \alpha_i^2 + \frac{\sigma^2}{n_i} - \frac{\sigma^2}{n}$$

und damit

$$\mathrm{E}(MQ_A) = \frac{1}{a-1}\sum_{i=1}^{a}\sum_{j=1}^{n_i} \mathrm{E}(y_{i+} - y_{++})^2$$

$$= \sigma^2 + \frac{\sum_{i=1}^{a} n_i \alpha_i^2}{a-1}. \qquad (10.18)$$

Falls alle $\alpha_i = 0$ sind, gilt $\mathrm{E}(MQ_A) = \sigma^2$, anderenfalls ist $\mathrm{E}(MQ_A) > \sigma^2$.

10.2.4 Prüfen des Modells

Wir betrachten das lineare Modell (10.1)

$$y_{ij} = \mu + \alpha_i + \epsilon_{ij} \quad (i = 1, \ldots, a, \; j = 1, \ldots, n_i)$$

mit der Nebenbedingung

$$\sum_{i=1}^{a} n_i \alpha_i = 0.$$

Die Prüfung der Hypothese

$$H_0 : \alpha_1 = \cdots = \alpha_a = 0$$

bedeutet den Vergleich der Modelle

$$H_0 : \quad y_{ij} = \mu + \epsilon_{ij}$$

und
$$H_1 : y_{ij} = \mu + \alpha_i + \epsilon_{ij} \quad \text{mit} \quad \sum_{i=1}^{a} n_i \alpha_i = 0, \tag{10.19}$$

d.h. die Prüfung von

$$H_0 : \alpha_1 = \cdots = \alpha_a = 0 \quad (\text{Parameterraum } \Omega') \tag{10.20}$$

gegen

$$H_1 : \alpha_i \neq 0 \quad \text{für mindestens zwei } i \text{ (Parameterraum } \Omega).$$

Die zugehörige Likelihood-Quotienten-Teststatistik (vgl. (9.20))

$$F = \frac{\hat{\sigma}_{\Omega'}^2 - \hat{\sigma}_{\Omega}^2}{\hat{\sigma}_{\Omega}^2} \frac{n-K}{K-l}$$

wird damit zu (vgl. auch (9.30))

$$F = \frac{SQ_{Total} - SQ_{Residual}}{SQ_{Residual}} \frac{n-a}{a-1}$$
$$= \frac{SQ_A}{SQ_{Residual}} \frac{n-a}{a-1}. \tag{10.21}$$

Wie wir in Abschnitt 10.2.3 gezeigt haben, ist

$$MQ_{Residual} = \frac{SQ_{Residual}}{n-a}$$

eine erwartungstreue Schätzung von σ^2. Unter $H_0 : \alpha_1 = \cdots = \alpha_a = 0$ ist MQ_A ebenfalls ein erwartungstreuer Schätzer von σ^2 (vgl. (10.18)). Zum Prüfen von H_0 verwendet man also die Testgröße

$$F = \frac{MQ_A}{MQ_{Residual}}, \tag{10.22}$$

die unter H_0 eine $F_{a-1,n-a}$-Verteilung besitzt. Für

$$F > f_{a-1,n-a;1-\alpha}$$

wird H_0 abgelehnt. Für die Durchführung der Varianzanalyse wird das Schema der Tabelle 10.3 verwendet.

Anmerkung. Wir haben uns bei der Herleitung der Teststatistik (10.22) auf die Ergebnisse aus Kapitel 9 gestützt und den Nachweis der Unabhängigkeit der χ^2-Verteilungen im Zähler und Nenner von F (10.22) nicht durchgeführt. Eine Möglichkeit zum Nachweis, daß SQ_A und $SQ_{Residual}$ stochastisch unabhängig sind, basiert auf dem Theorem von Cochran (vgl. Kapitel 11).

Tabelle 10.3. Tafel der Varianzanalyse – einfache Klassifikation

Variationsursache	Freiheits-grade	SQ	MQ	Prüfwert F
Zwischen den Stufen des Faktors (Faktor A)	$a-1$	$\sum_{i=1}^{a} n_i y_{i+}^2 - n y_{++}^2$	$\frac{SQ_A}{a-1}$	$\frac{MQ_A}{MQ_{Residual}}$
Innerhalb der Stufen des Faktors (Residual)	$n-a$	$\sum_{i=1}^{a}\sum_{j=1}^{n_i} y_{ij}^2 - \sum_{i=1}^{a} n_i y_{i+}^2$	$\frac{SQ_{Residual}}{n-a}$	
Gesamt (Total)	$n-1$	$\sum_{i=1}^{a}\sum_{j=1}^{n_i} y_{ij}^2 - n y_{++}^2$		

Beispiel 10.2.2 (Fortsetzung von Beispiel 10.1.1). Die ermittelten Umsatzsteigerungen stellen ein einfach klassifiziertes Datenmaterial dar, wobei der Faktor A den Einfluß der Werbung ausdrückt; er wirkt hier in $a = 3$ Stufen (Werbung I, II, III).

Die Zusammenstellung der Meßwerte erfolgt gemäß Tabelle 10.4 in der Nomenklatur der Varianzanalyse. Die Anwendung der Formeln (10.12) bis (10.14) ergibt

$$SQ_{Total} = (55.5^2 + 40.0^2 + \cdots + 19.5^2) - 33 \cdot 53.91^2$$
$$= 103700 - 95907.51$$
$$= 7792.49,$$
$$SQ_A = 14 \cdot 58.57^2 + 11 \cdot 55.27^2 + 8 \cdot 43.88^2 - 33 \cdot 53.91^2$$
$$= 97032.37 - 95907.51$$
$$= 1124.86,$$
$$SQ_{Residual} = SQ_{Total} - SQ_A = 6667.63.$$

Damit erhält man die Tafel der Varianzanalyse (Tabelle 10.5). Der Testwert $F = 2.53 < 3.32 = f_{2,30;0.95}$ ist kleiner als der kritische Wert, so daß die Nullhypothese H_0: $\alpha_i = \alpha_2 = \alpha_3 = 0$ bzw. H_0: $\mu_1 = \mu_2 = \mu_3$ nicht abgelehnt wird. Ein Effekt des Faktors Werbung ist nicht nachweisbar.

Mit SPSS erhalten wir die Ausgabe in Abbildung 10.1.

Wir erhalten die Teststatistik F mit einem p-value von $0.0954 > 0.05$, so daß wir H_0 nicht ablehnen.

Anmerkung. Vergleichen wir die Ergebnisse im SPSS-Ausdruck mit unseren eigenen Berechnungen, so stellen wir relativ große Abweichungen fest. Diese Abweichungen entstehen dadurch, daß wir bei der Demonstration des Rechenwegs mit den gerundeten Teilergebnissen gerechnet haben. Diese Rundungsfehler ziehen sich bis zum Endergebnis durch und erklären die Abweichungen.

10.3 Multiple Vergleiche von einzelnen Mittelwerten

Tabelle 10.4. Umsatzwerte aus Tabelle 10.1

j\i		1	2	3	4	5	6	7	8	9	10
(I)	1	55.5	40.0	38.5	31.5	45.5	70.0	78.0	80.0	74.5	57.5
(II)	2	67.0	57.0	33.5	37.0	75.0	60.0	43.5	56.0	65.5	54.0
(III)	3	62.5	31.5	31.5	53.0	50.5	62.5	40.0	19.5		

j\i		11	12	13	14	Y_{i+}		y_{i+}		
(I)	1	72.0	70.0	48.0	59.0	820	$= Y_{1+}$	58.57	$= y_{1+}$	
(II)	2	59.5				608	$= Y_{2+}$	55.27	$= y_{2+}$	
(III)	3					351	$= Y_{3+}$	43.88	$= y_{3+}$	
		n=33				1779	$= Y_{++}$	53.91	$= y_{++}$	

Tabelle 10.5. Tafel der Varianzanalyse zum Beispiel 10.2.2

	df	SQ	MQ	F
Faktor A	2	1124.86	562.43	2.53
Residual	30	6667.63	222.25	
Total	32	7792.49		

ANOVA

		Sum of Squares	df	Mean Square	F	Sig.
Y	Between Groups	1130,242	2	565,121	2,543	,095
	Within Groups	6665,485	30	222,183		
	Total	7795,727	32			

Abb. 10.1. SPSS-Output zu Beispiel 10.2.2

10.3 Multiple Vergleiche von einzelnen Mittelwerten

Die bisher durchgeführte Varianzanalyse prüft $H_0 : \alpha_1 = \ldots = \alpha_a = 0$ bzw. $H_0 : \mu_1 = \ldots = \mu_a$. Falls H_0 nicht abgelehnt wird, ist man mit der Analyse fertig – ein Effekt des Faktors A ist nicht nachweisbar.

Im Fall, daß H_0 abgelehnt wird, ist ein signifikanter Einfluß des Faktors A nachgewiesen. Im nächsten Schritt interessiert man sich nun dafür, ob und zwischen welchen der a Faktorstufen signifikante Unterschiede bestehen. Ein signifikanter Unterschied zwischen zwei Faktorstufen i und j bedeutet, daß der doppelte t-Test die Nullhypothese $H_0 : \mu_i = \mu_j$ zugunsten von $H_1 : \mu_i \neq \mu_j$ zum Niveau α ablehnt.

Werden nun zwei oder mehr Hypothesen, z.B. $H_0 : \mu_1 = \mu_2$, $H_0 : \mu_2 = \mu_3, \ldots$ gleichzeitig geprüft, so kann man nicht jeden Test einzeln zum Niveau α durchführen, sondern muß das Testniveau jedes Tests so festlegen, daß für alle Tests insgesamt das Testniveau α eingehalten wird. Dies liegt daran, daß die einzelnen Tests nicht unabhängig voneinander sind. Eine Testprozedur, die z.B. paarweise Mittelwertsvergleiche simultan so durchführt, daß der Fehler 1. Art für alle paarweisen Tests insgesamt ein vorgegebenes α nicht überschreitet, heißt **multipler Test zum Niveau α**.

Es existieren eine Vielzahl von statistischen Verfahren zum Vergleich von einzelnen Mittelwerten oder Gruppen von Mittelwerten. Diese Verfahren haben folgende unterschiedliche Ziele:

- Vergleich aller möglichen Paare von Mittelwerten (bei a Stufen von A also $a(a-1)/2$ verschiedene Paare),
- Vergleich aller $a-1$ Mittelwerte mit einer vorher festgelegten Kontrollgruppe,
- Vergleich aller Paare von Behandlungen, die vorher ausgewählt wurden,
- Vergleich von beliebigen Linearkombinationen der Mittelwerte.

Sie unterscheiden sich – neben ihrer Zielsetzung – vor allem in der Art und Weise, wie sie den Fehler 1. Art kontrollieren (vgl. z.B. Toutenburg, 1994). Wir beschränken uns hier auf die simultane **Testprozedur nach Bonferroni**.

Angenommen, wir wollen $k \leq a$ Vergleiche mit einem multiplen Testniveau von höchstens α durchführen, so splittet die Bonferroni-Methode den Fehler 1. Art α zu gleichen Teilen α/k auf die k Vergleiche auf. Grundlage hierfür ist die Bonferroni-Ungleichung.

Theorem 10.3.1 (Ungleichung von Bonferroni). *Seien $A_1, \ldots, A_k$ beliebige zufällige Ereignisse. Dann gilt*

$$P(A_1 \cup \cdots \cup A_k) \leq \sum_{i=1}^{k} P(A_i). \tag{10.23}$$

Wir beschränken uns auf den folgenden Fall. Wir betrachten die k Testprobleme H_{01} gegen H_{11}, H_{02} gegen H_{12}, ..., H_{0k} gegen H_{1k} mit

$$H_{0i}: \mu_{ji} = \mu_{j'i}, \quad H_{1i}: \mu_{ji} \neq \mu_{j'i} \quad (i = 1, \ldots, k).$$

Wir wählen die Teststatistiken der doppelten t-Tests (vgl. (7.13))

$$T_i = T(Y_{ji}, Y_{j'i})$$

und führen zu jedem Vergleich einen Niveau-α/k-Test durch. Der zugehörige kritische Bereich sei K_i. Sei A_i das zufällige Ereignis „$T_i \in K_i$", so gilt $P(T_i \in K_i | H_{0i}) = \alpha/k$. Dann gilt nach der Bonferroni-Ungleichung

$$P\{(T_1 \in K_1 | H_{01}) \cup \cdots \cup (T_k \in K_k | H_{0k})\} \leq \sum_{i=1}^{k} P(T_i \in K_i | H_{0i}) = \sum_{i=1}^{k} \frac{\alpha}{k} = \alpha.$$

10.3 Multiple Vergleiche von einzelnen Mittelwerten

Dieser multiple Test, der k paarweise Mittelwertsvergleiche mit den zugehörigen paarweisen t-Tests zum Niveau α/k durchführt, heißt auch (α)-**Bonferroni-t-Test**.

Anmerkung. Eine ausführliche Darstellung multipler Testprobleme findet man in Gather und Pigeot-Kübler (1990). Ausgewählte multiple Tests und ihre Realisierung an Beispielen (mit SPSS) sind in Toutenburg (1994) dargestellt.

Beispiel 10.3.1. Wir nehmen an, daß wir den Einfluß von verschiedenen Arten des Trainings (Faktor A, $a = 4$ Stufen) auf die Leistung von Leichtathleten untersuchen. Wir führen jeweils $r = 6$ Wiederholungen in einem randomisierten Versuch durch und erhalten Tabelle 10.6.

Tabelle 10.6. Leistungen von Leichtathleten bei verschiedenen Trainingsmethoden

Faktorstufe i	Wiederholungen j					
	1	2	3	4	5	6
1	6.5	8.0	9.5	12.7	14.8	14.0
2	3.8	4.0	3.9	4.2	3.6	4.4
3	3.5	4.5	3.2	2.1	3.5	4.0
4	3.0	2.8	2.2	3.4	4.0	3.9

Die Tafel der Varianzanalyse ist in Tabelle 10.7 angegeben. $H_0 : \mu_1 = \cdots = \mu_4$ wird abgelehnt, da $F = 25.6475 > 3.10 = f_{3,20;095}$ ist.

Tabelle 10.7. Tafel der Varianzanalyse zum Beispiel 10.3.1

	df	SQ	MQ	F
Faktor A	3	245.6713	81.8904	25.6475
Residual	20	63.8583	3.1929	
Total	23	309.5296		

Wir führen nun z.B. die folgenden $k = 3$ paarweisen Vergleiche durch, um herauszufinden, ob je zwei Trainingsmethoden zu signifikanten Mittelwertsunterschieden führen.

i	Vergleich	H_{0i}	H_{1i}
1	1/2	$\mu_1 = \mu_2$	$\mu_1 \neq \mu_2$
2	2/3	$\mu_2 = \mu_3$	$\mu_2 \neq \mu_3$
3	3/4	$\mu_3 = \mu_4$	$\mu_3 \neq \mu_4$

Wir wählen $\alpha = 0.05$, so daß für jeden Einzelvergleich ein Signifikanzniveau von $\alpha/3 = 0.0166$ gilt. Für die Teststatistik gilt mit $n_1 = n_2 = 6$ und $s = 1.7869$

$$T(\mathbf{y}) = \frac{y_{i+} - y_{j+}}{1.7869} \sqrt{\frac{1}{6} + \frac{1}{6}} \sim t_{10}.$$

Eine Nullhypothese wird abgelehnt, falls $T(\mathbf{y}) > t_{10;0.9834} = 2.47$ ist. Wir erhalten folgendes Ergebnis für die multiplen Vergleiche nach Bonferroni:

Vergleich	Testgröße	
1/2	4.98	*
2/3	1.47	
3/4	0.58	

Der Vergleich der Gruppen 1/2 ist signifikant, die beiden anderen Vergleiche nicht. Ein Unterschied zwischen den Trainingsmethoden 1 und 2 ist also nachgewiesen.

Mit SPSS erhalten wir die Ausgabe in Abbildung 10.2.

ANOVA

		Sum of Squares	df	Mean Square	F	Sig.
LEISTUNG	Between Groups	245,671	3	81,890	25,648	,000
	Within Groups	63,858	20	3,193		
	Total	309,530	23			

Group Statistics

	TRAINING	N	Mean	Std. Deviation	Std. Error Mean
LEISTUNG	1	6	10,9167	3,3997	1,3879
	2	6	3,9833	,2858	,1167

Independent Samples Test

		Levene's Test for Equality of Variances		t-test for Equality of Means				
		F	Sig.	t	df	Sig. (2-tailed)	Mean Difference	Std. Error Difference
LEISTUNG	Equal variances assumed	31,819	,000	4,978	10	,001	6,9333	1,3928
	Equal variances not assumed			4,978	5,071	,004	6,9333	1,3928

Abb. 10.2. SPSS-Output zu Beispiel 10.3.1

10.4 Rangvarianzanalyse – Kruskal-Wallis-Test

Das bisherige Modell aus Abschnitt 10.2 war auf den Fall zugeschnitten, daß die Responsevariable normalverteilt ist. Wir betrachten nun die Situation, daß der Response entweder stetig, aber nicht normalverteilt ist oder daß ein

Group Statistics

	TRAINING	N	Mean	Std. Deviation	Std. Error Mean
LEISTUNG	2	6	3,9833	,2858	,1167
	3	6	3,4667	,8116	,3313

Independent Samples Test

		Levene's Test for Equality of Variances		t-test for Equality of Means				
		F	Sig.	t	df	Sig. (2-tailed)	Mean Difference	Std. Error Difference
LEISTUNG	Equal variances assumed	1,964	,191	1,471	10	,172	,5167	,3513
	Equal variances not assumed			1,471	6,221	,190	,5167	,3513

Group Statistics

	TRAINING	N	Mean	Std. Deviation	Std. Error Mean
LEISTUNG	3	6	3,4667	,8116	,3313
	4	6	3,2167	,6882	,2810

Independent Samples Test

		Levene's Test for Equality of Variances		t-test for Equality of Means				
		F	Sig.	t	df	Sig. (2-tailed)	Mean Difference	Std. Error Difference
LEISTUNG	Equal variances assumed	,000	,984	,575	10	,578	,2500	,4344
	Equal variances not assumed			,575	9,740	,578	,2500	,4344

Abb. 10.3. SPSS-Output zu Beispiel 10.3.1 (Fortsetzung)

ordinaler Response vorliegt. Für diese in den Anwendungen häufig auftretende Datenlage wollen wir den einfaktoriellen Vergleich von Behandlungen mit einem nichtparametrischen Verfahren durchführen. Dabei gehen wir wieder vom vollständig randomisierten Versuchsplan aus.

Die Responsewerte seien zweifach indiziert als y_{ij} mit $i = 1, \ldots, a$ (Faktorstufen) und $j = 1, \ldots, n_i$ (Wiederholungen je Faktorstufe). Die Datenstruktur ist in Tabelle 10.8 gegeben.

Wir wählen das folgende lineare Modell

$$y_{ij} = \mu_i + \epsilon_{ij} \qquad (10.24)$$

und nehmen an, daß

$$E(\epsilon_{ij}) = 0 \qquad (10.25)$$

Tabelle 10.8. Datenmatrix im vollständig randomisierten Versuchsplan

	Faktorstufe			
	1	2	⋯	a
	y_{11}	y_{21}		y_{a1}
	⋮	⋮		⋮
	y_{1n_1}	y_{2n_2}		y_{an_a}
$\sum$	Y_{1+}	Y_{2+}	⋯	Y_{a+} Y_{++}
Mittelwert	y_{1+}	y_{2+}	⋯	y_{a+} y_{++}

gilt. Ferner setzen wir voraus, daß die Beobachtungen innerhalb jeder Faktorstufe und zwischen den Faktorstufen unabhängig sind. Die statistische Aufgabe ist der Vergleich der Mittelwerte μ_i gemäß

$$H_0 : \mu_1 = \cdots = \mu_a \quad \text{gegen} \quad H_1 : \mu_i \neq \mu_j \quad (\text{mindestens ein Paar } i, j, i \neq j).$$

Der Test baut – analog zum U-Test von Mann und Whitney im Zweistichprobenfall (vgl. (8.5)) – auf dem Vergleich der Rangsummen der Gruppen auf. Die Rang-Prozedur ordnet dem kleinsten Wert aller a Faktorstufen den Rang 1, ..., dem größten Wert aller a Faktorstufen den Rang $n = \sum n_i$ zu. Diese Ränge R_{ij} ersetzen die Originalwerte y_{ij} des Response in Tabelle 10.8 gemäß Tabelle 10.9.

Tabelle 10.9. Rangwerte zu Tabelle 10.8

	Faktorstufe			
	1	2	⋯	a
	R_{11}	R_{21}		R_{a1}
	⋮	⋮		⋮
	R_{1n_1}	R_{2n_2}		R_{an_a}
$\sum$	R_{1+}	R_{2+}	⋯	R_{a+} R_{++}
Mittelwert	r_{1+}	r_{2+}	⋯	r_{a+} r_{++}

Die Rangsummen und Rangmittelwerte sind

$$R_{i+} = \sum_{j=1}^{n_i} R_{ij}, \quad R_{++} = \sum_{i=1}^{a} R_{i+} = \frac{n(n+1)}{2},$$

$$r_{i+} = \frac{R_{i+}}{n_i}, \quad r_{++} = \frac{R_{++}}{n} = \frac{n+1}{2}.$$

In Analogie zur Fehlerquadratsumme $SQ_A = \sum_{i=1}^{a} n_i(y_{i+} - y_{++})^2$ (vgl. (10.13)) haben Kruskal und Wallis folgende Teststatistik konstruiert (Kruskal und Wallis, 1952),

$$H = \frac{12}{n(n+1)} \sum_{i=1}^{a} n_i (r_{i+} - r_{++})^2$$

$$= \frac{12}{n(n+1)} \sum_{i=1}^{a} \frac{R_{i+}^2}{n_i} - 3(n+1). \qquad (10.26)$$

Die Testgröße H ist ein Maß für die Varianz der Rangmittelwerte zwischen den Faktorstufen. Für den Fall $n_i \leq 5$ existieren Tabellen für die exakten kritischen Werte (vgl. z.B. Sachs, 1978; Hollander und Wolfe, 1973). Für $n_i > 5$ $(i = 1, \ldots, a)$ ist H approximativ χ_{a-1}^2-verteilt. Für $H > c_{a-1;1-\alpha}$ wird die Hypothese $H_0 : \mu_1 = \cdots = \mu_a$ zugunsten von H_1 abgelehnt.

Korrektur bei Bindungen:

Treten gleiche Responsewerte y_{ij} auf, denen dann mittlere Ränge zugewiesen werden, so wird folgende korrigierte Teststatistik benutzt:

$$H_{Korr} = H \left(1 - \frac{\sum_{k=1}^{r}(t_k^3 - t_k)}{n^3 - n}\right)^{-1}. \qquad (10.27)$$

Dabei ist r die Anzahl von Gruppen mit gleichen Responsewerten (und damit gleichen Rängen) und t_k die Anzahl der jeweils gleich großen Responsewerte innerhalb einer Gruppe.

Anmerkung. Liegen Bindungen vor und gilt bereits $H > c_{a-1;1-\alpha}$, so muß wegen $H_{Korr} > H$ der korrigierte Wert nicht mehr berechnet werden.

Beispiel 10.4.1. Wir vergleichen die Umsatzsteigerung aus Tabelle 10.1 nun nach dem Kruskal-Wallis-Test. Wir ordnen die Werte in Tabelle 10.1 spaltenweise der Größe nach und vergeben die Ränge (Tabelle 10.10).
Die Prüfgröße auf der Basis von Tabelle 10.10 wird

$$H = \frac{12}{33 \cdot 34}\left[\frac{275.5^2}{14} + \frac{196.0^2}{11} + \frac{89.5^2}{8}\right] - 3 \cdot 34$$
$$= 4.04 < 5.99 = c_{2;0.95}.$$

Da Bindungen vorliegen und H nicht signifikant ist, muß H_{Korr} berechnet werden. Aus Tabelle 10.10 entnehmen wir

$r = 4$, $t_1 = 3$ (3 Ränge von 3)
$t_2 = 2$ (2 Ränge von 8.5)
$t_3 = 2$ (2 Ränge von 23.5)
$t_4 = 2$ (2 Ränge von 27.5)

Korrekturglied: $1 - \frac{3 \cdot (2^3 - 2) + (3^3 - 3)}{33^3 - 33} = 1 - \frac{42}{35904} = 0.9988$,

$H_{Korr} = 4.045 < 5.99 = c_{2;0.95}$.

Die Entscheidung lautet: die Nullhypothese $H_0 : \mu_1 = \mu_2 = \mu_3$ wird nicht abgelehnt, ein Effekt des Faktors „Werbung" ist nicht nachweisbar.
Mit SPSS erhalten wir die Ausgabe in Abbildung 10.4.

Tabelle 10.10. Berechnung der Ränge und Rangsummen zu Tabelle 10.1

Werbung I		Werbung II		Werbung III	
Meßwert	Rang	Meßwert	Rang	Meßwert	Rang
31.5	3	33.5	5	19.5	1
38.5	7	37.0	6	31.5	3
40.0	8.5	43.5	10	31.5	3
45.5	11	54.0	15	40.0	8.5
48.0	12	56.0	17	50.5	13
55.5	16	57.0	18	53.0	14
57.5	19	59.5	21	62.5	23.5
59.0	20	60.0	22	62.5	23.5
70.0	27.5	65.5	25		
70.0	27.5	67.0	26		
72.0	29	75.0	31		
74.5	30				
78.0	32				
80.0	33				
$n_1 = 14$		$n_2 = 11$		$n_3 = 8$	
$R_{1+} = 275.5$		$R_{2+} = 196.0$		$R_{3+} = 89.5$	
$r_{1+} = 19.68$		$r_{2+} = 17.82$		$r_{3+} = 11.19$	

Ranks

	WERBUNG	N	Mean Rank
Y	1,00	14	19,68
	2,00	11	17,82
	3,00	8	11,19
	Total	33	

Test Statistics[a,b]

	Y
Chi-Square	4,048
df	2
Asymp. Sig.	,132

a. Kruskal Wallis Test
b. Grouping Variable: WERBUNG

Abb. 10.4. SPSS-Output zu Beispiel 10.4.1

10.5 Zweifaktorielle Varianzanalyse mit Wechselwirkung

10.5.1 Definitionen und Grundprinzipien

In der Praxis der geplanten Studien kann man häufig davon ausgehen, daß ein Response Y nicht nur von einer Variablen, sondern von einer Gruppe

10.5 Zweifaktorielle Varianzanalyse mit Wechselwirkung

von Einflußgrößen (Faktoren) abhängt. Versuchspläne, die den Response für alle möglichen Kombinationen von zwei oder mehr Faktoren auswerten, heißen **faktorielle Experimente** oder **Kreuzklassifikation**. Seien l Faktoren $A_1, \ldots, A_l$ mit $r_{a_1}, \ldots, r_{a_l}$ Faktorstufen (Ausprägungen) gegeben, so erfordert der vollständige Faktorplan $r = \Pi r_i$ Versuchseinheiten für einen Durchlauf. Damit ist klar, daß man sich sowohl bei der Anzahl der Faktoren als auch bei der Anzahl ihrer Stufen beschränken muß.

Bei faktoriellen Experimenten sind zwei Grundmodelle zu unterscheiden – Modelle mit und ohne Wechselwirkungen. Betrachten wir den Fall zweier Faktoren A und B mit jeweils zwei Faktorstufen A_1, A_2 bzw. B_1, B_2.

Als **Haupteffekte** eines Faktors bezeichnet man die Veränderung des Response bei Wechsel der Faktorstufe. Betrachten wir Tabelle 10.11, so kann der Haupteffekt des Faktors A als Differenz zwischen den mittleren Responsewerten beider Faktorstufen A_1 und A_2 interpretiert werden:

$$\lambda_A = \frac{60}{2} - \frac{40}{2} = 10 \quad .$$

Analog ist der Haupteffekt B

$$\lambda_B = \frac{70}{2} - \frac{30}{2} = 20 \quad .$$

Tabelle 10.11. Zweifaktorielles Experiment ohne Wechselwirkung

		Faktor B		
		B_1	B_2	$\sum$
Faktor A	A_1	10	30	40
	A_2	20	40	60
	$\sum$	30	70	100

Die Effekte von A auf den beiden Stufen von B sind

für B_1: $20 - 10 = 10$, für B_2: $40 - 30 = 10$,

also auf beiden Stufen identisch. Analog gilt für Effekt B

für A_1: $30 - 10 = 20$, für A_2: $40 - 20 = 20$,

so daß auch hier kein von A abhängender Effekt sichtbar ist. Die Responsekurven verlaufen parallel (Abbildung 10.5).

Die Auswertung der Tabelle 10.12 dagegen ergibt folgende Effekte:

$$\text{Haupteffekt } \lambda_A = \frac{80 - 40}{2} = 20,$$

$$\text{Haupteffekt } \lambda_B = \frac{90 - 30}{2} = 30,$$

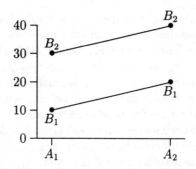

Abb. 10.5. Zweifaktorielles Experiment ohne Wechselwirkung

Tabelle 10.12. Zweifaktorielles Experiment mit Wechselwirkung

	Faktor B		
	B_1	B_2	$\sum$
A_1	10	30	40
A_2	20	60	80
$\sum$	30	90	120

(Faktor A)

Effekte von A

$$\text{für } B_1: \quad 20 - 10 = 10, \quad \text{für } B_2: \quad 60 - 30 = 30,$$

Effekte von B

$$\text{für } A_1: \quad 30 - 10 = 20, \quad \text{für } A_2: \quad 60 - 20 = 40.$$

Hier hängen die Effekte wechselseitig von der Stufe des anderen Faktors ab, der Wechselwirkungseffekt beträgt 20. Die Responsekurven verlaufen nicht mehr parallel (Abbildung 10.6).

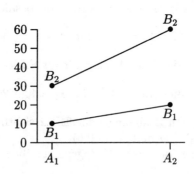

Abb. 10.6. Zweifaktorielles Experiment mit Wechselwirkung

10.5 Zweifaktorielle Varianzanalyse mit Wechselwirkung

Anmerkung. Der Begriff **faktorielles Experiment** beschreibt nicht die Art des Versuchsplans, sondern die vollständig gekreuzte Kombination der Faktoren (Behandlungen). Faktorielle Experimente können als vollständig randomisierter Versuchsplan, als Randomisierter Blockplan, als Lateinisches Quadrat usw. angelegt werden.

Das faktorielle Experiment sollte angewandt werden

- bei Vorstudien, in denen mögliche Kovariablen auf ihre statistische Relevanz geprüft werden,
- zur Bestimmung von bivariaten Wechselwirkungen,
- zur Bestimmung von möglichen Rangordnungen der Faktoren bezüglich ihrer Bedeutung für den Response.

Gegenüber dem Einfaktorplan bietet das faktorielle Experiment den Vorteil, Haupteffekte mit der gleichen Präzision, aber mit einem geringeren Stichprobenumfang zu schätzen.

Angenommen, wir wollen – wie eben in den Beispielen – die Haupteffekte A und B schätzen. Dann wäre folgender Einfaktorplan mit zwei Wiederholungen möglich (vgl. z.B. Montgomery, 1976):

$A_1B_1^{(1)}$	$A_1B_2^{(1)}$
$A_2B_1^{(1)}$	

$A_1B_1^{(2)}$	$A_1B_2^{(2)}$
$A_2B_1^{(2)}$	

$n = 3 + 3 = 6$ Beobachtungen

Schätzung von λ_A : $\frac{1}{2}\left[(A_2B_1^{(1)} - A_1B_1^{(1)}) + (A_2B_1^{(2)} - A_1B_1^{(2)})\right]$,

Schätzung von λ_B : $\frac{1}{2}\left[(A_1B_1^{(1)} - A_1B_2^{(1)}) + (A_1B_1^{(2)} - A_1B_2^{(2)})\right]$.

Schätzungen derselben Präzision erhält man im zweifaktoriellen Experiment

A_1B_1	A_1B_2
A_2B_1	A_2B_2

mit bereits $n = 4$ Beobachtungen gemäß

$$\lambda_A = \frac{1}{2}\left[(A_2B_1 - A_1B_1) + (A_2B_2 - A_1B_2)\right]$$

und

$$\lambda_B = \frac{1}{2}\left[(A_1B_2 - A_1B_1) + (A_2B_2 - A_1B_1)\right].$$

Daneben kann das faktorielle Experiment bei $r \geq 2$ Wiederholungen Wechselwirkungen aufdecken und damit ein adäquates Modell liefern.

Die Vernachlässigung oder das Nichterkennen von Wechselwirkungen kann erhebliche Fehlinterpretationen der Haupteffekte zur Folge haben. Im Prinzip sind bei signifikanter Wechselwirkung die Haupteffekte von untergeordneter Bedeutung, da die Wirkung des einen Faktors auf den Response nicht mehr separat, sondern stets unter Einbeziehung des anderen Faktors zu interpretieren ist.

10.5.2 Modellannahmen

Wir nehmen an, daß der Faktor A in a Stufen ($i = 1, \ldots, a$) und der Faktor B in b Stufen ($j = 1, \ldots, b$) vorliegt. Für jede Kombination (i, j) werden r Wiederholungen durchgeführt, wobei die Versuchsanlage des vollständig randomisierten Versuchsplans angewandt wird. Die Datenlage ist in Tabelle 10.13 dargestellt.

Tabelle 10.13. Datensituation im $A \times B$-Versuchsplan

			B			
A	1	2	$\cdots$	b	$\sum$	Mittelwerte
1	Y_{11+}	Y_{12+}	$\cdots$	Y_{1b+}	Y_{1++}	y_{1++}
2	Y_{21+}	Y_{22+}	$\cdots$	Y_{2b+}	Y_{2++}	y_{2++}
$\vdots$	$\vdots$	$\vdots$		$\vdots$	$\vdots$	$\vdots$
a	Y_{a1+}	Y_{a2+}	$\cdots$	Y_{ab+}	Y_{a++}	y_{a++}
$\sum$	Y_{+1+}	Y_{+2+}	$\cdots$	Y_{+b+}	Y_{+++}	
Mittelwerte	y_{+1+}	y_{+2+}	$\cdots$	y_{+b+}		y_{+++}

Insgesamt sind also $N = rab$ Versuchseinheiten beteiligt. Der Response folge dem linearen Modell

$$y_{ijk} = \mu + \alpha_i + \beta_j + (\alpha\beta)_{ij} + \epsilon_{ijk}, \\ (i = 1, \ldots, a;\ j = 1, \ldots, b;\ k = 1, \ldots, r), \tag{10.28}$$

das auch als $A \times B$-Versuchsplan oder als Modell der zweifaktoriellen Varianzanalyse mit Wechselwirkung bezeichnet wird.

Dabei ist

- y_{ijk} der Response zur i-ten Stufe von A und j-ten Stufe von B in der k-ten Wiederholung,
- μ das Gesamtmittel,
- α_i der Effekt der i-ten A-Stufe,
- β_j der Effekt der j-ten B-Stufe,
- $(\alpha\beta)_{ij}$ der Wechselwirkungseffekt der Kombination (i, j),
- ϵ_{ijk} der zufällige Fehler.

Wir treffen folgende Voraussetzung über die zufällige Variable $\epsilon' = (\epsilon_{111}, \ldots, \epsilon_{abr})$:

$$\epsilon \sim N(\mathbf{0}, \sigma^2 \mathbf{I}). \tag{10.29}$$

Für die festen Effekte gelten folgende Reparametrisierungsbedingungen:

$$\sum_{i=1}^{a} \alpha_i = 0, \tag{10.30}$$

$$\sum_{j=1}^{b} \beta_j = 0, \tag{10.31}$$

$$\sum_{i=1}^{a}(\alpha\beta)_{ij} = \sum_{j=1}^{b}(\alpha\beta)_{ij} = 0. \tag{10.32}$$

Kleinste-Quadrat-Schätzung der Parameter

Ziel des $A \times B$-Versuchsplans ist die Prüfung der Haupteffekte beider Faktoren A und B und des Wechselwirkungseffekts. Das Modell (10.28) ist ein spezielles lineares Regressionsmodell. Zur Herleitung der Teststatistiken gehen wir also nach der Strategie des linearen Modells wie in Kapitel 9 vor, d.h., zunächst werden die bedingten Kleinste-Quadrat-Schätzungen der Parameter bestimmt. Mit ihnen werden die $\hat{y}_{ijk}$ berechnet, und danach wird die Zerlegung der Fehlerquadratsumme in die A, B und $A \times B$ zuzuordnenden Anteile SQ_A, SQ_B und $SQ_{A \times B}$ durchgeführt. Die Zielfunktion zur Bestimmung der KQ-Schätzungen lautet im Modell (10.28)

$$S(\boldsymbol{\theta}) = \sum_{i=1}^{a}\sum_{j=1}^{b}\sum_{k=1}^{r}(y_{ijk} - \mu - \alpha_i - \beta_j - (\alpha\beta)_{ij})^2 \tag{10.33}$$

unter den Nebenbedingungen (10.30) – (10.32). Dabei ist

$$\boldsymbol{\theta}' = (\mu, \alpha_1, \ldots, \alpha_a, \beta_1, \ldots, \beta_b, (\alpha\beta)_{11}, \ldots, (\alpha\beta)_{ab}) \tag{10.34}$$

der Vektor der unbekannten Parameter. Die Normalgleichungen unter Berücksichtigung der Restriktionen (10.30) – (10.32) lassen sich leicht herleiten:

$$-\frac{1}{2}\frac{\partial S(\boldsymbol{\theta})}{\partial \mu} = \sum_{i=1}^{a}\sum_{j=1}^{b}\sum_{k=1}^{r}(y_{ijk} - \mu - \alpha_i - \beta_j - (\alpha\beta)_{ij})$$

$$= Y_{+++} - N\mu = 0, \tag{10.35}$$

$$-\frac{1}{2}\frac{\partial S(\boldsymbol{\theta})}{\partial \alpha_i} = Y_{i++} - br\alpha_i - br\mu = 0 \quad (i \text{ fest}), \tag{10.36}$$

$$-\frac{1}{2}\frac{\partial S(\boldsymbol{\theta})}{\partial \beta_j} = Y_{+j+} - ar\beta_j - ar\mu = 0 \quad (j \text{ fest}), \tag{10.37}$$

$$-\frac{1}{2}\frac{\partial S(\boldsymbol{\theta})}{\partial (\alpha\beta)_{ij}} = Y_{ij+} - r\mu - r\alpha_i - r\beta_j - (\alpha\beta)_{ij} = 0 \quad (i,j \text{ fest}). \tag{10.38}$$

Daraus erhalten wir die KQ-Schätzungen unter den Reparametrisierungsbedingungen (10.30) – (10.32), also die bedingten KQ-Schätzungen

$$\hat{\mu} = Y_{+++}/N = y_{+++}, \tag{10.39}$$

$$\hat{\alpha}_i = \frac{Y_{i++}}{br} - \hat{\mu} = y_{i++} - y_{+++}, \tag{10.40}$$

$$\hat{\beta}_j = \frac{Y_{+j+}}{ar} - \hat{\mu} = y_{+j+} - y_{+++}, \tag{10.41}$$

$$\widehat{(\alpha\beta)}_{ij} = \frac{Y_{ij+}}{r} - \hat{\mu} - \hat{\alpha}_i - \hat{\beta}_j = y_{ij+} - y_{i++} - y_{+j+} + y_{+++}. \tag{10.42}$$

Sei das sogenannte Korrekturglied definiert als

$$C = Y_+^2/N \qquad (10.43)$$

mit $N = a \cdot b \cdot r$. Dann erhalten wir folgende Zerlegung:

$$SQ_{Total} = \sum_{i=1}^{a}\sum_{j=1}^{b}\sum_{k=1}^{r}(y_{ijk} - y_{+++})^2$$

$$= \sum_{i=1}^{a}\sum_{j=1}^{b}\sum_{k=1}^{r} y_{ijk}^2 - C, \qquad (10.44)$$

$$SQ_A = \frac{1}{br}\sum_{i=1}^{a} Y_{i++}^2 - C, \qquad (10.45)$$

$$SQ_B = \frac{1}{ar}\sum_{j=1}^{b} Y_{+j+}^2 - C, \qquad (10.46)$$

$$SQ_{A\times B} = \frac{1}{r}\sum_{i=1}^{a}\sum_{j=1}^{b} Y_{ij+}^2 - \frac{1}{br}\sum_{i=1}^{a} Y_{i++}^2 - \frac{1}{ar}\sum_{j=1}^{b} Y_{+j+}^2 + C$$

$$= \left[\frac{1}{r}\sum_{i=1}^{a}\sum_{j=1}^{b} Y_{ij+}^2 - C\right] - SQ_A - SQ_B, \qquad (10.47)$$

$$SQ_{Residual} = SQ_{Total} - SQ_A - SQ_B - SQ_{A\times B}$$

$$= SQ_{Total} - \left[\frac{1}{r}\sum_{i=1}^{a}\sum_{j=1}^{b} Y_{ij+}^2 - C\right]. \qquad (10.48)$$

Anmerkung. Die Quadratsumme zwischen den $a \cdot b$ Responsesummen Y_{ij+} heißt auch $SQ_{Subtotal}$, d.h.

$$SQ_{Subtotal} = \frac{1}{r}\sum_{i=1}^{a}\sum_{j=1}^{b} Y_{ij+}^2 - C. \qquad (10.49)$$

Damit Wechselwirkungseffekte nachweisbar sind bzw. damit $(\alpha\beta)_{ij}$ schätzbar ist, müssen mindestens $r = 2$ Wiederholungen je Kombination (i,j) durchgeführt werden. Sonst gehen die Wechselwirkungseffekte in den Fehler mit ein und sind nicht separierbar.

Testprozedur

Das Modell (10.28) mit Wechselwirkungen wird als **saturiertes Modell** bezeichnet. Das Modell ohne Wechselwirkungen lautet

$$y_{ijk} = \mu + \alpha_i + \beta_j + \epsilon_{ijk} \qquad (10.50)$$

10.5 Zweifaktorielle Varianzanalyse mit Wechselwirkung

und heißt **Unabhängigkeitsmodell**.

Man prüft zunächst H_0: $(\alpha\beta)_{ij} = 0$ (alle (i,j)) gegen H_1: $(\alpha\beta)_{ij} \neq 0$ (mindestens ein Paar (i,j)). Dies entspricht der Modellwahl „Submodell (10.50) gegen volles Modell (10.28)" gemäß unserer Teststrategie aus Kapitel 9. Die Interpretation des zweifaktoriellen Experiments hängt vom Ausgang dieses Tests ab. H_0 wird abgelehnt, falls

$$F_{A \times B} = \frac{MQ_{A \times B}}{MQ_{Residual}} > f_{(a-1)(b-1), ab(r-1); 1-\alpha} \qquad (10.51)$$

ist. Bei Ablehnung von H_0 sind also Wechselwirkungseffekte signifikant; die Haupteffekte sind ohne interpretierbare Bedeutung, egal ob sie signifikant sind oder nicht.

Tabelle 10.14. Tafel der Varianzanalyse im $A \times B$-Versuchsplan mit Wechselwirkungen

Ursache	df	SQ	MQ	F
Faktor A	$a - 1$	SQ_A	MQ_A	F_A
Faktor B	$b - 1$	SQ_B	MQ_B	F_B
Wechselwirkung $A \times B$	$(a-1)(b-1)$	$SQ_{A \times B}$	$MQ_{A \times B}$	$F_{A \times B}$
Residual	$N - ab = ab(r-1)$	$SQ_{Residual}$	$MQ_{Residual}$	
Total	$N - 1$	SQ_{Total}		

Wird H_0 dagegen nicht abgelehnt, so haben die Testergebnisse für H_0: $\alpha_i = 0$ gegen H_1: $\alpha_i \neq 0$ (mindestens zwei i) mit $F_A = \frac{MQ_A}{MQ_{Residual}}$ und für H_0: $\beta_j = 0$ gegen H_1: $\beta_j \neq 0$ (mindestens zwei j) mit $F_B = \frac{MQ_B}{MQ_{Residual}}$ eine interpretierbare Bedeutung im Modell (10.50).

Falls nur ein Faktor signifikant ist (z.B. A), reduziert sich das Modell weiter auf ein balanciertes einfaktorielles Modell mit a Faktorstufen mit jeweils br Wiederholungen:

$$y_{ijk} = \mu + \alpha_i + \epsilon_{ijk}. \qquad (10.52)$$

Beispiel 10.5.1. Es soll der Einfluß zweier Faktoren A (Werbung) und B (Management, hier: Stammkundenkartei nein/ja) auf den Umsatz eines Kaufhauskonzerns geklärt werden. Dazu werden A (niedrig, hoch) und B (nein, ja) in jeweils zwei Stufen angewandt und je $r = 2$ Wiederholungen (in verschiedenen Filialen) durchgeführt. Damit sind $a = b = r = 2$ und $N = abr = 8$. Die Versuchseinheiten (Filialen) werden den Behandlungen randomisiert zugewiesen.

Wir berechnen aus Tabelle 10.15:

$$C = 77.6^2/8 = 752.72,$$
$$SQ_{Total} = 866.92 - C = 114.20,$$

$$SQ_A = \frac{1}{4}(39.6^2 + 38.0^2) - C$$
$$= 753.04 - 752.72 = 0.32,$$
$$SQ_B = \frac{1}{4}(26.4^2 + 51.2^2) - C$$
$$= 892.60 - 752.72 = 76.88,$$
$$SQ_{Subtotal} = \frac{1}{2}(17.8^2 + 21.8^2 + 8.6^2 + 29.4^2) - C$$
$$= 865.20 - 752.72 = 112.48,$$
$$SQ_{A \times B} = SQ_{Subtotal} - SQ_A - SQ_B = 35.28,$$
$$SQ_{Residual} = 114.20 - 35.28 - 0.32 - 76.88$$
$$= 1.72.$$

Tabelle 10.15. Einzelne Responsewerte und totaler Response im Beispiel 10.5.1

A	B 1		2	
1	8.6	9.2	10.4	11.4
2	4.7	3.9	14.1	15.3

A	B 1	2	$\sum$
1	17.8	21.8	39.6
2	8.6	29.4	38.0
$\sum$	26.4	51.2	77.6

Tabelle 10.16. Tafel der Varianzanalyse im Beispiel 10.5.1

Ursache	df	SQ	MQ	F	
Faktor A	1	0.32	0.32	0.74	
Faktor B	1	76.88	76.88	178.79	*
Wechselwirkung $A \times B$	1	35.28	35.28	82.05	*
Residual	4	1.72	0.43		
Total	7	114.20			

Ergebnis: Der Test auf Wechselwirkung gemäß Tabelle 10.16 ergibt mit $F_{A \times B} = 82.05 > 7.71 = f_{1,4;0.95}$ eine Ablehnung von H_0: „Keine Wechselwirkung", so daß das saturierte Modell (10.28) (mit Wechselwirkung) gültig ist (vgl. auch Abbildung 10.7). Eine Reduzierung auf ein Einfaktormodell ist damit trotz des nichtsignifikanten Haupteffekts A nicht möglich.

Mit SPSS erhalten wir die Ausgabe in Abbildung 10.8

Beispiel 10.5.2. In einem anderen Kaufhauskonzern seien in einem vergleichbaren Experiment folgende Ergebnisse erzielt worden (vgl. Tabelle 10.17 für die Originalwerte und für den totalen Response):

Wir berechnen

10.5 Zweifaktorielle Varianzanalyse mit Wechselwirkung

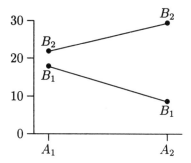

Abb. 10.7. Signifikante Wechselwirkung (Beispiel 10.5.1)

ANOVA[a,b]

			Sum of Squares	df	Mean Square	F	Sig.
			\multicolumn{5}{c	}{Unique Method}
Y_IJK	Main Effects	(Combined)	77,200	2	38,600	89,767	,000
		MANAGE	76,880	1	76,880	178,791	,000
		WERBUNG	,320	1	,320	,744	,437
	2-Way Interactions	MANAGE * WERBUNG	35,280	1	35,280	82,047	,001
	Model		112,480	3	37,493	87,194	,000
	Residual		1,720	4	,430		
	Total		114,200	7	16,314		

a. Y_IJK by MANAGE, WERBUNG
b. All effects entered simultaneously

Abb. 10.8. SPSS-Output zu Beispiel 10.5.1

Tabelle 10.17. Einzelne Responsewerte und totaler Response im Beispiel 10.5.2

	\multicolumn{4}{c}{B}			\multicolumn{3}{c}{B}	
A	\multicolumn{2}{c}{1}	\multicolumn{2}{c}{2}		A	1	2	Σ
1	4	6	12	8		1	10	20	30
2	8	12	24	16		2	20	40	60
						Σ	30	60	90

$$N = 2 \cdot 2 \cdot 2 = 8,$$
$$C = 90^2/8 = 1012.50,$$
$$SQ_{Total} = 1300 - C = 287.50,$$
$$SQ_A = \frac{1}{4}(30^2 + 60^2) - C$$
$$= 1125 - C = 112.50,$$
$$SQ_B = \frac{1}{4}(30^2 + 60^2) - C = 112.50,$$
$$SQ_{Subtotal} = \frac{1}{2}(10^2 + 20^2 + 20^2 + 40^2) - C$$
$$= 1250 - C = 237.50,$$

$$SQ_{A\times B} = SQ_{Subtotal} - SQ_A - SQ_B = 12.50\,,$$
$$SQ_{Residual} = SQ_{Total} - SQ_A - SQ_B - SQ_{A\times B} = 50\,.$$

Tabelle 10.18. Tafel der Varianzanalyse im saturierten Modell (Beispiel 10.5.2)

Ursache	df	SQ	MQ	F	
Faktor A	1	112.50	112.50	9.00	*
Faktor B	1	112.50	112.50	9.00	*
Wechselwirkung $A \times B$	1	12.50	12.50	1.00	
Residual	4	50.00	12.50		
Total	7	287.50			

Mit SPSS erhalten wir die Ausgabe in Abbildung 10.9.

ANOVA[a,b]

			Unique Method			
			Sum of Squares	df	Mean Square	F	Sig.
Z_IJK	Main Effects	(Combined)	225,000	2	112,500	9,000	,033
		MANAGE	112,500	1	112,500	9,000	,040
		WERBUNG	112,500	1	112,500	9,000	,040
	2-Way Interactions	MANAGE * WERBUNG	12,500	1	12,500	1,000	,374
	Model		237,500	3	79,167	6,333	,053
	Residual		50,000	4	12,500		
	Total		287,500	7	41,071		

a. Z_IJK by MANAGE, WERBUNG
b. All effects entered simultaneously

Abb. 10.9. SPSS-Output zu Beispiel 10.5.2

Ergebnis: Zunächst prüfen wir auf Wechselwirkung (Tabelle 10.18). Die Hypothese H_0: $(\alpha\beta)_{ij} = 0$ wird wegen $F_{A\times B} = 1 < 7.71 = f_{1,4;0.95}$ nicht abgelehnt. Damit gehen wir vom Modell (10.28) zum Modell (10.50) mit den beiden Haupteffekten A und B (Modell ohne Wechselwirkung, Unabhängigkeitsmodell) über. $SQ_{A\times B}$ wird zu $SQ_{Residual}$ addiert. Wir erhalten die Tabelle 10.19.

Wegen $F_A = F_B = 9 > 6.61 = f_{1,5;0.95}$ werden $H_0 : \alpha_1 = \ldots = \alpha_a = 0$ und $H_0 : \beta_1 = \ldots = \beta_b = 0$ abgelehnt.

Mit SPSS erhalten wir hier die Werte wie in Abbildung 10.10

Interpretation: Die beiden Faktoren A (Werbung) und B (Management) haben beide einen signifikanten Einfluß auf den Umsatz, sie wirken beide unabhängig. Aus Tabelle 10.17 und Abbildung 10.11 entnehmen wir, daß der Umsatz maximal wird für die Wahl der Faktorstufen A_2 (Werbung hoch) und B_2 (Stammkundenkartei ja).

10.5 Zweifaktorielle Varianzanalyse mit Wechselwirkung

Tabelle 10.19. Tafel der Varianzanalyse im Unabhängigkeitsmodell (Beispiel 10.5.2)

Ursache	df	SQ	MQ	F	
A	1	112.50	112.50	9.00	*
B	1	112.50	112.50	9.00	*
Residual	5	62.50	12.50		
Total	287.50	7			

ANOVA[a,b]

			Unique Method			
			Sum of Squares	df	Mean Square	F	Sig.
Z_IJK	Main Effects	(Combined)	225,000	2	112,500	9,000	,022
		MANAGE	112,500	1	112,500	9,000	,030
		WERBUNG	112,500	1	112,500	9,000	,030
	Model		225,000	2	112,500	9,000	,022
	Residual		62,500	5	12,500		
	Total		287,500	7	41,071		

a. Z_IJK by MANAGE, WERBUNG
b. All effects entered simultaneously

Abb. 10.10. Fortsetzung: SPSS-Output zu Beispiel 10.5.2

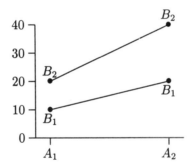

Abb. 10.11. Nichtsignifikante Wechselwirkung im Beispiel 10.5.2

10.6 Aufgaben und Kontrollfragen

Aufgabe 10.1: In einem Feldversuch werden drei Dünger eingesetzt. Die Tafel der Varianzanalyse lautet

	df	SQ	MQ	F
Faktor A		50		
Residual				
Total	32	350		

Wie lautet die zu prüfende Hypothese? Wie lautet die Testentscheidung?

Aufgabe 10.2: Drei Studentengruppen erreichten in den Übungsblättern zur Vorlesung Statistik I nachfolgende Punktwerte:

Gruppe 1	Gruppe 2	Gruppe 3
32	34	38
39	37	40
45	42	43
47	54	48
53	60	52
59	75	61
71		80
85		95

Vergleichen Sie diese Ergebnisse mit einem geeigneten Verfahren unter der Annahme einer Normalverteilung.

Aufgabe 10.3: Wie sind folgende Testergebnisse zu interpretieren? Formulieren Sie die entsprechenden zweifaktoriellen Modelle.

a) F_A * F_B * $F_{A\times B}$ *

b) F_A * F_B * $F_{A\times B}$

c) F_A F_B $F_{A\times B}$ *

d) F_A * F_B $F_{A\times B}$ *

e) F_A F_B * $F_{A\times B}$

Aufgabe 10.4: Führen Sie folgenden Test im zweifaktoriellen Modell mit festen Effekten durch, und geben Sie das endgültige Modell an.

	df	SQ	MQ	F
Faktor A	1	130		
Faktor B	2	630		
Wechselwirkung $A \times B$	2	40		
Residual	18	150		
Total	23			

Aufgabe 10.5: Interpretieren Sie das nachfolgende SPSS-Listing. Wie gehen Sie weiter vor?

Tests of Between-Subjects Effects

Dependent Variable: CURRENT SALARY

Source	Type III Sum of Squares	df	Mean Square	F	Sig.
Model	1,1E+11[a]	13	8,1E+09	556,162	,0000
JOBCAT	6,2E+09	6	1,0E+09	70,545	,0000
MINORITY	5,5E+07	1	5,5E+07	3,753	,0533
JOBCAT * MINORITY	1,7E+08	5	3,5E+07	2,377	,0380
Error	6,7E+09	461	1,5E+07		
Total	1,1E+11	474			

a. R Squared = ,940 (Adjusted R Squared = ,938)

11. Analyse von Kontingenztafeln

11.1 Zweidimensionale kategoriale Zufallsvariablen

Im Kapitel 9 über Regressionsmodelle haben wir den Zusammenhang zwischen zwei metrischen Zufallsvariablen X und Y untersucht und modelliert. In diesem Kapitel betrachten wir ebenfalls zwei Variablen X und Y, setzen jedoch voraus, daß X und Y entweder kategoriale Zufallsvariablen (ordinal oder nominal) oder kategorisierte stetige Zufallsvariablen sind. Die vorgestellten Methoden sind für nominale und ordinale Variablen anwendbar, nutzen jedoch im Fall ordinaler Variablen den damit verbundenen Informationsgewinn nicht aus.

Beispiele.

- X: Raucher/Nichtraucher
  Y: Krankheit ja/nein
- X: Schulbildung (niedrig, mittel, hoch)
  Y: Verdienstklasse (< 5000, $5000 - 10000$, > 10000 DM/Monat)
- X: Werbemittel (Zeitung, TV, Sonderangebote)
  Y: Umsatz (fallend, gleichbleibend, steigend)
- X: Studienfach (BWL, VWL)
  Y: Leistungen in Statistik (schlecht, gut, sehr gut)
- X: Behandlung (A, B, C)
  Y: Therapieerfolg (ja, nein)

Die beiden Zufallsvariablen X und Y bilden den zweidimensionalen Zufallsvektor (X, Y), dessen gemeinsame Verteilung untersucht wird. Von Interesse ist die Hypothese H_0: „X und Y sind unabhängig". Bei Ablehnung der Hypothese wird man – wie im Regressionsmodell – versuchen, den Zusammenhang näher zu untersuchen (z.B. auf Trends) bzw. durch ein geeignetes Modell zu erfassen. Die Zufallsvariable X habe I Ausprägungen $x_1, \ldots, x_I$, die durch die Kodierung $i = 1, \ldots, I$ dargestellt werden. Analog habe Y J Ausprägungen $y_1, \ldots, y_J$ mit der Kodierung $j = 1, \ldots, J$. Werden an Objekten jeweils beide Zufallsvariablen beobachtet, so ergeben sich $I \times J$ mögliche (Kreuz-) Klassifikationen. Die gemeinsame Verteilung von (X, Y) wird durch die Wahrscheinlichkeiten

11. Analyse von Kontingenztafeln

$$P(X = i, Y = j) = \pi_{ij}$$

definiert, wobei $\sum_{i=1}^{I} \sum_{j=1}^{J} \pi_{ij} = 1$ gilt.

Anmerkung. Wir verwenden hier die im Zusammenhang mit Kontingenztafeln allgemein übliche Schreibweise π_{ij} für die Wahrscheinlichkeiten p_{ij}.

Die Randwahrscheinlichkeiten erhält man durch zeilen- bzw. spaltenweises Aufsummieren:

$$P(X = i) = \pi_{i+} = \sum_{j=1}^{J} \pi_{ij}, \quad i = 1, \ldots, I,$$

$$P(Y = j) = \pi_{+j} = \sum_{i=1}^{I} \pi_{ij}, \quad j = 1, \ldots, J.$$

Es gilt

$$\sum_{i=1}^{I} \pi_{i+} = \sum_{j=1}^{J} \pi_{+j} = 1.$$

Tabelle 11.1. Gemeinsame Verteilung und Randverteilungen von X und Y

		\multicolumn{4}{c}{Y}			
		1	2	...	J	
X	1	π_{11}	π_{12}	...	π_{1J}	π_{1+}
	2	π_{21}	π_{22}	...	π_{2J}	π_{2+}
	⋮	⋮	⋮		⋮	⋮
	I	π_{I1}	π_{I2}	...	π_{IJ}	π_{I+}
		π_{+1}	π_{+2}	...	π_{+J}	

Die Wahrscheinlichkeiten $\{\pi_{1+}, \ldots, \pi_{I+}\}$ und $\{\pi_{+1}, \ldots, \pi_{+J}\}$ definieren dann die Randverteilungen von X und Y. Sind X und Y Zufallsvariablen, dann ist die bedingte Verteilung von Y gegeben $X = i$ definiert durch die Wahrscheinlichkeiten

$$P(Y = j | X = i) = \pi_{j|i} = \frac{\pi_{ij}}{\pi_{i+}} \quad \forall j. \tag{11.1}$$

Die Wahrscheinlichkeiten $\{\pi_{1|i}, \ldots, \pi_{J|i}\}$ bilden also die bedingte Verteilung von Y auf der Stufe i von X. Analog wird die bedingte Verteilung von X gegeben $Y = j$ definiert durch die Wahrscheinlichkeiten $\{\pi_{1|j}, \ldots, \pi_{I|j}\}$ mit

$$P(X = i | Y = j) = \pi_{i|j} = \frac{\pi_{ij}}{\pi_{+j}} \quad \forall i. \tag{11.2}$$

Anmerkung. Wir müssen in (11.1) und (11.2) $\pi_{i+} > 0$ und $\pi_{+j} > 0$ für alle i,j voraussetzen, damit die bedingten Wahrscheinlichkeiten eindeutig definiert sind.

Beispiel 11.1.1. Sei $I = J = 2$. Die gemeinsame Verteilung von X und Y (ohne Klammern) und die bedingte Verteilung von X gegeben Y (mit Klammern) sind in der nachfolgenden 2 × 2-Tafel dargestellt:

		Y		
		1	2	
X	1	π_{11}	π_{12}	$\pi_{11} + \pi_{12} = \pi_{1+}$
		$(\pi_{1|1})$	$(\pi_{1|2})$	$(\pi_{1|1} + \pi_{1|2} = 1)$
	2	π_{21}	π_{22}	$\pi_{21} + \pi_{22} = \pi_{2+}$
		$(\pi_{2|1})$	$(\pi_{2|2})$	$(\pi_{2|1} + \pi_{2|2} = 1)$
		π_{+1}	π_{+2}	1
		(1)	(1)	

11.2 Unabhängigkeit

Wir haben bereits in (3.13) die Bedingung für die Unabhängigkeit zweier diskreter Zufallsvariablen angegeben. Wir wiederholen diese Bedingung in der aktuellen Schreibweise der Kontingenztafel.

Die Variablen X und Y der Kontingenztafel heißen unabhängig, falls alle gemeinsamen Wahrscheinlichkeiten gleich dem Produkt der Randwahrscheinlichkeiten sind:

$$\pi_{ij} = \pi_{i+}\pi_{+j} \quad \forall i,j. \tag{11.3}$$

Sind X und Y unabhängig gemäß Definition (11.3), dann gilt:

$$P(Y = j | X = i) = \pi_{j|i} = \frac{\pi_{ij}}{\pi_{i+}} = \frac{\pi_{i+}\pi_{+j}}{\pi_{i+}} = \pi_{+j} \quad \forall i.$$

D.h., jede bedingte Verteilung von Y gegeben X ist gleich der Randverteilung von Y unabhängig von der Stufe i der Variablen X. Im Fall der Unabhängigkeit gilt genauso

$$P(X = i | Y = j) = \pi_{i|j} = \frac{\pi_{ij}}{\pi_{+j}} = \frac{\pi_{i+}\pi_{+j}}{\pi_{+j}} = \pi_{i+} \quad \forall j.$$

Anmerkung. Oftmals ist es sinnvoll, Y als Responsevariable und X als nichtstochastische Variable aufzufassen. In diesem Fall ist man am Vergleich der bedingten Verteilungen von Y auf jeder Stufe i von X interessiert. Man sagt dann, X hat keinen Einfluß auf Y, wenn gilt:

$$\pi_{j|1} = \pi_{j|2} = \ldots = \pi_{j|I} \quad \forall j.$$

11.3 Inferenz in Kontingenztafeln

Wir setzen voraus, daß wir in einer zufälligen Stichprobe die Häufigkeiten n_{ij} ($i = 1, \ldots, I$, $j = 1, \ldots, J$) der (i,j)-ten Ausprägung der Zufallsvariablen (X, Y) beobachtet haben. Die Häufigkeiten werden in einer Kontingenztafel zusammengefaßt:

		\multicolumn{5}{c}{Y}
		1	2	$\cdots$	J	
	1	n_{11}	n_{12}	$\cdots$	n_{1J}	n_{1+}
	2	n_{21}	n_{22}	$\cdots$	n_{2J}	n_{2+}
X	$\vdots$	$\vdots$	$\vdots$		$\vdots$	$\vdots$
	I	n_{I1}	n_{I2}	$\cdots$	n_{IJ}	n_{I+}
		n_{+1}	n_{+2}	$\cdots$	n_{+J}	n

Dabei ist

n_{i+} die i-te Zeilensumme,
n_{+j} die j-te Spaltensumme,
n die Gesamtzahl der Beobachtungen.

Die statistischen Methoden für Kontingenztafeln treffen bestimmte Annahmen über das Zustandekommen einer vorliegenden Kontingenztafel von beobachteten Häufigkeiten. Als gängige Modelle werden das Poissonschema, das unabhängige Multinomialschema und das Produktmultinomialschema verwendet. Zur Vereinfachung der Notation numerieren wir die $I \times J = N$ Zellen der Kontingenztafel (zeilenweise) durch und erhalten die beobachteten Zellhäufigkeiten $\{n_1, \ldots, n_N\}$ mit $n = \sum_{i=1}^{N} n_i$. Die Erwartungswerte $E(n_i)$ bezeichnen wir mit m_i. Diese nennen wir die erwarteten Zellhäufigkeiten $\{m_1, \ldots, m_N\}$.

11.3.1 Stichprobenschemata für Kontingenztafeln

Poissonstichprobenschema

Da die n_i nichtnegative ganze Zahlen sind, sollte eine Stichprobenverteilung ihre Wahrscheinlichkeitsmasse auf diesen Bereich konzentrieren. Eine der einfachsten dieser Verteilungen ist die Poissonverteilung (vgl. Abschnitt 4.2.7). Sie ist durch einen Parameter, nämlich λ charakterisiert. Für die Wahrscheinlichkeitsfunktion einer poissonverteilten Zufallsvariablen Z_i gilt mit $\lambda = m_i$

$$P(Z_i = n_i) = \frac{m_i^{n_i}}{n_i!} \exp(-m_i), \quad n_i = 0, 1, 2, \ldots \quad (11.4)$$

und

$$\mathrm{Var}(Z_i) = \mathrm{E}(Z_i) = m_i.$$

Das Poissonstichprobenschema geht also davon aus, daß die beobachteten Häufigkeiten $\{n_i\}$ Realisationen von N unabhängigen Poisson-Zufallsvariablen Z_i mit Parameter m_i sind. Die Wahrscheinlichkeitsfunktion der gemeinsamen Verteilung der $Z_i, i = 1, \ldots, N$ ist wegen der Unabhängigkeit damit das Produkt der N Wahrscheinlichkeitsfunktionen (11.4)

$$P(Z_1 = n_1, \ldots, Z_N = n_N) = \prod_{i=1}^{N} P(Z_i = n_i).$$

Der Stichprobenumfang $n = \sum n_i$ ist damit selbst zufällig und wegen des Additionssatzes der Poissonverteilung (Satz 4.2.2) Realisation einer poissonverteilten Zufallsvariablen mit dem Parameter $\sum m_i$.

Multinomialstichprobenschema

Die Tatsache des zufälligen Stichprobenumfangs n beim Poissonstichprobenschema mag ungewöhnlich erscheinen. Wenn wir vom Poissonstichprobenschema ausgehen und anschließend auf den Stichprobenumfang n bedingen (d.h., n wird festgehalten), dann sind die n_i keine Realisationen von poissonverteilten Zufallsvariablen mehr, da z.B. kein n_i größer als n sein kann. Für die bedingte Wahrscheinlichkeit einer Menge $\{n_i\}$ erhalten wir (vgl. Agresti, 1990)

$$P(n_i \text{ Beobachtungen in Zelle } i \mid \sum_{i=1}^{N} n_i = n)$$
$$= \frac{P(n_i \text{ Beobachtungen in Zelle } i)}{P(\sum_{i=1}^{N} n_i = n)}$$
$$= \frac{\prod_{i=1}^{N} \exp(-m_i) m_i^{n_i}/n_i!}{\exp(-\sum_{i=1}^{N} m_i)(\sum_{i=1}^{N} m_i)^n/n!}$$
$$= \frac{n!}{\prod_{i=1}^{N} n_i!} \prod_{i=1}^{N} \pi_i^{n_i} \qquad (11.5)$$

mit

$$\pi_i = m_i / (\sum_{k=1}^{N} m_k) \quad i = 1, \ldots, N-1,$$
$$\pi_N = 1 - \sum_{i=1}^{N-1} \pi_i.$$

Die bedingte Wahrscheinlichkeit in (11.5) ist die Wahrscheinlichkeitsfunktion der Multinomialverteilung $M(n; \pi_1, \ldots, \pi_N)$ (vgl. (4.17)), die durch den jetzt festen Stichprobenumfang n und die Zellwahrscheinlichkeiten π_i charakterisiert ist. Ist $N = 2$, so ist die Multinomialverteilung gleich der Binomialverteilung $B(n; \pi_i)$ mit $\mathrm{E}(n_i) = n\pi_i$ und $\mathrm{Var}(n_i) = n\pi_i(1 - \pi_i)$.

Beim Multinomialstichprobenschema gehen wir also von n unabhängigen Beobachtungen aus einer diskreten Verteilung mit N Kategorien aus. Die Wahrscheinlichkeit, daß die diskrete Variable die Kategorie i annimmt, ist π_i.

Produktmultinomialstichprobenschema

Eine Abwandlung des Multinomialstichprobenschemas aus dem vorhergehenden Abschnitt erhält man durch folgende Überlegung. Wir nehmen an, daß Beobachtungen einer kategorialen Responsevariablen Y (J Kategorien) zu verschiedenen Stufen einer erklärenden Variablen X vorliegen. In der Zelle ($X = i, Y = j$) werden n_{ij} Besetzungen beobachtet. Angenommen, die $n_{i+} = \sum_{j=1}^{J} n_{ij}$ Beobachtungen von Y zur i-ten Kategorie von X seien unabhängig mit der Verteilung $\{\pi_{1|i}, \ldots, \pi_{J|i}\}$, dann sind die beobachteten Zellhäufigkeiten $\{n_{ij}, j = 1, \ldots, J\}$ in der i-ten Kategorie von X Realisationen aus einer Multinomialverteilung gemäß

$$\frac{n_{i+}!}{\prod_{j=1}^{J} n_{ij}!} \prod_{j=1}^{J} \pi_{j|i}^{n_{ij}} \quad (i = 1, \ldots, I). \tag{11.6}$$

Falls darüber hinaus auch die Stichproben über die i Stufen von X unabhängig sind, ist die gemeinsame Verteilung der n_{ij} über die $I \times J$ Zellen das Produkt der I Multinomialverteilungen aus (11.6). Wir bezeichnen dies mit Produktmultinomialstichprobenschema oder als unabhängige multinomiale Stichprobe.

11.3.2 Maximum-Likelihood-Schätzung-bei Multinomialschema

Gegeben seien die beobachteten Zellbesetzungen $\{n_i : i = 1, 2, \ldots, N\}$. Die Likelihoodfunktion ist dann definiert als Funktion der unbekannten Parameter, in diesem Fall $\{\pi_i : i = 1, 2, \ldots, N\}$, nach der Beobachtung $\{n_i : i = 1, 2, \ldots, N\}$. Die Maximum-Likelihood-Schätzung für diese Parameter ist das Maximum der Likelihoodfunktion

$$\max_{\{\pi_i\}} L = \max_{\{\pi_i\}} \frac{n!}{\prod_{i=1}^{N} n_i!} \prod_{i=1}^{N} \pi_i^{n_i}. \tag{11.7}$$

Wir suchen also eine Menge $\{\pi_i : i = 1, 2, \ldots, N\}$, für die L maximal wird. Dies ist äquivalent zum Problem

$$\max_{\{\pi_i\}} \prod_{i=1}^{N} \pi_i^{n_i}$$

und wegen der strengen Monotonie des natürlichen Logarithmus wiederum äquivalent zum Maximierungsproblem

$$\max_{\{\pi_i\}} \ln L = \max_{\{\pi_i\}} \sum_{i=1}^{N} n_i \ln(\pi_i). \tag{11.8}$$

Zur Bestimmung des Maximums muß die Loglikelihood (11.8) partiell nach $\pi_i, i = 1, \ldots, N$ differenziert werden.

Mit den Nebenbedingungen $\pi_i > 0$, $i = 1, 2, \ldots, N$, $\sum_{i=1}^{N} \pi_i = 1$ folgt $\pi_N = 1 - \sum_{i=1}^{N-1} \pi_i$. Somit reduziert sich das Maximierungsproblem (11.8) auf

$$\max_{\{\pi_i\}} \ln L = \max_{\{\pi_i\}} \sum_{i=1}^{N-1} n_i \ln(\pi_i) + n_N \ln(1 - \sum_{i=1}^{N-1} \pi_i).$$

Da

$$\frac{\partial \pi_N}{\partial \pi_i} = -1 \quad, \quad i = 1, 2, \ldots, N-1\,,$$

gilt

$$\frac{\partial \ln \pi_N}{\partial \pi_i} = \frac{1}{\pi_N} \cdot \frac{\partial \pi_N}{\partial \pi_i} = \frac{-1}{\pi_N} \quad, \quad i = 1, 2, \ldots, N-1\,.$$

Differentiation nach π_i liefert die zu lösenden Gleichungen

$$\frac{\partial \ln L}{\partial \pi_i} = \frac{n_i}{\pi_i} - \frac{n_N}{\pi_N} = 0 \quad, \quad i = 1, 2, \ldots, N-1\,.$$

Die Lösung nach der ML-Methode erfüllt damit

$$\frac{\hat{\pi}_i}{\hat{\pi}_N} = \frac{n_i}{n_N} \quad i = 1, 2, \ldots, N-1,$$

also

$$\hat{\pi}_i = \hat{\pi}_N \frac{n_i}{n_N}.$$

Nun gilt:

$$\sum_{i=1}^{N} \hat{\pi}_i = 1 = \frac{\hat{\pi}_N \sum_{i=1}^{N} n_i}{n_N} = \frac{\pi_N n}{n_N}.$$

Daraus erhalten wir die Lösungen

$$\hat{\pi}_N = \frac{n_N}{n} = f_N\,,$$
$$\hat{\pi}_i = \frac{n_i}{n} = f_i, \quad i = 1, 2, \ldots, N-1\,.$$

Die Maximum-Likelihood-Schätzungen der π_i sind die relativen Häufigkeiten f_i. Als Schätzung der erwarteten Häufigkeiten erhält man

$$\hat{m}_i = n\hat{\pi}_i = nf_i = n\frac{n_i}{n} = n_i\,. \qquad (11.9)$$

Ohne weitere Einschränkungen sind also die geschätzten erwarteten Häufigkeiten gleich den beobachteten Häufigkeiten. Man kann zeigen, daß die ML-Schätzungen für die Parameter m_i bei Verwendung des Poissonstichprobenschemas ebenfalls durch (11.9) gegeben sind.

Kehren wir zur üblichen (anfangs eingeführten) Notation in $I \times J$-Kontingenztafeln zurück, so gilt unter der Annahme, daß X und Y unabhängig sind, nach (11.3)

$$\pi_{ij} = \pi_{i+}\pi_{+j}\,.$$

Die ML-Schätzungen unter dieser Annahme lauten dann

$$\hat{\pi}_{ij} = p_{i+}p_{+j} = \frac{n_{i+}n_{+j}}{n^2}$$

mit den erwarteten Zellhäufigkeiten

$$\hat{m}_{ij} = n\hat{\pi}_{ij} = \frac{n_{i+}n_{+j}}{n}\,. \qquad (11.10)$$

χ^2-Unabhängigkeitstest

In Zweifach-Kontingenztafeln mit multinomialem Stichprobenschema sind H_0: „X und Y sind statistisch unabhängig" und H_0: $\pi_{ij} = \pi_{i+}\pi_{+j}$ $\forall i,j$ äquivalent. Als Teststatistik erhalten wir Pearson's χ^2-Statistik in der Gestalt

$$C = \sum_{i=1}^{I}\sum_{j=1}^{J} \frac{(n_{ij} - m_{ij})^2}{m_{ij}}\,,$$

wobei die $m_{ij} = n\pi_{ij} = n\pi_{i+}\pi_{+j}$ (erwartete Zellhäufigkeiten unter H_0) unbekannt sind. Mit der Schätzung $\hat{m}_{ij}$ aus (11.10) erhalten wir

$$c = \sum_{i=1}^{I}\sum_{j=1}^{J} \frac{(n_{ij} - \hat{m}_{ij})^2}{\hat{m}_{ij}}\,. \qquad (11.11)$$

Für die Freiheitsgrade gilt bei $I \times J$ Kategorien: Bei einer Randbedingung $\sum \pi_{ij} = 1$ hat die theoretische Verteilung (Population) $I \cdot J - 1$ Freiheitsgrade. Die erwarteten Häufigkeiten m_{ij} enthalten dagegen $I + J$ Parameter π_{i+} und π_{+j}, die geschätzt werden müssen. Mit den Nebenbedingungen $\sum \pi_{i+} = \sum \pi_{+j} = 1$ sind dann jeweils nur $(I-1)$ bzw. $(J-1)$ Parameter zu schätzen. Allgemein erhalten wir die Freiheitsgrade als Differenz der Freiheitsgrade der Population und der Anzahl der geschätzten Parameter. Hier gilt also $(I \cdot J - 1) - (I - 1) - (J - 1) = (I-1)(J-1)$.

Testentscheidung Wir lehnen H_0 ab, falls $c > c_{(I-1)(J-1);1-\alpha}$ gilt.

11.3.3 Exakter Test von Fisher für 2 × 2-Tafeln

Der exakte Test von Fisher, den wir in Abschnitt 7.6.3 vorgestellt haben, prüft die Differenz zweier Wahrscheinlichkeiten p_1 und p_2.

Es läßt sich zeigen (vgl. Rüger, 1996), daß dieser Test sich auch als Test auf Unabhängigkeit in 2 × 2-Kontingenztafeln mit geringem Stichprobenumfang verwenden läßt.

11.3.4 Maximum-Likelihood-Quotienten-Test auf Unabhängigkeit

Der Maximum-Likelihood-Quotienten-Test (MLQ-Test) ist eine generelle Methode zum Prüfen einer Hypothese H_0 gegen eine Alternative H_1. Die grundlegende Idee bei hierarchischen Modellen ist, die Likelihoodfunktion L unter H_0 sowie unter $H_0 \cup H_1$ zu maximieren. Die Teststatistik Λ erhält man als Quotienten

$$\Lambda = \frac{\max_{H_0} L}{\max_{H_0 \cup H_1} L} \leq 1.$$

Definieren wir $G^2 = -2 \ln \Lambda$ (vgl. Wilks, 1938), so gilt

$$G^2 = -2 \ln \Lambda \overset{approx.}{\sim} \chi^2_{df}. \tag{11.12}$$

Die Zahl der Freiheitsgrade (df) ergibt sich als Differenz der Dimensionen der Parameterräume unter $H_0 \cup H_1$ und unter H_0.

Wollen wir die Hypothese der Unabhängigkeit

$$H_0 : \pi_{ij} = \pi_{i+}\pi_{+j}$$

gegen die Alternative

$$H_1 : \pi_{ij} \neq \pi_{i+}\pi_{+j}$$

testen, so wird die Likelihood unter H_0 maximal für $\hat{\pi}_{ij} = \frac{n_{i+}n_{+j}}{n^2}$ und unter $H_0 \cup H_1$ maximal für $\hat{\pi}_{ij} = \frac{n_{ij}}{n}$. Die Teststatistik lautet daher

$$\Lambda = \frac{\prod_{i=1}^{I} \prod_{j=1}^{J} (n_{i+}n_{+j})^{n_{ij}}}{n^n \prod_{i=1}^{I} \prod_{j=1}^{J} n_{ij}^{n_{ij}}}.$$

Für Wilks's G^2 folgt

$$G^2 = -2 \ln \Lambda = 2 \sum_{i=1}^{I} \sum_{j=1}^{J} n_{ij} \ln \left(\frac{n_{ij}}{\hat{m}_{ij}} \right), \tag{11.13}$$

wobei $\hat{m}_{ij} = n_{i+}n_{+j}/n$ die Schätzungen der erwarteten Häufigkeiten unter H_0 darstellen (vgl. (11.10)). Falls H_0 wahr ist, wird Λ groß, d.h. nahe bei 1, und G^2 klein. Deshalb besteht die kritische Region dieses Tests aus großen G^2-Werten. Die Hypothese H_0 wird abgelehnt für $G^2 > c_{(I-1)(J-1);1-\alpha}$.

Anmerkung. Die Zahl der Freiheitsgrade der Teststatistik G^2 aus (11.13) ergibt sich durch die Differenz der Dimensionen der Parameterräume unter $H_0 \cup H_1$ und unter H_0. Unter $H_0 \cup H_1$ schätzen wir $(IJ-1)$ Parameter, unter H_0 schätzen wir die $(I-1)$ Parameter der Randverteilung von X und die $J-1$ Parameter der Randverteilung von Y. Damit ergibt sich

$$\begin{aligned} df &= (IJ-1) - (I-1) - (J-1) \\ &= IJ - I - J + 1 \\ &= I(J-1) - (J-1) \\ &= (I-1)(J-1). \end{aligned}$$

11.4 Differenziertere Untersuchung von $I \times J$-Tafeln

Die Schätzungen $\hat{m}_{ij} = \frac{n_{i+} n_{+j}}{n}$ in C (11.11) und G^2 (11.13) hängen von den Zeilen- und Spaltenrandsummen ab, aber nicht von der Anordnung der Zeilen und Spalten. C und G^2 verändern sich nicht, falls Permutationen von Zeilen (oder Spalten) durchgeführt werden. Die Zeilen und Spalten werden als nominale Variablen behandelt. Ist zumindest eine dieser Variablen ordinal skaliert, so verschenken wir Information, da bei ordinalen Variablen schärfere Tests existieren.

Für unser weiteres Vorgehen benötigen wir eine Zerlegung der χ^2-verteilten Teststatistik G^2 in unabhängige Komponenten. Hierfür gilt der folgende fundamentale Satz:

Theorem 11.4.1 (Cochran). *Seien $z_i \sim N(0,1)$, $i = 1, \ldots, v$ unabhängige Zufallsvariablen und sei folgende disjunkte Zerlegung*

$$\sum_{i=1}^{v} z_i^2 = Q_1 + Q_2 + \cdots + Q_s$$

mit $s \leq v$ gegeben. Damit sind die $Q_1, \ldots, Q_s$ unabhängige $\chi_{v_1}^2, \ldots, \chi_{v_s}^2$-verteilte Zufallsvariablen dann und nur dann, wenn

$$v = v_1 + \cdots + v_s$$

gilt.

Im Folgenden wollen wir diesen Satz auf Kontingenztafeln anwenden, um verschiedene Effekte herauszuarbeiten, z.B. Zusammenhangsnachweise mittels Zusammenfassung von Kategorien.

Zunächst werden wir $2 \times J$-Tafeln betrachten (d.h. $I = 2$). Hier erhalten wir

$$G^2 = -2 \ln \Lambda = 2 \sum_{i=1}^{2} \sum_{j=1}^{J} n_{ij} \ln \left(\frac{n_{ij}}{\hat{m}_{ij}} \right).$$

Ziel ist es, eine Zerlegung von G^2 in $J-1$ unabhängige χ_1^2-verteilte Größen $\tilde{G}_k^2$ für $J-1$ Vierfeldertafeln zu finden. Ein mögliches Schema hierfür ist

	Spalte		Spalte			Spalte	
	1	2	1+2	3	...	$1+2+\cdots+J-1$	J
1	n_{11}	n_{12}	$n_{11}+n_{12}$	n_{13}	...	$n_{11}+\cdots+n_{1J-1}$	n_{1J}
2	n_{21}	n_{22}	$n_{21}+n_{22}$	n_{23}	...	$n_{21}+\cdots+n_{2J-1}$	n_{2J}

G^2 läßt sich dann zerlegen als

$$G^2 = \sum_{k=1}^{J-1} \tilde{G}_k^2, \quad \tilde{G}_k^2 \sim \chi_1^2 \quad (k=1,\ldots,J-1) \ . \tag{11.14}$$

Dieses Schema sichert also, daß sich G^2 als Summe der $J-1$ Werte $\tilde{G}_k^2$ für die einzelnen Vierfeldertafeln ergibt. Es läßt sich zeigen, daß z.B. folgende Aufteilung keine unabhängigen Komponenten liefert: Es werden die $(J-1)$ 2×2-Tafeln als Kombination einer der ersten $J-1$ Spalten jeweils mit der J-ten Spalte gebildet. Die Summe dieser Komponenten ist auch nicht gleich G^2.

Die oben genannte Partitionierung läßt sich leicht auf $I \times J$-Tafeln verallgemeinern:

	Spalte		Spalte			Spalte	
	1	2	1+2	3	...	$1+2+\cdots+J-1$	J
1	n_{11}	n_{12}	$n_{11}+n_{12}$	n_{13}	...	$n_{11}+\cdots+n_{1J-1}$	n_{1J}
⋮	⋮	⋮	⋮	⋮		⋮	⋮
I	n_{I1}	n_{I2}	$n_{I1}+n_{I2}$	n_{I3}	...	$n_{I1}+\cdots+n_{IJ-1}$	n_{IJ}

wobei jede dieser Subtafeln unter H_0 eine χ_{I-1}^2-verteilte Teststatistik $\tilde{G}_k^2$ liefert, so daß eine Zerlegung analog zu (11.14) gilt.

Beispiel 11.4.1. Wir betrachten folgende Studie, die den Zusammenhang zwischen den ordinalen Variablen Werbung (X) und Umsatzsteigerung (Y) in einem Versandhaus untersucht. Die Variable Werbung (X) hat die Ausprägungen $x_1 = 1$ (keine Werbung), $x_2 = 2$ (ein Brief an die Kunden), $x_3 = 3$ (zwei und mehr Briefe an die Kunden). Die Variable Umsatzsteigerung (Y) hat die Ausprägungen $y_1 = 1$ (keine Bestellung), $y_2 = 2$ (eine Bestellung), $y_3 = 3$ (zwei und mehr Bestellungen). Die Kontingenztafel hat folgende Gestalt:

		Y			
		1	2	3	
	1	300	300	100	700
X	2	600	1000	200	1800
	3	1100	2000	400	3500
		2000	3300	700	6000

Wir gehen dabei nach folgendem Arbeitsplan vor:

1. Als Arbeitshypothese formulieren wir: X und Y sind abhängig.

11. Analyse von Kontingenztafeln

2. Daraus ergibt sich als statistische Hypothese H_0: X und Y sind unabhängig.
3. Somit ist der Fall für uns interessant, wenn H_0 abzulehnen ist. Nach Ablehnung von H_0 soll eine Analyse der Abhängigkeitsstruktur mittels der G^2-Zerlegung vorgenommen werden. Dabei werden wir die ordinale Struktur der Variablen dahingehend beachten, daß nur die Zusammenfassung benachbarter Kategorien sinnvoll ist.

Wir berechnen die bei Unabhängigkeit von X und Y erwarteten Zellbesetzungen $\hat{m}_{ij} = \frac{n_{i+}n_{+j}}{n}$:

		\multicolumn{3}{c}{Y}		
		1	2	3
	1	233.3	385.0	81.7
X	2	600.0	990.0	210.0
	3	1166.7	1925.0	408.3

Daraus erhalten wir als Pearson's χ^2-Statistik $C = 49.41 > 9.49 = c_{4;0.95}$ und $G^2 = 49.14 > 9.49$, so daß beide Tests die Hypothese H_0: „X und Y unabhängig" ablehnen.

Wir führen die G^2-Zerlegung zeilenweise durch, da nur die Variable X (Werbung) durch das Versandhaus beeinflußt werden kann:

		\multicolumn{3}{c}{Y}
		1	2	3
X	1	300	300	100
	2	600	1000	200

		\multicolumn{3}{c}{Y}
		1	2	3
X	1+2	900	1300	300
	3	1100	2000	400

Die unter H_0 erwarteten Besetzungen lauten mit $\hat{m}_{ij} = (n_{i+}n_{+j})/n$

		\multicolumn{3}{c}{Y}
		1	2	3
X	1	252	364	84
	2	648	936	216

		\multicolumn{3}{c}{Y}
		1	2	3
X	1+2	833.3	1375.0	291.7
	3	1166.7	1925.0	408.3

Es gilt

$$G^2 = 32.60 + 16.54 = 49.14,$$
$$df = 2 + 2 = 4.$$

Damit erhalten wir als vorläufiges Ergebnis: Sowohl das Verschicken eines Briefes wirkt sich (positiv) auf das Bestellverhalten der Kunden aus als auch das Versenden mehrerer Briefe (im Vergleich zum Versenden keines oder eines Briefes).

Wir wollen nun noch eine andere zulässige Zerlegung vornehmen, die uns zu einer schärferen Interpretation dieses Beispiels führt. Dazu betrachten wir die folgende Zerlegung in vier 2×2-Tafeln:

(1)
$$\begin{array}{c|cc} & \multicolumn{2}{c}{Y} \\ & 1 & 2 \\ \hline X \quad 3 & 1100 & 2000 \\ 2 & 600 & 1000 \end{array}$$
$G^2 = 1.85 \ (df = 1)$

(2)
$$\begin{array}{c|cc} & \multicolumn{2}{c}{Y} \\ & 1+2 & 3 \\ \hline X \quad 3 & 3100 & 400 \\ 2 & 1600 & 200 \end{array}$$
$G^2 = 0.12 \ (df = 1)$

(3)
$$\begin{array}{c|cc} & \multicolumn{2}{c}{Y} \\ & 1 & 2 \\ \hline X \quad 3+2 & 1700 & 3000 \\ 1 & 300 & 300 \end{array}$$
$G^2 = 42.16 \ (df = 1)$

(4)
$$\begin{array}{c|cc} & \multicolumn{2}{c}{Y} \\ & 1+2 & 3 \\ \hline X \quad 3+2 & 4700 & 600 \\ 1 & 600 & 100 \end{array}$$
$G^2 = 5.01 \ (df = 1)$

Wir erhalten $\sum_{i=1}^{4} G^2_{(i)} = 49.14$. $G^2_{(3)}$ und $G^2_{(4)}$ sind signifikant (bei $\alpha = 0.05$).

Interpretation: Aus Tafel (3) ergibt sich als größter Effekt: Kein/ein- oder mehrere Briefe werden verschickt. Dieser Effekt wirkt positiv insofern, daß mehr Kunden überhaupt etwas bestellen. Dies bestätigt also nur, daß sich Werbung auszahlt. Tafel (1) zeigt jedoch bei Betrachtung nur der Kunden, die keine oder eine Bestellung aufgeben, daß sich die Zahl derer, die eine Bestellung aufgeben, im Verhältnis zur Zahl derer, die keine Bestellung aufgeben, durch mehrmaliges Versenden eines Briefes nicht erhöhen läßt.

11.5 Die Vierfeldertafel

Die Vierfeldertafel ist ein wesentlicher Spezialfall von $I \times J$-Kontingenztafeln. Sie hat mit der Standardkodierung 1 und 0 für die beiden Ausprägungen von X und Y die Gestalt wie in Tabelle 11.2.

Die allgemeine Form (11.11) der Chi-Quadrat-Statistik zum Prüfen von H_0: „X und Y unabhängig" vereinfacht sich zu

$$C = \frac{(n_{11}n_{22} - n_{12}n_{21})^2 n}{n_{1+}n_{2+}n_{+1}n_{+2}}.$$

Zusätzlich zur χ^2-Statistik kann man ein Maß verwenden, das die Stärke und die Richtung des Zusammenhangs zwischen X und Y angibt – den Odds-Ratio oder das sogenannte Kreuzprodukt-Verhältnis.

Tabelle 11.2. Vierfeldertafel der Grundgesamtheit und der Stichprobe

		Y					Y		
		1	0				1	0	
X	1	π_{11}	π_{12}	π_{1+}	X	1	n_{11}	n_{12}	n_{1+}
	0	π_{21}	π_{22}	π_{2+}		0	n_{21}	n_{22}	n_{2+}
		π_{+1}	π_{+2}	1			n_{+1}	n_{+2}	n

Odds-Ratio

Der Odds-Ratio in der gemeinsamen Verteilung von X und Y ist definiert als

$$OR = \frac{\pi_{11}\pi_{22}}{\pi_{12}\pi_{21}}.$$

Der Odds-Ratio ist der Quotient aus dem Odds π_{11}/π_{12} in der Ausprägung $x_1 = 1$ zum Odds π_{21}/π_{22} in der Ausprägung $x_2 = 0$. Die Odds geben für die jeweilige X-Ausprägung das Verhältnis an, die Ausprägung $y_1 = 1$ statt $y_2 = 0$ zu erhalten. Falls die Odds für beide X-Ausprägungen identisch sind – also nicht von X abhängen – so gilt $OR = 1$.

Theorem 11.5.1. *In einer Vierfeldertafel sind X und Y genau dann unabhängig, wenn $OR = 1$ gilt.*

Es gilt stets

$$0 \leq OR < \infty.$$

Für $0 \leq OR < 1$ liegt ein negativer Zusammenhang zwischen X und Y vor, für $OR > 1$ ein positiver Zusammenhang. Positiv bedeutet, daß das Produkt der Wahrscheinlichkeiten der übereinstimmenden Ausprägungen ($X = 1, Y = 1$) und ($X = 0, Y = 0$) größer ist als das Produkt der Wahrscheinlichkeiten für die gegenläufigen Ausprägungen ($X = 1, Y = 0$) und ($X = 0, Y = 1$). Diese Situation für die Stichprobe ist in Abbildung 11.1 dargestellt.

Die Schätzung des OR erfolgt durch den Stichproben Odds-Ratio

$$\widehat{OR} = \frac{n_{11}n_{22}}{n_{12}n_{21}}.$$

Basierend auf dem Odds-Ratio läßt sich – alternativ zur χ^2-Statistik – eine Teststatistik für H_0: „X und Y unabhängig" durch folgende monotone Transformation gewinnen:

Sei

$$\theta_0 = \ln OR = \ln \pi_{11} + \ln \pi_{22} - \ln \pi_{12} - \ln \pi_{21}$$

und

$$\hat{\theta}_0 = \ln \widehat{OR} = \ln \frac{n_{11}n_{22}}{n_{12}n_{21}},$$

so gilt asymptotisch (Agresti, 1990), daß $\hat{\theta}_0$ normalverteilt ist mit Erwartungswert θ_0. Die Standardabweichung von $\hat{\theta}_0$ wird geschätzt durch

11.5 Die Vierfeldertafel

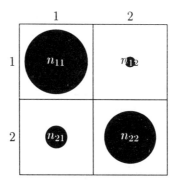

Abb. 11.1. Positiver Zusammenhang in einer 2 × 2-Tafel (symbolisch durch große Punkte (n_{11} bzw. n_{22}) und kleine Punkte (n_{21} bzw. n_{12}) dargestellt)

$$\hat{\sigma}_{\hat{\theta}_0} = \left(\frac{1}{n_{11}} + \frac{1}{n_{22}} + \frac{1}{n_{12}} + \frac{1}{n_{21}} \right)^{\frac{1}{2}}.$$

Bei Unabhängigkeit von X und Y ist $OR = 1$ und damit $\theta_0 = \ln OR = 0$. Für $-\infty < \theta_0 < 0$ liegt ein negativer und für $0 < \theta_0 < \infty$ ein positiver Zusammenhang vor.

Wir können also zusätzlich zum Test mit der χ^2-Statistik folgenden Test für H_0: „X und Y unabhängig" gegen H_1: „X und Y nicht unabhängig" durchführen.

Wir bestimmen die Teststatistik Z, die unter H_0 standardnormalverteilt ist:

$$Z = \frac{\hat{\theta}_0}{\hat{\sigma}_{\hat{\theta}_0}} \sim N(0,1).$$

Wir werden H_0 ablehnen, falls $|z| > z_{1-\frac{\alpha}{2}}$ gilt (zweiseitige Fragestellung). Wir bestimmen ein $(1-\alpha)$-Konfidenzintervall für θ_0 gemäß

$$\left[\hat{\theta}_0 - z_{1-\frac{\alpha}{2}} \hat{\sigma}_{\hat{\theta}_0}, \hat{\theta}_0 + z_{1-\frac{\alpha}{2}} \hat{\sigma}_{\hat{\theta}_0} \right] = [I_u, I_o]$$

und lehnen H_0 ab, falls die Null nicht im Intervall enthalten ist. Durch Rücktransformation erhalten wir ein Konfidenzintervall für den Odds-Ratio selbst gemäß

$$[\exp(I_u), \exp(I_o)]. \tag{11.15}$$

Auf der Basis von (11.15) würde man H_0 ablehnen, falls die Eins nicht im Intervall enthalten ist. Alle diese Tests sind natürlich äquivalent.

Beispiel 11.5.1. In einer Studie wird der Einfluß von Strategietraining von $n = 255$ Managern auf den Erfolg der Firmen untersucht:

		Erfolg (Y)		
		nein	ja	
Training	nein	40	75	115
(X)	ja	30	110	140
		70	185	255

Wir prüfen H_0: „X, Y unabhängig".

(i) Chi-Quadrat-Statistik

$$C = \frac{255(40 \cdot 110 - 30 \cdot 75)^2}{70 \cdot 185 \cdot 115 \cdot 140} = 5.65 > 3.84 = c_{1;0.95},$$

d.h., H_0 wird abgelehnt (p-value 0.0174).

(ii) Odds-Ratio

$$\widehat{OR} = \frac{40 \cdot 110}{75 \cdot 30} = 1.96,$$

d.h., es besteht ein positiver Zusammenhang

(iii) $\ln(OR)$

$$\ln \widehat{OR} = \hat{\theta}_0 = 0.673$$
$$\hat{\sigma}^2_{\hat{\theta}_0} = \frac{1}{40} + \frac{1}{75} + \frac{1}{30} + \frac{1}{110} = 0.0808 = 0.284^2.$$

Damit erhalten wir $z = \frac{\hat{\theta}_0}{\hat{\sigma}_{\hat{\theta}_0}} = 2.370 > 1.96 = z_{0.95}$, weswegen wir H_0 ablehnen.

(iv) 95%-Konfidenzintervall für θ_0

$$[0.673 - 1.96 \cdot 0.284, 0.673 + 1.96 \cdot 0.284] = [0.116, 1.230].$$

Wir lehnen H_0 ab (zweiseitiger Test), da die Null nicht im Intervall enthalten ist.

Das 95%-Konfidenzintervall für OR hat die Gestalt

$$[\exp(0.116), \exp(1.230)] = [(1.123, 3.421].$$

Wir lehnen H_0 ab, da die Eins nicht im Konfidenzintervall enthalten ist.

11.6 Zweifache Klassifikation und loglineare Modelle

Die Betrachtung von zwei kategorialen Variablen X und Y mit I bzw. J Kategorien in einer Realisierung (Stichprobe) vom Umfang n liefert Beobachtungen n_{ij} in $N = I \times J$ Zellen der Kontingenztafel.

Setzen wir zunächst das Multinomialschema voraus, so bilden die Wahrscheinlichkeiten π_{ij} der zugehörigen Multinomialverteilung den Kern der gemeinsamen Verteilung, wobei Unabhängigkeit der Variablen äquivalent ist mit

$$\pi_{ij} = \pi_{i+}\pi_{+j} \quad \text{(für alle } i,j\text{)}.$$

Wir übertragen dies auf die zugehörigen erwarteten Zellhäufigkeiten $m_{ij} = n\pi_{ij}$, um mit den Häufigkeiten in einer Kontingenztafel arbeiten zu können. Für diese gilt unter Unabhängigkeit von X und Y

$$m_{ij} = n\pi_{i+}\pi_{+j}. \tag{11.16}$$

Die Modellierung der $I \times J$-Tafel erfolgt auf der Basis von (11.16) als Unabhängigkeitsmodell in der logarithmischen Skala:

$$\ln(m_{ij}) = \ln(n) + \ln(\pi_{i+}) + \ln(\pi_{+j}),$$

so daß die Effekte der Zeilen und Spalten additiv auf $\ln(m_{ij})$ wirken.

Eine alternative Darstellung in Anlehnung an die Modelle der Varianzanalyse der Gestalt

$$y_{ij} = \mu + \alpha_i + \beta_j + \varepsilon_{ij}, \quad \left(\sum_{i=1}^{I}\alpha_i = \sum_{j=1}^{J}\beta_j = 0\right)$$

ist gegeben durch

$$\ln(m_{ij}) = \mu + \lambda_i^X + \lambda_j^Y \tag{11.17}$$

mit

$$\lambda_i^X = \ln(\pi_{i+}) - \frac{1}{I}\left(\sum_{k=1}^{I}\ln(\pi_{k+})\right), \tag{11.18}$$

$$\lambda_j^Y = \ln(\pi_{+j}) - \frac{1}{J}\left(\sum_{k=1}^{J}\ln(\pi_{+k})\right), \tag{11.19}$$

$$\mu = \ln n + \frac{1}{I}\left(\sum_{k=1}^{I}\ln(\pi_{k+})\right) + \frac{1}{J}\left(\sum_{k=1}^{J}\ln(\pi_{+k})\right), \tag{11.20}$$

wobei die Reparametrisierungsbedingungen

$$\sum_{i=1}^{I}\lambda_i^X = \sum_{j=1}^{J}\lambda_j^Y = 0 \tag{11.21}$$

gelten, die erst die Schätzbarkeit der Parameter sichern.

Anmerkung. Die λ_i^X sind die Abweichungen der $\ln(\pi_{i+})$ von ihrem Mittelwert $\frac{1}{I}\sum_{i=1}^I \ln(\pi_{i+})$, so daß $\sum_{i=0}^I \lambda_i^X = 0$ (vgl. (11.21)) folgt.

Das Modell (11.17) heißt **Loglineares Modell für die Unabhängigkeit** in einer zweidimensionalen Kontingenztafel.

Das zugehörige saturierte Modell enthält zusätzlich die Wechselwirkungen λ_{ij}^{XY}:

$$\ln(m_{ij}) = \mu + \lambda_i^X + \lambda_j^Y + \lambda_{ij}^{XY} \ .$$

Es beschreibt die perfekte Anpassung. Für die Wechselwirkungen gilt die Reparametrisierungsbedingung

$$\sum_{i=1}^I \lambda_{ij}^{XY} = \sum_{j=1}^J \lambda_{ij}^{XY} = 0 \ .$$

Hat man die λ_{ij} in den ersten $(I-1)(J-1)$ Zellen gegeben, so sind durch diese Bedingung die anderen λ_{ij} (in der letzten Zeile bzw. letzten Spalte) bestimmt. Damit hat das saturierte Modell insgesamt

$$\underset{(\mu)}{1} + \underset{(\lambda_i^X)}{(I-1)} + \underset{(\lambda_j^Y)}{(J-1)} + \underset{(\lambda_{ij}^{XY})}{(I-1)(J-1)} = I \cdot J$$

unabhängige Parameter (also 0 Freiheitsgrade).

Für das Unabhängigkeitsmodell haben wir entsprechend

$$1 + (I-1) + (J-1) = I + J - 1$$

unabhängige Parameter (also $I \times J - I - J + 1 = (I-1)(J-1)$ Freiheitsgrade).

Interpretation der Parameter

Die loglinearen Modelle schätzen die Abhängigkeit von $\ln(m_{ij})$ von Zeilen- und Spalteneffekten. Dabei wird nicht zwischen Einfluß- und Responsevariable unterschieden; die Information aus Zeilen oder Spalten geht symmetrisch in $\ln(m_{ij})$ ein.

Betrachten wir den einfachsten Fall – die $I \times 2$-Tafel (Unabhängigkeitsmodell). Y ist damit eine binäre Variable mit den Ausprägungen $y_1 = 1$ und $y_2 = 2$ und den Wahrscheinlichkeiten (in Abhängigkeit von der i-ten Kategorie von X)
$P(Y = 1|X = i) = \pi_{1|i}$ und $P(Y = 2|X = i) = \pi_{2|i} = 1 - \pi_{1|i}$. Damit ist der Quotient $\pi_{1|i}/\pi_{2|i}$ der Odds für Response $Y = 1$. Den Logarithmus dieses Odds bezeichnet man als Logit von $\pi_{1|i}$, d.h.

$$\text{Logit}(\pi_{1|i}) = \ln\left(\frac{\pi_{1|i}}{\pi_{2|i}}\right) = \ln\left(\frac{\pi_{1|i}}{1-\pi_{1|i}}\right) \ .$$

Der Logit von $\pi_{1|i}$ ist unter (11.17) also

$$\begin{aligned}
\text{Logit}(\pi_{1|i}) &= \ln\left(\frac{\pi_{1|i}}{\pi_{2|i}}\right) \\
&= \ln\left(\frac{m_{i1}}{m_{i2}}\right) \\
&= \ln(m_{i1}) - \ln(m_{i2}) \\
&= (\mu + \lambda_i^X + \lambda_1^Y) - (\mu + \lambda_i^X + \lambda_2^Y) \\
&= \lambda_1^Y - \lambda_2^Y
\end{aligned}$$

und damit für alle Zeilen gleich, also unabhängig von X bzw. den Kategorien $i = 1, \ldots, I$.

Die Reparametrisierungsbedingung $\lambda_1^Y + \lambda_2^Y = 0$ ergibt $\lambda_1^Y = -\lambda_2^Y$, so daß

$$\ln\left(\frac{\pi_{1|i}}{\pi_{2|i}}\right) = 2\lambda_1^Y \quad (i = 1, \ldots, I)$$

und damit

$$\frac{\pi_{1|i}}{\pi_{2|i}} = \exp(2\lambda_1^Y) \quad (i = 1, \ldots, I)$$

gilt. D.h., in jeder X-Kategorie ist der Odds dafür, daß Y in Kategorie 1 statt in Kategorie 2 fällt, gleich $\exp(2\lambda_1^Y)$, sofern das Unabhängigkeitsmodell gilt.

2 × 2-Tafel

Der Odds-Ratio OR einer 2 × 2-Tafel und das saturierte loglineare Modell stehen in folgendem Zusammenhang:

$$\begin{aligned}
\ln(OR) &= \ln\left(\frac{m_{11}\, m_{22}}{m_{12}\, m_{21}}\right) \\
&= \ln(m_{11}) + \ln(m_{22}) - \ln(m_{12}) - \ln(m_{21}) \\
&= (\mu + \lambda_1^X + \lambda_1^Y + \lambda_{11}^{XY}) + (\mu + \lambda_2^X + \lambda_2^Y + \lambda_{22}^{XY}) \\
&\quad - (\mu + \lambda_1^X + \lambda_2^Y + \lambda_{12}^{XY}) - (\mu + \lambda_2^X + \lambda_1^Y + \lambda_{21}^{XY}) \\
&= \lambda_{11}^{XY} + \lambda_{22}^{XY} - \lambda_{12}^{XY} - \lambda_{21}^{XY}.
\end{aligned}$$

Wegen $\sum_{i=1}^2 \lambda_{ij}^{XY} = \sum_{j=1}^2 \lambda_{ij}^{XY} = 0$ folgt $\lambda_{11}^{XY} = \lambda_{22}^{XY} = -\lambda_{12}^{XY} = -\lambda_{21}^{XY}$ und damit $\ln OR = 4\lambda_{11}^{XY}$.

Der Odds-Ratio in einer 2 × 2-Tafel ist also

$$OR = \exp(4\lambda_{11}^{XY}), \tag{11.22}$$

d.h., er ist direkt abhängig vom Zusammenhangsmaß im saturierten loglinearen Modell. Besteht kein Zusammenhang, ist also $\lambda_{ij} = 0$, so ergibt sich $OR = 1$.

Beispiel 11.6.1. Wir demonstrieren die Analyse einer zweidimensionalen Kontingenztafel durch loglineare Modelle der verschiedenen Typen für den Zusammenhang zwischen Werbung (X) und Umsatzsteigerung (Y) aus Beispiel 11.4.1. Wir geben die Kontingenztafel zur besseren Übersicht noch einmal an.

		\multicolumn{3}{c}{Y}		
		1	2	3	
	1	300	300	100	700
X	2	600	1000	200	1800
	3	1100	2000	400	3500
		2000	3300	700	6000

Zur Analyse setzen wir SPSS ein.

```
* * * * * * * * * HIERARCHICAL  LOG  LINEAR * * * * *
Tests that K-way and higher order effects are zero.

        K   DF   L.R. Chisq    Prob   Pearson Chisq   Prob   Iteration

        2    4      49.141    .0000        49.408    .0000       2
        1    8    3952.769    .0000      4440.000    .0000       0

Estimates for Parameters.

X*Y

    Parameter      Coeff.    Std. Err.   Z-Value   Lower 95 CI   Upper 95 CI
        1        .1328526668    .03944    3.36884      .05556       .21015
        2       -.2367015413    .03893   -6.08060     -.31300      -.16040
        3       -.0374225411    .03220   -1.16229     -.10053       .02568
        4        .1038488745    .03038    3.41870      .04431       .16339

X

    Parameter      Coeff.    Std. Err.   Z-Value   Lower 95 CI   Upper 95 CI
        1       -.7969960551    .03108  -25.64351     -.85791      -.73608
        2        .0664263334    .02515    2.64100      .01713       .11572

Y

    Parameter      Coeff.    Std. Err.   Z-Value   Lower 95 CI   Upper 95 CI
        1        .2333514294    .02382    9.79529      .18666       .28004
        2        .6029056376    .02297   26.24595      .55788       .64793
```

Abb. 11.2. SPSS-Output zu Beispiel 11.6.1

Interpretation: Der Test auf H_0: $\lambda_{ij} = 0 \; \forall i,j$ ergibt einen Wert von Pearson's χ^2-Statistik $c = 49.408$ (p-value 0.0000), so daß H_0 abgelehnt wird, das saturierte Modell also gegenüber dem Unabhängigkeitsmodell statistisch signifikant ist. Die Parameterschätzungen (vgl. SPSS Listing) lauten

$$\lambda_{11}^{XY} = 0.1329$$

11.6 Zweifache Klassifikation und loglineare Modelle

$$\lambda_{12}^{XY} = -0.2367$$
$$\lambda_{21}^{XY} = -0.3742$$
$$\lambda_{22}^{XY} = 0.1038.$$

Daraus folgt z.B. wegen $\lambda_{11}^{XY} + \lambda_{12}^{XY} + \lambda_{13}^{XY} = 0$ sofort $\lambda_{13}^{XY} = -0.1329 + 0.2367 = 0.1038$.

Für die Haupteffekte lesen wir aus dem SPSS Listing ab

$$\lambda_1^X = -0.7970$$
$$\lambda_2^X = 0.0664.$$

Damit ist $\lambda_3^X = 0.7970 - 0.0664 = 0.7306$.

$$\lambda_1^Y = 0.2334$$
$$\lambda_2^Y = 0.6029,$$

ergibt $\lambda_3^Y = -0.2334 - 0.6029 = -0.8363$.

11.7 Aufgaben und Kontrollfragen

Aufgabe 11.1: Gegeben sei folgende Kontingenztafel:

		Y				
		1	2	3	4	5
X	1	10	30	40	50	50
	2	70	180	200	250	200

Berechnen Sie Pearson's Chi-Quadrat, und führen Sie den Test auf H_0: „X und Y unabhängig" durch.

Führen Sie die spaltenweise G^2-Analyse durch. Kann man die Tafel durch Zusammenlegen von Y-Ausprägungen aussagefähiger gestalten?

Aufgabe 11.2: Gegeben sei folgende 2 × 2-Tafel für die Variablen X: „gesunde Lebensweise" und Y: „Gesundheit" mit den Ausprägungen $X = 1$: 'Raucher', $X = 0$: 'Nichtraucher', $Y = 1$: 'krank' und $Y = 0$: 'gesund'. Prüfen Sie H_0: „X und Y sind unabhängig" mit Pearson's χ^2-Statistik, OR und $\ln OR$.

		Y	
		1	0
X	1	40	60
	0	20	80

Aufgabe 11.3: Die Einführung des EU-Standards ISO 9001 ergab in einem Werk folgende Veränderung des Ausschußanteils:

	Produkte	
	mangelhaft	einwandfrei
nachher	20	80
vorher	40	60

Prüfen Sie, ob die Einführung des EU-Standards ISO 9001 einen signifikanten Effekt ergab.

Aufgabe 11.4: Eine Stichprobenuntersuchung der Variablen 'Geschlecht' und 'Beteiligung am Erwerbsleben' ergab die folgende Kontingenztafel:

	Erwerbstätig	Erwerbslos	Nichterwerbspersonen
männlich	16950	1050	11780
weiblich	10800	1100	20200

Prüfen Sie, ob ein signifikanter Zusammenhang zwischen Erwerbstätigkeit und Geschlecht vorliegt.

Unterscheiden Sie das Merkmal 'Beteiligung am Erwerbsleben' nur nach Erwerbspersonen (= Erwerbstätig oder Erwerbslos) und Nichterwerbspersonen. Stellen Sie die entsprechende Vier-Felder-Tafel auf, und prüfen Sie den Zusammenhang erneut.

Aufgabe 11.5: In einem Krankenhauses wurden folgende Geburten registriert:

	männlich	weiblich	$\sum$
0 bis 12 Uhr	5	3	8
12 bis 24 Uhr	8	3	11
$\sum$	13	6	19

Prüfen Sie, ob ein signifikanter Zusammenhang zwischen Tageszeit und Geschlecht vorliegt.

Aufgabe 11.6: Interpretieren Sie folgendes Listing.

X * Y Crosstabulation

Count

		Y 1,00	Y 2,00	Total
X	1,00	12	8	20
	2,00	18	2	20
Total		30	10	40

Chi-Square Tests

	Value	df	Asymp. Sig. (2-sided)	Exact Sig. (2-sided)	Exact Sig. (1-sided)
Pearson Chi-Square	4,800[b]	1	,028		
Continuity Correction[a]	3,333	1	,068		
Likelihood Ratio	5,063	1	,024		
Fisher's Exact Test				,065	,032
Linear-by-Linear Association	4,680	1	,031		
N of Valid Cases	40				

a. Computed only for a 2x2 table

b. 0 cells (,0%) have expected count less than 5. The minimum expected count is 5,00.

Aufgabe 11.7: Um die Wirkung eines neuentwickelten blutdrucksenkenden Mittels zu untersuchen, wird damit ein Versuch mit 50 männlichen und 50 weiblichen, zufällig ausgewählten Patienten durchgeführt. Beweisen die in der nachfolgenden Tabelle aufgeführten Ergebnisse, daß Männer und Frauen unterschiedlich auf das neue Medikament reagieren ($\alpha = 0.01$)?

	+	−	0
Männer	11	17	22
Frauen	22	17	11

Aufgabe 11.8: Es soll untersucht werden, ob zwischen der Wahl eines Studienfaches und den Hobbies der Studenten ein Zusammenhang besteht. Zu diesem Zweck werden 5000 Studenten aus 3 Fachrichtungen zufällig ausgewählt und nach ihren Hobbies befragt. Hier die Ergebnisse der Befragung:

	BWL	Physik	Anglistik
Literatur	400	50	550
Schach	50	400	50
Musik	250	250	500
Sport	1000	200	800
Tanz	300	100	100

Führen Sie zum Niveau $\alpha = 0.01$ den entsprechenden Test durch.

12. Lebensdaueranalyse

12.1 Problemstellung

Die Lebensdaueranalyse (Survival analysis) wird – neben ihrem Hauptanwendungsgebiet Medizin – zunehmend in Technik, Soziologie und Betriebs- und Volkswirtschaft eingesetzt. Bei der Lebensdaueranalyse werden Beobachtungseinheiten über eine bestimmte Zeit hinweg auf ihren Zustand hin überprüft. Insbesondere wird der Wechsel von einem Ausgangszustand in einen Endzustand sowie der Zeitpunkt des Zustandswechsels registriert. Diese Zustandswechsel heißen auch Ereignisse, so daß man statt Lebensdaueranalyse auch den Begriff Ereignisanalyse verwendet. Für die Auswertung dieser Längsschnittdaten ist es notwendig, ein Studienende festzulegen. Deshalb gibt es Einheiten, die zum Studienende noch ohne Ereignis sind. Die Verweildauer dieser Einheiten heißt dann **zensiert** (genauer: rechtszensiert). Auch die Verweildauer von Objekten, die vor Studienende aus Gründen, die nicht notwendig mit der Untersuchung in Zusammenhang stehen, aus der Studie ausfallen, ist zensiert. Die verschiedenen Möglichkeiten sind in Abbildung 12.1 dargestellt: Ausscheiden aus der Studie (I), zensiert durch Studienende (II) und Untersuchungseinheit mit Ereignis (III).

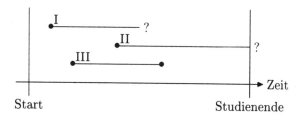

Abb. 12.1. Mögliche Zustände von Untersuchungseinheiten

Wir müssen also unterscheiden zwischen den Objekten, bei denen das Ereignis beobachtet wurde, das heißt deren tatsächliche Lebensdauer beobachtet wurde und den Objekten, bei denen die tatsächliche Lebensdauer wegen Zensierung nicht beobachtet werden konnte. Im letzteren Fall ist die tatsächliche Lebensdauer aber mindestens so groß wie die Verweildauer in der Studie.
Folgende Grundbegriffe sind also für die Datenstruktur von Bedeutung:

12. Lebensdaueranalyse

Ausgangszeitpunkt: Eintritt der Beobachtungseinheit in die Untersuchung
Endzeitpunkt: Austritt der Beobachtungseinheit aus der Untersuchung
Lebensdauer: Zeitintervall bis zum Zustandswechsel (Ereignis)
Verweildauer: Zeitintervall bis zum Zustandswechsel bzw. bis zur Zensierung

Beispiele.

- Zuverlässigkeit von technischen Systemen (Lebensdauer von Glühbirnen, Lebensdauer von LKW-Achsen bis zur ersten Reparatur)
  Zustände: intakt/nicht intakt
  Ereignis: Ausfall der Glühbirne (bzw. der Achse)
- Abwehrstrategie von kleinen Regionalbanken gegen die Übernahme durch eine Großbank
  Zustände: Fortbestand einer kleinen Bank ja/nein
  Ereignis: Übernahme durch die Großbank
- Zuverlässigkeit von zahnmedizinischen Implantaten
  Zustände: Funktionsfähigkeit ja/nein
  Ereignis: Extraktion
- Wiedereingliederung von Arbeitslosen
  Zustände: arbeitslos/nicht arbeitslos
  Ereignis: Vermittlung einer Arbeitsstelle

Bei der Lebensdaueranalyse werden für jede Beobachtungseinheit zwei Zufallsvariablen realisiert: das Zeitintervall von einem Ausgangszeitpunkt bis zum Eintreten des Endzustands bzw. bis zur Zensierung und der Zustandswechsel. Der Zustandswechsel ist eine diskrete Zufallsvariable mit den beiden Ausprägungen „Ereignis ja/nein". Die Verweildauer hingegen ist eine stetige Zufallsvariable. Ziel ist die Schätzung von Überlebenswahrscheinlichkeiten und ihr Vergleich bezüglich verschiedener Gruppen (Mehrstichprobenproblem).

Beispiel 12.1.1 (Lebensdauer von Regionalbanken). In Tabelle 12.1 sind zur Demonstration der obigen Begriffe und der Datenstruktur die Daten von 26 US-amerikanischen Regionalbanken angegeben, die mit zwei Abwehrstrategien A bzw. B einer Übernahme durch eine Großbank entgegenwirken wollen. Die Strategien lauten

A: 90% der Aktionäre müssen für eine Übernahme stimmen
B: Wechsel des Firmensitzes in einen anderen Eintragungsstaat
   (mit besserem gesetzlichen Schutz)

Die Variable „Ereignis" in der Kodierung 1 (Ereignis) und 0 (zensiert) ist die realisierte Zufallsvariable „Zustandswechsel", die Variable „Verweildauer" ist die Realisierung der entsprechenden Zufallsvariable.

Tabelle 12.1. Datenstruktur der Regionalbanken

i	Strategie	Verweildauer	Ereignis
1	A	1431	0
2	A	1456	0
3	B	1435	0
4	A	116	1
5	B	602	0
6	B	406	1
7	A	98	1
8	B	1260	0
9	A	1263	1
10	B	172	1
11	A	393	1
12	B	911	0
13	A	34	1
14	A	912	1
15	A	1167	0
16	B	1003	0
17	B	151	0
18	A	669	1
19	A	533	0
20	A	1044	0
21	B	1015	0
22	B	116	1
23	A	570	0
24	B	914	0
25	B	899	1
26	A	898	0

12.2 Survivorfunktion und Hazardrate

Die Lebensdauer T ist eine stetige Zufallsvariable mit der Dichtefunktion $f(t)$ und der Verteilungsfunktion

$$F(t) = P(T \leq t).$$

Die **Survivorfunktion**

$$S(t) = P(T > t)$$

gibt die Wahrscheinlichkeit dafür an, daß die Versuchseinheit eine Lebensdauer von mindestens t hat. Da die Lebensdauer T eine stetige Zufallsvariable ist, gilt

$$S(t) = 1 - F(t). \tag{12.1}$$

T wird diskret, sofern der Endzeitpunkt nicht exakt angegeben werden kann, sondern nur ein Intervall bekannt ist, in dem der Endzeitpunkt liegen wird. Wir behandeln hier den stetigen Fall. Da $F(t)$ als Verteilungsfunktion monoton wachsend ist, ist gemäß (12.1) die Survivorfunktion monoton fallend.

Das Risiko eines Ereignisses zum Zeitpunkt t wird als **Hazardrate** $\lambda(t)$ bezeichnet. Hazardrate und Survivorfunktion stehen in folgender Relation zueinander:

$$\lambda(t) = \frac{f(t)}{S(t)} = \frac{f(t)}{1 - F(t)}, \qquad (12.2)$$

woraus sich zwei weitere Beziehungen ergeben (vgl. z.B. Blossfeld, Hamerle und Mayer, 1986). Integriert man $\lambda(t)$ und verwendet man die beiden Beziehungen in (12.2), so erhält man die Survivorfunktion als Funktion der Hazardrate:

$$\begin{aligned}\int_0^t \lambda(s)ds &= \int_0^t \frac{f(u)}{1 - F(u)}du \\ &= -\ln(1 - F(u))]_0^t \\ &= -\ln(1 - F(t)) = -\ln S(t).\end{aligned}$$

Durch Verwendung der Exponentialfunktion folgt daraus

$$S(t) = \exp\left(-\int_0^t \lambda(s)\,ds\right). \qquad (12.3)$$

Für die Dichte erhält man aus (12.2) und (12.3) die Beziehung

$$\begin{aligned}f(t) &= \lambda(t) \cdot S(t) \\ &= \lambda(t)\exp\left(-\int_0^t \lambda(s)ds\right).\end{aligned} \qquad (12.4)$$

Wenn die Hazardrate bekannt ist, kann man nach (12.3) $S(t)$ und dann nach (12.4) $f(t)$ bestimmen. Die Hazardrate definiert also den Typ der Lebensdauerverteilung. Ist z.B. $\lambda(t) = \lambda$ eine zeitunabhängige Konstante für den gesamten Prozeß, so liegt eine exponentiell verteilte Lebensdauer vor:

$$\begin{aligned}S(t) &= \exp(-\lambda t), \\ f(t) &= \lambda\exp(-\lambda t).\end{aligned}$$

Die wesentliche statistische Aufgabe ist die Schätzung der Hazardrate $\lambda(t)$ und der Survivorfunktion $S(t)$, die wir im Folgenden vorführen wollen.

12.3 Kaplan-Meier-Schätzung

Wir haben im Buch „Deskriptive Statistik" die empirische Sterbetafelmethode verwendet, deren Güte durch die Breite und die Lage der Intervalle

12.3 Kaplan-Meier-Schätzung

bestimmt wird, in die man den Beobachtungszeitraum aufteilt. Je breiter die Intervalle sind, desto ungenauer können die Schätzungen werden. Um die Willkür bei der Wahl der Intervalle auszuschließen, haben Kaplan und Meier (1958) den **Kaplan-Meier-Schätzer** für die Survivorfunktion vorgeschlagen. Ausgangspunkt ist eine Zerlegung der Zeitachse in Intervalle, wobei die beobachteten Ereigniszeitpunkte (z.B. Tage der Ausfälle) als Intervallgrenzen gewählt werden. Wir bezeichnen die zeitlich aufsteigend geordneten Ereigniszeitpunkte mit

$$t_{(1)} < t_{(2)} < \ldots < t_{(m)},$$

wobei $m \leq n$ (n: Gesamtzahl der Einheiten) ist und angenommen wird, daß Zensierungen und Ereignisse nicht gleichzeitig eintreten. Die Kaplan-Meier-Schätzung ist nichtparametrisch, da sie keine spezifische Gestalt der zugrundeliegenden Survivorfunktion voraussetzt. Eine grundlegende Voraussetzung ist die Annahme, daß die Einheiten mit zensierten Verweildauern eine zufällige Stichprobe derselben Population wie die nichtzensierten Einheiten sind. Die Wahrscheinlichkeit, eine Einheit mit zensierter Verweildauer zu erhalten, ist dann unabhängig von der unbeobachteten tatsächlichen Verweildauer dieser Einheit.

Es sei d_k die Anzahl der zum Zeitpunkt $t_{(k)}$ eingetretenen Ereignisse. $R_{(k)}$ bezeichne die Anzahl der unter Risiko stehenden Einheiten. Dies sind die Einheiten, die zu Beginn des k-ten Intervalls noch kein Ereignis hatten und auch nicht zensiert sind. Wir bilden die Intervalle

$$[0, t_{(1)}), [t_{(1)}, t_{(2)}), \ldots, [t_{(m)}, \infty).$$

Im k-ten Intervall finden d_k Ereignisse und w_k Zensierungen statt. Dann berechnet sich die Anzahl $R_{(k)}$ wie folgt (vgl. Blossfeld et al., 1986):

$$R_{(1)} = n \quad \text{(Gesamtzahl der Einheiten in der Studie)}$$
$$R_{(k)} = R_{(k-1)} - d_{k-1} - w_{k-1} \quad (k = 2, 3, \ldots, m+1)$$

Wir definieren für jede Beobachtungseinheit folgende Zufallsvariablen X_k:

$X_k = 0$: kein Ereignis im k-ten Intervall
$X_k = 1$: Ereignis im k-ten Intervall eingetreten

Die Anzahl d_k der Versuchseinheiten mit einem Ereignis innerhalb des k-ten Intervalls ist damit die Summe dieser unabhängigen Null-Eins-verteilten Zuffallsvariablen und somit eine binomialverteilte Zufallsvariable. Die Einheiten, die zu Beginn des k-ten Intervalls noch unter Beobachtung und damit unter Risiko stehen, sind unabhängig.

Für die bedingte Ereigniswahrscheinlichkeit (Hazardrate) gelte

$$P(X_k = 1 | X_1 = \ldots X_{k-1} = 0) = \lambda_{(k)}.$$

Die bedingte Überlebenswahrscheinlichkeit im k-ten Intervall ist dann

12. Lebensdaueranalyse

$$P(X_k = 0 | X_1 = \ldots X_{k-1} = 0) = 1 - \lambda_{(k)} = p_{(k)}.$$

Bei der Binomialverteilung $B(R_{(k)}; \lambda_{(k)})$ ist die ML-Schätzung der Wahrscheinlichkeit $\lambda_{(k)}$ durch

$$\hat{\lambda}_{(k)} = \frac{d_k}{R_{(k)}}$$

gegeben. Damit ist die Schätzung der Wahrscheinlichkeit zum Überleben des k-ten Intervalls unter der Bedingung, daß die Einheit zu Beginn noch ohne Ereignis ist,

$$\hat{p}_{(k)} = 1 - \hat{\lambda}_{(k)} = \frac{R_{(k)} - d_k}{R_{(k)}} \qquad (12.5)$$

ebenfalls eine ML-Schätzung. Wir erhalten also die Schätzungen

- Risiko (Hazardrate) zum Zeitpunkt $t_{(k)}$

$$\hat{\lambda}_{(k)} = \frac{d_k}{R_{(k)}},$$

- bedingte Überlebenswahrscheinlichkeit zum Zeitpunkt $t_{(k)}$

$$\hat{p}_{(k)} = 1 - \hat{\lambda}_{(k)},$$

- Survivorfunktion zum Zeitpunkt t (Kaplan-Meier-Schätzung)

$$\hat{S}(t) = 1 \quad \text{für } t < t_{(1)}$$
$$\hat{S}(t) = \hat{p}_{(k)} \cdot \hat{p}_{(k-1)} \cdot \ldots \cdot \hat{p}_{(1)} \quad \text{für } t_{(k)} \leq t < t_{(k+1)}.$$

Beispiel 12.3.1 (Fortsetzung von Beispiel 12.1.1). Für die Berechnung der Kaplan-Meier-Schätzung werden zunächst die Ereignis- und Zensierungszeiten aufsteigend sortiert. Für jeden Ereigniszeitpunkt ist festzustellen, wieviele Einheiten $R_{(k)}$ sich unter Risiko eines Ereignisses befinden. Das SPSS-Listing enthält diese Werte und die auf ihnen aufbauenden Berechnungen. So ist z.B. (nach (12.5))

$$\hat{p}_{(3)} = 1 - \hat{\lambda}_{(3)} = 1 - \frac{d_3}{R_{(3)}} = 1 - \frac{2}{24} = 0.91667$$

und

$$\hat{S}(t_{(3)}) = \hat{p}_{(3)} \cdot \hat{p}_{(2)} \cdot \hat{p}_{(1)} = 0.96154 \cdot 0.96000 \cdot 0.91667 = 0.84615.$$

Survival Analysis for DIFFER

Time	Status	Cumulative Survival	Standard Error	Cumulative Events	Number Remaining
34.00	Ereignis	.9615	.0377	1	25
98.00	Ereignis	.9231	.0523	2	24

12.3 Kaplan-Meier-Schätzung

116.00	Ereignis			3	23
116.00	Ereignis	.8462	.0708	4	22
151.00	zensiert			4	21
172.00	Ereignis	.8059	.0780	5	20
393.00	Ereignis	.7656	.0839	6	19
406.00	Ereignis	.7253	.0886	7	18
533.00	zensiert			7	17
570.00	zensiert			7	16
602.00	zensiert			7	15
669.00	Ereignis	.6769	.0950	8	14
898.00	zensiert			8	13
899.00	Ereignis	.6249	.1010	9	12
911.00	zensiert			9	11
912.00	Ereignis	.5680	.1066	10	10
914.00	zensiert			10	9
1003.00	zensiert			10	8
1015.00	zensiert			10	7
1044.00	zensiert			10	6
1167.00	zensiert			10	5
1260.00	zensiert			10	4
1263.00	Ereignis	.4260	.1467	11	3
1431.00	zensiert			11	2
1435.00	zensiert			11	1
1456.00	zensiert			11	0

Number of Cases: 26   Censored: 15   (57.69%)   Events: 11

Die nach Kaplan-Meier geschätzte Survivorfunktion ist in Abbildung 12.2 dargestellt. Da es im Beispiel Zensierungszeiten gibt, die größer sind als der Zeitpunkt des letzten Ereignisses, strebt die geschätzte Funktion nicht nach 0. Um eine Fehleinschätzung zu vermeiden, sollte die Kurve nur bis zum letzten Ereigniszeitpunkt betrachtet werden.

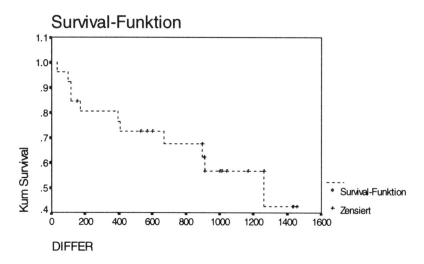

Abb. 12.2. Kaplan-Meier-Schätzung der Survivorfunktion (gesamt)

Beispiel 12.3.2 (Fortsetzung Beispiel 12.1.1). Wir demonstrieren die Kaplan-Meier-Schätzung mit SPSS nun für die Gruppen A und B getrennt. Mit SPSS erhalten wir für Gruppe A

```
Survival Analysis for DIFFER

Factor STRAT = A
```

Time	Status	Cumulative Survival	Standard Error	Cumulative Events	Number Remaining
34.00	Ereignis	.9286	.0688	1	13
98.00	Ereignis	.8571	.0935	2	12
116.00	Ereignis	.7857	.1097	3	11
393.00	Ereignis	.7143	.1207	4	10
533.00	zensiert			4	9
570.00	zensiert			4	8
669.00	Ereignis	.6250	.1347	5	7
898.00	zensiert			5	6
912.00	Ereignis	.5208	.1471	6	5
1044.00	zensiert			6	4
1167.00	zensiert			6	3
1263.00	Ereignis	.3472	.1724	7	2
1431.00	zensiert			7	1
1456.00	zensiert			7	0

```
Number of Cases:   14      Censored:   7    ( 50.00%)   Events: 7
```

und für Gruppe B

```
Survival Analysis for DIFFER

Factor STRAT = B
```

Time	Status	Cumulative Survival	Standard Error	Cumulative Events	Number Remaining
116.00	Ereignis	.9167	.0798	1	11
151.00	zensiert			1	10
172.00	Ereignis	.8250	.1128	2	9
406.00	Ereignis	.7333	.1324	3	8
602.00	zensiert			3	7
899.00	Ereignis	.6286	.1493	4	6
911.00	zensiert			4	5
914.00	zensiert			4	4
1003.00	zensiert			4	3
1015.00	zensiert			4	2
1260.00	zensiert			4	1
1435.00	zensiert			4	0

```
Number of Cases:   12      Censored:   8    ( 66.67%)   Events: 4
```

12.4 Log-Rank-Test zum Vergleich von Survivorfunktionen

Bei der Analyse von Lebensdauerdaten ist der Zwei- und Mehrstichprobenfall von speziellem Interesse. Angenommen, wir haben zwei Gruppen (im Beispiel: Abwehrstrategien A und B der kleinen Banken, zwei Fertigungsstätten für

12.4 Log-Rank-Test zum Vergleich von Survivorfunktionen

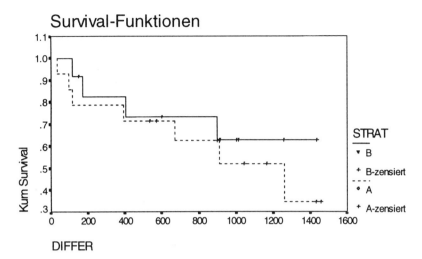

Abb. 12.3. Kaplan-Meier-Schätzungen der Survivorfunktion (Gruppen A und B)

Glühbirnen, zwei Therapien zur Behandlung einer Krankheit usw.). Dann ist als statistisches Testproblem die Prüfung von $H_0 : S_A(t) = S_B(t)$ gegen z.B. $H_1 : S_A(t) \neq S_B(t)$ (für $t \leq t^*$) von Interesse. Dabei ist t^* ein festzulegender Zeitpunkt, der höchstens so groß wie der letzte beobachtete Ereigniszeitpunkt sein darf.

Der Log-Rank-Test dient zur Feststellung signifikanter Unterschiede des Überlebensverhaltens der Subgruppen (A bzw. B). Er kann angewandt werden, wenn sich die Survivorfunktionen nicht überschneiden und wenn die Zensierungsfälle in den Subgruppen in etwa gleich verteilt sind.

Der Log-Rank-Test summiert die Abweichungen der beobachteten Ereignisse von den unter H_0 erwarteten (entsprechend dem Verhältnis der Anzahl der Versuchseinheiten unter Risiko) zu den einzelnen Ereigniszeitpunkten und kontrolliert dadurch die Abweichungen der beiden Funktionen $S_A(t)$ und $S_B(t)$ voneinander in allen Zeitpunkten. Wir bezeichnen mit $u_1, \ldots, u_{n_1}$ und $v_1, \ldots, v_{n_2}$ die beobachteten Werte der Verweildauer T in den beiden Stichproben (in unserem Beispiel: die Gruppen A und B). Die beiden Stichproben werden zusammengelegt, und zwar mit den der Größe nach geordneten Ereigniszeitpunkten

$$t_{(1)} \leq t_{(2)} \leq \ldots \leq t_{(m)} \qquad (m \leq n_1 + n_2) \ .$$

Die Risikomenge $R_{(k)}$ ist diejenige Zahl von Einheiten, die unmittelbar vor dem Zeitpunkt $t_{(k)}$ noch kein Ereignis hatten und die im Zeitabschnitt von $t_{(k-1)}$ bis $t_{(k)}$ nicht zensiert wurden.

Da wir die Nullhypothese

$$H_0 : S_A(t) = S_B(t) \qquad \text{für } t \leq t^* \ , \tag{12.6}$$

d.h. die Gleichheit der Survivorfunktionen beider Subgruppen (Behandlung A bzw. B), überprüfen wollen, notieren wir zu den Ereigniszeitpunkten $t_{(k)}$ die Risikomengen beider Subgruppen. Es sei also

- $R_{(k)}$ die Anzahl aller zum Zeitpunkt $t_{(k)}$ unter Risiko stehenden Einheiten,
- n_{Ak} die unter Risiko stehenden Einheiten der Gruppe A,
- n_{Bk} die unter Risiko stehenden Einheiten der Gruppe B,
- d_k die Anzahl der Ereignisse zum Zeitpunkt $t_{(k)}$ in beiden Gruppen insgesamt,
- d_{Ak} bzw. d_{Bk} die Anzahl der Ereignisse zum Zeitpunkt $t_{(k)}$ in den Subgruppen A bzw. B.

Die Einheiten der beiden Gruppen bilden zum Zeitpunkt $t_{(k)}$ eine 2×2-Kontingenztafel (Vierfeldertafel) aus d_k Ereignissen und $R_{(k)} - d_k$ Einheiten ohne Ereignis.

	Gruppe		
	A	B	
mit Ereignis	d_{AK}	d_{Bk}	d_k
ohne Ereignis	$n_{Ak} - d_{Ak}$	$n_{Bk} - d_{Bk}$	$R_{(k)} - d_k$
	n_{Ak}	n_{Bk}	$R_{(k)}$

Die Ausdrücke d_{AK}, $n_{Ak} - d_{Ak}$, d_{Bk} und $n_{Bk} - d_{Bk}$ sind die beobachteten Zellhäufigkeiten. Unter der Bedingung, daß die Randhäufigkeiten n_{Ak}, n_{Bk}, d_k und $R_{(k)} - d_k$ gegeben sind, repräsentiert nur eine Zelle – sagen wir die mit der Zellhäufigkeit d_{Ak} – eine Zufallsvariable. D.h., diese Zufallsvariable – sagen wir X – hat die beobachtete Häufigkeit d_{Ak}, während die anderen Häufigkeiten durch die Randsummen bestimmt sind.

Unter der Nullhypothese, daß der Status (mit Ereignis/ohne Ereignis) unabhängig von den Gruppen A bzw. B ist, besitzt X eine hypergeometrische Verteilung, d.h., es gilt

$$P(X = d_{Ak}) = \frac{\binom{d_{Ak}}{n_{Ak}} \binom{d_{Bk}}{n_{Bk}}}{\binom{d_k}{R_{(k)}}}. \qquad (12.7)$$

Interpretation: Die obige Kontingenztafel entspricht dem folgenden Urnenmodell. Seien $R_{(k)}$ Kugeln in der Urne, davon n_{Ak} weiße und n_{Bk} schwarze. Die Gleichung (12.7) definiert die Wahrscheinlichkeit, genau d_{Ak} weiße Kugeln bei d_k Ziehungen ohne Zurücklegen zu erhalten.

Die erwartete Anzahl von Ereignissen in der Gruppe A zum Zeitpunkt $t_{(k)}$ ist (vgl. (4.9))

$$\mathrm{E}(X) = w_{Ak} = \frac{n_{Ak}}{R_{(k)}} \cdot d_k. \qquad (12.8)$$

Die Varianz von X ist (vgl. (4.10))

$$\text{Var}(X) = v_{Ak} = d_k \frac{n_{Ak}}{R_{(k)}} \left(1 - \frac{n_{Ak}}{R_{(k)}}\right) \left(\frac{R_{(k)} - d_k}{R_{(k)} - 1}\right)$$
$$= d_k \frac{n_{Ak}(R_{(k)} - n_{Ak})(R_{(k)} - d_k)}{R_{(k)}^2(R_{(k)} - 1)}.$$

Unter der Nullhypothese (12.6) ist die (auf der Gruppe A basierende) **Log-Rank-Teststatistik** von **Mantel-Haenszel** χ_1^2-verteilt:

$$S = \frac{\sum_{k=1}^{m}(d_{Ak} - w_{Ak})^2}{\sum_{k=1}^{m} v_{Ak}}.$$

Tabelle 12.2. Risikomengen der beiden Gruppen

k	Ereignis-zeitpkt. (t)	Unter Risiko $A \cup B$ $R_{(k)}$	Unter Risiko Gruppe A n_{Ak}	Unter Risiko Gruppe B n_{Bk}
1	34	26	14	12
2	98	25	13	12
3	116	24	12	12
4	172	21	11	10
5	393	20	11	9
6	406	19	10	9
7	669	15	8	7
8	899	13	6	7
9	912	11	6	5
10	1263	4	3	1

Beispiel 12.4.1 (Fortsetzung von Beispiel 12.3.1). Zur Veranschaulichung des Rechengangs zum Erhalt der Teststatistik dienen die Tabellen 12.2 und 12.3. Als Beispiel sei der Rechengang in der dritten Zeile erläutert:

$$w_{A3} = \frac{12}{24} \cdot 2 = 1,$$

$$v_{A3} = \frac{2 \cdot 12 \cdot (24 - 12) \cdot (24 - 2)}{24^2 \cdot 23} = \frac{6336}{13248} = 0.47826.$$

Die erwarteten Ereignisse werden über alle Zeitpunkte summiert. Dies ergibt für die Gruppe A die erwartete Gesamtzahl 5.94891 an Ereignissen. Es wird die Differenz zu der Gesamtzahl der tatsächlich beobachteten Ereignisse gebildet:

$$7 - 5.94891 = 1.05109.$$

Die Summe der Varianzen über alle Zeitpunkte beträgt 2.65547.

Tabelle 12.3. Berechnung der Log-Rank-Teststatistik

Ereignis d_k	Ereignis Gruppe A d_{Ak}	Ereignis Gruppe B d_{Bk}	erwartet Gruppe A w_{Ak}	Varianz v_{Ak}
1	1		0.53846	0.24852
1	1		0.52000	0.24960
2	1	1	1.00000	0.47826
1		1	0.52381	0.24943
1	1		0.55000	0.24750
1		1	0.52632	0.24931
1	1		0.53333	0.24889
1		1	0.46154	0.24852
1	1		0.54545	0.24793
1	1		0.75000	0.18750
$\sum$ 11	7	4	5.94891	2.65547

Die Testgröße S errechnet sich als

$$S = 1.05109^2/2.65547 = 0.42 \,.$$

Die Testgröße wird mit dem kritischen Wert der χ^2-Verteilung mit einem Freiheitsgrad verglichen. Mit $S = 0.42 < 3.84 = c_{1;0.95}$ kann die Nullhypothese der Gleichheit der Survivorfunktionen der Gruppen A und B nicht abgelehnt werden. Die beobachteten Unterschiede sind statistisch nicht signifikant.

Die Berechnungen mit SPSS ergeben

```
Test Statistics for Equality of Survival Distributions for STRAT

           Statistic        df        Significance

Log Rank      .42           1            .5189
```

Für die Überprüfung von mehr als zwei Gruppen sollten statistische Programmpakete angewandt werden, da hierbei noch Kovarianzen berücksichtigt werden müssen.

Anmerkung. Für weitere Ausführungen, insbesondere zu Konfidenzbändern und zur Einbeziehung von Kovariablen, sei auf Harris und Albert (1991) und Toutenburg (1992b) verwiesen.

12.5 Einbeziehung von Kovariablen in die Überlebensanalyse

Die Hazardrate $\lambda(t)$ war definiert als die Wahrscheinlichkeit für das Eintreten eines Ereignisses zum Zeitpunkt t für ein Individuum, das den Zeitpunkt t erlebt hat. Es galt mit (12.2)

12.5 Einbeziehung von Kovariablen in die Überlebensanalyse

$$\lambda(t) = \frac{f(t)}{S(t)} \; . \tag{12.9}$$

Bezieht man einen (zeitunabhängigen) Kovariablenvektor x_i für das i-te Individuum als einen die Lebenszeit beeinflussenden Faktor mit ein, so ergibt sich für die Hazardrate

$$\lambda_i(t) = f(x_i, t) \; . \tag{12.10}$$

Glasser (1967) schlug den Ansatz vor

$$\lambda_i = \lambda \cdot \exp(-x_i'\beta) \; , \tag{12.11}$$

der von einer konstanten Hazardrate λ in der Behandlungsgruppe ausgeht und den individuellen Effekt des Patienten im zweiten Term separiert. Dieser Ansatz heißt *proportionaler Hazard*. Unter diesem Ansatz ist das Verhältnis der Hazardraten zweier Patienten

$$\frac{\lambda_1}{\lambda_2} = \exp(-(x_1 - x_2)'\beta) \tag{12.12}$$

als eine Funktion der Differenzen der Komponenten der Kovariablenvektoren $(x_{1j} - x_{2j})$ unabhängig von einem festen Zeitpunkt, d.h. konstant über den gesamten Verlauf.

12.5.1 Das Proportional–Hazard–Modell von Cox

Der Ansatz von Cox (1972) ist ein semiparametrisches Modell für die Hazardfunktion des i–ten Individuums:

$$\lambda_i(t) = \lambda_0(t) \exp(x_i'\beta) \; , \tag{12.13}$$

wobei $\lambda_0(t)$ die unbekannte Baseline–Hazardrate der Population (z.B. Therapiegruppe) ist. $x_i = (x_{1i}, \ldots, x_{ki})'$ ist der Vektor der prognostischen Variablen des i–ten Individuums. Wenn $\beta = 0$ ist, folgen alle Individuen der Hazardrate $\lambda_0(t)$.

Der Quotient d$\frac{\lambda_i(t)}{\lambda_0(t)}$ heißt relativer Hazard. Es gilt

$$\ln\left(\frac{\lambda_i(t)}{\lambda_0(t)}\right) = x_i'\beta \; , \tag{12.14}$$

so daß das Cox–Modell auch häufig *loglineares Modell für den relativen Hazard* heißt.

Der Vorteil des Cox–Modells liegt darin, daß die Zeitabhängigkeit der Verweildauer nur in die Baseline–Hazardrate $\lambda_0(t)$ einbezogen wird. Die Schätzung des Parametervektors β wird nur an den tatsächlichen Ereigniszeitpunkten vorgenommen, da zum Versuchsplan X nur die Anzahl der Ereignisse bzw. die Odds festgestellt werden. Wegen der eindeutigen Beziehung (12.3) zwischen Hazardrate und Überlebensfunktion

$$S(t) = \exp\left(-\int_0^t \lambda(s)\,ds\right)$$
$$= \exp(-\Lambda(t)) \qquad (12.15)$$

mit $\Lambda(t)$ der kumulativen Hazardfunktion läßt sich das Cox–Modell auch alternativ schreiben als

$$S(t) = S_0(t)^{\exp(x'\beta)}, \qquad (12.16)$$

da

$$S(t) = \exp\left(\exp(x'\beta)\left(-\int_0^t \lambda_0(s)\,ds\right)\right)$$
$$= \exp\left(-\int_0^t \lambda_0(s)\,ds\right)^{\exp(x'\beta)}$$
$$= S_0(t)^{\exp(x'\beta)}, \qquad (12.17)$$

wobei $d\exp\left(-\int_0^t \lambda_0(s)\,ds\right) = \exp(-\Lambda_0(t))$ gesetzt werden kann. Die kumulative Baseline–Hazardrate $\Lambda_0(t)$ steht dann zur "Baseline"–Überlebenskurve $S_0(t)$ in der Beziehung

$$\Lambda_0(t) = -\ln S_0(t). \qquad (12.18)$$

12.5.2 Überprüfung der Proportionalitätsannahme

Grundlage des Cox–Modells ist die Annahme der zeitunabhängigen Proportionalität der Hazardraten von verschiedenen Patientengruppen (d.h. nach X geschichteten Subgruppen).

In Blossfeld et al. (1986) wird folgendes Beispiel gegeben. Betrachtet man die geschlechtsspezifische Schichtung nach Männern und Frauen, so hat man für beide Subgruppen folgende Überlebenskurven:

$$S_M(t \mid x) = S_0(t)^{\exp(x'\beta)\exp(\gamma)} \qquad (12.19)$$
$$S_F(t \mid x) = S_0(t)^{\exp(x'\beta)}, \qquad (12.20)$$

wobei in X die anderen Kovariablen gegeben sind.

Nach doppelter Logarithmierung beider Gleichungen erhält man

$$M: \ln(-\ln S_M(t \mid x)) = \ln(-\ln S_0(t)) + x'\beta + \gamma \qquad (12.21)$$
$$F: \ln(-\ln S_F(t \mid x)) = \ln(-\ln S_0(t)) + x'\beta. \qquad (12.22)$$

Trägt man die so transformierten Überlebenskurven über der Zeitachse auf, so dürfen sich beide Kurven über dem gesamten Verlauf nur um eine Konstante (nämlich γ) unterscheiden, wenn die Proportionalitätsannahme zutreffend ist.

12.5.3 Schätzung des Cox-Modells

Wir betrachten die Schätzung von β im proportionalen Hazardmodell

$$\lambda(t) = \lambda_0(t) \exp(x'\beta) \qquad (12.23)$$

bei unbekannter Baseline-Hazardrate $\lambda_0(t)$. Cox führte eine neue Form einer Likelihoodfunktion ein.

Sei t_k ein bekannter Ereigniszeitpunkt und sei R_k die Risikogruppe unmittelbar vor diesem Zeitpunkt. Falls genau ein Ereignis (Verlust) zum Zeitpunkt t_k diese Risikogruppe trifft, so ist die bedingte Wahrscheinlichkeit für das Eintreten des Ereignisses beim Element k^* der Risikogruppe unter dem Cox-Modell

$$\frac{\lambda_0(t_k) \exp(x'_{k^*}\beta)}{\sum_{i:R_k} \lambda_0(t_k) \exp(x'_i\beta)} = \frac{\exp(x'_{k^*}\beta)}{\sum_{i:R_k} \exp(x'_i\beta)} . \qquad (12.24)$$

Die Likelihoodfunktion nach Cox ist das Produkt dieser Wahrscheinlichkeiten über alle Ereigniszeitpunkte:

$$L(\beta) = \prod_{k=1}^{L} \left\{ \frac{\exp(x'_k\beta)}{\sum_{i:R_k} \exp(x'_i\beta)} \right\} . \qquad (12.25)$$

Damit wird die Loglikelihood

$$\ln L = \sum_{k=1}^{L} \left\{ x'_k\beta - \ln\left(\sum_{i:R_k} \exp(x'_i\beta)\right) \right\} . \qquad (12.26)$$

Diese Funktion enthält also weder die unbekannte Baseline-Hazardrate noch die zensierten Daten. Da eine Likelihood-Funktion jedoch alle Stichprobensituationen berücksichtigen muß — was durch Weglassen der zensierten Daten hier nicht der Fall ist — gab Cox dieser Funktion die Bezeichnung partieller (parital) Likelihood. Die vollständige Likelihoodfunktion hätte die Gestalt

$$L(\text{complete}) = L(\text{partial}) \times L(\text{censored}) . \qquad (12.27)$$

Der Cox-Ansatz liefert jedoch Schätzungen für β, die zumindest asymptotisch äquivalent zu den ML-Schätzungen auf der Basis der vollständigen Daten sind.

Falls Bindungen auftreten (mehrere Ereignisse zum selben Zeipunkt), d.h. falls $d_k > 1$ ist, so wird in Formel (12.24) der Nenner durch $(\sum \exp(x'_i\beta))^{d_k}$ ersetzt.

Die Bestimmung der ML-Schätzungen $\hat{\beta}$ erfolgt iterativ.

12.5.4 Schätzung der Überlebensfunktion unter dem Cox-Ansatz

Die Baseline-Hazardrate kürzt sich bei den Likelihood-Komponenten heraus. Wenn wir jedoch die Überlebenszeit eines Individuums schätzen wollen nach

$$S_i(t) = S_0(t)^{\exp(x_i'\hat{\beta})} , \qquad (12.28)$$

so benötigen wir eine (zumindest nichtparametrische) Schätzung von $S_0(t)$.

Lawless (1982, S.362) schlägt folgende Formel vor zur Schätzung der kumulativen Hazardfunktion $\Lambda_0(t)$

$$\hat{\Lambda}_0(t) = \sum_{t_k < t} \left[\frac{d_i}{\sum_{i:R_k} \exp(x_i'\hat{\beta})} \right] , \qquad (12.29)$$

so daß wir gemäß (12.18) die nichtparametrische Schätzung von $S_0(t)$ erhalten als:

$$\hat{S}_0(t) = \exp\left(-\hat{\Lambda}_0(t)\right) . \qquad (12.30)$$

Die Schätzung der individuellen Überlebensfunktion z.B. des i-ten Patienten ($i = 1, \ldots, I$) erfolgt dann durch Berücksichtigung seines Kovariablenvektors x_i gemäß

$$\hat{S}_i(t) = \hat{S}_0(t)^{\exp(x_i'\hat{\beta})} . \qquad (12.31)$$

Falls $\hat{\beta} = 0$ ist, entspricht der Kurvenverlauf über alle Patienten der Kaplan-Meier-Schätzung. Für $\hat{\beta} \neq 0$ stellt (12.31) die Kaplan-Meier-Schätzung dar, die durch Einbeziehung von Kovariablen korrigiert wurde. Solange kein parametrisches Modell für $S_0(t)$ wie Exponential- oder Weibullverteilung spezifiziert ist, bleibt $\hat{S}_i(t)$ eine Treppenfunktion. Bei Vorliegen einer Parametrisierung von $S_0(t)$ schätzt man die Parameter und hat mit der stetigen Darstellung von $\hat{S}_0(t)$ auch einen stetigen Verlauf von $\hat{S}_i(t)$.

12.5.5 Einige Wahrscheinlichkeitsverteilungen für die Verweildauer

Die Verweildauer T ist eine stetige Zufallsvariable. Wir wollen nun einige wichtige Verteilungen für T angeben.

Exponentialverteilung. Für den wichtigen Spezialfall der zeitkonstanten Hazardrate

$$\lambda(t) = \lambda > 0 \qquad (12.32)$$

erhalten wir für die Überlebensfunktion

12.5 Einbeziehung von Kovariablen in die Überlebensanalyse

$$S(t) = \exp\left(-\int_0^t \lambda(u)\,du\right) = \exp(-\lambda t), \quad (12.33)$$

also die Exponentialverteilung, für die gilt

$$E(t) = \frac{1}{\lambda} \quad (12.34)$$

und

$$\text{Var}(T) = \frac{1}{\lambda^2}. \quad (12.35)$$

Je größer das Ereignisrisiko λ ist, desto kleiner fällt die mittlere Verweildauer $E(T)$ aus.

Weibull–Verteilung. Für die zeitabhängige Hazardrate der Gestalt

$$\lambda(t) = \lambda\alpha(\lambda t)^{\alpha-1} \quad (\lambda > 0, \alpha > 0) \quad (12.36)$$

ergibt sich als zugehörige Überlebensverteilung die Weibull-Verteilung

$$S(t) = \exp\left(-\lambda^\alpha \alpha \int_0^t r^{\alpha-1}\,du\right) = \exp\left(-(\lambda t)^\alpha\right) \quad (12.37)$$

Der Parameter α steuert die Hazardrate. Für $\alpha = 1$ ist $\lambda(t) = \lambda$ konstant, die Überlebensfunktion ist wieder die Exponentialverteilung. Für $\alpha > 1$ bzw. $\alpha < 1$ ist $\lambda(t)$ monoton wachsend bzw. fallend.

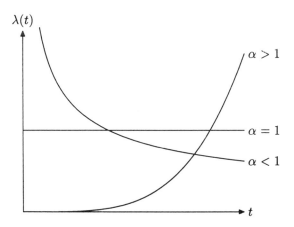

Abb. 12.4. Hazardrate der Weibull-Verteilung für verschiedene α

298   12. Lebensdaueranalyse

Extremwertverteilung. Für die Hazardrate

$$\lambda(\tilde{t}) = \frac{1}{\sigma} \exp\left(\frac{\tilde{t}-\mu}{\sigma}\right) \qquad (12.38)$$

mit $\tilde{T} = \ln T$ erhalten wir

$$S(\tilde{t}) = \exp\left(-\exp\left(\frac{\tilde{t}-\mu}{\sigma}\right)\right) \qquad -\infty < \tilde{t} < \infty . \qquad (12.39)$$

Besitzt T eine Weibullverteilung (12.37), so folgt $\tilde{T} = \ln T$ einer Extremwertverteilung mit $\sigma = \alpha^{-1}$ und $\mu = -\ln \lambda$.

12.5.6 Modellierung der Hazardrate

Wir wollen die Verknüpfung der Verweildauer–Verteilung mit der Hazardrate nun durch Einbeziehung von Kovariablen ergänzen.

Im Fall der Exponentialverteilung ist die Hazardrate der Population konstant. Die interindividuelle Variabilität der Hazardraten verschiedener Patienten kann also nur durch die spezifischen Kovariablenvektoren erklärt werden. Ihr Einfluß auf die Hazardrate wird modelliert durch eine positive Funktion, z.B. durch

$$\lambda(x) = \exp(-x'\beta) . \qquad (12.40)$$

Dann ist die Verweildauer T exponentialverteilt mit diesem Parameter λ.

Zwei Patienten mit verschiedenen Kovariablenvektoren x_1 bzw. x_2 haben dann als Verhältnis ihrer Hazardraten

$$\frac{\lambda(x_1)}{\lambda(x_2)} = \exp(-(x_1 - x_2)'\beta) . \qquad (12.41)$$

Damit erfüllt die Exponentialverteilung trivialerweise die Voraussetzung der Proportionalität der Hazards.

Die Verbindung zum Modell (12.11) von Glasser stellt man her, indem man ein konstantes Glied β_0 in das Regressionsmodell $x'\beta$ einführt, also mit dem Modell $\beta_0 + x'\beta$ arbeitet:

$$\lambda(x) = \exp(-\beta_0 - x'\beta) = \exp(-\beta_0) \cdot \exp(-x'\beta) = \lambda_0 \exp(-x'\beta) \quad (12.42)$$

Vergleicht man zwei Individuen mit unterschiedlichen Kovariablenvektoren x_1 und x_2, so unterscheiden sich die Hazardraten über den gesamten Zeitverlauf nur um eine Konstante (siehe Abbildung 6.16)

Mit dem Ansatz

$$\frac{1}{\lambda(x)} = \exp(\beta_0 + x'\beta) = \exp(\tilde{x}'\beta) \qquad (12.43)$$

12.5 Einbeziehung von Kovariablen in die Überlebensanalyse

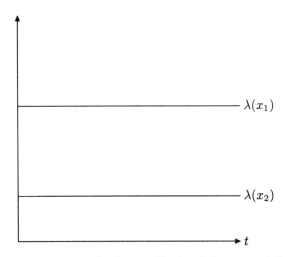

Abb. 12.5. Hazardrate zu verschiedenen x-Designs bei exponentieller Lebensdauer

und

$$\frac{1}{\lambda(x)} = E(T \mid x) = \theta_x \tag{12.44}$$

läßt sich die Dichte der transformierten Lebensdauer

$$Y = \ln T \quad \text{mit} \quad EY = \tilde{x}'\beta \tag{12.45}$$

berechnen. Die logarithmische Transformation stellt den natürlichen Link zwischern $EY = \tilde{x}'\beta$ und der Hazardrate her. Sei

$$y = \ln t = g(t)$$

und damit

$$t = g^{-1}(y) = h(y) = \exp(y)$$

die Umkehrfunktion, wobei $h'(y) = h(y)$ ist. Die Dichte von y wird nach der üblichen Transformationsregel (vgl. z.B. Fisz, 1962, S.38) berechnet:

$$\begin{aligned} f(h(y) \mid x) \cdot h'(y) &= \lambda(x)\exp(-\lambda(x)h(y)) \cdot h(y) \\ &= \lambda(x)\exp(y - \lambda(x)\exp(y)) \\ &= \theta_x^{-1} \exp\left(y - \frac{\exp(y)}{\theta_x}\right), \end{aligned}$$

also

$$\tilde{f}(y \mid x) = \exp\left((y - \tilde{x}'\beta) - \exp(y - \tilde{x}'\beta)\right). \tag{12.46}$$

Weibull-Ansatz

Wählt man als Parametrisierung für $\lambda(x)$ wieder die positive Funktion

$$\lambda(x) = \exp(-\beta_0 - x'\beta)$$

bzw.

$$\frac{1}{\lambda(x)} = \exp(\beta_0 + x'\beta) \;,$$

so erhält man für die Hazardrate der Weibull-Verteilung (vgl. (12.36))

$$\lambda(t \mid x) = \lambda(x)\alpha(\lambda(x)\,t)^{\alpha-1} = \frac{\alpha}{\exp(\beta_0 + x'\beta)} \left(\frac{t}{\exp(\beta_0 + x'\beta)}\right)^{\alpha-1} \quad (12.47)$$

Die Proportionalität der Hazardraten ist hier ebenfalls erfüllt:

$$\frac{\lambda(t \mid x_1)}{\lambda(t \mid x_2)} = \exp\left((x_2 - x_1)'\beta\right)^{\alpha} \;. \quad (12.48)$$

Bemerkung: Die Auswahl des passenden parametrischen Regressionsmodells erfolgt über die Güte der Anpassung. Daneben gibt es zahlreiche Vorschläge, durch Plots in geeignet transformierten Skalen die Adäquatheit des gewählten parametrischen Ansatzes zu überprüfen (vgl. z.B. Elandt–Johnson und Johnson, 1980, Kapitel 7).

12.6 Aufgaben und Kontrollfragen

Aufgabe 12.1: Wie sind Hazardrate, bedingte Überlebenswahrscheinlichkeit und Survivorfunktion für die Zufallsvariable „Lebensdauer" T definiert?

Aufgabe 12.2: Berechnen Sie für folgende Realisierung den Kaplan-Meier-Schätzer:

Tabelle 12.4. Kaplan-Meier-Schätzung

k	$t_{(k)}$	$R_{(k)}$	d_k	$\hat{\lambda}_k$	$\hat{p}_k$	$\hat{S}(t_{(k)})$
0	0	10	0	0	1	1
1	10	10	1	1/10	9/10	9/10
2	20	9	1	1/9	8/9	8/10
3	30	?	1	?	?	?
4	40	?	1	?	?	?
5	50	?	1	?	?	?
6	60	?	1	?	?	?
7	70	?	1	?	?	?
8	80	?	1	?	?	?
9	90	?	1	?	?	?
10	100	?	1	?	?	?

Aufgabe 12.3: Interpretieren Sie das nachfolgende SPSS-Listing und die zugehörige Abbildung.

```
Survival Analysis for TIME     Alter der Maschine

                          Total      Number      Number      Percent
                                     Events      Censored    Censored

  MASCHINE    Stanze      258        64          194         75.19
  MASCHINE    Presse      216        40          176         81.48

  Overall                 474        104         370         78.06


Test Statistics for Equality of Survival Distributions for MASCHINE

              Statistic       df        Significance

  Log Rank      .58            1           .4473
```

12. Lebensdaueranalyse

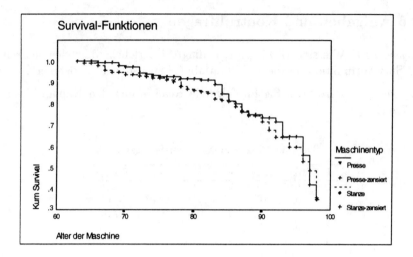

A. Lösungen zu den Übungsaufgaben

Wir stellen im folgenden mögliche Lösungswege zu den Übungsaufgaben dieses Buches vor. Gibt es mehrere Lösungswege, so beschränken wir uns auf einen. Zu den theoretischen Aufgaben, die dem Leser zur Kontrolle des Stoffs dienen sollen, werden keine Lösungen angegeben. Der Leser sei hierzu auf das entsprechende Kapitel verwiesen. Bei der Lösung der Übungsaufgaben geben wir die zugrundeliegende Formel nur durch die entsprechende Gleichungsnummer an. Sind in einem Lösungsweg Zwischenergebnisse angegeben, so sollen diese dem Leser zur Kontrolle dienen. Es wird jedoch nicht mit den gerundeten Zwischenergebnissen, sondern mit dem exakten Wert weitergerechnet.

A. Lösungen zu den Übungsaufgaben

A.1 Kombinatorik

Lösung zu Aufgabe 1.2:

a) Für die erste Stelle gibt es da die 0 ausgeschlossen ist 9 Möglichkeiten: die Ziffern $1, \ldots, 9$. Ist die erste Ziffer gewählt, so stellt die Wahl der verbleibenden Ziffern eine Kombination von $m = 7$ aus $n = 10$ Ziffern $(0, \ldots, 9)$ dar, diese Anzahl ist nach (1.9) gleich 10^7, die Gesamtzahl der 8-stelligen Kontonummern ist also $9 \cdot 10^7$.

b) Für die erste Stelle gibt es 9 Möglichkeiten. Haben wir die erste Ziffer gewählt, so gibt es für die zweite Stelle wieder 9 Möglichkeiten: die acht verbleibenden plus die jetzt zugelassene 0. Für die dritte Stelle verbleiben 8 Möglichkeiten, für die vierte Stelle 7 Möglichkeiten, usw. Es gibt also $9 \cdot 9 \cdot 8 \cdot 7 \cdot 6 \cdot 5 \cdot 4 \cdot 3 \cdot = 1\,632\,960$ Kontonummern.

Lösung zu Aufgabe 1.3: Die Anzahl der Permutationen von a, b, c, d, e, die mit „e" beginnen, entspricht der Anzahl der Permutationen von a, b, c, d, da duch den festgelegten Beginn nur noch die Buchstaben a, b, c, d permutiert werden können. Es gibt also $4! = 24$ derartige Permutationen.

Die Anzahl der Permutationen von a, b, c, d, e, die mit „cb" beginnen, entspricht analog der Anzahl der Permutationen von a, d, e (die bereits festgelegten c und b werden nicht berücksichtigt), d. h. es gibt $3! = 6$ Permutationen.

Lösung zu Aufgabe 1.4: Es handelt sich um für Buchstaben und Ziffern separate Kombinationen mit Berücksichtigung der Reihenfolge und mit Wiederholung (vgl. (1.9)).

$m = 2$ aus $n = 26$ Buchstaben werden unter Berücksichtigung der Reihenfolge, mit Wiederholung ausgewählt. Das ergibt $n^m = 26^2$ mögliche Buchstabenkombinationen.

$m = 3$ aus $n = 9$ Ziffern werden unter Berücksichtigung der Reihenfolge, mit Wiederholung ausgewählt. Es ergeben sich $n^m = 9^3$ mögliche Zahlenkombinationen.

Alle Kombinationen von gewählten Buchstaben- und Zahlenkombinationen sind zugelassen. Damit sind $26^2 \cdot 9^3 = 676 \cdot 729 = 492\,804$ Motorradkennzeichen möglich.

Lösung zu Aufgabe 1.5: Es spielen jeweils zwei Manschaften gegeneinander. Es gibt damit $\binom{12}{2} = 66$ mögliche Paarungen, d. h. Spiele. Da hierbei die Reihenfolge noch nicht berücksichtigt wird, also keine Unterscheidung zwischen $M_i : M_j$ (Hinspiel) und $M_j : M_i$ (Rückspiel) getroffen wird, muß die Anzahl der Spiele noch mit 2 multipliziert werden. Allgemein haben wir also eine Kombination mit Reihenfolge, ohne Wiederholung. Wir erhalten nach (1.7)

$$m! \binom{n}{m} = \frac{n!}{(n-m)!} = 2! \binom{12}{2} = 2 \cdot \frac{12 \cdot 11}{2 \cdot 1} = 2 \cdot 66 = 132$$

Hin- und Rückspiele.

Lösung zu Aufgabe 1.6: Wir haben $n = 10$ Gäste, aus denen jeweils $m = 2$ Gäste auszuwählen sind, die sich küssen. Da bei der Anzahl der Küsse nicht unterschieden wird, ob Person A Person B küßt oder umgekehrt, und keine Person 'sich selbst küßt', liegt also eine Kombination ohne Berücksichtigung der Reihenfolge sowie ohne Wiederholung vor. Damit beträgt die Gesamtzahl der Küsse nach (1.5)

$$\binom{n}{m} = \binom{10}{2} = \frac{10 \cdot 9}{2 \cdot 1} = 45.$$

Lösung zu Aufgabe 1.7: Das Siegerpodest wird mit den $m = 3$ schnellsten der $n = 22$ Athleten besetzt. Die Reihenfolge des Zieleinlaufs bestimmt die Plazierungen und ein Athlet kann nur einen Platz belegen. Wir bestimmen also die Kombinationen mit Berücksichtigung der Reihenfolge, ohne Wiederholung (vgl. (1.7)):

$$\binom{n}{m} m! = \binom{22}{3} 3! = \frac{22!}{3!19!} 3! = 9\,240,$$

d. h. 9 240 verschiedene Besetzungen des Siegerpodestes sind möglich. Würde wie bei einem Qualifikationslauf, in dem die ersten drei für die nächste Rund qualifiziert sind, die Reihenfolge keine Rolle spielen, so veringert sich die Zahl der möglichen Besetzungen der Gruppe der ersten drei auf

$$\binom{n}{m} = \binom{22}{3} = \frac{22!}{3!19!} = 1\,540.$$

Lösung zu Aufgabe 1.8: Wir haben $n = 12$ Tischtennisspieler, mit denen eine Rangliste für die Plätze 1 bis 6 gebildet wird. Die Plazierung wird berücksichtgt und jeder Spieler kann nur einen Platz der Rangliste belegen. Dies ergibt Kombinationen mit Berücksichtigung der Reihenfolge und ohne Wiederholung. Deren Anzahl ist nach (1.7)

$$\binom{n}{m} m! = \binom{12}{6} 6! = \frac{12!}{6!6!} \cdot 6! = \frac{12!}{6!} = 665\,280,$$

d. h. wir haben 665 280 mögliche Ranglisten.

Lösung zu Aufgabe 1.9:

a) Für die Ergebnisse der vier Würfel wählen wir vier Augenzahlen aus den 6 möglichen Augenzahlen aus. Für das Ereignis 'vier verschiedene Augenzahlen' spielt die Reihenfolge keine Rolle (Kombination ohne Berücksichtigung der Reihenfolge). Da keine Augenzahl doppelt vorkommen soll sind Wiederholungen ausgeschlossen. Wir erhalten mit (1.6) insgesamt

$$\binom{6}{4} = \frac{6!}{4!2!} = \frac{6 \cdot 5}{2} = 15$$

Möglichkeiten.

b) Wir bestimmen zunächst die Gesamtzahl der Kombinationen beim Wurf von 4 Würfeln ohne Berücksichtigung der Reihenfolge und mit Wiederholung. Dies sind

$$\binom{n+m-1}{m} = \binom{6+4-1}{4} = \binom{9}{4} = \frac{9!}{4!5!} = 126.$$

Darunter sind 6 Kombinationen von jeweils 4 gleichen Zahlen: $(1,1,1,1)$ bis $(6,6,6,6)$. Ziehen wir diese von den 126 Kombinationen ab, so erhalten wir die gesuchten $126-6 = 120$ Kombinationen mit höchstens drei gleichen Zahlen.

Lösung zu Aufgabe 1.10:

a) Gezählt werden alle Fälle, in denen der erste Wurf eine 6 und die beiden anderen ein beliebiges Ergebnis ergeben, es wird also die Reihenfolge berücksichtigt. Der erste Wurf ist festgelegt $(= 6)$ und wir haben damit für die Besetzung der beiden letzten Würfe eine Kombination mit Berücksichtigung der Reihenfolge, mit Wiederholung, d.h. wir haben $n^m = 6^2 = 36$ Möglichkeiten.

b) Es wird wieder die Reihenfolge berücksichtigt. Die ersten beiden Würfe können einen beliebigen Ausgang haben. Hier gibt es wieder 6^2 Möglichkeiten. Für den dritten Wurf gibt es 3 Möglichkeiten eine gerade Augenzahl zu erhalten, also insgesamt $6^2 \cdot 3 = 108$ Möglichkeiten.

c) Wiederum wird die Reihenfolge berücksichtigt. Der erste und der dritte Wurf sind fest $(= 3)$, für das beliebige Ergebnis des zweiten Wurfs gibt es 6 Möglichkeiten. Insgesamt sind es $1 \cdot 6 \cdot 1 = 6$ Möglichkeiten.

Lösung zu Aufgabe 1.11: Nach Vorgabe sollen die 10 Karten 3 beliebige Könige und 2 beliebige Damen enthalten. Da jede Karte nur einmal vorkommt, handelt es sich um Kombinationen ohne Wiederholungen. Die Reihenfolge, in der der Spieler seine Karten erhält, ist ohne Bedeutung, wir haben damit also Kombinationen ohne Wiederholung und ohne Berücksichtigung der Reihenfolge.

Die gesuchten Partien ergeben sich indem drei aus den vier vorhandenen Königen, zwei aus den vier vorhandenen Damen und die restlichen 8 Karten aus den verbleibenden 24 Karten gezogen werden, die weder König noch Dame sind. Es gibt insgesamt

$$\binom{4}{3}\binom{4}{2}\binom{24}{5} = 1\,020\,096$$

Partien.

A.2 Elemente der Wahrscheinlichkeitsrechnung

Lösung zu Aufgabe 2.1: Beim zweimaligen Münzwurf sind die Elementarereignisse $e_1 = (W,W)$, $e_2 = (W,Z)$, $e_3 = (Z,W)$ und $e_4 = (Z,Z)$. Für Ω gilt $\Omega = (e_1, e_2, e_3, e_4)$. Ein unmögliches Ereignis ist z.B. $(8,Z)$. Das Komplementärereignis zu $A = \{(W,W),(W,Z)\}$ lautet $\bar{A} = \{(Z,W),(Z,Z)\}$.

Lösung zu Aufgabe 2.2: Aus den Angaben für A, B, C bestimmen wir

a) $A \cap B = \{1,8\}$, $A \cap C = \emptyset$ und $B \cap C = \{5\}$.
b) $A \cup B = \{0,1,2,4,5,8,9,11\}$ und $A \cup C = \{1,4,5,6,7,8,11\}$.
c) $A \setminus B = \{4,11\}$, $B \setminus A = \{0,2,5,9\}$ und $A \setminus C = \{1,4,8,11\} = A$, weil $AC = \emptyset$ gilt.
d) $(A \cup B) \cap C = \{5\}$.
e) $(A \cap B) \setminus C = \{1,8\}$.

Lösung zu Aufgabe 2.3: Die Ereignisse A, B und C sind $A = \{1,3,5\}$, $B = \{4,5,6\}$, und $C = \{5,6\}$ (vgl. Abbildung A.1). Damit ist

a) B und C aber nicht A: Es gilt immer $\bar{A} = \Omega \setminus A = \{2,4,6\}$. Gemäß der Definition der Mengen B und C gilt $C \subset B$, so daß $B \cap C = C$. Insgesamt erhalten wir
$$B \cap C \cap \bar{A} = \{5,6\} \cap \{2,4,6\} = \{6\}.$$

b) Keines der genannten Ereignisse tritt ein. Mit den De Morganschen Regeln (vgl. Definition 2.2.3) gilt $\bar{A} \cap \bar{B} \cap \bar{C} = \overline{A \cup B \cup C}$. Dies ist mit $\bar{A} = \Omega \setminus A$ wiederum gleich mit $\Omega \setminus \{A \cup B \cup C\}$. Da allgemein $\bar{\bar{A}} = A$ gilt erhalten wir schließlich
$$\bar{A} \cap \bar{B} \cap \bar{C} = \Omega \setminus (A \cup B \cup C),$$
was mit $A \cup B \cup C = \{1,3,4,5,6\}$ gleich
$$\Omega \setminus \{1,3,4,5,6\} = \{2\}$$
ist.
Wir erhalten mit $\bar{A} = \{2,4,6\}$, $\bar{B} = \{1,2,3\}$ und $\bar{C} = \{1,2,3,4\}$ sofort
$$\bar{A} \cap \bar{B} \cap \bar{C} = \{2\}.$$

c) Wir bestimmen $A \cap \bar{B} \cap \bar{C} = \{1,3\}$, $\bar{A} \cap B \cap \bar{C} = \{4\}$ und $\bar{A} \cap \bar{B} \cap C = \emptyset$. Damit erhalten wir als Gesamtergebnis
$$(A \cap \bar{B} \cap \bar{C}) \cup (\bar{A} \cap B \cap \bar{C}) \cup (\bar{A} \cap \bar{B} \cap C) = \{1,3\} \cup \{4\} \cup \emptyset = \{1,3,4\}$$

308 A. Lösungen zu den Übungsaufgaben

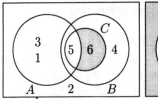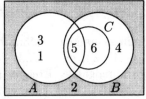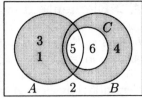

Abb. A.1. Darstellung der Mengen zu Aufgabe 2.3

Lösung zu Aufgabe 2.4: Wir überprüfen die Axiome.

Axiom 1: $0 \leq P(A) \leq 1$ ist für alle gegebenen Ereignisse erfüllt.

Axiom 2: $P(\Omega) = 1$. A, B, C und D bilden gemäß Angabe eine vollständige Zerlegung von Ω, d. h. es gilt $\Omega = A \cup B \cup C \cup D$ mit $P(\Omega) = P(A) + P(B) + P(C) + P(D) = 1$. Wir erhalten jedoch

$$P(A) + P(B) + P(C) + P(D) = \frac{12 + 35 + 15 + 20}{60} = \frac{82}{60} \neq 1.$$

Dies ist ein Widerspruch. Die Werte verstoßen gegen die Kolmogorovschen Axiome und können damit keine Wahrscheinlichkeiten für die Zerlegung des Grundraums Ω sein.

Zur Vollständigkeit überprüfen wir auch noch Axiom 3: $P(A \cup B) = P(A) + P(B)$, falls $A \cap B = \emptyset$. Wir haben jedoch $P(B \cup C) = 0.5$ und $P(B) + P(C) = \frac{10}{12} \neq 0.5$. Dies ist ein ebenfalls ein Widerspruch.

Lösung zu Aufgabe 2.5: Der Berechnung liegt ein Laplace-Experiment zugrunde. Die Wahrscheinlichkeit für ein Ereignis A wird nach (2.3) als Quotient der Anzahl der für A günstigen Fälle und der Anzahl aller möglichen Fälle bestimmt: $P(A) = |A|/|\Omega|$. Aus Beispiel 1.4.3 entnehmen wir die Mächtigkeit von Ω: $|\Omega| = \binom{49}{6} = 13\,983\,816$.

a) A: 6 Richtige. Es gibt genau eine Möglichkeit alle 6 gezogenen Zahlen richtig getippt zu haben, d. h. $|A| = 1$. Damit erhalten wir

$$P(A) = \frac{1}{\binom{49}{6}} = 7.15 \cdot 10^{-8}.$$

b) B: genau 5 Richtige. Für die Konstruktion der Mengen vertauschen wir gedanklich die Reihenfolge 'Tippen der Zahlen' und 'Ziehung des Ergebnisses'. Es gibt $\binom{6}{5} = 6$ Möglichkeiten 5 aus den 6 richtigen Zahlen auszuwählen. Die verbleibende Zahl muß falsch getippt sein, sie kann also nur aus den restlichen 43 nicht gezogenen Zahlen getippt werden, wofür es $\binom{43}{1} = 43$ Möglichkeiten gibt. Wir erhalten damit $|B| = \binom{6}{5}\binom{43}{1}$, also

$$P(B) = \frac{\binom{6}{5}\binom{43}{1}}{\binom{49}{6}} = \frac{6 \cdot 43}{13\,983\,816} = 1.84 \cdot 10^{-5}.$$

c) C: keine Richtige. Um keine Zahl richtig zu tippen, müssen alle getippten Zahlen aus den nicht gezogenen Zahlen gewählt werden. Hierfür gibt es $|C| = \binom{43}{6}$ Möglichkeiten. Damit ist

$$P(C) = \frac{\binom{43}{6}}{\binom{49}{6}} = \frac{6\,096\,454}{13\,983\,816} = 0.436.$$

d) D: höchstens zwei Richtige. Für dieses Ereignis gibt es drei Möglichkeiten: Null, ein oder zwei Richtige. Diese drei Ereignisse schließen sich gegenseitig aus, so daß die Wahrscheinlichkeit für D die Summe der Wahrscheinlichkeiten der einzelnen Ereignisse darstellt

$P(\text{höchstens 2 Richtige}) = P(0 \text{ Richtige}) + P(1 \text{ Richtige}) + P(2 \text{ Richtige})$.

Die Anzahlen der Möglichkeiten für die einzelnen Ereignisse erhalten wir analog zu den obigen Überlegungen als $\binom{43}{6}$ (keine Richtige), $\binom{6}{1}\binom{43}{5}$ (genau eine Richtige) und $\binom{6}{2}\binom{43}{4}$ (genau zwei Richtige). Insgesamt gilt

$$P(D) = \frac{\binom{43}{6} \cdot \binom{6}{1}\binom{43}{5} \cdot \binom{6}{2}\binom{43}{4}}{\binom{49}{6}} = 0.981.$$

Wir haben für die obigen Berechnungen jeweils folgendes allgemeine Schema verwendet.

$$|A| = \binom{6}{\text{Anzahl der Richtigen}} \binom{39}{\text{Anzahl der Falschen}}.$$

In a) und c) traten die Spezialfälle $\binom{6}{6} = 1$ und $\binom{39}{0} = 1$ bzw. $\binom{6}{0} = 1$ auf.

Lösung zu Aufgabe 2.6: Zur Bestimmung der gesuchten Wahrscheinlichkeit verwenden wir das Komplementärereignis. Zum Ereignis A: 'mindestens 2 Kinder sind am gleichen Tag geboren' ist das Ereignis $\bar{A}$: 'alle Kinder sind an verschiedenen Tagen geboren' komplementär. Da die Geburtstermine als unabhängig betrachtet werden können, ergibt sich die gesuchte Wahrscheinlichkeit aus dem Produkt der Wahrscheinlichkeiten für die einzelnen Kinder. Ohne die zeitliche Reihenfolge der Geburtstermine zu betrachten können wir folgende Wahrscheinlichkeiten für die Geburtstermine einzelner Kinder angeben. Für das erste betrachtete Kind gilt

$$P(\text{an irgendeinem Tag geboren}) = \frac{31}{31}.$$

Für ein zweites betrachtetes Kind gilt

$$P(\text{an anderem Tag geboren als das erstes Kind}) = \frac{30}{31},$$

da noch 30 'freie' Tage verbleiben. Für ein drittes betrachtetes Kind ergibt sich

$P(\text{an anderem Tag geboren als die ersten beiden Kinder}) = \dfrac{29}{31}$,

da noch $31 - 2 = 29$ 'freie' Tage verbleiben, u.s.w. Für alle Kinder zusammen ergibt sich damit

$$P(A) = 1 - \frac{31}{31} \cdot \frac{30}{31} \cdot \frac{29}{31} \cdot \frac{28}{31} \cdot \frac{27}{31} \cdot \frac{26}{31} \cdot \frac{25}{31} \cdot \frac{24}{31} \cdot \frac{23}{31} \cdot \frac{22}{31} \cdot \frac{21}{31} \cdot \frac{20}{31} = 0.9142$$

Lösung zu Aufgabe 2.7: Zunächst werden 3 Männer zufällig ausgewählt. Die Aufgabenstellung reduziert sich dann auf die Fragestellung: Wie groß ist die Wahrscheinlichkeit, daß sich unter den 3 Frauen, die anschließend ausgewählt werden, mindestens eine befindet, die mit einem der 3 bereits ausgewählten Männer verheiratet ist?

Wir verwenden zur Berechnung der gesuchten Wahrscheinlichkeit wieder das Komplementärereignis

$$P(\text{mindestens eine}) = 1 - P(\text{keine}).$$

Die Wahrscheinlichkeit $P(\text{keine})$ ergibt sich aus der Überlegung, daß es insgesamt $\binom{7}{3}$ Möglichkeiten gibt, 3 Frauen aus einer Gruppe von 7 Frauen auszuwählen (Kombination ohne Wiederholung, ohne Berücksichtigung der Reihenfolge, vgl. (1.5)). Für die für das gesuchte Ereignis günstigen Fälle wird aus den verbleibenden 4 Frauen ausgewählt, die mit keinem der 3 vorher ausgewählten Männer verheiratet sind. Hier gibt es $\binom{4}{3}$ Möglichkeiten. Wir berechnen damit

$$P(\text{keine}) = \frac{\binom{4}{3}}{\binom{7}{3}} = \frac{4}{35}.$$

Damit gilt

$$P(\text{mindestens eine}) = 1 - \frac{4}{35} = 0.886.$$

Lösung zu Aufgabe 2.8: In der Urne befinden sich 8 gelbe und 4 blaue Kugeln

a) 3 Kugeln gleichzeitig zu ziehen entspricht 3-maligem Ziehen ohne Zurücklegen. Das gesuchte Ereignis A lautet: „2 gelbe und 1 blaue Kugel wurden gezogen". Hierfür gibt es $\binom{12}{3}$ mögliche Fälle. Die zur Bestimmung der Laplace-Wahrscheinlichkeit benötigten günstigen Fälle ergeben sich aus dem Ziehen von 2 aus 8 gelben Kugeln, wofür es $\binom{8}{2}$ Möglichkeiten gibt und dem Ziehen von einer aus 4 blauen Kugeln mit $\binom{4}{1}$ Möglichkeiten.

$$P(A) = \frac{\binom{8}{2}\binom{4}{1}}{\binom{12}{3}} = \frac{28 \cdot 4}{220} = 0.509.$$

Mit dem Baumdiagramm in Abbildung A.2 (Ziehen ohne Zurücklegen) erhalten wir die gleiche Lösung:

$$P(\text{2 gelbe und 1 blaue}) = \frac{8}{12}\frac{7}{11}\frac{4}{10} + \frac{8}{12}\frac{4}{11}\frac{7}{10} + \frac{4}{12}\frac{8}{11}\frac{7}{10} = 0.509.$$

A.2 Elemente der Wahrscheinlichkeitsrechnung 311

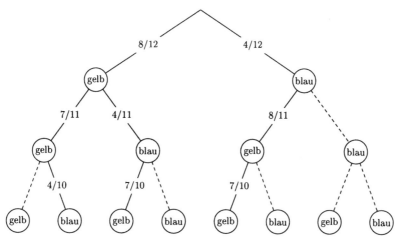

Abb. A.2. Baumdiagramm zu Aufgabe 2.8 a). Die günstigen Fälle sind mit den Wahrscheinlichkeiten angegeben, die ungünstigen Fälle sind durch gestrichelte Linien dargestellt

b) Für die erste zu ziehende Kugel gibt es zwei Möglichkeiten: sie ist gelb und wird durch eine blaue ersetzt oder sie ist blau und wird durch eine gelbe ersetzt. Dies entspricht der obersten Verzweigung in Baumdiagramm in Abbildung A.3. Gegenüber dem Baumdiagramm in Abbildung A.2 verändern sich durch das Ersetzen der gezogenen Kugel die Wahrscheinlichkeiten für den zweiten Zug. Wir erhalten als Lösung

$$P(\text{zweite Kugel ist blau}) = \frac{8}{12}\frac{5}{12} + \frac{4}{12}\frac{3}{12} = \frac{52}{144} = 0.361\,.$$

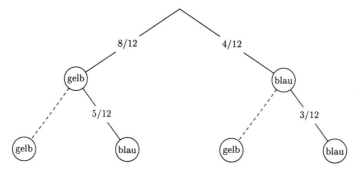

Abb. A.3. Baumdiagramm zu Aufgabe 2.8 b). Die günstigen Fälle sind mit den Wahrscheinlichkeiten angegeben, die ungünstigen Fälle sind durch gestrichelte Linien dargestellt

Lösung zu Aufgabe 2.9:

a) Mit dem Baumdiagramm in Abbildung A.4 bilden wir die Ziehungen nach. Für die gesuchte Wahrscheinlichkeit ergibt sich

$$P(\text{weiß}) = P(\text{weiß}|U_1)P(U_1) + P(\text{weiß}|U_2)P(U_2) + P(\text{weiß}|U_3)P(U_3)$$
$$= \frac{2}{7} \cdot \frac{1}{3} + \frac{4}{8} \cdot \frac{1}{3} + \frac{7}{11} \cdot \frac{1}{3} = 0.474$$

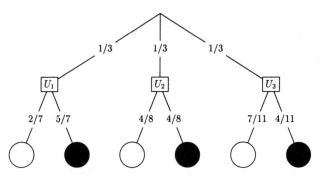

Abb. A.4. Baumdiagramm zu Aufgabe 2.9

b) Gesucht ist die bedingte Wahrscheinlichkeit $P(U_2|\text{schwarz})$. Nach dem Satz von Bayes (vgl. (2.12)) gilt:

$$P(U_2|\text{schwarz}) = \frac{P(\text{schwarz}|U_2) \cdot P(U_2)}{P(\text{schwarz})}.$$

Wir entnehmen aus den Angaben $P(\text{schwarz}|U_2) = \frac{4}{8}$ und $P(U_2) = \frac{1}{3}$. Aus dem Ergebnis von Teilaufgabe a) folgt $P(\text{schwarz}) = 1 - P(\text{weiß}) = 0.526$, also folgt insgesamt

$$P(U_2|\text{schwarz}) = \frac{\frac{4}{8} \cdot \frac{1}{3}}{0.526} = 0.317.$$

Lösung zu Aufgabe 2.10: Der Bäcker kann sein Bort nur verkaufen, falls alle vier Mehlsorten einwandfrei sind. Er kann sein Brot nicht verkaufen, falls mindestens eine Mehlsorte Mängel aufweist. Wir verwenden $P(A) = 1 - P(\bar{A})$, also

$P(\text{kann sein Brot nicht verkaufen})$
$= P(\text{mindestens eine Mehlsorte weist Mängel auf})$
$= 1 - P(\text{keine Mehlsorte weist Mängel auf}).$

Wir wenden die Rechenregel $P(A) = 1 - P(\bar{A})$ für jede Mehlsorte an und gehen davon aus, daß die einzelnen Mehllieferungen unabhängig sind, d. h., daß wir die Rechenregel $P(AB) = P(A)P(B)$ anwenden können. Damit erhalten wir schließlich

$$P(\text{kann Brot nicht verkaufen}) = 1 - (1-0.1)(1-0.05)(1-0.2)(1-0.15)$$
$$= 1 - 0.9 \cdot 0.95 \cdot 0.8 \cdot 0.85 = 0.419.$$

Lösung zu Aufgabe 2.11: Zwei Ereignisse A und B sind gemäß Definition 2.6.1 stochastisch unabhängig, wenn

$$P(A \cap B) = P(A) \cdot P(B)$$

gilt. Wir bestimmen die einzelnen Faktoren der Gleichung um ihre Gültigkeit zu überprüfen. Das Eintreten des Ereignisses A ist unabhängig vom Ausgang des zweiten Wurfes, es gilt somit $P(A) = \frac{1}{2}$. Beim zweifachen Münzwurf gibt es 36 mögliche Ergebnisse, wenn die Reihenfolge der Würfe berücksichtigt werden soll. Es ist $|\Omega| = 36$. Das Ereignis B enthält folgende Ergebnisse

$$B = \left\{ \begin{array}{llllll} (1;2) & (1;4) & (1;6) & (2;1) & (2;3) & (2;5) \\ (3;2) & (3;4) & (3;6) & (4;1) & (4;3) & (4;5) \\ (5;2) & (5;4) & (5;6) & (6;1) & (6;3) & (6;5) \end{array} \right\}$$

Mit $|B| = 18$ folgt

$$P(B) = \frac{|B|}{|\Omega|} = \frac{18}{36} = \frac{1}{2}.$$

Das Ereignis $(A \cap B)$ tritt ein, wenn beide Ereignisse A und B eintreten:

$$A \cap B = \{(2;1)(2;3)(2;5)(4;1)(4;3)(4;5)(6;1)(6;3)(6;5)\}$$

Mit $|A \cap B| = 9$ folgt $P(A \cap B) = \frac{9}{36} = \frac{1}{4}$. Dies ist wiederum gleich mit $P(A)P(B) = \frac{1}{4}$, so daß A und B stochastisch unabhängig sind.

Bemerkung:. Dieses Ergebnis war zu erwarten, wenn man bedenkt, daß die einzelnen Würfe unabhängig voneinander ausgeführt werden und unabhängig davon, ob im ersten Wurf eine gerade oder eine ungerade Zahl geworfen wurde, durch das Ergebnis im zweiten Wurf stets noch eine ungerade Augensumme entstehen kann.

Lösung zu Aufgabe 2.12: Den Angaben entnehmen wir $P(A) = 0.3$, $P(B) = 0.3$, $P(C) = 0.25$ und $P(D) = 0.15$. Außerdem sind folgende Wahrscheinlichkeiten angegeben:

$$P(\text{verdorben}|C) = 0.07$$
$$P(\text{verdorben}|A) = 0.02$$
$$P(\text{verdorben}|B) = 0.02$$
$$P(\text{verdorben}|D) = 0.02.$$

a) Da A, B, C, D eine vollständige Zerlegung von Ω bilden, können wir mit obigen Angaben den Satz von der totalen Wahrscheinlichkeit (vgl. (2.11)) anwenden. Es gilt:

$$P(\text{verdorben}) = P(\text{verdorben}|A) \cdot P(A) + P(\text{verdorben}|B) \cdot P(B)$$
$$+ P(\text{verdorben}|C) \cdot P(C) + P(\text{verdorben}|D) \cdot P(A)$$
$$= 0.02 \cdot 0.3 + 0.02 \cdot 0.3 + 0.07 \cdot 0.25 + 0.02 \cdot 0.15 = 0.0325.$$

b) Nach dem Satz von Bayes (vgl. (2.12)) gilt:

$$P(A|\text{verdorben}) = \frac{P(\text{verdorben}|A) \cdot P(A)}{P(\text{verdorben})} = \frac{0.02 \cdot 0.3}{0.0325} = 0.1846.$$

c) Analog wie in Teilaufgabe b) berechnen wir zunächst:

$$P(B|\text{verdorben}) = \frac{0.02 \cdot 0.3}{0.0325} = 0.1846$$
$$P(C|\text{verdorben}) = \frac{0.07 \cdot 0.25}{0.0325} = 0.5385$$
$$P(D|\text{verdorben}) = \frac{0.02 \cdot 0.15}{0.0325} = 0.0923$$

Da die Ereignisse B, C und D disjunkt sind, gilt

$$P(B \cup C \cup D|\text{verdorben}) = 0.1846 + 0.5385 + 0.0923 = 0.8154.$$

Einfacher wäre folgende Rechnung gewesen, die das Komplementärereignis verwendet, dessen Wahrscheinlichkeit bereits in b) berechnet wurde

$$P(B \cup C \cup D|\text{verdorben}) = 1 - P(A|\text{verdorben}) = 1 - 0.1846 = 0.8154.$$

Damit können wir nun mit Hilfe des Satzes von Bayes die gesuchte Wahrscheinlichkeit bestimmen:

$$P(\text{verdorben}|B \cup C \cup D) = \frac{P(B \cup C \cup D|\text{verdorben}) \cdot P(\text{verdorben})}{P(B \cup C \cup D)}$$
$$= \frac{0.8154 \cdot 0.0325}{0.3 + 0.25 + 0.15} = 0.0379.$$

Lösung zu Aufgabe 2.13: A und B sind stochastisch unabhängig, d. h. es gilt $P(A \cap B) = P(A) \cdot P(B)$. Aus der Angabe entnehmen wir weiter $P(B) = 0.5$ und $P(A \cap B) = 0.2$. Zunächst bestimmen wir daraus

$$P(A) = \frac{P(A \cap B)}{P(B)} = \frac{0.2}{0.5} = 0.4,$$

um den Additionssatz für zwei beliebige (nicht notwendig disjunkte) Ereignisse anwenden zu können und das gesuchte Ergebnis

$$P(A \cup B) = P(A) + P(B) - P(A \cap B) = 0.4 + 0.5 - 0.2 = 0.7$$

zu erhalten.

Lösung zu Aufgabe 2.14: Bezeichne A das Ereignis „Fahrer ist Alkoholsünder" und B das Ereignis „Test zeigt positiv". Aus den Angaben entnehmen wir die Wahrscheinlichkeit $P(A) = 0.1$ und die beiden Irrtumswahrscheinlichkeiten $P(\bar{B}|A) = 0.3$ und $P(B|\bar{A}) = 0.2$.

a) Die Wahrscheinlichkeit für einen postitiven Test können wir bestimmen, indem wir die disjunkten Ereignisse $P(AB)$ und $P(\bar{A}B)$ betrachten, für die gilt, daß
$$P(B) = P(AB) + P(\bar{A}B).$$
AB und $\bar{A}B$ bilden eine vollständige Zerlegung von B. Mit dem (umgeformten) Satz von Bayes berechnen wir $P(AB) = P(B|A)P(A)$, wobei sich $P(B|A)$ aus dem gegebenen $P(\bar{B}|A)$ als $P(B|A) = 1 - P(\bar{B}|A) = 0.7$ ergibt. Ebenso bestimmen wir $P(A\bar{B}) = P(\bar{B}|A)P(A) = 0.03$. Wir erhalten damit $P(AB) = P(B|A)P(A) = 0.07$. Setzen wir diese Zwischenergebnisse ein, so resultiert
$$P(B) = P(AB) + P(\bar{A}B) = 0.07 + 0.18 = 0.25\,.$$

b) Die Wahrscheinlichkeit $P(A|\bar{B})$ für einen Alkoholsünder mit negativem Testergebnis erhalten wir mit dem Satz von Bayes aus
$$P(A|\bar{B}) = \frac{P(A\bar{B})}{P(\bar{B})} = \frac{0.03}{1 - 0.25} = 0.4\,,$$
wobei $P(A\bar{B})$ bereits aus b) bekannt ist und $P(\bar{B})$ mit dem Ergebnis von b) als $P(\bar{B}) = 1 - P(B) = 1 - 0.25$ folgt.

Lösung zu Aufgabe 2.15:

a) Keine Farbe darf doppelt vorkommen und vier Eier sollen im Osternest liegen. Dies entspricht der Wahl von vier aus fünf möglichen Farben: $\binom{5}{4} = 5$. Die Anzahl der verfügbaren Eier einer bestimmten Farbe spielt aufgrund der nicht vorhandenen Unterscheidbarkeit gleichfarbiger Eier keine Rolle.

b) Die Eier werden nun zufällig ausgewählt. Jedes Ei besitzt damit die gleiche Wahrscheinlichkeit in den Osterkorb zu gelangen.

  i) Die Wahrscheinlichkeit des gesuchten Ereignisses beträgt
  $$P(2 \text{ rote Eier, 1 blaues und 1 lila Ei}) = \frac{1}{15},$$
  da hierfür die Mächtigkeit der Menge der für das Ereignis günstigen Fälle 1 beträgt (beide roten Eier müssen gezogen werden und es gibt nur jeweils ein blaues und ein lila Ei). Die Anzahl der möglichen Ereignisse ergibt sich als $\binom{6}{4} = \frac{6!}{4!2!} = 15$.

  ii) Die Wahrscheinlichkeit lauter verschiedenfarbige Eier zu erhalten beträgt
  $$P(\text{lauter verschiedenfarbige Eier}) = \frac{9}{15} = 0.6\,.$$

Die Anzahl der günstigen Ereignisse ist hier $2 \cdot 4 + 1 = 9$, wie die folgende Tabelle der Farbkombinationen zeigt, bei der die ersten vier Farbkombinationen durch die zwei roten Eier jeweils doppelt zu zählen sind.

rot	blau	gelb	grün
rot	gelb	grün	lila
rot	blau	grün	lila
rot	blau	gelb	lila
blau	gelb	grün	lila

Die Anzahl der möglichen Ereignisse ist wie in i) $\binom{6}{4} = 15$.
Eine alternative Betrachtungsweise zur Bestimmung der gesuchten Wahrscheinlichkeit ist:

P(lauter verschiedenfarbige Eier)
$= 1 - P$(mindestens zwei Eier mit gleicher Farbe).

Dies ist im konkreten Fall aber nur bei der Auswahl zweier roter Eier möglich. Die Wahrscheinlichkeit hierfür beträgt $\frac{6}{15} = 0.6$, da die Anzahl der günstigen Fälle gleich $\binom{4}{2} = \frac{4!}{2!2!} = 6$ ist (es müssen beide roten Eier gezogen werden; die verbleibenden zwei Eier werden aus den 4 nicht roten Eiern gezogen). Die Anzahl der möglichen Fälle ist wieder $\binom{6}{4} = 15$.

iii) Bei zwei roten, einem blauen und einem gelben Ei bestehen $\frac{4!}{2!1!1!} = 12$ möglichen Farbreihenfolgen (Permutationen mit Wiederholung).

A.3 Zufällige Variablen

Lösung zu Aufgabe 3.1: Die Verteilungsfunktion lautet

$$F(x) = \begin{cases} 0 & \text{für } x < 2 \\ -\frac{1}{4}x^2 + 2x - 3 & \text{für } 2 \leq x \leq 4 \\ 1 & \text{für } x > 4 \end{cases}$$

a) Bildung der ersten Ableitung liefert die Dichtefunktion: $F'(x) = f(x)$

$$f(x) = \begin{cases} 0 & \text{für } x < 2 \\ -\frac{1}{2}x + 2 & \text{für } 2 \leq x \leq 4 \\ 0 & \text{für } x > 4 \end{cases}$$

b) Erwartungswert: Mit (3.14) berechnen wir für den Erwartungswert

$$E(X) = \int_{-\infty}^{\infty} x\, f(x)\, dx = \int_{-\infty}^{2} x0\, dx + \int_{2}^{4} x\left(-\frac{1}{2}x + 2\right) dx + \int_{4}^{\infty} x0\, dx$$

$$= 0 + \int_{2}^{4} \left(-\frac{1}{2}x^2 + 2x\right) dx + 0$$

$$= \left[-\frac{1}{6}x^3 + x^2\right]_{2}^{4} = \left(-\frac{64}{6} + 16\right) - \left(-\frac{8}{6} + 4\right) = \frac{8}{3}.$$

Wir haben bereits den Erwartungswert $E(X)$ ermittelt, so daß nun noch $E(X^2)$ bestimmt werden muß, um mit Verschiebungssatz (3.26) die Varianz $Var(X)$ zu bestimmen ($Var(X) = E(X^2) - [E(X)]^2$).

$$E(X^2) = \int_{2}^{4} x^2 \left(-\frac{1}{2}x + 2\right) dx = \int_{2}^{4} \left(-\frac{1}{2}x^3 + 2x^2\right) dx$$

$$= \left[-\frac{1}{8}x^4 + \frac{2}{3}x^3\right]_{2}^{4} = \left(-32 + \frac{128}{3}\right) - \left(-2 + \frac{16}{3}\right) = \frac{22}{3},$$

also gilt $Var(X) = \frac{22}{3} - \left(\frac{8}{3}\right)^2 = \frac{66-64}{9} = \frac{2}{9}$.

Die Berechnung der Varianz ist natürlich auch über die Definition $Var(X) = \int_{-\infty}^{\infty} (x - E(X))^2 f(x) dx$ möglich, der obige Weg ist jedoch einfacher.

Lösung zu Aufgabe 3.2: Gegeben ist folgende Funktion

$$f(x) = \begin{cases} 2x - 4 & \text{für } 2 \leq x \leq 3 \\ 0 & \text{sonst} \end{cases}$$

a) Um zu überprüfen, ob $f(x)$ eine Dichte ist, verwenden wir Satz 3.4.1. Die erste Bedingung $f(x) \geq 0$ ist erfüllt, da $2x-4$ im Intervall $[2,3]$ stets größer oder gleich Null ist. Gemäß der zweiten Bedingung muß $\int_{-\infty}^{\infty} f(x)dx$ den Wert 1 ergeben, also:

$$\int_2^3 (2x-4)dx = [x^2 - 4x]_2^3 = 9 - 12 - 4 + 8 = 1$$

Somit ist $f(x)$ die Dichtefunktion einer stetigen Zufallsvariable X.

b) Für $x < 2$ ist $f(x) = 0$ und damit auch $F(x) = 0$. Für $x > 3$ ist $F(x) = 1$, wie wir eben ermittelt haben. Damit muß nur noch die Verteilungsfunktion für $2 \leq x \leq 3$ bestimmt werden:

$$\int_{-\infty}^x f(t)dt = \int_2^x (2t-4)dt = [t^2 - 4t]_2^x = x^2 - 4x - 4 + 8 = x^2 - 4x + 4.$$

Wir erhalten für die Verteilungsfunktion $F(x)$ also insgesamt

$$F(x) = \begin{cases} 0 & \text{für } x < 2 \\ x^2 - 4x + 4 & \text{für } 2 \leq x \leq 3 \\ 1 & \text{für } x > 3 \end{cases}$$

Lösung zu Aufgabe 3.3:

a) Wir bestimmen zunächst die Konstante c so, daß $f(x)$ eine Dichtefunktion ist:

$$f(x) = \begin{cases} cx & \text{für } 1 \leq x \leq 3 \\ 0 & \text{sonst} \end{cases}$$

Gemäß Satz 3.4.1 muß $f(x) \geq 0$ für alle x gelten. Dies ist für alle $c \geq 0$ gegeben. Für eine Dichtefunktion muß weiterhin gelten, daß $\int_{-\infty}^\infty f(x)dx = 1$. Wir setzen das gegebene $f(x)$ ein und erhalten die Bedingung

$$\int_1^3 cx\,dx = 1,$$

also

$$\left[\frac{c}{2}x^2\right]_1^3 = 1$$
$$\frac{9}{2}c - \frac{1}{2}c = 1$$
$$4c = 1.$$

Damit beide Bedingungen von Satz 3.4.1 erfüllt sind, muß also $c = \frac{1}{4}$ gelten.

b) Mit $c = \frac{1}{4}$ lautet die gesuchte Wahrscheinlichkeit

$$P(X \geq 2) = \int_2^3 \frac{1}{4}x\,dx = \left[\frac{1}{8}x^2\right]_2^3 = \frac{9}{8} - \frac{4}{8} = \frac{5}{8}.$$

Lösung zu Aufgabe 3.4:

a) Aus den Angaben bestimmen wir zunächst die Dichtefunktion $f(x) = F'(x)$

$$f(x) = \begin{cases} 0 & \text{für } x < 3 \\ \frac{1}{5} & \text{für } 3 \leq x \leq 8 \\ 0 & \text{für } x > 8 \end{cases}$$

b) Es gilt $P(X = 5) = 0$, da gemäß (3.11) bei stetigen Zufallsvariablen die Wahrscheinlichkeiten für einzelne Punkte gleich Null sind.

c) Mit (3.12) erhalten wir $P\{5 \leq X \leq 7\} = F(7) - F(5) = \frac{7-3}{5} - \frac{5-3}{5} = \frac{2}{5}$.

Lösung zu Aufgabe 3.5: Die Zufallsvariable X ist diskret und besitzt folgende Wahrscheinlichkeitsfunktion

x_i	1	2	3	4	5	6
$P(X = x)$	$\frac{1}{9}$	$\frac{1}{9}$	$\frac{1}{9}$	$\frac{2}{9}$	$\frac{1}{9}$	$\frac{3}{9}$

Wir berechnen gemäß (3.14)

$$E(X) = 1 \cdot \frac{1}{9} + 2 \cdot \frac{1}{9} + 3 \cdot \frac{1}{9} + 4 \cdot \frac{2}{9} + 5 \cdot \frac{1}{9} + 6 \cdot \frac{3}{9}$$
$$= \frac{1 + 2 + 3 + 8 + 5 + 18}{9} = \frac{37}{9}.$$

Die Varianz berechnen wir mit dem Verschiebungssatz (3.26). Dazu benötigen wir noch

$$E(X^2) = 1 \cdot \frac{1}{9} + 4 \cdot \frac{1}{9} + 9 \cdot \frac{1}{9} + 16 \cdot \frac{2}{9} + 25 \cdot \frac{1}{9} + 36 \cdot \frac{3}{9}$$
$$= \frac{1 + 4 + 9 + 32 + 25 + 108}{9} = \frac{179}{9}$$

Damit ergibt sich für $\text{Var}(X) = E(X^2) - E(X)^2$ der Wert

$$\text{Var}(X) = \frac{179}{9} - \left(\frac{37}{9}\right)^2 = \frac{1611 - 1369}{81} = \frac{242}{81}.$$

Für die transformierte Variable $Y = \frac{1}{X}$ erhalten wir folgende Wahrscheinlichkeitsfunktion

$y_i = \frac{1}{x_i}$	1	$\frac{1}{2}$	$\frac{1}{3}$	$\frac{1}{4}$	$\frac{1}{5}$	$\frac{1}{6}$
$P(\frac{1}{X} = y)$	$\frac{1}{9}$	$\frac{1}{9}$	$\frac{1}{9}$	$\frac{2}{9}$	$\frac{1}{9}$	$\frac{3}{9}$

Damit erhalten wir für den Erwartungswert gemäß (3.14)

$$E(Y) = E(\frac{1}{X}) = 1 \cdot \frac{1}{9} + \frac{1}{2} \cdot \frac{1}{9} + \frac{1}{3} \cdot \frac{1}{9} + \frac{1}{4} \cdot \frac{2}{9} + \frac{1}{5} \cdot \frac{1}{9} + \frac{1}{6} \cdot \frac{3}{9}$$
$$= \frac{1}{9} + \frac{1}{18} + \frac{1}{27} + \frac{1}{18} + \frac{1}{45} + \frac{1}{18} = \frac{91}{270}.$$

Damit ist $E(\frac{1}{X}) \neq \frac{1}{E(X)}$.

Lösung zu Aufgabe 3.6: Gegeben ist die Verteilungsfunktion der Zufallsgröße X:

k	$P(X \leq k)$
1	0.1
3	0.5
5	0.7
7	1

Mit $P(X \leq k) = P(X < k) + P(X = k)$ kann daraus die Wahrscheinlichkeitsfunktion von X ablesen werden. Es ist $P(X \leq 1) = P(X < 1) + P(X = 1)$. Da gemäß obiger Verteilungsfunktion $P(X < 1) = 0$ ist, gilt $P(X = 1) = 0.1$. Der Wert für $P(X = 3)$ ergibt sich aus $P(X \leq 3) = P(X < 3) + P(X = 3)$. Aus der Verteilungsfunktion entnehmen wir $P(X \leq 3) = 0.5$. Dies ergibt mit dem eben berechneten Wert von $P(X = 1) = 0.1$, daß $P(X = 3) = 0.4$ ist. Die restlichen Werte ergeben sich analog.

k	$P(X = k)$
1	0.1
3	0.4
5	0.2
7	0.3

Mit diesem Ergebnis berechnen wir nun

$$E(X) = 1 \cdot 0.1 + 3 \cdot 0.4 + 5 \cdot 0.2 + 7 \cdot 0.3 = 4.4 \,.$$

Wir berechnen weiter

$$E(X^2) = 1 \cdot 0.1 + 9 \cdot 0.4 + 25 \cdot 0.2 + 49 \cdot 0.3 = 23.4 \,,$$

um mit dem Verschiebungssatz die Varianz zu erhalten: $\text{Var}(X) = 23.4 - (4.4)^2 = 4.04$.

Nimmt X nur die Werte 1,3,5 und 7 an, so nimmt die Zufallsvariable $\frac{1}{X^2}$ nur die Werte $1, 1/3^2, 1/5^2$ und $1/7^2$ an. Mit der oben ermittelten Wahrscheinlichkeitsfunktion von X berechnen wir für die Zufallsvariable $1/X^2$

$$\begin{aligned} E\left(\frac{1}{X^2}\right) &= \sum \frac{1}{x^2} P(X = x) \\ &= 1 \cdot 0.1 + \frac{1}{9} \cdot 0.4 + \frac{1}{25} \cdot 0.2 + \frac{1}{49} \cdot 0.3 \\ &= \frac{1}{10} + \frac{4}{90} + \frac{2}{250} + \frac{3}{490} = 0.1586 \,. \end{aligned}$$

Lösung zu Aufgabe 3.7: Die Augenzahlen der beiden Würfel sind unabhängige Zufallsgrößen.

a) Sei die Zufallsgröße X: „Differenz zwischen Augenzahl blauer Würfel und Augenzahl roter Würfel". Die folgende Tabelle gibt die möglichen Kombinationen der Ergebnissse in der Form (blau, rot) und die daraus abgeleitete Wahrscheinlichkeitsfunktion von X an.

k	−5	−4	−3	−2	−1	0	1	2	3	4	5
	(1,6)	(1,5)	(1,4)	(1,3)	(1,2)	(1,1)	(2,1)	(3,1)	(4,1)	(5,1)	(6,1)
		(2,6)	(2,5)	(2,4)	(2,3)	(2,2)	(3,2)	(4,2)	(5,2)	(6,2)	
			(3,6)	(3,5)	(3,4)	(3,3)	(4,3)	(5,3)	(6,3)		
				(4,6)	(4,5)	(4,4)	(5,4)	(6,4)			
					(5,6)	(5,5)	(6,5)				
						(6,6)					
$P(X=k)$	$\frac{1}{36}$	$\frac{2}{36}$	$\frac{3}{36}$	$\frac{4}{36}$	$\frac{5}{36}$	$\frac{6}{36}$	$\frac{5}{36}$	$\frac{4}{36}$	$\frac{3}{36}$	$\frac{2}{36}$	$\frac{1}{36}$

Daraus ergibt sich als Verteilungsfunktion:

k	−5	−4	−3	−2	−1	0	1	2	3	4	5
$P(X \leq k)$	$\frac{1}{36}$	$\frac{3}{36}$	$\frac{6}{36}$	$\frac{10}{36}$	$\frac{15}{36}$	$\frac{21}{36}$	$\frac{26}{36}$	$\frac{30}{36}$	$\frac{33}{36}$	$\frac{35}{36}$	1

b) Wir berechnen

$$\mathrm{E}(X) = \frac{1}{36}\Big((-5)1 + (-4)2 + (-3)3 + (-2)4 + (-1)5 + 0 \cdot 6 +$$
$$+ 1 \cdot 5 + 2 \cdot 4 + 3 \cdot 3 + 2 \cdot 4 + 5 \cdot 1\Big)$$
$$= \frac{1}{36}\Big(-5 - 8 - 9 - 8 - 5 + 5 + 8 + 9 + 8 + 5\Big) = 0$$

$$\mathrm{E}(X^2) = \frac{1}{36}\Big(25 \cdot 1 + 16 \cdot 2 + 9 \cdot 3 + 4 \cdot 4 + 1 \cdot 5 + 0 \cdot 6 + 1 \cdot 25 +$$
$$+ 4 \cdot 16 + 9 \cdot 3 + 16 \cdot 4 + 25 \cdot 1\Big)$$
$$= \frac{1}{36}\Big(25 + 32 + 27 + 16 + 5 + 5 + 16 + 27 + 32 + 25\Big) = \frac{210}{36}.$$

Damit erhalten wir nach dem Verschiebungssatz $\mathrm{Var}(X) = \mathrm{E}(X^2) - [\mathrm{E}(X)]^2 = \frac{210}{36}$.

c) Für die Zufallsgröße Y: „Summe der beiden Augenzahlen" leiten wir die Wahrscheinlichkeitsfunktion aus der unter a) angegebenen Wahrscheinlichkeitsfunktion der Zufallsvariablen X ab:

k	2	3	4	5	6	7	8	9	10	11	12
$P(Y=k)$	$\frac{1}{36}$	$\frac{2}{36}$	$\frac{3}{36}$	$\frac{4}{36}$	$\frac{5}{36}$	$\frac{6}{36}$	$\frac{5}{36}$	$\frac{4}{36}$	$\frac{3}{36}$	$\frac{2}{36}$	$\frac{1}{36}$

Mit den Tabellenwerten berechnen wir die Wahrscheinlichkeiten für die zufälligen Ereignisse

- Y ist mindestens 3:

$$P(Y \geq 3) = 1 - P(Y < 3) = 1 - P(Y \leq 2) = 1 - \frac{1}{36} = \frac{35}{36}.$$

- Y ist höchstens 7:

$$P(Y \leq 7) = \frac{21}{36} = \frac{7}{12}.$$

- Y hat Werte höchstens 11 und mindestens 4:

$$P(4 \leq Y \leq 11) = P(Y \leq 11) - P(Y \leq 3) = \frac{35}{36} - \frac{3}{36} = \frac{32}{36} = \frac{8}{9}.$$

Lösung zu Aufgabe 3.8: Wenn X symmetrisch um c ist, so ist die Variable $Y = X - c$ symmetrisch um 0, d.h. es gilt $f(-y) = f(y)$. Wegen $\mathrm{E}(Y) = \mathrm{E}(x - c) = \mathrm{E}(X) - c$ ist $\mathrm{E}(X) = c$ äquivalent zu $\mathrm{E}(Y) = 0$. Dies ist nun zu zeigen:

$$\mathrm{E}(Y) = \int_{-\infty}^{\infty} y\, f(y)\, dy = \int_{-\infty}^{0} y\, f(y)\, dy + \int_{0}^{\infty} y\, f(y)\, dy$$

$$= -\int_{0}^{\infty} y\, f(-y)\, dy + \int_{0}^{\infty} y\, f(y)\, dy = 0$$

Lösung zu Aufgabe 3.9: Wir beschränken uns auf eine stetige Zufallsvariable X, für die

$$\mathrm{E}(X) = \int_{-\infty}^{\infty} x\, f(x)\, dx$$

gilt. Da gemäß Vorgabe $X \geq 0$ gilt und da $f(x)$ eine Dichte ist, für die allgemein $f(x) \geq 0$ für alle x gilt, folgt $xf(x) \geq 0$ für alle $x \in (-\infty, \infty)$ und damit auch $\mathrm{E}(X) \geq 0$. Für diskrete Zufallsvariablen verläuft die Argumentation analog; an die Stelle von $\int xf(x)dx$ tritt dann $\sum xP(X = x)$. Die Summe ist positiv, da $P(X = x) \geq 0$ stets erfüllt ist.

Lösung zu Aufgabe 3.10: Gegeben ist eine Zufallsgröße X mit $\mathrm{E}(X) = 15$, $\mathrm{Var}(X) = 4$.

a) Da keine näheren Angaben zur Verteilung von X gemacht werden, verwenden wir die Ungleichung von Tschebyschev in der alternativen Darstellung (vgl. (3.37)):

$$P(|X - \mu| \leq c) \geq 1 - \frac{\mathrm{Var}(X)}{c^2}$$

Das betrachtete Intervall $[10, 20]$ liegt symmetrisch um $\mathrm{E}(X) = \mu = 15$ und $10 \leq X \leq 20$ ist analog zu $|X - 15| \leq 5$. Es ergibt sich die gesuchte Wahrscheinlichkeit als

$$P(|X - 15| \leq 5) \geq 1 - \frac{4}{25} = \frac{21}{25} = 0.84.$$

b) Wir verwenden wieder die Ungleichung von Tschebyschev (vgl. (3.37)):

$$P(|X - \mu| \leq c) \geq 0.9 = 1 - \frac{\text{Var}(X)}{c^2}.$$

Die Bestimmungsgleichung für c lautet also:

$$1 - \frac{\text{Var}(X)}{c^2} = 0.9$$

$$c^2 = \frac{\text{Var}(X)}{0.1} = \frac{4}{0.1} = 40$$

$$c = \pm\sqrt{40} = \pm 6.325$$

Das gesuchte Intervall $[\mu - c; \mu + c]$ lautet damit $[15 - 6.325; 15 + 6.325] = [8.675; 21.325]$.

Lösung zu Aufgabe 3.11:

a) Ereignis A: „Es tritt genau einmal Wappen auf". Dies kann im ersten Wurf, im zweiten, im dritten oder im vierten Wurf geschehen. Es gilt also $A = \{(W,Z,Z,Z),(Z,W,Z,Z),(Z,Z,W,Z),(Z,Z,Z,W)\}$. Für jedes der vier Teilereignisse A_i von A gilt

$$P(A_i) = \frac{1}{2}\left(\frac{1}{2}\right)^3 = \left(\frac{1}{2}\right)^4.$$

Damit ist $P(A) = 4 \cdot (\frac{1}{2})^4 = \frac{4}{16} = \frac{1}{4}$.

Ereignis B: „Es tritt mindestens zweimal Wappen auf". Wir berechnen diese Wahrscheinlichkeit über das Gegenereignis.

$P(\text{mindestens 2 Wappen}) = 1 - P(\text{kein Wappen}) + P(\text{genau 1 Wappen})$

Die Wahrscheinlichkeit für genau einmal Wappen haben wir bereits bestimmt, die Wahrscheinlichkeit für kein Wappen ergibt sich analog zu

$$P(\text{kein Wappen}) = 1 \cdot \left(\frac{1}{2}\right)^4.$$

Wir erhalten insgesamt

$$P(\text{mind. 2 Wappen}) = 1 - \frac{1}{4} - \frac{1}{16} = 1 - \frac{5}{16} = \frac{11}{16}.$$

Ereignis C: „Es tritt höchstens einmal Wappen auf". Dieses Ereignis hatten wir gerade als Komplementärereignis zur Berechnung von B:„mindestens zweimal Wappen" verwendet. Damit gilt

$$P(\text{höchstens einmal Wappen}) = 1 - P(\text{mind. 2 Wappen}) = 1 - \frac{11}{16} = \frac{5}{16}.$$

b) Wir verwenden das Gegenereignis zur Berechnung der gesuchten Wahrscheinlichkeit.
$$P(\text{keinmal Wappen}) = \left(\frac{1}{2}\right)^n.$$

Damit erhält man $P(\text{keinmal Wappen}) = 1 - (\frac{1}{2})^n$. Die Forderung an n lautet also $1 - (\frac{1}{2})^n > 0.9$, bzw. umgeformt

$$\left(\frac{1}{2}\right)^n < 0.1.$$

Wir logarithmieren:

$$n \ln\left(\frac{1}{2}\right) < \ln(0.1)$$
$$n > \frac{\ln(0.1)}{\ln(\frac{1}{2})} = 3.32$$

Das gesuchte minimale n ist also $n = 4$. Die Münze müßte mindestens 4-mal geworfen werden.

Lösung zu Aufgabe 3.12:

a) Die Zufallsvariable X :„Kosten des Gesprächs" ist diskret. Mit (3.14) berechnen wir ihren Erwartungswert:

$$\begin{aligned}\mathrm{E}(X) &= 12\frac{1}{2} + 24\frac{1}{4} + \ldots + 72\frac{1}{48} \\ &= 6 + 6 + 2.25 + 4 + 5 + 1.5 = 24.75.\end{aligned}$$

Mit dem Verschiebungssatz für die Varianz (vgl. (3.26)) erhalten wir:

$$\begin{aligned}\mathrm{Var}(X) &= \mathrm{E}(X^2) - \mathrm{E}(X)^2 \\ &= 12^2\frac{1}{2} + 24^2\frac{1}{4} + \ldots + 72^2\frac{1}{48} - 24.75^2 \\ &= 72 + 144 + 81 + 192 + 300 + 108 - 24.75^2 \\ &= 897 - 24.75^2 = 284.4375.\end{aligned}$$

Analog hätten wir auch (3.20) verwenden können, um $\mathrm{Var}(X)$ direkt zu berechnen:

$$\begin{aligned}\mathrm{Var}(X) &= \mathrm{E}[X - \mathrm{E}(X)]^2 \\ &= (12 - 24.75)^2\frac{1}{2} + \ldots + (72 - 24.75)^2\frac{1}{48} \\ &= 12.75^2\frac{1}{2} + 0.75^2\frac{1}{4} + 11.25^2\frac{1}{16} + 23.25^2\frac{1}{12} + 35.25^2\frac{1}{12} + 47.25^2\frac{1}{48} \\ &= 284.4375\end{aligned}$$

b) Die relative Preisänderung beträgt $\frac{24.75-23}{23} \cdot 100\% = 7.6\%$

c) Aus der angegebenen Kostenstruktur und dem daraus folgenden Zusammenhang zwischen der diskreten Zufallsvariablen X und der stetigen Zufallsvariablen Y berechnen wir

$$P(Y \leq 90) = P(X = 12) = \frac{1}{2}$$

$$\begin{aligned}P(Y > 180) &= P(X > 12 + 12) = P(X > 24)\\ &= P(X = 36) + P(X = 48) + P(X = 60) + P(X = 72)\\ &= \frac{1}{16} + \frac{1}{12} + \frac{1}{12} + \frac{1}{48} = \frac{1}{4}\end{aligned}$$

Alternativ können wir auch das Gegenereignis zur Berechnung verwenden

$$\begin{aligned}P(Y > 180) &= 1 - P(X \leq 24) = 1 - P(X = 12) - P(X = 24)\\ &= 1 - \frac{1}{2} - \frac{1}{4} = \frac{1}{4}\end{aligned}$$

d) Nein. Es gilt $E(Y) \neq E(X) \cdot \frac{90}{12}$, denn X ist diskret, Y aber stetig! Wie Y innerhalb der 90 Sekunden Intervalle verteilt ist, ist unbekannt.

Lösung zu Aufgabe 3.13:

a) Die gemeinsame Verteilung kann aus den Angaben abgelesen werden.

		Y		
		0	1	2
X	−1	0.3	0.2	0.2
	2	0.1	0.1	0.1

Die beiden Randverteilungen erhalten wir durch zeilenweises Summieren über Y bzw. spaltenweises Summieren über X als

X	−1	2
P(X=x)	0.7	0.3

Y	0	1	2
P(Y=y)	0.4	0.3	0.3

b) Unabhängigkeit von X und Y ist äquivalent zu der Bedingung

$$P(X = x, Y = y) = P(X = x)P(Y = y) \quad \forall x, y$$

In unserem Fall gilt aber z.B.:

$$P(X = -1, Y = 0) = 0.3 \neq P(X = -1) \cdot P(Y = 0) = 0.7 \cdot 0.4 = 0.28,$$

so daß X und Y nicht unabhängig sind.

c) Aus der gemeinsamen Verteilung ergibt sich für die Verteilung der Summe $U = X + Y$ die Wahrscheinlichkeitsfunktion

k	−1	0	1	2	3	4
P(U=k)	0.3	0.2	0.2	0.1	0.1	0.1

Daraus und aus den Eergebnissen unter a) berechnen wir die Erwartungswerte

$$E(U) = \sum_{k=-1}^{4} k \cdot P(U = k) = 0.8$$
$$E(X) = (-1)0.7 + 2 \cdot 0.3 = -0.1$$
$$E(Y) = 0 \cdot 0.4 + 1 \cdot 0.3 + 2 \cdot 0.3 = 0.9$$

Der Erwartungswert einer Summe von Zufallsvariablen ist stets gleich der Summe der Erwartungswerte. Es gilt also auch hier $E(X) + E(Y) = -0.1 + 0.9 = 0.8 = E(U)$.

Die Varianzen werden über den Verschiebungssatz berechnet

$$\text{Var}(U) = E(U^2) - [E(U)]^2 = 3.4 - (0.8)^2 = 2.76$$
$$\text{Var}(X) = E(X^2) - [E(X)]^2 = 1.9 - (-0.1)^2 = 1.89$$
$$\text{Var}(Y) = E(Y^2) - [E(Y)]^2 = 1.5 - (0.9)^2 = 0.69$$

Hier gilt $\text{Var}(U) \neq \text{Var}(X) + \text{Var}(Y)$, denn die Varianz einer Summe von Zufallsvariablen ist nur dann gleich der Summe der Varianzen, wenn die Kovarianz Null ist (vgl. (3.42)).

Wir können hier damit nicht 'genau dann wenn' verwenden.

Lösung zu Aufgabe 3.14:

a) Beim Ziehen mit Zurücklegen sind X und Y unabhängig. Dies wird klar, wenn man bedenkt, daß im zweiten Zug durch das Zurücklegen die gleichen Bedingungen herrschen wie im ersten Zug. Der erste Zug beeinflußt den Ausgang des zweiten Zugs nicht.

Wir überprüfen Definition 3.4.2 für das Ziehen ohne Zurücklegen. Hier gilt

$$P(X = 2, Y = 2) = 0 \neq P(X = 2) \cdot P(Y = 2) = \frac{1}{8} \cdot \frac{1}{8}.$$

Wird im ersten Zug eine rote Kugel gezogen, so ist beim Ziehen ohne Zurücklegen keine rote Kugel mehr in der Urne und der erste Zug beeinflußt somit den zweiten Zug. Beim Ziehen ohne Zurücklegen sind X und Y also abhängig.

b) Wir bestimmen die gemeinsame Verteilung aus der bedingten Verteilung $Y|X$ und der Randverteilung von X gemäß folgendem Schema.

$$P(Y = 1, X = 1) = P(Y = 1|X = 1)P(X = 1) = \frac{2}{7} \cdot \frac{3}{8} = \frac{6}{56}$$

$$P(Y = 1, X = 2) = P(Y = 1|X = 2)P(X = 2) = \frac{3}{7} \cdot \frac{1}{8} = \frac{3}{56}$$

$$\ldots$$

$$P(Y = 3, X = 3) = P(Y = 3|X = 3)P(X = 3) = \frac{3}{7} \cdot \frac{4}{8} = \frac{12}{56}$$

Als gemeinsame Verteilung erhalten wir schließlich folgende Werte:

$$
\begin{array}{c|ccc}
 & \multicolumn{3}{c}{Y} \\
 & 1 & 2 & 3 \\
\hline
1 & \frac{6}{56} & \frac{3}{56} & \frac{12}{56} \\
X \quad 2 & \frac{3}{56} & 0 & \frac{4}{56} \\
3 & \frac{12}{56} & \frac{4}{56} & \frac{12}{56} \\
\end{array}
$$

Für die Erwartungswerte erhalten wir

$$\mathrm{E}(X) = 1\frac{3}{8} + 2\frac{1}{8} + 3\frac{4}{8} = \frac{17}{8}$$

$$\mathrm{E}(Y) = \mathrm{E}(X) = \frac{17}{8}.$$

Um die Varianz mit Hilfe des Verschiebungssatzes berechnen zu können, bestimmen wir zunächst $\mathrm{E}(X^2)$ und $\mathrm{E}(Y^2)$.

$$\mathrm{E}(X^2) = 1^2\frac{3}{8} + 2^2\frac{1}{8} + 3^2\frac{4}{8} = \frac{43}{8}$$

$$\mathrm{E}(Y^2) = \mathrm{E}(X^2) = \frac{43}{8}.$$

Damit erhalten wir die Varianzen

$$\mathrm{Var}(X) = \mathrm{E}(X^2) - [\mathrm{E}(X)]^2 = \frac{43}{8} - \left(\frac{17}{8}\right)^2 = \frac{55}{64}$$

$$\mathrm{Var}(Y) = \mathrm{Var}(X) = \frac{55}{64}.$$

Wir benutzen (3.42), um $\mathrm{Cov}(X,Y) = \mathrm{E}(XY) - \mathrm{E}(X)\mathrm{E}(Y)$ zu bestimmen. Zu den oben bereits berechneten Größen benötigen wir nun noch $\mathrm{E}(XY)$.

$$\mathrm{E}(XY) = 1\frac{6}{56} + 2\frac{3}{56} + 3\frac{12}{56} + 2\frac{3}{56} + 4 \cdot 0 + 6\frac{4}{56} + 3\frac{12}{56} + 6\frac{4}{56} + 9\frac{12}{56}$$
$$= \frac{246}{56}.$$

Mit (3.45) erhalten wir schließlich

$$\rho = \frac{\mathrm{Cov}(X,Y)}{\sqrt{\mathrm{Var}(X) \cdot \mathrm{Var}(Y)}} = \frac{\frac{246}{56} - \frac{289}{64}}{\sqrt{\frac{55}{64} \cdot \frac{55}{64}}} = -0.143.$$

Lösung zu Aufgabe 3.15: Aus den Angaben bilden wir die gemeinsame Verteilung:

	Y				
X		-2	0	1	2
	-1	$\frac{1}{6}$	0	$\frac{2}{6}$	0	$\frac{3}{6}$
	1	$\frac{1}{6}$	$\frac{1}{6}$	0	$\frac{1}{6}$	$\frac{3}{6}$
		$\frac{2}{6}$	$\frac{1}{6}$	$\frac{2}{6}$	$\frac{1}{6}$

Unkorreliertheit erfordert $\mathrm{Cov}(X,Y) = 0$, dies ist nach (3.42) äquivalent zu $\mathrm{E}(XY) = \mathrm{E}(X) \cdot \mathrm{E}(Y)$. Wir berechnen:

$$\mathrm{E}(XY) = \sum_i \sum_j x_i y_j p_{ij}$$

$$= (-1)(-2)\frac{1}{6} + (-1)\frac{2}{6} + (-2)\frac{1}{6} + 1 \cdot 0 \cdot \frac{1}{6} + 2 \cdot \frac{1}{6}$$

$$= \frac{2}{6} - \frac{2}{6} - \frac{2}{6} + \frac{2}{6} = 0$$

$$\mathrm{E}(X) = -1 \cdot \frac{3}{6} + 1 \cdot \frac{3}{6} = 0$$

$$\mathrm{E}(Y) = -2 \cdot \frac{2}{6} + 1 \cdot \frac{2}{6} + 2 \cdot \frac{1}{6} = 0$$

Also gilt $\mathrm{E}(XY) = \mathrm{E}(X) \cdot \mathrm{E}(Y)$, d.h. X und Y sind unkorreliert.

Die Unabhängigkeit zweier Zufallsvariablen erfordert die Gültigkeit von $P(X = x_i, Y = y_j) = P(X = x_i)P(Y = y_j)$ für alle i,j. Nun gilt aber z.B.:

$$P(X = -1, Y = 0) = 0 \neq P(X = -1)P(Y = 0) = \frac{3}{6} \cdot \frac{1}{6} = \frac{3}{36},$$

d.h. X und Y sind zwar unkorreliert, jedoch nicht unabhängig.

A.4 Diskrete und stetige Standardverteilungen

Lösung zu Aufgabe 4.1: Bei drei möglichen Antworten ist die Wahrscheinlichkeit dafür die richtige Antwort zu erraten gleich 1/3. Sei X die Anzahl der richtig geratenen Antworten. Die Antworten zu den zehn Fragen werden unabhängig voneinander jeweils mit der Erfolgswahrscheinlichkeit von 1/3 geraten. Es gilt damit $X \sim B(10; \frac{1}{3})$.

Es ist das kleinste k gesucht, das $P(X \geq k) \leq 0.05$ erfüllt. Dies ist äquivalent zu der Suche nach dem kleinsten k, für das $P(X < k) \geq 0.95$ gilt. Wir berechnen die Wahrscheinlichkeiten

$$P(X = k) = \binom{10}{k} \left(\frac{1}{3}\right)^k \left(\frac{2}{3}\right)^{10-k}$$

und erhalten folgende Tabelle

k	$P(X = k)$	$P(X < k)$
0	0.01734	0.00000
1	0.08671	0.01734
2	0.19509	0.10405
3	0.26012	0.29914
4	0.22761	0.55926
5	0.13666	0.78687
6	0.09690	0.92343
7	0.01626	0.98033
⋮	⋮	⋮

Für $k = 7$ ist $P(X < k) = 0.98 > 0.95$. Es müssen also mindestens 7 richtige Antworten zum Bestehen gefordert werden.

Lösung zu Aufgabe 4.2:

a) ist Y die Anzahl der Fische, die in (dem Kontinuum) einer Stunde gefangen werden. Damit ist die Zufallsvariable Y Poissonverteilt: $Y \sim Po(\lambda)$ mit $\lambda = 6$. Gemäß Satz 4.3.1 ist die Zufallsvariable X: „Zeitspanne zwischen dem Fang zweier Fische in Stunden" damit exponentialverteilt: $X \sim Exp(\lambda)$. Wir sind an den Zeitspannen in Minuten interessiert und erhalten mit 1 Stunde = 60 Minuten schließlich $X \sim Exp(\lambda)$ mit $\lambda = \frac{6}{60} = \frac{1}{10}$.

b) Für die Erwartungswerte gilt $E(Y) = \lambda = 6$, und $E(X) = \frac{1}{\lambda} = 10$.

c) Die gesuchten Wahrscheinlichkeiten lauten mit (4.16)

$$P(Y = 2) = \frac{6^2}{2!}e^{-6} = 0.0446$$

$$P(Y > 2) = 1 - P(Y \leq 2) = 1 - (P(Y = 0) + P(Y = 1) + P(Y = 2))$$
$$= 1 - 0.0025 + 0.0148 + 0.0446 = 0.9381\,.$$

Für die Exponentialverteilung gilt mit (4.18)

$$P(X \leq 20) = \int_0^{20} \frac{1}{10} e^{-\frac{1}{10}x} dx = \frac{1}{10} \int_0^{20} e^{-\frac{1}{10}x} dx$$
$$= \frac{1}{10} \left[(-10) e^{-\frac{1}{10}x} \right]_0^{20} = -e^{-2} + 1 = 0.865 .$$

Lösung zu Aufgabe 4.3: Aus der Aufgabenstellung entnehmen wir die Zufallsvariable X : Nudellänge, für die $X \sim N(\mu, \sigma^2)$ mit $\sigma^2 = 4$ gelte.

a) Die Wahrscheinlichkeit für eine Unterschreitung von mehr als 3 mm ist $P(X < 47)$. Zur Berechnung verwenden wir eine Transformation auf die $N(0,1)$-Verteilung, um die tabellierten Werte verwenden zu können:

$$P(X < 47) = P\left(\frac{X-50}{2} < \frac{47-50}{2}\right) = \Phi(-1.5) = 1 - \Phi(1.5) = 0.0668 .$$

b) μ ist so zu wählen, daß $P(X \leq 60) = 0.99$ gilt. Dies bedeutet

$$P\left(\frac{X-\mu}{2} \leq \frac{60-\mu}{2}\right) = 0.99, \text{ also } \Phi\left(\frac{60-\mu}{2}\right) = 0.99.$$

Wir entnehmen aus der Tabelle B.1: $\Phi(2.33) = 0.99010$. Daraus folgt $\frac{60-\mu}{2} = 2.33$, also $\mu = 55.34$.
Die Maschine ist also mit $\mu = 55.34$ zu justieren.

Lösung zu Aufgabe 4.4: Für eine diskrete Zufallsvariable X mit dem Träger $x_1, \ldots, x_n$ und der Wahrscheinlichkeitsfunktion $p_1, \ldots, p_n$ mit $\sum_i p_i = 1$ gilt

$$E(X) = \sum_{i=1}^n x_i p_i, \quad Var(X) = \sum_{i=1}^n (x_i - E(X))^2 \cdot p_i$$

a) Null-Eins-Verteilung

$$\text{Träger: } x_1 = 1, \; x_2 = 0$$
$$p_1 = p, \; p_2 = 1 - p$$

$$E(X) = 1 \cdot p + 0 \cdot (1-p) = p$$
$$Var(X) = (1-p)^2 \cdot p + (0-p)^2 \cdot (1-p) = p(1-p)$$

b) Die Binomialverteilung $B(n;p)$ ist die Summe n unabhängiger, identischer $B(1;p)$-Verteilungen ($B(1;p)$ ist eine Null-Eins-Verteilung.) Der Erwartungswert einer Summe von Zufallsvariablen ist stets die Summe der Erwartungswerte der einzelnen Summanden. Sei $X \sim B(n;p)$ und $X_i \sim B(1;p)$, so gilt also

$$E(X) = \sum_{i=1}^{n} E(X_i) = np.$$

Da die $X_i \sim B(1;p)$ als unabhängig vorausgesetzt sind, gilt für die Varianz die Regel (3.27) (Additivität bei Unabhängigkeit):

$$\text{Var}(X) = \sum_{i=1}^{n} \text{Var}(X_i) = np(1-p).$$

Lösung zu Aufgabe 4.5: Die Poissonverteilung ist diskret, wir haben für X den Träger $(0,1,2,\ldots)$ und $P(X=x) = \frac{\lambda^x}{x!}e^{-\lambda}$. Den Erwartungswert von X berechnen wir gemäß

$$E(X) = \sum_{\{0,1,2,\ldots\}} xP(X=x) = \sum_{x=1}^{\infty} x\frac{\lambda^x}{x!}e^{-\lambda} = \lambda \sum_{x=1}^{\infty} \frac{\lambda^{x-1}}{(x-1)!}e^{-\lambda}$$

$$= \lambda \sum_{x=0}^{\infty} \frac{\lambda^x}{x!}e^{-\lambda} = \lambda \sum_{x=0}^{\infty} P(X=x) = \lambda P(\Omega) = \lambda.$$

Für die Bestimmung der Varianz von X wenden wir den Verschiebungssatz an

$$\text{Var}(X) = E(X)^2 - [E(X)]^2.$$

Zunächst bestimmen wir (vgl. Rüger (1988), S.322)

$$E[X(X-1)] = E(X^2) - E(X)$$
$$= \sum_{x=0}^{\infty} x(x-1)\frac{\lambda^x}{x!}e^{-\lambda}$$
$$= \lambda^2 \sum_{x=2}^{\infty} \frac{\lambda^{x-2}}{(x-2)!}e^{-\lambda}$$
$$= \lambda^2 \sum_{x=0}^{\infty} \frac{\lambda^x}{x!}e^{-\lambda} = \lambda^2.$$

Damit ist

$$E(X^2) - \lambda = \lambda^2, \text{ d.h.}$$
$$\text{Var}(X) = E(X^2) - [E(X)]^2$$
$$= [\lambda^2 + \lambda] - \lambda^2 = \lambda.$$

Lösung zu Aufgabe 4.6:

a) Die Zufallsgröße X hat die Verteilung $X \sim B(10;\frac{1}{4})$ mit $E(X) = np = \frac{10}{4} = 2.5$ und

$$\text{Var}(X) = n\,p\,q = 10 \cdot 0.25 \cdot 0.75 = 1.875.$$

Die gesuchte Wahrscheinlichkeit wird wie folgt berechnet

$$P(0.5 \leq X \leq 4.5) = P(1 \leq X \leq 4)$$
$$= P(X=1) + P(X=2) + P(X=3) + P(X=4)$$

$$P(X=1) = \binom{10}{1} 0.25^1 0.75^9 = 0.1877$$
$$P(X=2) = 0.2816$$
$$P(X=3) = 0.2503$$
$$P(X=4) = 0.1460$$

Damit erhalten wir

$$P(0.5 \leq X \leq 4.5) = 0.1877 + 0.2816 + 0.2503 + 0.1460 = 0.8656.$$

b) Die Abschätzung mittels Tschebyschev-Ungleichung ergibt

$$P(|X - \mu| < 2) \geq 1 - \frac{1.875}{2^2} = 0.53125.$$

Lösung zu Aufgabe 4.7: Die Zufallsgröße X_i ist Bernoulli- bzw. Null-Eins-verteilt mit $P(A) = p$ und $P(\bar{A}) = 1 - p$. Es werden n unabhängige Wiederholungen durchgeführt.

a) Für X_i ($i = 1, \ldots, n$) gilt

$$\mathrm{E}(X_i) = 1 \cdot p + 0 \cdot (1-p) = p$$
$$\mathrm{Var}(X_i) = \mathrm{E}(X_i^2) - [\mathrm{E}(X_i)]^2$$
$$= [1^2 p + 0^2(1-p)] - p^2 = p - p^2 = p(1-p)$$

Für die Zufallsgröße $\bar{X} = \frac{1}{n} \sum_{i=1}^{n} X_i$ berechnen wir

$$\mathrm{E}(\bar{X}) = \mathrm{E}\left(\frac{1}{n}(X_1 + \ldots + X_n)\right)$$
$$= \frac{1}{n} \mathrm{E}(X_1 + \ldots + X_n) = \frac{1}{n} \left(\mathrm{E}(X_1) + \mathrm{E}(X_2) \ldots + \mathrm{E}(X_n)\right)$$
$$= \frac{1}{n} \underbrace{(p + p + \ldots + p)}_{\text{n-mal}} = \frac{1}{n} np = p$$

$$\mathrm{Var}(\bar{X}) = \mathrm{Var}\left(\frac{1}{n}(X_1 + \ldots + X_n)\right)$$
$$= \frac{1}{n^2} \mathrm{Var}(X_1 + \ldots + X_n) = \frac{1}{n^2} np(1-p) = \frac{1}{n} p(1-p).$$

b) Nach der Tschebyschev-Ungleichung gilt

$$P(|\bar{X} - E(\bar{X})| < c) \geq 1 - \frac{\text{Var}(\bar{X})}{c^2}$$
$$= 1 - \frac{\frac{1}{n}p(1-p)}{c^2} = 1 - \frac{p(1-p)}{nc^2}.$$

Es gilt stets $p(1-p) \leq \frac{1}{4}$. Daraus folgt die Abschätzung

$$P(|\bar{X} - p| < c) \geq 1 - \frac{1}{4nc^2}.$$

Nun setzen wir $c = 0.01$ und die vorgegebene Wahrscheinlichkeit von 0.98 ein und erhalten

$$0.98 \geq 1 - \frac{1}{4 \cdot n \cdot 0.01^2}$$

Auflösen nach n ergibt $n \geq 125000$.

Lösung zu Aufgabe 4.8: Gegeben ist:

M weiße Kugeln
$N - M$ schwarze Kugeln
n Kugeln ohne Zurücklegen ziehen

Die Zufallsgröße ist $X_i = \begin{cases} 1 \text{ falls im } i\text{-ten Zug weiß, } i = 1, \ldots, n \\ 0 \text{ sonst} \end{cases}$

a) Für den ersten Zug ist die Wahrscheinlichkeit gleich der relativen Häufigkeit der weißen Kugeln in der Urne, d.h. es gilt $P(X_1) = \frac{M}{N}$ $P(X_1 = 1) = \frac{M}{N}$ (vgl. auch (4.8)).

b) Die beiden möglichen Ziehungen sind: (1. Kugel schwarz, 2.Kugel weiß) und (1. Kugel weiß, 2.Kugel weiß). Mit dem Satz von der totalen Wahrscheinlichkeit gilt:

$$P(X_2 = 1) = \sum_{k=0}^{1} P(X_2 = 1|X_1 = k)P(X_1 = k)$$
$$= \underbrace{P(X_2 = 1|X_1 = 0)P(X_1 = 0)}_{\text{1.Kugel schwarz 2.Kugel weiß}}$$
$$+ \underbrace{P(X_2 = 1|X_1 = 1)P(X_1 = 1)}_{\text{1.Kugel weiß 2.Kugel weiß}}$$
$$= \frac{M}{N-1}\frac{N-M}{N} + \frac{M-1}{N-1}\frac{M}{N} = \frac{MN - M^2 + M^2 - M}{N(N-1)}$$
$$= \frac{M(N-1)}{N(N-1)} = \frac{M}{N}.$$

c) Im ersten Zug ist eine weiße Kugel gezogen worden, es verbleiben $M - 1$ weiße Kugeln unter den $N - 1$ Kugeln vor der zweiten Ziehung. Damit ist die gesuchte Wahrscheinlichkeit gleich der relativen Häufigkeit, also $P(X_2 = 1|X_1 = 1) = \frac{M-1}{N-1}$.

d) Mit dem Satz von der totalen Wahrscheinlichkeit gilt analog zu b):

$$P(X_i = 1) = \sum_{k=0}^{i-1} P(X_i = 1 | X_{i-1} = k) P(X_{i-1} = k)$$

$$= \sum_{k=0}^{i-1} \frac{M-k}{N-(i-1)} P(X_{i-1} = k)$$

$$= \frac{M}{N-(i-1)} \underbrace{\sum_{k=0}^{i-1} P(X_{i-1} = k)}_{=1}$$

$$- \frac{1}{N-(i-1)} \underbrace{\sum_{k=0}^{i-1} k \cdot P(X_{i-1} = k)}_{=E(X_{i-1})=(i-1)\frac{M}{N}}$$

$$= \frac{M}{N-(i-1)} - \frac{1}{N-(i-1)} \cdot \frac{(i-1)M}{N} = \frac{NM-(i-1)M}{[N-(i-1)]N}$$

$$= \frac{M(N-(i-1))}{[N-(i-1)]N} = \frac{M}{N}$$

Lösung zu Aufgabe 4.9: Wir haben die zufälligen Ereignisse A: 6 gewürfelt und $\bar{A}$: keine 6 gewürfelt.

Die Zufallsgröße ist X : Anzahl der Würfe bei $n = 5$ Würfen, bei denen eine 6 erscheint.

Damit gilt $X \sim B(n; p)$ mit $n = 5$ und $p = 1/6$ und mit (4.11) erhalten wir

$$P(X = x) = \binom{5}{x} \frac{1}{6}^x (1 - \frac{1}{6})^{5-x}.$$

a) Die gesuchte Wahrscheinlichkeit ist

$$P(X \geq 2) = 1 - P(X \leq 2) = 1 - (P(X = 0) + P(X = 1))$$

$$= 1 - \left(\binom{5}{0} \left(\frac{1}{6}\right)^0 \left(1 - \frac{1}{6}\right)^5 + \binom{5}{1} \left(\frac{1}{6}\right)^1 \left(\frac{5}{6}\right)^4 \right)$$

$$= 1 - \left(\left(\frac{5}{6}\right)^5 + 5 \cdot \left(\frac{1}{6}\right)^1 \left(\frac{5}{6}\right)^4 \right)$$

$$= 1 - 2 \left(\frac{5}{6}\right)^5 = 0.1962.$$

b) Für den Erwartungswert gilt mit (4.13) $E(X) = n\, p = 5\frac{1}{6} = \frac{5}{6}$.

Lösung zu Aufgabe 4.10: Die Zufallsgröße ist X : Anzahl der Schüler, die an der Klassenfahrt teilnehmen. Damit ist $X \sim B(n;p)$ mit $n = 20$ und $p = 0.7$. Die gesuchte Wahrscheinlichkeit ist

$$P(X \geq 10) = 1 - P(X \leq 9)$$
$$= 1 - \sum_{x=0}^{9} \binom{20}{x} 0.7^x (1 - 0.7)^{20-x}$$
$$= 1 - 0.0000133 = 0.99999$$

Lösung zu Aufgabe 4.11: Die Zufallsgröße X: Augensumme beim zweimaligen Würfelwurf kann die Werte $x_i = 2, \ldots, x_i = 12$ annehmen (vgl. folgende Tabelle):

	1	2	3	4	5	6
1	2	3	4	5	6	7
2	3	4	5	6	7	8
3	4	5	6	7	8	9
4	5	6	7	8	9	10
5	6	7	8	9	10	11
6	7	8	9	10	11	12

a) Sei A_1 : Augensumme ungerade und A_2 : Augensumme gerade. A_1, A_2 bilden eine vollständige Zerlegung von Ω mit

$$p_1 = P(A_1) = P(1.\text{ Würfel gerade, 2. Würfel ungerade})$$
$$+ P(1.\text{ Würfel ungerade, 2. Würfel gerade})$$
$$= \frac{1}{2}\frac{1}{2} + \frac{1}{2}\frac{1}{2} = \frac{1}{2}$$
$$p_2 = P(A_2) = 1 - p_1 = \frac{1}{2}$$

Sei X_1 : Anzahl von A_1 in der Stichprobe bzw. X_2 : Anzahl von A_2 in der Stichprobe. Der Zufallsvektor $X = (X_1, X_2)$ besitzt eine Multinomialverteilung (vgl.(4.17)), die wegen $k = 2$ (Anzahl der disjunkten Ereignisse) mit der Binomialverteilung übereinstimmt: $(X_1, X_2) \sim M(n;p_1,p_2) = M(4; 0.5, 0.5) = B(4; 0.5)$. Damit erhalten wir die gesuchte Wahrscheinlichkeit:

$$P(X_1 = 2) = \binom{4}{2} \cdot \left(\frac{1}{2}\right)^2 \left(\frac{1}{2}\right)^2 = 0.375$$

b) Seien nun drei zufällige Ereignisse definiert:

B_1 : Augensumme ≤ 4

B_2 : Augensumme ≥ 8

B_3 : Augensumme < 8 und > 4

mit (vgl. obige Tabelle)

$$p_1 = P(B_1) = \frac{6}{36} = \frac{1}{6}$$

$$p_2 = P(B_2) = \frac{15}{36} = \frac{5}{12}$$

$$p_3 = 1 - p_1 - p_2 = \frac{15}{36} = \frac{5}{12}$$

Damit gilt für die Multinomialverteilung $M(4; \frac{1}{6}, \frac{5}{12}, \frac{5}{12})$ gemäß (4.17):

$$P(X_1 = 1, X_2 = 3, X_3 = 0) = \frac{n!}{x_1! \cdot x_2! \cdot x_3!} p_1^{x_1} p_2^{x_2} p_3^{x_3}$$

$$= \frac{4!}{1!3!0!} \left(\frac{1}{6}\right)^1 \left(\frac{5}{12}\right)^3 \left(\frac{5}{12}\right)^0 = 0.0482$$

Lösung zu Aufgabe 4.12: Gegeben sind eine normalverteilte Zufallsgröße $X \sim N(\mu, \sigma^2)$ mit $\mu = 2$ und $\sigma^2 = 4$ und die zufälligen Ereignisse $A = \{X \leq 3\}$ und $B = \{X \geq -0.9\}$.

a) Das Ereignis $A \cap B$ bedeutet $-0.9 \leq X \leq 3$. Damit gilt

$$P(A \cap B) = P(-0.9 \leq X \leq 3) = P(X \leq 3) - P(X \leq -0.9)$$
$$= F(3) - F(-0.9)$$

Standardisieren von X gemäß $Z = \frac{X-\mu}{\sigma} \sim N(0,1)$ führt zu

$$F(3) = P(X \leq 3) = P(\frac{X-\mu}{\sigma} \leq \frac{3-\mu}{\sigma}) = P(Z \leq \frac{3-2}{2})$$
$$= P(Z \leq \frac{1}{2}) = \Phi(0.5) = 0.6915$$

$$F(-0.9) = P(X \leq -0.9) = P(\frac{X-\mu}{\sigma} \leq \frac{-0.9-2}{2}) = P(Z \leq -1.45)$$
$$= \Phi(-1.45) = 1 - \Phi(1.45) = 1 - 0.9265 = 0.0735$$

Damit erhalten wir schließlich $P(-0.9 \leq X \leq 3) = 0.6915 - 0.0735 = 0.6180$.

b)
$$P(A \cup B) = P(X \leq 3 \cup X \geq -0.9) = P(-\infty \leq X \leq \infty) = 1$$

Lösung zu Aufgabe 4.13: Sei $Z \sim N(0,1)$ eine standardnormalverteilte Zufallsgröße.

Gesucht ist eine Zahl $c \geq 0$, so daß $P(-c \leq Z \leq c) = 0.97$ gilt.
Allgemein gilt:

$$P(-c \leq Z \leq c) = \Phi(c) - \Phi(-c)$$
$$= \Phi(c) - [1 - \Phi(c)] = \Phi(c) + \Phi(c) - 1$$
$$= 2\Phi(c) - 1$$

Hier gilt:

$$2\Phi(c) - 1 \stackrel{!}{=} 0.97 \Leftrightarrow 2\Phi(c) = 1.97$$
$$\Leftrightarrow \Phi(c) = 0.985$$
$$\Leftrightarrow c = 2.17$$

$c = 2.17$ ist das 0.985-Quantil der $N(0, 1)$-Verteilung.

A.5 Grenzwertsätze und Approximationen

Lösung zu Aufgabe 5.1: Eine Folge $\{X_n\}_{n\in\mathbb{N}}$ von Zufallsvariablen konvergiert stochastisch

a) gegen Null, wenn für beliebiges $\epsilon > 0$

$$\lim_{n\to\infty} P(|X_n| > \epsilon) = 0$$

gilt,

b) gegen eine Konstante c, wenn $\{X_n - c\}_{n\in\mathbb{N}}$ stochastisch gegen Null konvergiert,

c) gegen eine Zufallsvariable X, wenn $\{X_n - X\}_{n\in\mathbb{N}}$ stochastisch gegen Null konvergiert.

Lösung zu Aufgabe 5.2: Das Gesetz der großen Zahlen beschreibt die Konvergenz des arithmetischen Mittels $\bar{X}_n = \frac{1}{n}\sum X_i$ einer i.i.d. Stichprobe $X_1, \ldots X_n$ mit $E(X_i) = \mu$, $\text{Var}(X_i) = \sigma^2$ einer beliebigen Zufallsvariablen X. Es gilt

$$\lim_{n\to\infty} P(|\bar{X}_n - \mu| < c) = 1 \quad \forall c > 0.$$

Wählt man die X_i als Null-Eins-verteilt, so ist $\bar{X}_n$ die relative Häufigkeit und μ die Wahrscheinlichkeit, so daß die obige Beziehung das Gesetz von Bernoulli darstellt.

Lösung zu Aufgabe 5.3: Nach dem Zentralen Grenzwertsatz gilt für die Zufallsvariable $\bar{X}$ (arithmetisches Mittel) einer i.i.d. Stichprobe $X_1, \ldots, X_n$

$$\bar{X}_n \sim N(\mu, \frac{\sigma^2}{n}).$$

Lösung zu Aufgabe 5.4: Die Zufallsvariable „gerade Zahl gewürfelt" ist binomialverteilt:

$$X \sim B(500; 0.5) \text{ mit } E(X) = np = 250.$$

Wir nutzen die Approximation der Binomialverteilung durch die Normalverteilung $X \sim N(250, 125)$, da $np(1-p) \geq 9$ gilt.

Ohne Stetigkeitskorrektur erhalten wir:

$$P(225 \leq X \leq 275) = \Phi\left(\frac{275-250}{\sqrt{125}}\right) - \Phi\left(\frac{225-250}{\sqrt{125}}\right)$$
$$= \Phi\left(\frac{25}{\sqrt{125}}\right) - \Phi\left(\frac{-25}{\sqrt{125}}\right) = 2\Phi\left(\frac{25}{\sqrt{125}}\right) - 1$$
$$= 2 \cdot 0.987323 - 1 = 0.974646$$

Mit Stetigkeitskorrektur erhalten wir:

$$P(225 \leq X \leq 275) = \Phi\left(\frac{275 + 0.5 - 250}{\sqrt{125}}\right) - \Phi\left(\frac{225 - 0.5 - 250}{\sqrt{125}}\right)$$

$$= \Phi\left(\frac{25.5}{\sqrt{125}}\right) - \Phi\left(\frac{-25.5}{\sqrt{125}}\right) = 2\Phi\left(\frac{25.5}{\sqrt{125}}\right) - 1$$

$$= 2 \cdot 0.988725 - 1 = 0.97745$$

Die exakte Lösung (mit SPSS) lautet $P(225 \leq X \leq 275) = 0.9746038$.

Lösung zu Aufgabe 5.5: Wir verwenden die Ungleichung von Tschebyschev

$$\alpha = P(|\bar{X}_n - p| < c) \geq 1 - \frac{p(1-p)}{nc^2}.$$

Auflösen nach n und Einsetzen von $c = 0.1$ ergibt:

$$n \geq \frac{p(1-p)}{\alpha c^2} = \frac{0.5 \cdot 0.5}{0.01 \cdot 0.1^2} = 2500.$$

Lösung zu Aufgabe 5.6: Aus der Aufgabenstellung ersehen wir, daß $p = 0.2$, $n = 100$, $k = 10$ gilt, X also nach $B(100; 0.2)$ verteilt ist. Es gilt $\mathrm{E}(X) = np = 20$.

a) Die Wahrscheinlichkeit für das zufällige Ereignis $X = 10$ der diskreten Zufallsvariablen $X \sim B(100; 0.2)$ läßt sich mit Hilfe der Verteilungsfunktion schreiben als

$$P(X = 10) = P(X \leq 10) - P(X \leq 9)$$
$$= F(10) - F(9).$$

Wegen $np(1-p) = 16 > 9$ ist die Normalapproximation möglich. Damit wird die Verteilungsfunktion $F(\cdot)$ der Binomialverteilung ersetzt durch die Verteilungsfunktion der $N(20, 16)$-Verteilung.
Wir erhalten nach Standardisierung auf die $N(0,1)$-Verteilung:

$$P(X = 10) = \Phi\left(\frac{10 - 20}{\sqrt{16}}\right) - \Phi\left(\frac{9 - 20}{\sqrt{16}}\right) = \Phi(-2.5) - \Phi\left(-\frac{11}{4}\right)$$

$$= 1 - \Phi(2.5) - 1 + \Phi\left(\frac{11}{4}\right) = \Phi\left(\frac{11}{4}\right) - \Phi(2.5)$$

$$= 0.00323$$

Exakt (mit SPSS gerechnet) gilt:

$$P(X = 10) = \binom{100}{10} 0.2^{10} 0.8^{90} = 0.00336$$

b) Hier erhalten wir analog zu a) wieder mit der Normalapproximation

$$P(3 \leq X \leq 10) = P(X \leq 10) - P(2 \leq X)$$
$$= \Phi(\frac{10-20}{\sqrt{16}}) - \Phi(\frac{2-20}{\sqrt{16}}) = \Phi(-2.5) - \Phi(-4.5)$$
$$= \Phi(4.5) - \Phi(2.5) = 0.00621$$

(Es gilt näherungsweise $\Phi(4.5) = 1$ nach Tabelle B.1 im Buch.)
Exakt (mit SPSS berechnet) gilt: $P(3 \leq X \leq 10) = 0.005696$

Lösung zu Aufgabe 5.7: Unter Verwendung der Approximation $Po(\lambda) \sim N(\lambda, \lambda)$ erhalten wir

a)
$$P(X \leq 10) = \Phi(\frac{x-\lambda}{\sqrt{\lambda}}) = \Phi(\frac{10-32}{\sqrt{32}}) = 1 - \Phi(\frac{22}{\sqrt{32}}) \approx 0$$

$\Phi(\frac{22}{\sqrt{32}}) = \Phi(3.89)$ ist nicht in Tabelle B.1 enthalten, es wird näherungsweise gleich 1 gesetzt.
Exakt (mit SPSS gerechnet) gilt: $P(X \leq 10) = 0.00000561$

b)
$$P(25 \leq X \leq 30) = \Phi(\frac{30-32}{\sqrt{32}}) - \Phi(\frac{24-32}{\sqrt{32}}) = \Phi(\frac{8}{\sqrt{32}}) - \Phi(\frac{2}{\sqrt{32}})$$
$$= \Phi(1.41) - \Phi(0.35) = 0.2839$$

Exakt (mit SPSS gerechnet) gilt: $P(25 \leq X \leq 30) = 0.3180$

c)
$$P(X \geq 55) = 1 - \Phi(X \leq 54) = 1 - \Phi(\frac{54-32}{\sqrt{32}}) = 1 - \Phi(\frac{22}{\sqrt{32}})$$
$$\approx 0$$

Exakt (mit SPSS gerechnet) gilt: $P(X \geq 55) = 1 - P(X \leq 54) = 0.000138$.

Lösung zu Aufgabe 5.8: Wir haben folgende Angaben:

$$N = 10000 \quad \text{(wahlberechtigte Bürger)}$$
$$\text{Stichprobe mit } n = 200 \quad \text{(ohne Zurücklegen zufällig auswählen)}$$
$$M = 0.4 \cdot 10000 = 4000 \quad \text{(CSU-Wähler)}$$
$$N - M = 6000 \quad \text{(Nicht-CSU-Wähler)}$$

Die Zufallsvariable X : „Anzahl der CSU-Wähler unter den $n = 200$ ausgewählten Wählern" folgt einer hypergeometrischen Verteilung (da die Stimmabgabe eines Bürgers nur einmal erfolgt, also ein Ziehen ohne Zurücklegen vorliegt), d.h. es gilt

A.5 Grenzwertsätze und Approximationen 341

$$X \sim H(n, M, N) \text{ mit } P(X = k) = \frac{\binom{M}{k}\binom{N-M}{n-k}}{\binom{N}{n}}.$$

Gesucht ist die Wahrscheinlichkeit $P(X < 0.35 \cdot 200) = P(X < 70) = P(X \leq 69)$.

$P(X \leq 69)$ ist nur sehr aufwendig exakt zu berechnen. Deshalb wählen wir die Approximation der hypergeometrischen Verteilung durch die Binomialverteilung. Die Bedingungen: $n \leq 0.1M$ und $n \leq 0.1(N-M)$ sind erfüllt. Es gilt $H(n, M, N) \approx B(n; \frac{M}{N})$, also $H(200, 4000, 10000) \approx B(200; 0.4)$. $B(200; 0.4)$ ist ebenfalls nicht vertafelt, deshalb wählen wir als weiteren Schritt die Approximation der Binomialverteilung durch die Normalverteilung. Die Bedingung $(np(1-p) \geq 9)$ ist erfüllt, damit gilt $B(n; p) \approx N(np, np(1-p))$, also $B(200; 0.4) \approx N(80, 48)$.

Damit erhalten wir schließlich

$$P(X \leq 69) = P\left(\frac{X - 80}{\sqrt{48}} \leq \frac{69 - 80}{\sqrt{48}}\right) = \Phi(-1.59) = 1 - \Phi(1.59) = 0.0559.$$

Lösung zu Aufgabe 5.9: Die Zufallsgröße X : Anzahl der Kranken folgt einer hypergeometrischen Verteilung $X \sim H(n, M, N)$ mit N: Gesamtbevölkerung, M: Kranke in der Gesamtbevölkerung ($M = N \cdot 0.01$), $n = 1000$.

Für großes N, M und $N - M$ und im Vergleich dazu kleines n stimmt die hypergeometrische Verteilung $H(n, M, N)$ annähernd mit der Binomialverteilung $B(n; \frac{M}{N})$ überein. Die Voraussetzung $n \leq 0.1M$ und $n \leq 0.1(N-M)$ ist erfüllt. Damit erhalten wir

$$P(X = x) = \binom{n}{x}\left(\frac{M}{N}\right)^x\left(1 - \frac{M}{N}\right)^{n-x} \text{ mit } \frac{M}{N} = 0.01.$$

a)

$$\begin{aligned}P(X \geq 3) &= 1 - P(X \leq 2) \\ &= 1 - (P(X = 0) + P(X = 1) + P(X = 2)) \\ &= 1 - \left(\binom{1000}{0}0.01^0 0.99^{1000} + \binom{1000}{1}0.01^1 0.99^{999}\right. \\ &\quad \left. + \binom{1000}{2}0.01^2 0.99^{998}\right) \\ &= 1 - 0.00268 = 0.99732\end{aligned}$$

b)

$$P(X = 4) = \binom{1000}{4}0.01^4 0.99^{996} = 0.0186$$

Lösung zu Aufgabe 5.10: Die Zufallsgröße X : Anzahl der verdorbenen Orangen in der Stichprobe folgt einer hypergeometrischen Verteilung $X \sim H(n, M, N)$ mit $N = 20$, $M = 2$, $n = 4$.

a) Mit (4.8) berechnen wir

$$P(X = 2) = \frac{\binom{2}{2}\binom{20-2}{4-2}}{\binom{20}{4}} = \frac{1 \cdot \binom{18}{2}}{\binom{20}{4}}$$

$$= \frac{\frac{18!}{2! \cdot 16!}}{\frac{20!}{4! \cdot 16!}} = \frac{12}{380} = 0.03158$$

b) Mit (4.9) und (4.10) erhalten wir

$$E(X) = n\frac{M}{N} = 4\frac{2}{20} = 0.4$$

$$\text{Var}(X) = n\frac{M}{N}(1 - \frac{M}{N})\frac{N - n}{N - 1} = \frac{4}{10}\left(1 - \frac{2}{20}\right)\frac{20 - 4}{20 - 1}$$

$$= \frac{4}{10}\frac{9}{10}\frac{16}{19} = 0.3032.$$

A.6 Schätzung von Parametern

Lösung zu Aufgabe 6.1: Sei $T(X)$ eine Schätzfunktion für einen unbekannten Parameter θ.

a) $T(X)$ heißt erwartungstreu, falls $E_\theta(T(X)) = \theta$ für alle $\theta \in \Theta$ gilt.
b) Sei $T(X)$ erwartungstreu, so ist $\text{MSE}_\theta(T(X); \theta) = \text{Var}_\theta(T(X))$, d.h. der MSE reduziert sich auf die Varianz von $T(X)$.
c) Eine Schätzfolge $(T_{(n)}(X))_{n \in \mathbb{N}}$ heißt konsistent für θ, falls

$$\lim_{n \to \infty} P(|T_{(n)}(X) - \theta| < \epsilon) = 1 \quad \forall \epsilon > 0$$

gilt, d.h. falls die Folge $T_{(n)}(X)$ stochastisch gegen θ konvergiert.

Lösung zu Aufgabe 6.2: Seien zwei Schätzfolgen $T_1(X)$ und $T_2(X)$ gegeben. Dann heißt $T_1(X)$ MSE-besser als $T_2(X)$, falls für die beiden MSE-Ausdrücke gilt

$$\text{MSE}_\theta(T_1(X); \theta) \leq \text{MSE}_\theta(T_2(X); \theta) \text{ für alle } \theta.$$

Lösung zu Aufgabe 6.3: Sei $X \sim N(\mu, \sigma^2)$ und $x = (x_1, \ldots, x_n)$ eine konkrete Stichprobe.

a) Die Punktschätzung für μ (bei σ^2 unbekannt) lautet

$$\bar{x} = \frac{1}{n} \sum_{i=1}^{n} x_i.$$

b) Die Punktschätzung für σ^2 (μ unbekannt) lautet

$$s^2 = \frac{1}{n-1} \sum_{i=1}^{n} (x_i - \bar{x})^2.$$

c) Die Konfidenzschätzungen für μ zum Niveau $1 - \alpha$ lauten

$$[\bar{x} - z_{1-\alpha/2} \cdot \frac{\sigma}{\sqrt{n}}, \bar{x} + z_{1-\alpha/2} \cdot \frac{\sigma}{\sqrt{n}}] \quad (\sigma \text{ bekannt})$$

bzw. $[\bar{x} - t_{n-1;1-\frac{\alpha}{2}} \frac{s}{\sqrt{n}}, \bar{x} + t_{n-1;1-\frac{\alpha}{2}} \frac{s}{\sqrt{n}}] \quad (\sigma \text{ unbekannt}).$

Lösung zu Aufgabe 6.4: Sei $X \sim B(n; p)$, so bestimmt man die ML-Schätzung von p durch Maximierung der Likelihoodfunktion, d.h. durch Ableiten nach p, Nullsetzen der Ableitung und Auflösen nach dem unbekannten Parameter p. Es gilt

$$L(p; x_1, \cdots, x_n) = \binom{n}{\sum x_i} p^{\sum x_i} (1-p)^{n - \sum x_i}.$$

a) Erste Ableitung:
Wir bilden die erste Ableitung nach p

$$\frac{\partial}{\partial p}L(p;x_1,\cdots,x_n) = \binom{n}{\sum x_i}\sum x_i p^{\sum x_i - 1}(1-p)^{n-\sum x_i}$$
$$+ \binom{n}{\sum x_i}p^{\sum x_i}(1-p)^{n-\sum x_i - 1}\left(n - \sum x_i\right)(-1)$$

Wir klammern einen gemeinsamen Faktor aus und erhalten

$$= \underbrace{\binom{n}{\sum x_i}p^{\sum x_i - 1}(1-p)^{n-\sum x_i - 1}}_{\geq 0}$$
$$\cdot \left[(1-p)\sum x_i - \left(n - \sum x_i\right)p\right]$$

b) Nullsetzen der ersten Ableitung:
Zur Bestimmung von $\hat{p}$ wird die Ableitung gleich Null gesetzt und dann nach dem unbekannten Parameter p aufgelöst.

$$\frac{\partial}{\partial p}L(p;x_1,\cdots,x_n) = 0 \Leftrightarrow \sum x_i - p\sum x_i - np + p\sum x_i = 0$$
$$\Leftrightarrow \sum x_i - np = 0$$
$$\Leftrightarrow \hat{p} = \frac{1}{n}\sum x_i = \bar{x}$$

Man überzeugt sich, daß die zweite Ableitung an der Stelle $\hat{p} = \bar{x}$ einen Wert < 0 besitzt, die ML-Schätzung von p lautet also $\hat{p} = \frac{\sum x_i}{n} = \bar{x}$.

Lösung zu Aufgabe 6.6: Sei $X_i \stackrel{iid}{\sim} Po(\lambda)$verteilt, $i = 1,\ldots,n$. Die Likelihoodfunktion lautet:

$$L(\Theta;x) = \prod_{i=1}^{n} f(x_i;\Theta) = \prod_{i=1}^{n}\frac{\lambda^{x_i}}{x_i!}e^{-\lambda} = \frac{\lambda^{\sum x_i}}{\prod x_i!}e^{-n\lambda}$$

Daraus erhalten wir die Loglikelihoodfunktion

$$\ln L = \sum x_i \ln \lambda - \ln(x_1!\cdots x_n!) - n\lambda.$$

Wir leiten nach λ ab

$$\frac{\partial \ln L}{\partial \lambda} = \frac{1}{\lambda}\sum x_i - n \stackrel{!}{=} 0$$

und lösen diese Gleichung:

$$\hat{\lambda} = \frac{1}{n}\sum x_i = \bar{x}.$$

Wir überprüfen, ob die 2.Ableitung < 0 ist:
$$\frac{\partial^2 \ln L}{\partial \lambda^2} = -\frac{1}{\hat{\lambda}^2}\sum x_i = -\frac{n}{\hat{\lambda}} < 0.$$
Damit ist $\bar{x} = \hat{\lambda}$ die gesuchte ML-Schätzung.

Lösung zu Aufgabe 6.7: Die Zufallsgröße ist X : Kopfumfang bei Mädchengeburten (in cm) mit $X \sim N(\mu, \sigma^2)$. Es liege mit $X_1, \ldots X_n$ eine i.i.d. Stichprobe von X vor.

a) $n = 100, \bar{x} = 42, \sigma^2 = 16$ bekannt
   Das Konfidenzintervall für μ zum Konfidenzniveau $\gamma = 0.99$ hat die Gestalt (vgl. (6.17))
   $$[I_u(X), I_o(X)] = \left[\bar{X} - z_{1-\alpha/2}\frac{\sigma_0}{\sqrt{n}}, \bar{X} + z_{1-\alpha/2}\frac{\sigma_0}{\sqrt{n}}\right]$$
   $$= \left[42 - \frac{4}{10}2.58, 42 + \frac{4}{10}2.58\right]$$
   $$= [40.968, 43.032]$$
   Herleitung: $\bar{X} \sim N\left(\mu, \frac{\sigma^2}{n}\right)$, standardisieren: $\frac{\bar{X}-\mu}{\sigma_0}\sqrt{n} \sim N(0,1)$
   $$P_\mu\left(-z_{1-\frac{\alpha}{2}} \leq \frac{\bar{X}-\mu}{\sigma_0}\sqrt{n} \leq z_{1-\frac{\alpha}{2}}\right) = 1-\alpha$$
   $$P_\mu\left(-z_{1-\frac{\alpha}{2}}\frac{\sigma_0}{\sqrt{n}} - \bar{X} \leq \mu \leq \bar{X} + z_{1-\frac{\alpha}{2}}\frac{\sigma_0}{\sqrt{n}}\right) = 1-\alpha$$

b) $n = 30, \bar{x} = 42, s^2 = 14, \sigma^2$ unbekannt
   Das Konfidenzintervall für μ zum Konfidenzniveau $\gamma = 0.99$ hat die Gestalt
   $$[I_u(X), I_o(X)] = \left[\bar{X} - t_{n-1;1-\alpha/2}\frac{s}{\sqrt{n}}, \bar{X} + t_{n-1;1-\alpha/2}\frac{s}{\sqrt{n}}\right]$$
   $$= \left[42 - \frac{\sqrt{14}}{\sqrt{30}}t_{29;0.995}, 42 + \frac{\sqrt{14}}{\sqrt{30}}t_{29;0.995}\right]$$
   $$= [40.115, 43.885]$$
   Hinweis: Es ist $t_{29;0.995} = 2.76$

c) Gesucht ist der Stichprobenumfang für $\gamma = 1-\alpha = 0.999$. Wir gehen aus von der Formel für die Länge des Intervalls, setzen $L = 2.064$ aus a) und $z_{0.9995} = 2.39$ ein und lösen nach n auf:
   $$L = 2z_{1-\alpha/2}\frac{\sigma_0}{\sqrt{n}}$$
   $$n \geq \left[\frac{2z_{1-\alpha/2}\sigma_0}{L}\right]^2 = \left[\frac{2 \cdot 3.29 \cdot 4}{2.064}\right]^2 = 162.6$$
   $$n = 163$$

Lösung zu Aufgabe 6.8: Der i-te Haushalt stellt eine Null-Eins-verteilte Zufallsgröße X_i mit

$$X_i = 1 : \text{Fernseher eingeschaltet,}$$
$$X_i = 0 : \text{Fernseher nicht eingeschaltet.}$$

dar. Dann ist $X = \sum_{i=1}^{2500} X_i$ die Zufallsgröße „Anzahl der eingeschalteten Fernseher" bei $n = 2500$ Haushalten. Da die X_i identisch und unabhängig verteilt mit $P(X_i = 1) = p$ angenommen werden, ist X binomialverteilt, $X \sim B(2500; p)$, mit p unbekannt.

Konfidenzintervall für p:
Ist n sehr groß (hier: $n=2500$) und ist überdies die Bedingung $np(1-p) \geq 9$ erfüllt, so kann die Binomialverteilung durch die Normalverteilung approximiert werden. Es gilt

$$P\left(\hat{p} - z_{1-\alpha/2}\sqrt{\frac{\hat{p}(1-\hat{p})}{n}} \leq p \leq \hat{p} + z_{1-\alpha/2}\sqrt{\frac{\hat{p}(1-\hat{p})}{n}}\right) \approx 1 - \alpha,$$

und wir erhalten damit das Konfidenzintervall für p

$$\left[\hat{p} - z_{1-\alpha/2}\sqrt{\frac{\hat{p}(1-\hat{p})}{n}}, \hat{p} + z_{1-\alpha/2}\sqrt{\frac{\hat{p}(1-\hat{p})}{n}}\right].$$

Die Länge L ist damit

$$L = 2z_{1-\alpha/2}\sqrt{\frac{\hat{p}(1-\hat{p})}{n}}$$

$\hat{p}(1-\hat{p})$ ist zwar unbekannt doch es gilt stets: $\hat{p}(1-\hat{p}) \leq \frac{1}{4}$. Damit gilt

$$L \leq 2z_{1-\alpha/2}\sqrt{\frac{\frac{1}{4}}{n}} = \frac{1.96}{\sqrt{2500}} = 0.0392,$$

d.h. p kann mit einer Abweichung von maximal ± 0.0196 abgeschätzt werden.

Lösung zu Aufgabe 6.9: Der Stichprobenumfang ist $n = 3000$, das Konfidenzniveau ist $\gamma = 1 - \alpha = 0.98$.

Konfidenzintervall für p:
Falls $np(1-p) > 9$, dann gilt die Näherung (vgl. (6.24))

$$\left[\hat{p} - z_{1-\alpha/2}\sqrt{\frac{\hat{p}(1-\hat{p})}{n}}; \hat{p} + z_{1-\alpha/2}\sqrt{\frac{\hat{p}(1-\hat{p})}{n}}\right]$$

Die Bedingung $np(1-p) > 9$ ist erfüllt bei $p \in [0.1; 0.9]$, falls $n > 100$ gilt. Dies ist hier erfüllt. Wir bestimmen

$$\hat{p} = \bar{X} = \frac{1}{n}\sum X_i = \frac{1}{3000}1428 = 0.476$$
$$\hat{p}(1-\hat{p}) = 0.476 \cdot 0.524 = 0.249$$
$$z_{1-\alpha/2} = z_{0.99} = 2.33$$

Für das Konfidenzintervall gilt dann:

$$[0.476 - 0.021; 0.476 + 0.021] = [0.455; 0.497]$$

Lösung zu Aufgabe 6.10: Die Zufallsvariable ist X: Füllgewicht; $X \sim N(\mu, \sigma^2)$; μ, σ unbekannt.

Es liegt eine i.i.d. Stichprobe vor mit $n = 16$, $\bar{x} = 245$ und $s_x = 10$.

a) Es gilt $\bar{X} \sim N\left(\mu, \frac{\sigma^2}{n}\right)$ und $\frac{\bar{X}-\mu}{S_x}\sqrt{n} \sim t_{n-1}$.

Das Konfidenzintervall zum Vertrauensgrad $1 - \alpha = 0.95$ hat die Gestalt (vgl. (6.20))

$$\left[\bar{x} - t_{15;0.975}\frac{s_x}{\sqrt{n}}, \bar{x} + t_{15;0.975}\frac{s_x}{\sqrt{n}}\right] = \left[245 - 2.13\frac{10}{4}, 245 + 2.13\frac{10}{4}\right]$$
$$= [239.675; 250.325]$$

b) Die Unsicherheit nimmt ab, das Konfidenzintervall wird schmäler. Statt $t_{15;0.975} = 2.13$ wird $z_{0.975} = 1.96$ verwendet. Das Konfidenzintervall lautet damit

$$[245 - 1.96\frac{10}{4}, 245 + 1.96\frac{10}{4}] = [240.100, 249.900].$$

A.7 Prüfen statistischer Hypothesen

Lösung zu Aufgabe 7.1: Bei einem parametrischen Testproblem wird der Hypothesenraum in einem zur Nullhypothese gehörenden Bereich Θ_0 und einem dazu disjunkten Bereich Θ_1 (zur Alternativhypothese gehörend) aufgeteilt. Bei einem Signifikanztest „grenzt" die Hypothese H_0 direkt an die Alternative H_1 in dem Sinne, daß der minimale Abstand zwischen beiden Parameterräumen gleich Null ist. Der Signifikanztest legt die Wahrscheinlichkeit für den Fehler 1. Art $P(H_1|H_0) \leq \alpha$ fest; α heißt Signifikanzniveau. Man konstruiert eine Testgröße $T(\mathbf{X})$ und zerlegt ihren Wertebereich in zwei disjunkte Teilbereiche K (kritischer Bereich) und $\bar{K}$ (Annahmebereich). Falls $T(x_1, \ldots, x_n) \in K$, wird H_0 abgelehnt (und damit H_1 bestätigt zum Niveau $1 - \alpha$), im anderen Fall wird H_0 nicht abgelehnt.

Lösung zu Aufgabe 7.2:

a) Die Mensa geht bei der Prüfung des Semmelgewichts von der Arbeitshypothese $\mu < 45g$ aus. Das Testproblem lautet also $H_0 : \mu \geq 45g$ gegen $H_1 : \mu < 45g$.

b) Die Zufallsvariable ist X: Gewicht einer Semmel. Für X gilt $X \sim N(\mu; \sigma^2)$, $\mu_0 = 45g$, $\sigma = 2g$
Das Prüfen des Mittelwertes bei bekannter Varianz erfolgt nach dem Gauß-Test mit der Teststatistik

$$T(X) = \frac{\bar{X} - \mu_0}{\sigma}\sqrt{n} \stackrel{H_0}{\sim} N(0;1)$$

H_0 wird nicht abgelehnt, falls

$$\frac{\bar{X} - \mu_0}{\sigma}\sqrt{n} \geq -z_{1-\alpha}$$

$$\bar{X} \geq \mu_0 - z_{1-\alpha}\frac{\sigma}{\sqrt{n}},$$

d.h. der Annahmebereich lautet:

$$\bar{K} = [\mu_0 - z_{1-\alpha}\frac{\sigma}{\sqrt{n}}; \infty) = [45 - 1.64\frac{2}{\sqrt{25}}; \infty] = [44.34; \infty]$$

c) $\bar{x} = 44$ liegt außerhalb dieses Bereichs, d.h. H_0 ist einseitig abzulehnen, die Alternativhypothese $H_1 : \mu < 45g$ ist damit statistisch signifikant bestätigt.

Lösung zu Aufgabe 7.3: X : Die Füllmenge je Flasche ist die Zufallsvariable. Wir haben $n = 150, \bar{x} = 498.8, s = 3.5$. Ziel ist das Prüfen des Mittelwerts bei unbekannter Varianz mittels t–Test. Die Quantile entnehmen wir Tabelle B4.

a) Hier prüfen wir einseitig $H_0 : \mu \geq \mu_0$ gegen $H_1 : \mu < \mu_0$. Es ist

$$T(X) = \frac{\bar{X} - \mu_0}{S} \sqrt{n} \overset{H_0}{\sim} t_{n-1}.$$

Der kritische Bereich (vgl. $H_1 : \mu < \mu_0$) besteht aus „kleinen" Werten der realisierten Teststatistik. Wir berechnen

$$t = \frac{498.8 - 500}{3.5} \sqrt{150} = -4.199 < -2.33 = -t_{\infty;0.99}$$

Die Entscheidung lautet also: H_0 ablehnen. Damit ist $H_1 : \mu < \mu_0$ bestätigt. Der Verdacht der Gaststätte war also begründet.

b) Der zweiseitige Test auf $H_0 : \mu = \mu_0$ gegen $H_1 : \mu \neq \mu_0$ ergibt für die Realisierung der Testgröße

$$t = \frac{\bar{x} - \mu_0}{s} \sqrt{n} = |-4.199| > 2.58 = t_{\infty;0.995}$$

Die Entscheidung lautet also: H_0 ablehnen. Die Behauptung des Brauereibesitzers ist also widerlegt.

c) $n = 20, \bar{x} = 498.1, s = 3.7$ ergeben

$$t = \frac{\bar{x} - \mu_0}{s} \sqrt{n}$$
$$= \frac{498.1 - 500}{3.7} \sqrt{20} = -2.296$$

Für den einseitigen Test von $H_0 : \mu \geq \mu_0$ gegen $H_1 : \mu < \mu_0$ gilt:

$$t = -2.296 > -2.53 = t_{20;0.01},$$

für den zweiseitigen Test von $H_0 : \mu = \mu_0$ gegen $H_1 : \mu \neq \mu_0$ gilt:

$$|t| = 2.296 < 2.85 = t_{20;0.995}$$

Damit ist H_0 ein- und zweiseitig nicht abzulehnen.

Lösung zu Aufgabe 7.4: Es ist ein Test auf Gleichheit der Varianzen bei zwei unabhängigen Stichproben mit $n_X = n_Y = 41$, $\alpha = 0.05$ durchzuführen:

$$H_0 : \sigma_X^2 = \sigma_Y^2 \quad \text{gegen} \quad H_1 : \sigma_X^2 \neq \sigma_Y^2$$

Die realisierte Teststatistik lautet (vgl. (7.8))

$$t = \frac{s_x^2}{s_y^2} = \frac{41068}{39236} = 1.0467 < 1.88 = f_{40,40,0.975}$$

Die Entscheidung lautet: H_0 nicht ablehnen.
Bemerkung: Das F-Quantil ist in der Tabelle A7 enthalten.

Lösung zu Aufgabe 7.5: Aus der Aufgabenstellung entnehmen wir:
A-Personen: $n_A = 15, \bar{x}_A = 102, s_A^2 = 37$
B-Personen: $n_B = 17, \bar{x}_B = 86, s_B^2 = 48$
Wir testen $H_0 : \mu_A - \mu_B \leq 10 = d_0$ gegen $H_1 : \mu_A - \mu_B > 10 = d_0$

a) Wir haben unbekannte Varianzen, jedoch $\sigma_A^2 = \sigma_B^2$, d.h. der doppelte t-Test ist anzuwenden. Die Teststatistik ist (vgl. (7.13), dort ist $d_0 = 0$!):

$$T(X) = \frac{\bar{X}_A - \bar{X}_B - d_0}{\sqrt{(\frac{1}{n_A} + \frac{1}{n_B})S^2}}$$

mit

$$S^2 = \frac{(n_A - 1)s_A^2 + (n_B - 1)s_B^2}{n + m - 2}.$$

Für die Stichprobe erhalten wir als Realisierung von S^2

$$s^2 = \frac{(15 - 1)37 + (17 - 1)48}{15 + 17 - 2} = 42.87.$$

Mit

$$t = \frac{102 - 86 - 10}{\sqrt{(\frac{1}{15} + \frac{1}{17})42.87}} = 2.587 > 1.70 = t_{30;0.95}$$

ist H_0 zugunsten von H_1 abzulehnen. Die höhere Wirksamkeit von Präparat A ist damit nachgewiesen.

b) Hier sind die Varianzen bekannt, d.h. der doppelte Gauß-Test ist anzuwenden. Die realisierte Teststatistik lautet (vgl. (7.11), dort ist $d_0 = 0$!)

$$t = \frac{102 - 86 - 10}{\sqrt{\frac{32}{15} + \frac{50}{17}}} = 2.66 > 1.65 = z_{0.95}$$

Damit ist H_0 zugunsten von H_1 abzulehnen. Die höhere Wirksamkeit von Präparat A ist auch hier nachgewiesen.

Lösung zu Aufgabe 7.6: Wir haben zwei unabhängige Stichproben: $X_1, \ldots, X_n \sim N(\mu_X; \sigma_X^2)$, $Y_1, \ldots, Y_m \sim N(\mu_Y; \sigma_Y^2)$

Der Vergleich der Mittelwerte μ_x und μ_y bei unabhängigen Stichproben mit σ_X^2, σ_Y^2 unbekannt und $\sigma_X^2 \neq \sigma_Y^2$ erfolgt mit dem Welch-Test (vgl. (7.14)).

Das Testproblem lautet: $H_0 : \mu_X = \mu_Y$ oder äquivalent $H_0 : \mu_X - \mu_Y = d_0 = 0$ gegen $H_1 : d_0 = \mu_X - \mu_Y > 0$. Die Teststatistik ist:

$$T(X, Y) = \frac{\bar{X} - \bar{Y} - d_0}{\sqrt{\frac{S_X^2}{n} + \frac{S_Y^2}{m}}} \overset{H_0}{\sim} t_{v; 1-\alpha}$$

Wir berechnen aus der Stichprobe:

A.7 Prüfen statistischer Hypothesen

$$s_X^2 = \frac{1}{n-1}(\sum_i x_i^2 - n\bar{x}^2) = \frac{1}{9}(5.5022 - 10 \cdot 0.738^2) = 0.0062$$

$$s_Y^2 = \frac{1}{n-1}(\sum_i y_i^2 - n\bar{y}^2) = \frac{1}{9}(4.4292 - 10 \cdot 0.662^2) = 0.0052$$

Mit (7.15) erhalten wir die korrigierten Freiheitsgrade:

$$v = \left(\frac{0.0062}{10} + \frac{0.0052}{10}\right)^2 / \left(\frac{(\frac{0.0062}{10})^2}{9} + \frac{(\frac{0.0052}{10})^2}{9}\right) = 17.86.$$

Damit wird die realisierte Teststatistik zu

$$t = \frac{0.738 - 0.662 - 0}{\sqrt{\frac{0.0062}{10} + \frac{0.0052}{10}}} = \frac{0.076}{\sqrt{0.0014}} = 2.251 > 1.73 = t_{18;0.95}.$$

Wir müssen H_0 zugunsten von H_1 ablehnen, d.h. es kann auf einen signifikanten Einfluß des Medikaments auf die Reaktionszeit geschlossen werden.

Lösung zu Aufgabe 7.7: Es liegt eine verbundene Stichprobe vor und es ist der paired t-Test anzuwenden. Wir bilden die Zufallsvariable $D = X - Y$ (Differenz der Erträge). Das Testproblem lautet: $H_0 : \mu_x \geq \mu_y$ bzw. $H_0 : \mu_D \geq 0$ gegen $H_1 : \mu_D < 0$. Die Teststatistik ist (vgl. (7.16))

$$T(X;Y) = T(D) = \frac{\bar{D}}{S_D}\sqrt{n}$$

mit $S_D^2 = \frac{\sum(D_i - \bar{D})^2}{n-1}$. Wir berechnen:

Feld	1	2	3	4	5	6	7	8	9	10
X	7.1	6.4	6.8	8.8	7.2	9.1	7.4	5.2	5.1	5.9
Y	7.3	5.1	8.6	9.8	7.9	8.0	9.2	8.5	6.4	7.2
d_i	-0.2	1.3	-1.8	-1	-0.7	1.1	-1.8	-3.3	-1.3	-1.3
$d_i - \bar{d}$	0.7	2.2	0.9	0.1	0.2	2	-0.9	-2.4	-0.4	-0.4

$$\bar{d} = \frac{-9}{10} = -0.9, \quad s_d^2 = \frac{17.08}{9} = 1.898$$

$$t = \frac{-0.9}{\sqrt{1.898}}\sqrt{10} = -2.06 < -1.83 = -t_{9;0.95}$$

Damit ist H_0 abzulehnen. Die höhere Wirksamkeit des neuen Düngemittels ist damit nachgewiesen, da D die Differenz „Ertrag altes minus Ertrag neues Düngemittel" ist mit $\bar{d} = -0.9$.

Lösung zu Aufgabe 7.8: Der doppelte t-Test wird zum Mittelwertvergleich zweier unabhängiger Stichproben $X_1,\ldots,X_n$ mit $X_i \sim N(\mu_X,\sigma_X^2)$ und $Y_1,\ldots,Y_m$ mit $Y_j \sim N(\mu_Y,\sigma_Y^2)$ bei Annahme $\sigma_X^2 = \sigma_Y^2$ angewendet.

Liegt eine verbundene Stichprobe vor ($n = m$), so ist die interessierende Zufallsvariable die Differenz $D = X - Y$ der beiden Zufallsvariablen. X und Y sind als stetig aber nicht notwendigerweise normalverteilt vorauszusetzen. Die neue Variable D wird dagegen als normalverteilt angenommen. Die Hypothese $\mu_X = \mu_Y$ geht über in $\mu_D = 0$. Damit liegt ein Einstichprobenproblem für die neue Zufallsvariable D (Differenz von X und Y) vor.

Lösung zu Aufgabe 7.9: Mit den Zufallsvariablen

$$X_i = \begin{cases} 1 & \text{falls i-tes Baby Mädchen} \\ 0 & \text{sonst} \end{cases}$$

bilden wir die Zufallsvariable $X = \sum X_i \sim B(n;p)$ (X: Anzahl der Mädchen bei n Geburten). Wegen $p_0 = 0.5$, $n = 3000$, folgt $np_0(1-p_0) = 750 > 9$. Damit ist die Normalverteilungsapproximation möglich: $X \sim N(np_0; np_0(1-p_0))$. Das Testproblem $H_0 : p = p_0$ gegen $H_1 : p \neq p_0$ wird über die folgende Teststatistik (vgl. (7.19)) geprüft:

$$T(X) = \frac{\hat{p} - p_0}{\sqrt{p_0(1-p_0)}}\sqrt{n},$$

also mit der Realisierung

$$t = \frac{0.476 - 0.5}{\sqrt{0.5 \cdot 0.5}}\sqrt{3000}$$
$$= |-2.63| > 1.96 = z_{0.975}.$$

H_0 muß damit abgelehnt werden, die Wahrscheinlichkeit für eine Mädchengeburt ist signifikant von 0.5 verschieden.

Lösung zu Aufgabe 7.10: Es handelt sich um einen einfachen Binomialtest, da das Ergebnis der letzten Wahl als theoretischer Wert $p_0 = 0.48$ angesehen werden kann. Wir prüfen: $H_0 : p = p_0$ gegen $H_1 : p \neq p_0$. Mit $np_0(1-p_0) = 3000 \cdot 0.48 \cdot 0.52 = 748.8 > 9$ ist die Approximation durch die Normalverteilung zulässig. Mit (7.19) erhalten wir

$$T(X) = \frac{\hat{p} - p_0}{\sqrt{p_0(1-p_0)}}\sqrt{n},$$

die Realisierung der Testgröße ergibt also

$$|t| = \frac{|\frac{1312}{3000} - 0.48|}{\sqrt{0.48 \cdot 0.52}}\sqrt{3000} = |-4.68| > 1.96 = z_{0.975}.$$

H_0 ist abzulehnen. Der Wähleranteil für den Kandidaten hat sich signifikant gegenüber den früheren 48% verändert.

Lösung zu Aufgabe 7.11: Zur Lösung des Problems verwenden wir den exakten Test von Fisher für Binomialwahrscheinlichkeiten, da die Stichprobenumfänge zu klein sind, um approximative Verfahren anzuwenden. Wir testen $H_0 : p_1 = p_2 = p$ gegen $H_1 : p_1 \neq p_2$.

Der kritische Bereich ergibt sich gemäß Abschnitt 7.6.3 zu

$$K = \{1, \ldots, k_u - 1\} \cup \{k_o + 1, \ldots, t\}$$

mit $P(X > k_o | X + Y = t) \leq \alpha/2, P(X < k_u | X + Y = t) \leq \alpha/2$.

k	$P(X \leq k | X+Y = 14)$
⋮	⋮
4	0.00000
5	0.00000
6	0.06863
7	0.38235
8	0.79412
9	0.97712
10	1.00000
11	1.00000
⋮	⋮

Aus der Tabelle entnehmen wir $K = \{0, \ldots, 5\} \cup \{10, \ldots, 18\}$. Da $X = 7 \notin K$, ist H_0 nicht abzulehnen.

Lösung zu Aufgabe 7.12: Das Problem ist das Prüfen der Gleichheit zweier Binomialwahrscheinlichkeiten aus zwei unabhängigen Stichproben.

Mit $X = \sum X_i = 100$, $n_1 = 400$, $Y = \sum Y_i = 252$, $n_2 = 900$, $\alpha = 0.01$ berechnen wir (vgl. (7.24)) als Schätzung von p

$$\hat{p} = \frac{X + Y}{n_1 + n_2} = \frac{100 + 252}{1300} = \frac{352}{1300} = 0.27$$

$$D = \frac{X}{n_1} - \frac{Y}{n_2} = 0.25 - 0.28 = -0.03$$

Die Teststatistik (7.26)

$$T(X, Y) = \frac{D}{\sqrt{\hat{p}(1-\hat{p})(\frac{1}{n_1} + \frac{1}{n_2})}}$$

hat den Wert

$$t = \frac{-0.03}{\sqrt{\frac{352}{1300} \frac{948}{1300} (\frac{1}{400} + \frac{1}{900})}} = -1.123 > -2.58 = z_{0.005}$$

Damit ist H_0 nicht abzulehnen. Die Ausschußanteile beider Firmen sind als gleich anzusehen.

Lösung zu Aufgabe 7.13: Sei X : Anzahl der verdorbenen Eier, so ist $X \sim B(100; 0.04)$ verteilt. Wir prüfen $H_0 : p \geq 0.04$ gegen $H_1 : p < 0.04$.

Da p sehr klein ist, verwenden wir die Approximation der Binomial- durch die Poisson-Verteilung. Mit $n=100$ und $p_0=0.04$ gilt für die Verteilung (unter H_0) $B(100; 0.04)$ die Approximation: $B(100; 0.04) \approx Po(4)$ (vgl. (5.14)). Die Faustregel für die Approximation $p \leq 0.1$, $n \geq 30$ ist erfüllt.

Mit dieser Approximation erhält man:

$$P(X = 0) = \frac{4^0}{0!} \exp(-4) = 0.0183$$

$$P(X = 1) = \frac{4^1}{1!} \exp(-4) = 0.0733$$

Die Wahrscheinlichkeit $P(X = 0)$ ist kleiner als $\alpha = 0.05$, also gehört $X = 0$ zum kritischen Bereich. Die mögliche Hinzunahme von $X = 1$ zum kritischen Bereich führt wegen $P(X = 0) + P(X = 1) = 0.0183 + 0.0733 = 0.0916 > 0.05$ zu einer Überschreitung der Irrtumswahrscheinlichkeit. Damit ist der Ablehnbereich $K = 0$. Die Behauptung des Lieferanten konnte also nicht signifikant nachgewiesen werden.

Lösung zu Aufgabe 7.14: Sei Y: Zugfestigkeit früher; X: Zugfestigkeit jetzt mit X, Y jeweils normalverteilt. Die i.i.d. Stichproben ergeben:

Y: $\quad s_y = 80 \quad n_y = 15$
X: $\quad s_x = 128 \quad n_x = 25$

Wir testen $H_0 : \sigma_x^2 \leq \sigma_y^2$ gegen $H_1 : \sigma_x^2 > \sigma_y^2$. Die Teststatistik lautet (vgl. (7.7)):

$$T(X,Y) = \frac{S_x^2}{S_y^2} \stackrel{H_0}{\sim} F_{24,14}$$

Der kritische Bereich enthält große Werte von $T(X,Y)$, d.h.

$$K = (f_{24,14;0.95}, \infty) = (2.35, \infty).$$

Die Realisierung der Testgröße ergibt:

$$t = \left(\frac{128}{80}\right)^2 = 1.6^2 = 2.56 \in K,$$

d.h. H_0 wird zugunsten von H_1 abgelehnt.

Lösung zu Aufgabe 7.15: Es liegt binärer Response im matched-pair Design vor. Wir prüfen mit dem McNemar-Test $H_0 : p_1 = p_2$ gegen $H_1 : p_1 \neq p_2$. Wegen $D + C = 15 + 25 = 40 > 20$ ist die Normalapproximation möglich. Die Testgröße (7.30) hat also den Wert

$$z^2 = \frac{(2c - (b+c))^2}{b+c} = \frac{(b-c)^2}{b+c} = \frac{(15-25)^2}{40} = \frac{100}{40} = 2.5 < 3.84 = c_{1;0.95}$$

Damit ist $H_0 : p_1 = p_2$ nicht abzulehnen, der Einfluß von Kaffee auf die Leistung ist nicht nachgewiesen.

A.8 Nichtparametrische Tests

Lösung zu Aufgabe 8.1: Wir verwenden den Chi-Quadrat-Anpassungstest zum Prüfen von H_0: X (Augenzahl) ist auf der Menge $\{1,2,\ldots,6\}$ gleichverteilt, gegen H_1: Es liegt irgendeine andere Verteilung von X vor. Die Teststatistik ist nach (8.1)

$$T(X) = \sum_{i=1}^{6} \frac{(N_i - np_i)^2}{np_i}$$

mit N_i: beobachtete Häufigkeit, np_i: unter H_0 zu erwartende Häufigkeit.

Unter H_0 ist $p_i = P(X=i) = \frac{1}{6}$ für $i = 1,\ldots,6$. Der Würfel wird $n = 300$ mal geworfen. Daher lauten die unter H_0 zu erwartenden Besetzungszahlen:

$$np_i = 300 \frac{1}{6} = 50 \text{ für } i = 1,\ldots,6$$

Daraus erhalten wir als Realisierung von $T(X)$

$$t = \sum_{i=1}^{6} \frac{(n_i - np_i)^2}{np_i}$$
$$= \frac{1}{50}(121 + 64 + 81 + 0 + 64 + 400) = \frac{730}{50} = 14.6 > 11.1 = c_{5,0.05}$$

Hinweis: Die Zahl der Freiheitsgrade ist Anzahl der Klassen minus 1 minus Anzahl der geschätzten Parameter (hier: Null), also $6 - 1 = 5$.

H_0 ist abzulehnen, d.h. die Annahme, daß nicht alle Augenzahlen dieselbe Wahrscheinlichkeit besitzen, kann bestätigt werden.

Lösung zu Aufgabe 8.2: Mit dem Chi-Quadrat-Anpassungstest prüfen wir H_0: Stimmenanteil ist gleichgeblieben gegen H_1: Stimmenanteil hat sich verändert.

	Beobachtete Häufigkeiten n_i	Unter H_0 zu erwartende Anteile p_i	Häufigkeiten np_i	$\frac{(n_i-np_i)^2}{np_i}$
A	1984	0.42	2100	6.41
B	911	0.15	750	34.56
C	1403	0.27	1350	2.08
sonstige	702	0.16	800	12.01
$\sum$				55.06

Es ist $t = \sum_{i=1}^{4} \frac{(n_i-np_i)^2}{np_i} = 55.06 > 11.3 = c_{(4-1);0.01}$, damit wird H_0 abgelehnt, die Veränderung der Stimmenverteilung ist signifikant.

Lösung zu Aufgabe 8.3: Wir führen den Test auf Normalverteilung mit dem χ^2-Anpassungstest durch. Dazu müssen wir zunächst die Parameter μ und σ^2 aus der Stichprobe schätzen. Das Schätzen von μ und σ^2 ergibt:

$$\hat{\mu} = \bar{x} = \frac{1}{n}\sum_{i=1}^{4} a_i f_i = \frac{1}{150} 1415 = 9.43$$

$$\hat{\sigma}^2 = s^2 = \frac{1}{n-1}\sum_{i=1}^{4} f_i(a_i - \bar{x})^2 = 30.47 = 5.52^2$$

Die Hypothesen lauten: H_0: Die Zufallsgröße X : Gewicht der Kaffeepakete folgt einer Normalverteilung gegen H_1 : es liegt keine Normalverteilung vor.

Durch Standardisieren unter Verwendung der Stichprobenwerte $\hat{\mu} = 9.43$ und $\hat{\sigma} = 5.52$ erhalten wir folgende Intervallgrenzen

$$\begin{array}{lll} 0-5 & : \frac{0-9.43}{5.52}, \frac{5-9.43}{5.52} & -1.7\ ;\ -0.8 \\ 5-10 & : & -0.8\ ;\ 0.1 \\ 10-15 & : & 0.1\ ;\ 1.0 \\ 15-20 & : & 1.0\ ;\ 1.9 \end{array}$$

Die Wahrscheinlichkeiten für die unter H_0 erwarteten Klassenbesetzungen lauten:

	p_i		np_i
$p_1 =$	$\Phi(-0.8) - \Phi(-1.7)$	$= 0.21 - 0.04 = 0.17$	25.5
$p_2 =$	$\Phi(0.1) - \Phi(-0.8)$	$= 0.54 - 0.21 = 0.33$	49.5
$p_3 =$	$\Phi(1.0) - \Phi(0.1)$	$= 0.84 - 0.54 = 0.3$	45.0
$p_4 =$	$\Phi(1.9) - \Phi(1.0)$	$= 0.97 - 0.84 = 0.13$	19.5

Damit wird die Realisierung von $T(X)$ (vgl. (8.1)) zu

$$\begin{aligned} t &= \sum^k \frac{(n_i - np_i)^2}{np_i} \\ &= \frac{(43-25.5)^2}{25.5} + \frac{(36-49.5)^2}{49.5} + \frac{(41-45)^2}{45} + \frac{(30-19.5)^2}{19.5} \\ &= 12 + 3.68 + 0.36 + 5.65 = 21.69 > 3.84 = c_{1;0.95} \end{aligned}$$

H_0 ist abzulehnen. Die Zufallsvariable X folgt damit keiner Normalverteilung, sondern irgend einer anderen Verteilung. (Hinweis: Wir haben $k = 4$ Klassen und $r = 2$ zu schätzende Parameter, also ist die Zahl der Freiheitsgrade $4 - 1 - 2 = 1$.)

Lösung zu Aufgabe 8.4: Es liegt ein Zweistichprobenproblem vor. Wir setzen voraus: $X_1, \ldots, X_{10} \overset{i.i.d.}{\sim} F$ und $Y_1, \ldots, Y_{10} \overset{i.i.d.}{\sim} G$ und prüfen H_0 : $F(z) = G(z)$ gegen $H_1 : F(z) \neq G(z)$, $z \in \mathbb{R}$.

Der erste Schritt ist es, die Stichproben zu ordnen:

i	1	2	3	4	5	6	7	8	9	10
$x_{(i)}$	0.6	1.2	1.6	1.7	1.7	2.1	2.8	2.9	3.1	3.3
$y_{(i)}$	2.0	2.3	3.0	3.2	3.2	3.4	3.5	3.8	4.6	7.2

Damit bestimmen wir die empirischen Verteilungsfunktionen

geordnete Stichprobe	$\hat{F}(x)$	$\hat{G}(y)$	$|\hat{F}(x) - \hat{G}(y)|$
$x_{(1)} = 0.6$	1/10	0	1/10
$x_{(2)} = 1.2$	2/10	0	2/10
$x_{(3)} = 1.6$	3/10	0	3/10
$(x_{(4)}, x_{(5)}) = 1.7$	5/10	0	5/10
$y_{(1)} = 2.0$	5/10	1/10	4/10
$x_{(6)} = 2.1$	6/10	1/10	5/10
$y_{(2)} = 2.3$	6/10	2/10	4/10
$x_{(7)} = 2.8$	7/10	2/10	5/10
$x_{(8)} = 2.9$	8/10	2/10	6/10
$y_{(3)} = 3.0$	8/10	3/10	5/10
$x_{(9)} = 3.1$	9/10	3/10	6/10
$(y_{(4)}, y_{(5)}) = 3.2$	9/10	5/10	4/10
$x_{(10)} = 3.3$	1	5/10	5/10
$y_{(6)} = 3.4$	1	6/10	4/10
$y_{(7)} = 3.5$	1	7/10	3/10
$y_{(8)} = 3.8$	1	8/10	2/10
$y_{(9)} = 4.6$	1	9/10	1/10
$y_{(10)} = 7.2$	1	1	0

Die Teststatistik (vgl. (8.3)) ergibt als maximalen Abstand der beiden empirischen Verteilungsfunktionen

$$K = \max |\hat{F}(x) - \hat{G}(y)| = 6/10 \leq 0.6 = k_{10,10;0.95},$$

d.h. wir können H_0 nicht ablehnen.

Lösung zu Aufgabe 8.5:

a) Wir prüfen zunächst H_0 : Körpergröße X ist $N(\mu; \sigma^2)$-verteilt mit $\mu = 169, \sigma^2 = 16$ gegen H_1: X ist nicht $N(169; 16)$-verteilt.
   i) Chi-Quadrat-Test
   Wir nehmen folgende Klasseneinteilung vor:

j	$G_j = [a_{j-1}, a_j)$	Klassenmitte m_j	n_j
1	$(-\infty; 158.5)$	–	0
2	$[158.5; 161.5)$	160	3
3	$[161.5; 164.5)$	163	10
4	$[164.5; 167.5)$	166	8
5	$[167.5; 170.5)$	169	10
6	$[170.5; 173.5)$	172	9
7	$[173.5; 176.5)$	175	7
8	$[176.5; 179.5)$	178	3
9	$[179.5; +\infty)$	–	0

Die unter H_0 zu erwartenden Wahrscheinlichkeiten p_j für die einzelnen Gruppen werden mit Hilfe der $N(169;16)$-Verteilung und durch Standardisierung berechnet:

$$\begin{aligned}
p_1 &= \Phi(\tfrac{158.5-169}{4}) & &= \Phi(-2.63) & &= 0.0043 \\
p_2 &= \Phi(\tfrac{161.5-169}{4}) - \Phi(-2.63) & &= 0.0301 - 0.0043 & &= 0.0258 \\
p_3 &= \Phi(\tfrac{164.5-169}{4}) - \Phi(-1.88) & &= 0.1292 - 0.0301 & &= 0.0991 \\
p_4 &= \Phi(\tfrac{167.5-169}{4}) - \Phi(-1.13) & &= 0.352 - 0.1292 & &= 0.2228 \\
p_5 &= \Phi(0.38) - \Phi(-0.38) & &= 0.6480 - 0.352 & &= 0.296 \\
p_6 &= \Phi(1.13) - \Phi(0.38) & &= 0.8708 - 0.6480 & &= 0.2228 \\
p_7 &= \Phi(1.88) - \Phi(1.13) & &= 0.9699 - 0.8708 & &= 0.0991 \\
p_8 &= \Phi(2.63) - \Phi(1.88) & &= 0.9957 - 0.9699 & &= 0.0258 \\
p_9 &= 1 - \Phi(2.63) & & & &= 0.0043
\end{aligned}$$

j	$G'_j = [a'_{j-1}, a'_j)$	p_j	np_j	(np_j)	n_j	$\frac{(n_j - np_j)^2}{np_j}$
1	$(-\infty; -2.63)$	0.0043	0.215			
2	$[-2.63; -1.88)$	0.0258	1.29	⟩6.46	13	6.621
3	$[-1.88; -1.13)$	0.0991	4.955			
4	$[-1.13; -0.38)$	0.2228	11.14		8	0.885
5	$[-0.38; 0.38)$	0.2960	14.8		10	1.557
6	$[0.38; 1.13)$	0.2228	11.14		9	0.411
7	$[1.13; 1.88)$	0.0991	4.955			
8	$[1.88; 2.63)$	0.0258	1.29	⟩6.46	10	1.940
9	$[2.63; \infty)$	0.0043	0.215			
$\sum$						11.414

Da für die Klassen 1,2,3 und 7,8,9 die Faustregel $(np_j > 5)$ verletzt würde, wurden diese Gruppen zu jeweils einer Gruppe zusammengefaßt. Damit bleiben 5 Gruppen, was 4 Freiheitsgrade ergibt. Somit ist

$$t = 11.414 > 9.49 = c_{4;0.95}$$

und wir müssen H_0 ablehnen. Die Zufallsgröße X folgt in diesem Datensatz nicht einer $N(169;16)$-Verteilung.

ii) Kolmogorov-Smirnov-Test

Mit den bereits beim Chi-Quadrat-Test berechneten Werten bilden wir die unter H_0 erwarteten Summenhäufigkeiten $F_j(E) = \sum np_j$ und ebenso die beobachteten Summenhäufigkeiten $F_j(B) = \sum n_j$:

$$
\begin{array}{llll}
F_1(E) = 0.215 & F_1(B) = 0 & |F_1(B) - F_1(E)| = 0.215 \\
F_2(E) = 1.505 & F_2(B) = 3 & |F_2(B) - F_2(E)| = 1.495 \\
F_3(E) = 6.46 & F_3(B) = 13 & |F_3(B) - F_3(E)| = 6.54 \\
F_4(E) = 17.6 & F_4(B) = 21 & |F_4(B) - F_4(E)| = 3.4 \\
F_5(E) = 32.4 & F_5(B) = 31 & |F_5(B) - F_5(E)| = 1.4 \\
F_6(E) = 43.54 & F_6(B) = 40 & |F_6(B) - F_6(E)| = 3.54 \\
F_7(E) = 48.495 & F_7(B) = 47 & |F_7(B) - F_7(E)| = 1.495 \\
F_8(E) = 49.785 & F_8(B) = 50 & |F_8(B) - F_8(E)| = 0.215 \\
F_9(E) = 50 & F_9(B) = 50 & |F_9(B) - F_9(E)| = 0
\end{array}
$$

Die Teststatistik 8.3 hat als Realisierung

$$\hat{D} = \frac{6.54}{50} = 0.1308 < 0.192 = \frac{1.36}{\sqrt{50}} = d_{50;0.95},$$

d.h. mit dem Kolmogorov-Smirnov-Test wird H_0 nicht abgelehnt.

b) H_0: Körpergröße ist $N(\mu; \sigma^2)$-verteilt bei beliebigen μ und σ^2 gegen H_1: Es liegt keine Normalverteilung vor

i) Chi-Quadrat-Test

Schätzen der unbekannten Parameter:

$$\hat{\mu} = \frac{1}{n} \sum n_j m_j = 168.7$$

$$\hat{\sigma}^2 = \frac{1}{n} \sum n_j (m_j - \hat{\mu})^2 = 24.93$$

Die Schätzwerte $\hat{p}_j$ für die unter H_0 gültigen Wahrscheinlichkeiten p_j für die einzelnen Gruppen werden mit Hilfe der $N(168.7; 24.93)$-Verteilung und Standardisierung berechnet:

$$
\begin{array}{llll}
\hat{p}_1 = \Phi(-2.04) & & = 1 - 0.9793 & = 0.0207 \\
\hat{p}_2 = \Phi(-1.44) - \Phi(-2..04) & & = 0.0749 - 0.0207 & = 0.0542 \\
\hat{p}_3 = \Phi(-0.84) - \Phi(-1.44) & & = 0.2005 - 0.0749 & = 0.1256 \\
\hat{p}_4 = \Phi(-0.24) - \Phi(-0.84) & & = 0.0.4052 - 0.2005 & = 0.2047 \\
\hat{p}_5 = \Phi(0.36) - \Phi(-0.24) & & = 0.6406 - 0.4052 & = 0.2354 \\
\hat{p}_6 = \Phi(0.96) - \Phi(0.36) & & = 0.8315 - 0.6406 & = 0.1909 \\
\hat{p}_7 = \Phi(1.56) - \Phi(0.96) & & = 0.9406 - 0.8315 & = 0.1091 \\
\hat{p}_8 = \Phi(2.16) - \Phi(1.56) & & = 0.9846 - 0.9406 & = 0.044 \\
\hat{p}_9 = 1 - \Phi(2.16) & & = 1 - 0.9846 & = 0.0154
\end{array}
$$

j	$G'_j = [a'_{j-1}, a'_j)$	p_j	np_j	(np_j)	n_j	$\frac{(n_j - np_j)^2}{np_j}$
1	$(-\infty; -2.04)$	0.0207	1.035			
2	$[-2.04; -1.44)$	0.0542	2.71	$\}10.03$	13	0.883
3	$[-1.44; -0.84)$	0.1256	6.28			
4	$[-0.84; -0.24)$	0.2047	10.235		8	0.488
5	$[-0.24; 0.36)$	0.2354	11.77		10	0.266
6	$[0.36; 0.96)$	0.1909	9.545		9	0.031
7	$[0.96; 1.56)$	0.1091	5.455			
8	$[1.56; 2.16)$	0.044	2.2	$\}8.43$	10	0.294
9	$[2.16; \infty)$	0.0154	0.77			
$\sum$						1.962

$$t = 1.962 < 5.99 = c_{2;0.95}$$

d.h. wir werden H_0 nicht ablehnen. (Hinweis: Die Zahl der Freiheitsgrade ist 5 (Gruppen) $-1-2$ (geschätzte Parameter) $= 2$.)

ii) Kolmogorov-Smirnov-Test

Wir gehen analog zu Teilaufgabe a) vor und bilden erneut die Summenhäufigkeiten:

$F_1(E) = 1.035$ $F_1(B) = 0$ $|F_1(B) - F_1(E)| = 1.035$
$F_2(E) = 3.745$ $F_2(B) = 3$ $|F_2(B) - F_2(E)| = 0.745$
$F_3(E) = 10.025$ $F_3(B) = 13$ $|F_3(B) - F_3(E)| = 2.975$
$F_4(E) = 20.26$ $F_4(B) = 21$ $|F_4(B) - F_4(E)| = 0.74$
$F_5(E) = 32.03$ $F_5(B) = 31$ $|F_5(B) - F_5(E)| = 1.03$
$F_6(E) = 41.575$ $F_6(B) = 40$ $|F_6(B) - F_6(E)| = 1.575$
$F_7(E) = 47.03$ $F_7(B) = 47$ $|F_7(B) - F_7(E)| = 0.03$
$F_8(E) = 49.23$ $F_8(B) = 50$ $|F_8(B) - F_8(E)| = 0.77$
$F_9(E) = 50$ $F_9(B) = 50$ $|F_9(B) - F_9(E)| = 0$

$$\hat{D} = \frac{2.975}{50} = 0.0595 < 0.192 = d_{50;0.95},$$

d.h. H_0 wird nicht abgelehnt.

Lösung zu Aufgabe 8.6: Der Mann-Whitney-U-Test erfordert die Rangvergabe, wobei auf Bindungen zu achten ist.

Wert	17	33	37	44	45	45	49	51	51	53	62	62
Gruppe	A	B	A	A	B	B	A	A	B	A	A	B
Rang	1	2	3	4	5.5	5.5	7	8.5	8.5	10	11.5	11.5
Wert	73	74	87	89								
Gruppe	B	A	B	B								
Rang	13	14	15	16								

Daraus folgt für die beiden Rangsummen und die Teststatistiken (vgl. (8.4) und (8.5))

A.8 Nichtparametrische Tests 361

$$R_{A+} = 59$$
$$R_{B+} = 77$$
$$U_A = 8 \cdot 8 + \frac{8 \cdot 9}{2} - 59 = 41$$
$$U_B = 8 \cdot 8 + \frac{8 \cdot 9}{2} - 77 = 23$$

Da Bindungen vorliegen, ist die korrigierte Teststatistik (vgl. (8.7)) anzuwenden, wobei man für U den kleineren der beiden Werte U_A, U_B, also U_B nimmt. Wir haben $r = 3$ Gruppen von jeweils gleichen Werten mit jeweils $t_i = 2$ Elementen (je 2mal 5.5, 8.5, 11.5). Damit erhalten wir als Realisierung der Testgröße Z

$$\begin{aligned}
z &= \frac{23 - \frac{8 \cdot 8}{2}}{\sqrt{\frac{8 \cdot 8}{16 \cdot 15}\left[\frac{16^3 - 16}{12} - \left(\frac{2^3 - 2}{12}\right) \cdot 3\right]}} \\
&= \frac{23 - 32}{\sqrt{\frac{64}{15 \cdot 16}\left[\frac{4096 - 16}{12} - \frac{6}{12} \cdot 3\right]}} \\
&= \frac{-9}{\sqrt{90.27}} = -0.95
\end{aligned}$$

Da die Bedingung $n_1, n_2 \geq 8$ erfüllt ist, kann die Normalapproximation $Z \sim N(0, 1)$ verwendet werden.

Mit $|z| = |0.95| < 1.64 = z_{0.95}$ wird $H_0 : \mu_X = \mu_Y$ im zweiseitigen Test nicht abgelehnt, ein Unterschied in der Blattlänge als Ergebnis unterschiedlicher Düngung ist nicht nachweisbar.

Lösung zu Aufgabe 8.7: Der Wilcoxon-Test für verbundene Stichproben prüft folgende Hypothesen über den Median M: $H_0 : M \leq 0$ gegen $H_1 : M > 0$ (einseitig). Wir bestimmen in der Tabelle die Werte d_i der Differenz D und der Variablen

$$Z_i = \begin{cases} 1 & |d_i| > 0 \\ 0 & \text{sonst.} \end{cases}$$

Student	vorher	nachher	d_i	z_i	$R(|d_i|)$
1	17	25	8	1	4
2	18	45	27	1	6
3	25	37	12	1	5
4	12	10	-2	0	1.5
5	19	21	2	1	1.5
6	34	27	-7	0	3
7	29	29	0		

Da beim 7. Studenten eine Nulldifferenz auftritt, ist diese Beobachtung wegzulassen. Damit ergibt sich als Teststatistik der Wert (vgl. (8.8))

$$W^+ = \sum_{i=1}^{6} z_i R(|d_i|) = 16.5$$

Der kritische Wert für $\alpha = 0.05$ berechnet sich nach Büning und Trenkler (1994) als

$$w_{0.95} = \frac{n(n+1)}{2} - w_{0.05} = 21 - 2 = 19,$$

so daß wir H_0 nicht ablehnen, da $W^+ < w_{0.95}$ ist.

Lösung zu Aufgabe 8.8:

a) Die Zufallsgröße ist X: Schraubendurchmesser mit $X \sim N(3, 0.01^2)$. Wir standardisieren: $Z = \frac{(X-3)}{0.01} \sim N(0,1)$. Eine Abweichung um 0.0196 vom Mittelwert nach unten bedeutet, daß X kleiner als $\mu - 0.0196$ sein muß. Damit erhalten wir

$$P(A) = P(X < 3 - 0.0196) = P\left(\frac{X-3}{0} < \frac{3 - 0.0196 - 3}{0.01}\right)$$
$$= P(Z < -1.96) = 1 - P(Z \leq 1.96) = 1 - 0.975$$
$$= 0.025$$

Analog gilt

$$P(B) = P(3 - 0.0196 < X < 3 + 0.0196) = P(|Z| < 1.96)$$
$$= 0.95$$

und

$$P(C) = P(X > 3 + 0.0196) = P(Z > 1.96)$$
$$= 1 - P(Z \leq 1.96) = 1 - 0975$$
$$= 0.025$$

b) Wir prüfen $H_0 : X \sim N(3, 0.01^2)$ gegen H_1: „X folgt keiner Normalverteilung" mit dem Chi-Quadrat-Anpassungstest bei drei Klassen:

Klasse:	„zu schmal"	„tolerabel"	„zu breit"
beobachtete Häufigkeiten	5	185	10
erwartete Häufigkeiten unter H_0	$200 \cdot 0.025 = 5$	$200 \cdot 0.95 = 190$	$200 \cdot 0.025 = 5$

Die Testgröße (8.1) lautet:

$$T(X) = \sum \frac{(\text{ beobachtete } - \text{ erwartete Häufigkeiten })^2}{\text{erwartete Häufigkeiten}} \stackrel{H_0}{\sim} \chi^2_{3-1}$$

Der kritische Bereich enthält große Werte, d. h. es ist $K = (\chi^2_{2, 0.95}, \infty) = (5.99, \infty)$.
Die Realisierung ergibt den Wert:

$$t = \frac{25}{5} + \frac{25}{190} = 5.132 \notin K,$$

d.h. H_0 wird nicht abgelehnt. Dies bedeutet, daß nichts gegen die Annahme einer Normalverteilung für die Zufallsgröße X spricht (wir haben jedoch nicht nachgewiesen, daß X normalverteilt ist!)!

A.9 Lineare Regression

Lösung zu Aufgabe 9.1: Wir berechnen aus der folgenden Arbeitstabelle $\bar{x} = 77.8$, $\bar{y} = 179.5$, $S_{xy} = 1255$, $S_{xx} = 1993.6$.

y_i	$y_i - \bar{y}$	x_i	$x_i - \bar{x}$
188	8.5	80	2.2
160	-19.5	50	-27.8
172	-7.5	58	-19.8
198	18.5	100	22.2
189	9.5	85	7.2
177	-2.5	78	0.2
175	-4.5	88	10.2
188	8.5	90	12.2
165	-14.5	76	-1.8
183	3.5	73	-4.8

Damit erhalten wir die Parameterschätzungen

$$\hat{\beta}_1 = \frac{S_{xy}}{S_{xx}} = 0.63$$

$$\hat{\beta}_0 = \bar{y} - \hat{\beta}_1 \bar{x} = 179.50 - 0.63 \cdot 77.8 = 130.49 \, .$$

Damit können wir die geschätzten Werte $\hat{y}_i = \hat{\beta}_0 + \hat{\beta}_1 x_i$ bestimmen:

i	$\hat{y}_i$
1	180.89
2	161.99
3	167.03
4	193.49
5	184.04
6	179.63
7	185.93
8	187.19
9	178.37
10	176.48

Damit erhalten wir die Schätzung $s^2 = \frac{1}{n-2} \sum (y_i - \hat{y}_i)^2 = 472.46$

Lösung zu Aufgabe 9.2: Wir haben ein Regressionsmodell $y = \beta_0 + \beta_1 X + \epsilon$ mit einer Einflußgröße X (Variable(s) Entered on Step Number 1...X)

Der F-Test prüft $H_0 : \beta_1 = 0$ gegen $H_1 : \beta_1 \neq 0$. Der F-Wert lautet $F_{1,48} = 0.39132$ und hat eine Signifikanz (p-value) von 0.5346. Die Nullhypothese wird also nicht abgelehnt, d.h. das „Modell" $y = \beta_0 + \epsilon$ wird nicht abgelehnt. Der Einfluß von X auf y im Rahmen des linearen Modells ist nicht signifikant. Das Bestimmtheitsmaß $R^2 = r^2 = 0.00809$ und der von ihm gemessene Anteil durch die Regression erklärte Anteil an der Gesamtvariabilität ist fast Null:

$$SQ_{Total} = SQ_{Regression} + SQ_{Residual} = 9.140 + 1121.199\,.$$

Lösung zu Aufgabe 9.3: Es liegt ein multiples Regressionsmodell mit vier Regressoren und einer Konstante vor. Der F-Test ($F = 488.824$, Significance $=0.0000$) lehnt $H_0 : \beta_{SALBEG} = \beta_{TIME} = \beta_{AGE} = \beta_{WORK} = 0$ ab. Diese Paramter sind –bis auf β_{WORK} (Significance=0.051)– auch bezüglich der univariaten t-Tests signifikant von Null verschieden. Man würde also im zweiten Schritt den Regressor WORK weglassen und die Modellanpassung erneut vornehmen und dann eine endgültige Entscheidung treffen.

A.10 Varianzanalyse

Lösung zu Aufgabe 10.1: Wir ergänzen zunächst die Tafel der Varianzanalyse. Der einzige Faktor A (Dünger) liegt in $a = 3$ Stufen vor, also ist $df(A) = a - 1 = 2$ die Freiheitsgradzahl von Faktor A. Wegen $df(A) + df(Residual) = df(Total)$ erhalten wir $df(Residual) = 32 - 2 = 30$. Analog ist

$$SQ_{Residual} = SQ_{Total} - SQ_{Regression} = 350 - 50 = 300.$$

Damit erhalten wir die ergänzte Tabelle

	df	SQ	MQ	F
Faktor A	2	50	25	$F_A = \frac{25}{10} = 2.5$
Residual	30	300	10	
Total	32	350		

Die Nullhypothese lautet: H_0 : Faktor A ist ohne Einfluß auf den Response. Mit dem einfaktoriellen Modell der Varianzanalyse

$$y_{ij} = \mu + \alpha_i + \epsilon_{ij}$$

läßt sich H_0 schreiben als

$$H_0 : \alpha_1 = \alpha_2 = \alpha_3 = 0.$$

Die Alternativhypothese lautet H_1 : mindestens ein $\alpha_i \neq 0$. Die Teststatistik folgt unter H_0 einer $F_{2,30}$-Verteilung, der kritische Wert lautet $F_{2,30,0.95} = 3.32$ (Tabelle B5). Wegen $F_A = 2.5 < 3.32$ ist H_0 nicht abzulehnen, d.h. ein Effekt des Düngers ist nicht nachweisbar.

Lösung zu Aufgabe 10.2: Wir haben drei unabhängige Stichproben. Unter der Annahme $y_1 \sim N(\mu_1, \sigma^2)$ (Punktwerte Gruppe 1), $y_2 \sim N(\mu_2, \sigma^2)$ (Punktwerte Gruppe 2), $y_3 \sim N(\mu_3, \sigma^2)$ (Punktwerte Gruppe 3) führen wir den Mittelwertsvergleich der drei Gruppen mit der einfaktoriellen Varianzanalyse durch. Der Faktor A ist durch die Gruppeneinteilung mit den drei Stufen 1,2,3 gegeben. Es ist $a = 3$ (Anzahl der Stufen von A) und $n = n_1 + n_2 + n_3 = 8 + 6 + 8 = 22$.

Wir berechnen zunächst die Mittelwerte in den Gruppen und das Gesamtmittel:

$$\bar{y}_{1+} = \frac{1}{8} \sum_{j=1}^{8} y_{1j} = \frac{1}{8} \cdot (32 + \ldots + 85) = \frac{431}{8} = 53.875$$

$$\bar{y}_{2+} = \frac{1}{6} \sum_{j=1}^{6} y_{2j} = \frac{1}{6} \cdot (34 + \ldots + 75) = \frac{302}{6} = 50.333$$

$$\bar{y}_{3+} = \frac{1}{8} \sum_{j=1}^{8} y_{3j} = \frac{1}{8} \cdot (38 + \ldots + 95) = \frac{457}{8} = 57.125$$

$$\bar{y}_{++} = \frac{8\bar{y}_{1+} + 6\bar{y}_{2+} + 8\bar{y}_{3+}}{22} = \frac{431 + 302 + 457}{22} = \frac{1190}{22} = 54.09$$

Mit den Formeln (10.12) bis (10.14) berechnen wir mit $y_{++} = 54.09$

$$SQ_{Total} = \sum_{i=1}^{3}\sum_{j=1}^{n_i} y_{ij}^2 - y_{++}^2$$
$$= 6443.318$$
$$SQ_A = \sum_{i=1}^{3} n_i y_{i+}^2 - n y_{++}^2$$
$$= 158.735$$

und daraus
$$SQ_{Residual} = SQ_{Total} - SQ_A = 6285.083.$$

Die Nullhypothese $H_0: \mu_1 = \mu_2 = \mu_3$ wird mit der Statistik

$$F_{2,19} = \frac{SQ_A/a-1}{SQ_{Residual}/n-a} = \frac{\frac{158.735}{2}}{\frac{6285.083}{19}} = 0.240$$

geprüft (vgl. Tabelle 10.3).

Der kritische Wert $F_{2,19,0.95}$ beträgt 3.52 (Tabelle B5). Damit gilt $F = 0.240 < 3.52 = F_{2,19,0.95}$, so daß $H_0: \mu_1 = \mu_2 = \mu_3$ nicht abgelehnt wird. Die beobachteten Unterschiede in den mittleren Punktzahlen der drei Gruppen ($y_{1+} = 53.875, y_{2+} = 50.333, y_{3+} = 57.125$) sind als statistisch nicht signifikant sondern als zufällig einzuschätzen.

Lösung zu Aufgabe 10.3: Gemäß der hierarchischen Modellbildung sind bei signifikanter Wechselwirkung auch die beiden Haupteffekte im Modell zu belassen. Die Modelle lauten also

a) $y_{ijk} = \mu + \alpha_i + \beta_j + (\alpha\beta)_{ij} + \epsilon_{ijk}$
b) $y_{ijk} = \mu + \alpha_i + \beta_j + \epsilon_{ijk}$
c) wie a)
d) wie a)
e) $y_{jk} = \mu + \beta_j + \epsilon_{jk}$

Lösung zu Aufgabe 10.4: Wir ergänzen die Tabelle durch Angabe der Werte für $MQ = SQ/df$ und der F-Statistiken:

	df	SQ	MQ	F
Faktor A	1	130	130/1=130	$F_A = \frac{130}{8.33} = 15.61$
Faktor B	2	630	630/2=315	$F_B = \frac{315}{8.33} = 37.81$
Wechselwirkung $A \times B$	2	40	40/2=20	$F_{A \times B} = \frac{20}{8.33} = 2.40$
Residual	18	150	150/18=8.33	

Der erste Test prüft die Wechselwirkung $A \times B$. Die F-Statistik zum Prüfen von H_0: „Wechselwirkung gleich Null" hat 2 bzw. 18 Freiheitsgrade. Der kritische Wert (vgl. Tabelle B5) lautet $F_{2,18,0.95} = 3.55$. Wegen

$F_{A\times B} = 2.40 < 3.55$, wird H_0 nicht abgelehnt, d. h. die Wechselwirkung ist nicht signifikant und wird aus dem Modell entfernt. Die Fehlerquadratsumme $SQ_{A\times B}$ wird zu $SQ_{Residual}$ addiert, die Freiheitsgrade von $SQ_{A\times B}$ gehen in die Freiheitsgrade von $SQ_{Residual}$ ein:

	df	SQ	MQ	F
Faktor A	1	130	130	$F_A = \frac{130}{9.5} = 13.68$
Faktor B	2	630	315	$F_B = \frac{315}{9.5} = 33.16$
Residual	20	190	9.5	

Wir haben nun das Modell mit den Haupteffekten A und B und prüfen $H_0 : \alpha_A = 0$ gegen $H_1 : \alpha_A \neq 0$ mit $F_A = 13.68 > 4.35 = F_{1,20,0.95}$. Damit wird H_0 abgelehnt, Faktor A hat signifikanten Einfluß auf den Response.

Wir prüfen $H_0 : \alpha_B = 0$ gegen $H_1 : \alpha_B \neq 0$. Mit $F_B = 33.16 > 3.49 = F_{2,20,0.95}$ wird H_0 abgelehnt, Faktor B hat ebenfalls signifikanten Einfluß auf den Response.

Als Ergebnis erhalten wir ein zweifaktorielles Modell mit signifikanten Haupteffekten A und B aber ohne Wechselwirkung.

Lösung zu Aufgabe 10.5: Die Zielvariable y ist SALNOW, die Faktoren A und B sind JOBCAT (7 Stufen, DF=6) und MINORITY (2 Stufen, DF=1). Die Wechselwirkung ist signifikant von Null verschieden (Sig. 0.041), so daß das zweifaktorielle Modell mit Wechselwirkung gültig ist:

$$SALNOW = \mu + JOBCAT + MINORITY + (JOBCAT) \times (MINORITY)$$

A.11 Analyse von Kontingenztafeln

Lösung zu Aufgabe 11.1: Zunächst berechnen wir die bei Unabhängigkeit zu erwartenden Häufigkeiten gemäß $\hat{m}_{ij} = n\hat{\pi}_{ij} = \frac{n_{i+}n_{+j}}{n}$:

		\multicolumn{5}{c}{Y}	
		1	2	3	4	5	n_{i+}
X	1	13.33	35	40	50	41.67	180
	2	66.67	175	200	250	208.33	900
	n_{+j}	80	210	240	300	250	$n = 1080$

Pearson's χ^2-Statistik berechnet sich mit

$$c = \sum_{i=1}^{2}\sum_{j=1}^{5} \frac{(n_{ij} - \hat{m}_{ij})^2}{\hat{m}_{ij}}$$

zu $c = 3.85$. Ein Test mit Signifikanzniveau 0.05 lehnt daher die Hypothese der Unabhängigkeit nicht ab, da der kritische Wert $c_{(I-1)(J-1);1-\alpha} = c_{4;0.95} = 9.49$, also $c < c_{4;0.95}$.

Für die spaltenweise G^2-Analyse analysieren wir die folgenden 2×2-Tafeln bezüglich ihres G^2-Wertes:

		Y	
		1	2
X	1	10	30
	2	70	180

$\tilde{G}_1^2 = 0.158$

		Y	
		1+2	3
X	1	40	40
	2	250	200

$\tilde{G}_2^2 = 0.843$

		Y	
		1+2+3	4
X	1	80	50
	2	450	250

$\tilde{G}_3^2 = 0.356$

		Y	
		1+2+3+4	5
X	1	130	50
	2	700	200

$\tilde{G}_4^2 = 2.516$

Wir erhalten damit $G^2 = \tilde{G}_1^2 + \tilde{G}_2^2 + \tilde{G}_3^2 + \tilde{G}_4^2 = 0.158 + 0.843 + 0.356 + 2.516 = 3.83$. Man erhält ein homogenes Bild, wenn man beispielsweise die folgende Zusammenfassung für Y wählt: Kategorie 1 und Kategorie 2 werden zusammengefaßt, da $\tilde{G}_1^2$ den kleinsten Beitrag zu G^2 leistet. Kategorie 5 bleibt für sich, da die vierte betrachtete Tafel den größten Beitrag zu G^2 liefert. Die 2 × 2 Tafel, die die Kategorien 3 und 4 für sich betrachtet, hätte einen Odds Ratio von 1. Wir fassen daher diese beiden auch noch zusammen. Wir erhalten als eine Möglichkeit die 2 × 3-Tafel

		Y		
		1 + 2	3 + 4	5
X	1	40	90	50
	2	250	450	200

mit $c = 3.72$ und $G^2 = 3.71$.

Lösung zu Aufgabe 11.2: Pearson's χ^2-Statistik berechnet sich zu $c = 9.52$. Zum Signifikanzniveau 0.05 beträgt der kritische Wert $c_{1;0.95} = 3.84$. Die Hypothese H_0 wird daher abgelehnt. Der Odds Ratio ist $\widehat{OR} = (40 \cdot 80)/(60 \cdot 20) = 2.67$, also größer als 1. D.h. es besteht ein positiver statistischer Zusammenhang zwischen Rauchen und Krankheit. Für den Test wählt man den Weg über den $\ln OR$ und dessen Varianzschätzung:

$$\ln \widehat{OR} = \hat{\theta}_0 = 0.98$$

$$\hat{\sigma}^2_{\hat{\theta}_0} = \frac{1}{40} + \frac{1}{60} + \frac{1}{20} + \frac{1}{80} = 0.104$$

$$\hat{\sigma}_{\hat{\theta}_0} = 0.323$$

Man erhält damit den z-Wert $z = \frac{\hat{\theta}_0}{\hat{\sigma}_{\hat{\theta}_0}} = 3.04 > 1.96 = z_{0.95}$. Daher wird H_0 abgelehnt. Alternativ berechnet man ein Konfidenzintervall für $\ln \widehat{OR}$ oder $\widehat{OR}$. Für $\ln \widehat{OR}$ erhäl man

$$[0.98 - 1.96 \cdot 0.323; 0.98 + 1.96 \cdot 0.323] = [0.35; 1.61],$$

für den $\widehat{OR}$ entsprechend

$$[\exp(0.35); \exp(1.61)] = [1.42; 5.00].$$

In beiden Fällen kann man H_0 verwerfen: im ersten Fall wird der Wert 0 nicht vom Konfidenzintervall überdeckt ($\ln OR = 0$ entspricht Unabhängigkeit), im zweiten Fall wird der Wert 1 nicht überdeckt.

Lösung zu Aufgabe 11.3: Wie in der Lösung zur vorhergehenden Aufgabe verwenden wir $\widehat{OR}$ oder $\ln \widehat{OR}$. Zur einfacheren Interpretierbarkeit kann man zunächst die Spalten der Tafel vertauschen.

	Produkte	
	einwandfrei	mangelhaft
nachher	80	20
vorher	60	40

Damit ist $\widehat{OR} = 2.67$. Man erhält im übrigen die gleichen Werte für die Schätzungen wie in der vorherigen Aufgabe. Damit hat die Einführung des ISO 9001 Standards die Produktion signifikant verbessert.

A.11 Analyse von Kontingenztafeln

Lösung zu Aufgabe 11.4: Wir überprüfen mit der χ^2-Statistik. Man erhält $c = 3499 > c_{2;0.95} = 5.99$. Also liegt ein signifikanter Zusammenhang zwischen Erwerbstätigkeit und Geschlecht vor. Machen wir nun die vorgeschlagene Unterscheidung, erhalten wir die folgende Tafel:

	Erwerbsperson	Nichterwerbspersonen
männlich	18000	11780
weiblich	11900	20200

Wir verwenden jetzt wieder den Odds Ratio:

$$\widehat{OR} = 2.59$$
$$\ln \widehat{OR} = \hat{\theta}_0 = 0.95$$
$$\hat{\sigma}^2_{\hat{\theta}_0} = \frac{1}{18000} + \frac{1}{11780} + \frac{1}{11900} + \frac{1}{20200} = 2.74 \cdot 10^{-4}$$
$$\hat{\sigma}_{\hat{\theta}_0} = 0.017$$

Damit erhält man als 95%-Konfidenzintervall für den $\ln \widehat{OR}$:

$$[0.95 - 1.96 \cdot 0.017; 0.95 + 1.96 \cdot 0.017] = [0.92; 0.98] .$$

Damit ist auch dieser Zusammenhang signifikant positiv, das heißt Männer sind eher Erwerbspersonen als Frauen.

Lösung zu Aufgabe 11.5: Da es sich um einen Fall mit geringen Stichprobenumfängen handelt, sollten die für große Stichprobenumfänge gedachten Tests und auch der Test mittels des Odds Ratios nicht verwendet werden. Besser ist es in diesem Fall, den exakten Test von Fisher zu verwenden. Dazu stellen wir uns vor, wir hätten 2 Gesamtheiten, eine von 0 bis 12 Uhr und die andere von 12 bis 24 Uhr (vergleiche Beispiel 7.6.3, dort Strategie A und Strategie B). Man definiert dann die beiden bedingten Wahrscheinlichkeiten

$$p_1 = P(\text{Baby ist männlich}|\text{das Baby kam zwischen 0 und 12 Uhr zur Welt})$$

und

$$p_2 = P(\text{Baby ist männlich}|\text{das Baby kam zwischen 12 und 24 Uhr zur Welt}) .$$

Die Anzahl der männlichen Babies unter der Bedingung, daß sie zwischen 0 und 12 Uhr zur Welt kamen, kann als binomialverteilt $B(8; p_1)$ aufgefaßt werden, die Anzahl der männlichen Babies unter der Bedingung, daß sie zwischen 12 und 24 Uhr zur Welt kamen, als $B(11; p_2)$. Die Unabhängigkeitshypothese kann dann ersetzt werden durch die Annahme der Gleichheit der bedingten Wahrscheinlichkeiten p_1 und p_2. In Analogie zum Beispiel 7.6.3 erhalten wir also $n_1 = 8$, $n_2 = 11$, $t_1 = 5$, $t_2 = 7$, $n = n_1 + n_2 = 19$ und $t = t_1 + t_2 = 13$. Damit ergibt sich exakt die gleiche Konstellation wie in Beispiel 7.6.3 mit dem entsprechend gleichen Resultat: $H_0 : p_1 = p_2$ und damit auch H'_0 : "Tageszeit und Geschlecht sind unabhängig" können nicht abgelehnt werden.

Lösung zu Aufgabe 11.6: Die entscheidende Frage, die sich hier zunächst stellt, ist: ist der Stichprobenumfang und sind die Zellhäufigkeiten groß genug, um den χ^2-Test oder den Likelihood-Quotienten-Test (G^2) durchzuführen, oder sollte man etwas vorsichtiger sein und den exakten Test von Fisher durchführen. Dies führt in diesem Fall zu folgender Situation: wählt man als Signifikanzniveau den Wert 0.05, so lehnen sowohl der χ^2-Test ($c = 4.8$, p-Wert < 0.05), als auch der Likelihood-Quotienten-Test ($G^2 = 5.063$, p-Wert < 0.05) die Unabhängigkeitshypothese ab. Der zu diesen Tests *vergleichbare* exakte Test von Fischer ist der für die zweiseitige Fragestellung. Dieser lehnt aber die Hypothese der Unabhängigkeit nicht ab (p-Wert "two tail" > 0.05). Man erhält also je nach Wahl des Tests (und diese Wahl mag in diesem Beispiel nicht ganz eindeutig sein) eine andere statistische Aussage.

Lösung zu Aufgabe 11.7: Würde man hier unmittelbar einen χ^2-Test durchführen, erhielte man $c = 7.33$ ($G^2 = 7.48$), wobei $c_{2;0.99} = 9.21$, was zum Nichtablehnen der Nullhypothese führt. Möglich ist es, die Fälle aus der Analyse herauszunehmen, wo sich keinerlei Wirkung des neuen Mittels feststellen läßt (Bezeichnung "0"). Das heißt, man analysiert die folgende Tafel:

	+	−
Männer	11	17
Frauen	22	17

Hierfür erhält man $c = 1.91$, $G^2 = 1.92$ und damit $c, G^2 < c_{1;0.99} = 6.63$. In beiden Fällen ist also kein Unterschied in der Wirkung auf Männer und Frauen nachweisbar.

Lösung zu Aufgabe 11.8: Man erhält $c = 1637.5$ oder $G^2 = 1416.8$. Beide Werte sind größer als der kritische Wert $c_{(I-1)(J-1);0.99} = c_{8;0.99} = 20.1$. Es besteht offenbar ein Zusammenhang zwischen dem (primären) Hobby und dem Studienfach.

A.12 Lebensdaueranalyse

Lösung zu Aufgabe 12.1: Bezeichnen $f(t)$ und $F(t)$ die Dichte und Verteilungsfunktion der Zufallsvariablen T, so lassen sich Hazardrate $\lambda(t)$ und Survivorfunktion $S(t)$ definieren als

$$\lambda(t) = \frac{f(t)}{1 - F(t)}$$
$$S(t) = 1 - F(t)$$

Die bedingte Überlebenswahrscheinlichkeit zum Zeitpunkt t wurde nur im Zusammenhang mit der Kaplan-Meier-Schätzung eingeführt. Betrachtet man das k-te Zeitintervall, so ist die Hazardrate die bedingte Ereigniswahrscheinlichkeit

$$\lambda_{(k)} = P(X_k = 1 | X_1 = \ldots X_{k-1} = 0) \,,$$

also die Wahrscheinlichkeit eines Objekts, im k-ten Zeitintervall ein Ereignis zu haben, gegeben daß das Objekt in den vorherigen Intervallen kein Ereignis hatte. Die bedingte Überlebenswahrscheinlichkeit $p_{(k)}$ bezieht sich auf das Gegenereignis, also im k-ten Zeitintervall kein Ereignis zu haben, gegeben daß das Objekt auch in den vorherigen Intervallen kein Ereignis hatte, und ist damit gegeben durch

$$p_{(k)} = 1 - \lambda_{(k)} = P(X_k = 0 | X_1 = \ldots X_{k-1} = 0) \,.$$

Lösung zu Aufgabe 12.2: Es liegen keine zensierten Daten vor. Die geschätzte Survivalfunktion fällt daher bis zum Wert 0. In jedem Intervall findet ein Ereignis statt. Daher sinkt die Risikomenge gleichmäßig und die Survivalfunktion fällt gleichmäßig in 1/10-Schritten ab.

Tabelle A.1. Kaplan-Meier-Schätzung

k	$t_{(k)}$	$R_{(k)}$	d_k	$\hat{\lambda}_k$	$\hat{p}_k$	$\hat{S}(t_{(k)})$
0	0	10	0	0	1	1
1	10	10	1	1/10	9/10	9/10
2	20	9	1	1/9	8/9	8/10
3	30	8	1	1/8	7/8	7/10
4	40	7	1	1/7	6/7	6/10
5	50	6	1	1/6	5/6	5/10
6	60	5	1	1/5	4/5	4/10
7	70	4	1	1/4	3/4	3/10
8	80	3	1	1/3	2/3	2/10
9	90	2	1	1/2	1/2	1/10
10	100	1	1	1	0	0

Lösung zu Aufgabe 12.3: Die Log-Rank-Statistik weist keinen signifikanten Unterschied bezüglich des Alters (Haltbarkeit) der beiden Maschinentypen „Stanze" und „Presse" aus. Ein Blick auf die Abbildung macht jedoch offensichtlich, daß ein Log-Rank-Test in dieser Datensituation unangebracht ist, da die Voraussetzung, daß sich die zwei Survivalkurven nicht überschneiden, nicht erfüllt ist.

B. Tabellenanhang

Tabelle B.1. Verteilungsfunktion $\Phi(z)$ der Standardnormalverteilung $N(0,1)$

z	.00	.01	.02	.03	.04
0.0	0.500000	0.503989	0.507978	0.511966	0.515953
0.1	0.539828	0.543795	0.547758	0.551717	0.555670
0.2	0.579260	0.583166	0.587064	0.590954	0.594835
0.3	0.617911	0.621720	0.625516	0.629300	0.633072
0.4	0.655422	0.659097	0.662757	0.666402	0.670031
0.5	0.691462	0.694974	0.698468	0.701944	0.705401
0.6	0.725747	0.729069	0.732371	0.735653	0.738914
0.7	0.758036	0.761148	0.764238	0.767305	0.770350
0.8	0.788145	0.791030	0.793892	0.796731	0.799546
0.9	0.815940	0.818589	0.821214	0.823814	0.826391
1.0	0.841345	0.843752	0.846136	0.848495	0.850830
1.1	0.864334	0.866500	0.868643	0.870762	0.872857
1.2	0.884930	0.886861	0.888768	0.890651	0.892512
1.3	0.903200	0.904902	0.906582	0.908241	0.909877
1.4	0.919243	0.920730	0.922196	0.923641	0.925066
1.5	0.933193	0.934478	0.935745	0.936992	0.938220
1.6	0.945201	0.946301	0.947384	0.948449	0.949497
1.7	0.955435	0.956367	0.957284	0.958185	0.959070
1.8	0.964070	0.964852	0.965620	0.966375	0.967116
1.9	0.971283	0.971933	0.972571	0.973197	0.973810
2.0	0.977250	0.977784	0.978308	0.978822	0.979325
2.1	0.982136	0.982571	0.982997	0.983414	0.983823
2.2	0.986097	0.986447	0.986791	0.987126	0.987455
2.3	0.989276	0.989556	0.989830	0.990097	0.990358
2.4	0.991802	0.992024	0.992240	0.992451	0.992656
2.5	0.993790	0.993963	0.994132	0.994297	0.994457
2.6	0.995339	0.995473	0.995604	0.995731	0.995855
2.7	0.996533	0.996636	0.996736	0.996833	0.996928
2.8	0.997445	0.997523	0.997599	0.997673	0.997744
2.9	0.998134	0.998193	0.998250	0.998305	0.998359
3.0	0.998650	0.998694	0.998736	0.998777	0.998817

Tabelle B.1. Verteilungsfunktion $\Phi(z)$ der Standardnormalverteilung $N(0,1)$

z	.05	.06	.07	.08	.09
0.0	0.519939	0.523922	0.527903	0.531881	0.535856
0.1	0.559618	0.563559	0.567495	0.571424	0.575345
0.2	0.598706	0.602568	0.606420	0.610261	0.614092
0.3	0.636831	0.640576	0.644309	0.648027	0.651732
0.4	0.673645	0.677242	0.680822	0.684386	0.687933
0.5	0.708840	0.712260	0.715661	0.719043	0.722405
0.6	0.742154	0.745373	0.748571	0.751748	0.754903
0.7	0.773373	0.776373	0.779350	0.782305	0.785236
0.8	0.802337	0.805105	0.807850	0.810570	0.813267
0.9	0.828944	0.831472	0.833977	0.836457	0.838913
1.0	0.853141	0.855428	0.857690	0.859929	0.862143
1.1	0.874928	0.876976	0.879000	0.881000	0.882977
1.2	0.894350	0.896165	0.897958	0.899727	0.901475
1.3	0.911492	0.913085	0.914657	0.916207	0.917736
1.4	0.926471	0.927855	0.929219	0.930563	0.931888
1.5	0.939429	0.940620	0.941792	0.942947	0.944083
1.6	0.950529	0.951543	0.952540	0.953521	0.954486
1.7	0.959941	0.960796	0.961636	0.962462	0.963273
1.8	0.967843	0.968557	0.969258	0.969946	0.970621
1.9	0.974412	0.975002	0.975581	0.976148	0.976705
2.0	0.979818	0.980301	0.980774	0.981237	0.981691
2.1	0.984222	0.984614	0.984997	0.985371	0.985738
2.2	0.987776	0.988089	0.988396	0.988696	0.988989
2.3	0.990613	0.990863	0.991106	0.991344	0.991576
2.4	0.992857	0.993053	0.993244	0.993431	0.993613
2.5	0.994614	0.994766	0.994915	0.995060	0.995201
2.6	0.995975	0.996093	0.996207	0.996319	0.996427
2.7	0.997020	0.997110	0.997197	0.997282	0.997365
2.8	0.997814	0.997882	0.997948	0.998012	0.998074
2.9	0.998411	0.998462	0.998511	0.998559	0.998605
3.0	0.998856	0.998893	0.998930	0.998965	0.998999

Tabelle B.2. Dichtefunktion $\phi(z)$ der $N(0,1)$-Verteilung

z	.00	.02	.04	.06	.08
0.0	0.3989	0.3989	0.3986	0.3982	0.3977
0.2	0.3910	0.3894	0.3876	0.3857	0.3836
0.4	0.3814	0.3653	0.3621	0.3589	0.3555
0.6	0.3332	0.3292	0.3251	0.3209	0.3166
0.8	0.2897	0.2850	0.2803	0.2756	0.2709
1.0	0.2419	0.2371	0.2323	0.2275	0.2226
1.2	0.1942	0.1895	0.1849	0.1804	0.1758
1.4	0.1497	0.1456	0.1415	0.1374	0.1334
1.6	0.1109	0.1074	0.1039	0.1006	0.0973
1.8	0.0789	0.0761	0.0734	0.0707	0.0681
2.0	0.0539	0.0519	0.0498	0.0478	0.0459
2.2	0.0355	0.0339	0.0325	0.0310	0.0296
2.4	0.0224	0.0213	0.0203	0.0194	0.0184
2.6	0.0136	0.0167	0.0122	0.0116	0.0110
2.8	0.0059	0.0075	0.0071	0.0067	0.0063
3.0	0.0044	0.0024	0.0012	0.0006	0.0003

Tabelle B.3. $(1-\alpha)$-Quantile $c_{df;1-\alpha}$ der χ^2-Verteilung

df	\multicolumn{6}{c}{$1-\alpha$}
	0.01	0.025	0.05	0.95	0.975	0.99
1	0.0001	0.001	0.004	3.84	5.02	6.62
2	0.020	0.051	0.103	5.99	7.38	9.21
3	0.115	0.216	0.352	7.81	9.35	11.3
4	0.297	0.484	0.711	9.49	11.1	13.3
5	0.554	0.831	1.15	11.1	12.8	15.1
6	0.872	1.24	1.64	12.6	14.4	16.8
7	1.24	1.69	2.17	14.1	16.0	18.5
8	1.65	2.18	2.73	15.5	17.5	20.1
9	2.09	2.70	3.33	16.9	19.0	21.7
10	2.56	3.25	3.94	18.3	20.5	23.2
11	3.05	3.82	4.57	19.7	21.9	24.7
12	3.57	4.40	5.23	21.0	23.3	26.2
13	4.11	5.01	5.89	22.4	24.7	27.7
14	4.66	5.63	6.57	23.7	26.1	29.1
15	5.23	6.26	7.26	25.0	27.5	30.6
16	5.81	6.91	7.96	26.3	28.8	32.0
17	6.41	7.56	8.67	27.6	30.2	33.4
18	7.01	8.23	9.39	28.9	31.5	34.8
19	7.63	8.91	10.1	30.1	32.9	36.2
20	8.26	9.59	10.9	31.4	34.2	37.6
25	11.5	13.1	14.6	37.7	40.6	44.3
30	15.0	16.8	18.5	43.8	47.0	50.9
40	22.2	24.4	26.5	55.8	59.3	63.7
50	29.7	32.4	34.8	67.5	71.4	76.2
60	37.5	40.5	43.2	79.1	83.3	88.4
70	45.4	48.8	51.7	90.5	95.0	100.4
80	53.5	57.2	60.4	101.9	106.6	112.3
90	61.8	65.6	69.1	113.1	118.1	124.1
100	70.1	74.2	77.9	124.3	129.6	135.8

Tabelle B.4. $(1-\alpha)$-Quantile $t_{df;1-\alpha}$ der t-Verteilung

df	\multicolumn{4}{c}{$1-\alpha$}
	0.95	0.975	0.99	0.995
1	6.3138	12.706	31.821	63.657
2	2.9200	4.3027	6.9646	9.9248
3	2.3534	3.1824	4.5407	5.8409
4	2.1318	2.7764	3.7469	4.6041
5	2.0150	2.5706	3.3649	4.0321
6	1.9432	2.4469	3.1427	3.7074
7	1.8946	2.3646	2.9980	3.4995
8	1.8595	2.3060	2.8965	3.3554
9	1.8331	2.2622	2.8214	3.2498
10	1.8125	2.2281	2.7638	3.1693
11	1.7959	2.2010	2.7181	3.1058
12	1.7823	2.1788	2.6810	3.0545
13	1.7709	2.1604	2.6503	3.0123
14	1.7613	2.1448	2.6245	2.9768
15	1.7531	2.1314	2.6025	2.9467
16	1.7459	2.1199	2.5835	2.9208
17	1.7396	2.1098	2.5669	2.8982
18	1.7341	2.1009	2.5524	2.8784
19	1.7291	2.0930	2.5395	2.8609
20	1.7247	2.0860	2.5280	2.8453
30	1.6973	2.0423	2.4573	2.7500
40	1.6839	2.0211	2.4233	2.7045
50	1.6759	2.0086	2.4033	2.6778
60	1.6706	2.0003	2.3901	2.6603
70	1.6669	1.9944	2.3808	2.6479
80	1.6641	1.9901	2.3739	2.6387
90	1.6620	1.9867	2.3685	2.6316
100	1.6602	1.9840	2.3642	2.6259
200	1.6525	1.9719	2.3451	2.6006
300	1.6499	1.9679	2.3388	2.5923
400	1.6487	1.9659	2.3357	2.5882
500	1.6479	1.9647	2.3338	2.5857

Tabelle B.5. $(1-\alpha)$-Quantile $f_{df_1,df_2;1-\alpha}$ der F-Verteilung für $\alpha = 0.05$. df_1 in den Zeilen, df_2 in den Spalten

df_1 \ df_2	1	2	3	4	5	6	7	8	9	10	11	12	13	14
1	161.44	18.512	10.127	7.7086	6.6078	5.9873	5.5914	5.3176	5.1173	4.9646	4.8443	4.7472	4.6671	4.6001
2	199.50	19.000	9.5520	6.9442	5.7861	5.1432	4.7374	4.4589	4.2564	4.1028	3.9822	3.8852	3.8055	3.7388
3	215.70	19.164	9.2766	6.5913	5.4094	4.7570	4.3468	4.0661	3.8625	3.7082	3.5874	3.4902	3.4105	3.3438
4	224.58	19.246	9.1171	6.3882	5.1921	4.5336	4.1203	3.8378	3.6330	3.4780	3.3566	3.2591	3.1791	3.1122
5	230.16	19.296	9.0134	6.2560	5.0503	4.3873	3.9715	3.6874	3.4816	3.3258	3.2038	3.1058	3.0254	2.9582
6	233.98	19.329	8.9406	6.1631	4.9502	4.2838	3.8659	3.5805	3.3737	3.2171	3.0946	2.9961	2.9152	2.8477
7	236.76	19.353	8.8867	6.0942	4.8758	4.2066	3.7870	3.5004	3.2927	3.1354	3.0123	2.9133	2.8320	2.7641
8	238.88	19.370	8.8452	6.0410	4.8183	4.1468	3.7257	3.4381	3.2295	3.0716	2.9479	2.8485	2.7669	2.6986
9	240.54	19.384	8.8122	5.9987	4.7724	4.0990	3.6766	3.3881	3.1788	3.0203	2.8962	2.7963	2.7143	2.6457
10	241.88	19.395	8.7855	5.9643	4.7350	4.0599	3.6365	3.3471	3.1372	2.9782	2.8536	2.7533	2.6710	2.6021
11	242.98	19.404	8.7633	5.9358	4.7039	4.0274	3.6030	3.3129	3.1024	2.9429	2.8179	2.7173	2.6346	2.5654
12	243.90	19.412	8.7446	5.9117	4.6777	3.9999	3.5746	3.2839	3.0729	2.9129	2.7875	2.6866	2.6036	2.5342
13	244.68	19.418	8.7286	5.8911	4.6552	3.9763	3.5503	3.2590	3.0475	2.8871	2.7614	2.6601	2.5769	2.5072
14	245.36	19.424	8.7148	5.8733	4.6357	3.9559	3.5292	3.2373	3.0254	2.8647	2.7386	2.6371	2.5536	2.4837
15	245.94	19.429	8.7028	5.8578	4.6187	3.9380	3.5107	3.2184	3.0061	2.8450	2.7186	2.6168	2.5331	2.4630
16	246.46	19.433	8.6922	5.8441	4.6037	3.9222	3.4944	3.2016	2.9889	2.8275	2.7009	2.5988	2.5149	2.4446
17	246.91	19.436	8.6829	5.8319	4.5904	3.9082	3.4798	3.1867	2.9736	2.8120	2.6850	2.5828	2.4986	2.4281
18	247.32	19.440	8.6745	5.8211	4.5785	3.8957	3.4668	3.1733	2.9600	2.7980	2.6709	2.5684	2.4840	2.4134
19	247.68	19.443	8.6669	5.8113	4.5678	3.8844	3.4551	3.1612	2.9476	2.7854	2.6580	2.5554	2.4708	2.4000
20	248.01	19.445	8.6601	5.8025	4.5581	3.8741	3.4445	3.1503	2.9364	2.7740	2.6464	2.5435	2.4588	2.3878
30	250.09	19.462	8.6165	5.7458	4.4957	3.8081	3.3758	3.0794	2.8636	2.6995	2.5704	2.4662	2.3803	2.3082
40	251.14	19.470	8.5944	5.7169	4.4637	3.7742	3.3404	3.0427	2.8259	2.6608	2.5309	2.4258	2.3391	2.2663
50	251.77	19.475	8.5809	5.6994	4.4444	3.7536	3.3188	3.0203	2.8028	2.6371	2.5065	2.4010	2.3138	2.2405
60	252.19	19.479	8.5720	5.6877	4.4313	3.7397	3.3043	3.0053	2.7872	2.6210	2.4901	2.3841	2.2965	2.2229
70	252.49	19.481	8.5655	5.6793	4.4220	3.7298	3.2938	2.9944	2.7760	2.6095	2.4782	2.3719	2.2841	2.2102
80	252.72	19.483	8.5607	5.6729	4.4149	3.7223	3.2859	2.9862	2.7675	2.6007	2.4692	2.3627	2.2747	2.2006
90	252.89	19.484	8.5569	5.6680	4.4094	3.7164	3.2798	2.9798	2.7608	2.5939	2.4622	2.3555	2.2673	2.1930
100	253.04	19.485	8.5539	5.6640	4.4050	3.7117	3.2748	2.9746	2.7555	2.5884	2.4565	2.3497	2.2613	2.1869

Tabelle B.5. $(1-\alpha)$-Quantile $f_{df_1,df_2;1-\alpha}$ der F-Verteilung für $\alpha = 0.05$. df_1 in den Zeilen, df_2 in den Spalten

df_1	15	16	17	18	19	20	30	40	50	60	70	80	90	100
1	4.5430	4.4939	4.4513	4.4138	4.3807	4.3512	4.1708	4.0847	4.0343	4.0011	3.9777	3.9603	3.9468	3.9361
2	3.6823	3.6337	3.5915	3.5545	3.5218	3.4928	3.3158	3.2317	3.1826	3.1504	3.1276	3.1107	3.0976	3.0872
3	3.2873	3.2388	3.1967	3.1599	3.1273	3.0983	2.9222	2.8387	2.7900	2.7580	2.7355	2.7187	2.7058	2.6955
4	3.0555	3.0069	2.9647	2.9277	2.8951	2.8660	2.6896	2.6059	2.5571	2.5252	2.5026	2.4858	2.4729	2.4626
5	2.9012	2.8524	2.8099	2.7728	2.7400	2.7108	2.5335	2.4494	2.4004	2.3682	2.3455	2.3287	2.3156	2.3053
6	2.7904	2.7413	2.6986	2.6613	2.6283	2.5989	2.4205	2.3358	2.2864	2.2540	2.2311	2.2141	2.2010	2.1906
7	2.7066	2.6571	2.6142	2.5767	2.5435	2.5140	2.3343	2.2490	2.1992	2.1665	2.1434	2.1263	2.1130	2.1025
8	2.6407	2.5910	2.5479	2.5101	2.4767	2.4470	2.2661	2.1801	2.1299	2.0969	2.0736	2.0563	2.0429	2.0323
9	2.5876	2.5376	2.4942	2.4562	2.4226	2.3928	2.2106	2.1240	2.0733	2.0400	2.0166	1.9991	1.9855	1.9748
10	2.5437	2.4935	2.4499	2.4117	2.3779	2.3478	2.1645	2.0772	2.0261	1.9925	1.9688	1.9512	1.9375	1.9266
11	2.5068	2.4563	2.4125	2.3741	2.3402	2.3099	2.1255	2.0375	1.9860	1.9522	1.9282	1.9104	1.8966	1.8856
12	2.4753	2.4246	2.3806	2.3420	2.3079	2.2775	2.0920	2.0034	1.9515	1.9173	1.8932	1.8752	1.8613	1.8502
13	2.4481	2.3972	2.3530	2.3143	2.2800	2.2495	2.0629	1.9737	1.9214	1.8870	1.8626	1.8445	1.8304	1.8192
14	2.4243	2.3733	2.3289	2.2900	2.2556	2.2249	2.0374	1.9476	1.8949	1.8602	1.8356	1.8173	1.8032	1.7919
15	2.4034	2.3522	2.3076	2.2686	2.2340	2.2032	2.0148	1.9244	1.8713	1.8364	1.8116	1.7932	1.7789	1.7675
16	2.3848	2.3334	2.2887	2.2495	2.2148	2.1839	1.9946	1.9037	1.8503	1.8151	1.7901	1.7715	1.7571	1.7456
17	2.3682	2.3167	2.2718	2.2325	2.1977	2.1667	1.9764	1.8851	1.8313	1.7958	1.7707	1.7519	1.7374	1.7258
18	2.3533	2.3016	2.2566	2.2171	2.1822	2.1511	1.9601	1.8682	1.8141	1.7784	1.7531	1.7342	1.7195	1.7079
19	2.3398	2.2879	2.2428	2.2032	2.1682	2.1370	1.9452	1.8528	1.7984	1.7625	1.7370	1.7180	1.7032	1.6914
20	2.3275	2.2755	2.2303	2.1906	2.1554	2.1241	1.9316	1.8388	1.7841	1.7479	1.7223	1.7031	1.6882	1.6764
30	2.2467	2.1938	2.1477	2.1071	2.0711	2.0390	1.8408	1.7444	1.6871	1.6491	1.6220	1.6017	1.5859	1.5733
40	2.2042	2.1507	2.1039	2.0628	2.0264	1.9938	1.7917	1.6927	1.6336	1.5942	1.5660	1.5448	1.5283	1.5151
50	2.1779	2.1239	2.0768	2.0353	1.9985	1.9656	1.7608	1.6600	1.5994	1.5590	1.5299	1.5080	1.4909	1.4772
60	2.1601	2.1058	2.0584	2.0166	1.9795	1.9463	1.7395	1.6372	1.5756	1.5343	1.5045	1.4821	1.4645	1.4503
70	2.1471	2.0926	2.0450	2.0030	1.9657	1.9323	1.7239	1.6205	1.5580	1.5160	1.4856	1.4627	1.4447	1.4302
80	2.1373	2.0826	2.0348	1.9926	1.9552	1.9216	1.7120	1.6076	1.5444	1.5018	1.4710	1.4477	1.4294	1.4146
90	2.1296	2.0747	2.0268	1.9845	1.9469	1.9133	1.7026	1.5974	1.5336	1.4905	1.4593	1.4357	1.4170	1.4020
100	2.1234	2.0684	2.0204	1.9780	1.9403	1.9065	1.6950	1.5892	1.5249	1.4813	1.4498	1.4258	1.4069	1.3917

Tabelle B.6. $(1-\alpha/2)$-Quantile $f_{df_1,df_2;1-\alpha/2}$ der F-Verteilung für $\alpha = 0.05/2$. df_1 in den Zeilen, df_2 in den Spalten

df_1 \ df_2	1	2	3	4	5	6	7	8	9	10	11	12	13	14
1	647.78	38.506	17.443	12.217	10.006	8.8131	8.0726	7.5708	7.2092	6.9367	6.7241	6.5537	6.4142	6.2979
2	799.50	39.000	16.044	10.649	8.4336	7.2598	6.5415	6.0594	5.7147	5.4563	5.2558	5.0958	4.9652	4.8566
3	864.16	39.165	15.439	9.9791	7.7635	6.5987	5.8898	5.4159	5.0781	4.8256	4.6300	4.4741	4.3471	4.2417
4	899.58	39.248	15.100	9.6045	7.3878	6.2271	5.5225	5.0526	4.7180	4.4683	4.2750	4.1212	3.9958	3.8919
5	921.84	39.298	14.884	9.3644	7.1463	5.9875	5.2852	4.8172	4.4844	4.2360	4.0439	3.8911	3.7666	3.6634
6	937.11	39.331	14.734	9.1973	6.9777	5.8197	5.1185	4.6516	4.3197	4.0721	3.8806	3.7282	3.6042	3.5013
7	948.21	39.355	14.624	9.0741	6.8530	5.6954	4.9949	4.5285	4.1970	3.9498	3.7586	3.6065	3.4826	3.3799
8	956.65	39.373	14.539	8.9795	6.7571	5.5996	4.8993	4.4332	4.1019	3.8548	3.6638	3.5117	3.3879	3.2852
9	963.28	39.386	14.473	8.9046	6.6810	5.5234	4.8232	4.3572	4.0259	3.7789	3.5878	3.4358	3.3120	3.2093
10	968.62	39.397	14.418	8.8438	6.6191	5.4613	4.7611	4.2951	3.9638	3.7167	3.5256	3.3735	3.2496	3.1468
11	973.02	39.407	14.374	8.7935	6.5678	5.4097	4.7094	4.2434	3.9120	3.6649	3.4736	3.3214	3.1974	3.0945
12	976.70	39.414	14.336	8.7511	6.5245	5.3662	4.6658	4.1996	3.8682	3.6209	3.4296	3.2772	3.1531	3.0501
13	979.83	39.421	14.304	8.7149	6.4875	5.3290	4.6284	4.1621	3.8305	3.5831	3.3917	3.2392	3.1150	3.0118
14	982.52	39.426	14.276	8.6837	6.4556	5.2968	4.5960	4.1296	3.7979	3.5504	3.3588	3.2062	3.0818	2.9785
15	984.86	39.431	14.252	8.6565	6.4277	5.2686	4.5677	4.1012	3.7693	3.5216	3.3299	3.1772	3.0527	2.9493
16	986.91	39.435	14.231	8.6325	6.4031	5.2438	4.5428	4.0760	3.7440	3.4962	3.3043	3.1515	3.0269	2.9233
17	988.73	39.439	14.212	8.6113	6.3813	5.2218	4.5206	4.0537	3.7216	3.4736	3.2816	3.1286	3.0038	2.9002
18	990.34	39.442	14.195	8.5923	6.3618	5.2021	4.5007	4.0337	3.7014	3.4533	3.2612	3.1081	2.9832	2.8794
19	991.79	39.445	14.180	8.5753	6.3443	5.1844	4.4829	4.0157	3.6833	3.4351	3.2428	3.0895	2.9645	2.8607
20	993.10	39.447	14.167	8.5599	6.3285	5.1684	4.4667	3.9994	3.6669	3.4185	3.2261	3.0727	2.9476	2.8436
30	1001.4	39.464	14.080	8.4612	6.2268	5.0652	4.3623	3.8940	3.5604	3.3110	3.1176	2.9632	2.8372	2.7323
40	1005.5	39.472	14.036	8.4111	6.1750	5.0124	4.3088	3.8397	3.5054	3.2553	3.0613	2.9063	2.7796	2.6742
50	1008.1	39.477	14.009	8.3807	6.1436	4.9804	4.2763	3.8067	3.4719	3.2213	3.0268	2.8714	2.7443	2.6384
60	1009.8	39.481	13.992	8.3604	6.1225	4.9588	4.2543	3.7844	3.4493	3.1984	3.0035	2.8477	2.7203	2.6141
70	1011.0	39.483	13.979	8.3458	6.1073	4.9434	4.2386	3.7684	3.4330	3.1818	2.9867	2.8307	2.7030	2.5966
80	1011.9	39.485	13.969	8.3348	6.0960	4.9317	4.2267	3.7563	3.4207	3.1693	2.9740	2.8178	2.6899	2.5833
90	1012.6	39.486	13.962	8.3263	6.0871	4.9226	4.2175	3.7469	3.4111	3.1595	2.9640	2.8077	2.6797	2.5729
100	1013.1	39.487	13.956	8.3194	6.0799	4.9154	4.2100	3.7393	3.4034	3.1517	2.9561	2.7996	2.6714	2.5645

Tabelle B.6. $(1-\alpha/2)$-Quantile $f_{df_1,df_2;1-\alpha/2}$ der F-Verteilung für $\alpha=0.05/2$. df_1 in den Zeilen, df_2 in den Spalten

df_1	15	16	17	18	19	20	30	40	50	60	70	80	90	100
1	6.1995	6.1151	6.0420	5.9780	5.9216	5.8714	5.5675	5.4239	5.3403	5.2856	5.2470	5.2183	5.1962	5.1785
2	4.7650	4.6866	4.6188	4.5596	4.5075	4.4612	4.1820	4.0509	3.9749	3.9252	3.8902	3.8643	3.8442	3.8283
3	4.1528	4.0768	4.0111	3.9538	3.9034	3.8586	3.5893	3.4632	3.3901	3.3425	3.3089	3.2840	3.2648	3.2496
4	3.8042	3.7294	3.6647	3.6083	3.5587	3.5146	3.2499	3.1261	3.0544	3.0076	2.9747	2.9503	2.9315	2.9165
5	3.5764	3.5021	3.4379	3.3819	3.3327	3.2890	3.0264	2.9037	2.8326	2.7863	2.7537	2.7295	2.7108	2.6960
6	3.4146	3.3406	3.2766	3.2209	3.1718	3.1283	2.8666	2.7443	2.6735	2.6273	2.5948	2.5707	2.5521	2.5374
7	3.2933	3.2194	3.1555	3.0998	3.0508	3.0074	2.7460	2.6237	2.5529	2.5067	2.4742	2.4501	2.4315	2.4168
8	3.1987	3.1248	3.0609	3.0052	2.9562	2.9127	2.6512	2.5288	2.4579	2.4116	2.3791	2.3549	2.3362	2.3214
9	3.1227	3.0487	2.9848	2.9291	2.8800	2.8365	2.5746	2.4519	2.3808	2.3344	2.3017	2.2774	2.2587	2.2438
10	3.0601	2.9861	2.9221	2.8663	2.8172	2.7736	2.5111	2.3881	2.3167	2.2701	2.2373	2.2130	2.1942	2.1792
11	3.0078	2.9336	2.8696	2.8137	2.7645	2.7208	2.4577	2.3343	2.2626	2.2158	2.1828	2.1584	2.1395	2.1244
12	2.9632	2.8890	2.8248	2.7688	2.7195	2.6758	2.4120	2.2881	2.2162	2.1691	2.1360	2.1114	2.0924	2.0773
13	2.9249	2.8505	2.7862	2.7301	2.6807	2.6369	2.3724	2.2481	2.1758	2.1286	2.0953	2.0705	2.0514	2.0362
14	2.8914	2.8170	2.7526	2.6964	2.6469	2.6029	2.3377	2.2129	2.1404	2.0929	2.0594	2.0345	2.0153	2.0000
15	2.8620	2.7875	2.7230	2.6667	2.6171	2.5730	2.3071	2.1819	2.1090	2.0613	2.0276	2.0026	1.9833	1.9679
16	2.8360	2.7613	2.6967	2.6403	2.5906	2.5465	2.2798	2.1541	2.0809	2.0330	1.9992	1.9740	1.9546	1.9391
17	2.8127	2.7379	2.6733	2.6167	2.5669	2.5227	2.2554	2.1292	2.0557	2.0076	1.9736	1.9483	1.9287	1.9132
18	2.7919	2.7170	2.6522	2.5955	2.5457	2.5014	2.2333	2.1067	2.0329	1.9845	1.9504	1.9249	1.9053	1.8896
19	2.7730	2.6980	2.6331	2.5764	2.5264	2.4820	2.2133	2.0863	2.0122	1.9636	1.9292	1.9037	1.8839	1.8682
20	2.7559	2.6807	2.6157	2.5590	2.5089	2.4644	2.1951	2.0677	1.9932	1.9444	1.9099	1.8842	1.8643	1.8485
30	2.6437	2.5678	2.5020	2.4445	2.3937	2.3486	2.0739	1.9429	1.8659	1.8152	1.7792	1.7523	1.7314	1.7148
40	2.5850	2.5085	2.4422	2.3841	2.3329	2.2873	2.0088	1.8751	1.7962	1.7440	1.7068	1.6790	1.6574	1.6401
50	2.5487	2.4719	2.4052	2.3468	2.2952	2.2492	1.9680	1.8323	1.7519	1.6985	1.6604	1.6318	1.6095	1.5916
60	2.5242	2.4470	2.3801	2.3214	2.2695	2.2233	1.9400	1.8027	1.7211	1.6667	1.6279	1.5986	1.5758	1.5575
70	2.5064	2.4290	2.3618	2.3029	2.2509	2.2045	1.9195	1.7810	1.6984	1.6432	1.6037	1.5739	1.5507	1.5320
80	2.4929	2.4154	2.3480	2.2890	2.2367	2.1902	1.9038	1.7643	1.6809	1.6251	1.5851	1.5548	1.5312	1.5121
90	2.4824	2.4047	2.3372	2.2780	2.2256	2.1789	1.8915	1.7511	1.6671	1.6107	1.5702	1.5396	1.5156	1.4962
100	2.4739	2.3961	2.3285	2.2692	2.2167	2.1699	1.8815	1.7405	1.6558	1.5990	1.5581	1.5271	1.5028	1.4832

Tabelle B.7. $(1-\alpha)$-Quantile $f_{df_1,df_2;1-\alpha}$ der F-Verteilung für $\alpha = 0.01$. df_1 in den Zeilen, df_2 in den Spalten

df_1 \ df_2	1	2	3	4	5	6	7	8	9	10	11	12	13	14
1	4052.1	98.502	34.116	21.197	16.258	13.745	12.246	11.258	10.561	10.044	9.6460	9.3302	9.0738	8.8615
2	4999.5	99.000	30.816	18.000	13.273	10.924	9.5465	8.6491	8.0215	7.5594	7.2057	6.9266	6.7009	6.5148
3	5403.3	99.166	29.456	16.694	12.059	9.7795	8.4512	7.5909	6.9919	6.5523	6.2167	5.9525	5.7393	5.5638
4	5624.5	99.249	28.709	15.977	11.391	9.1483	7.8466	7.0060	6.4220	5.9943	5.6683	5.4119	5.2053	5.0353
5	5763.6	99.299	28.237	15.521	10.967	8.7458	7.4604	6.6318	6.0569	5.6363	5.3160	5.0643	4.8616	4.6949
6	5858.9	99.332	27.910	15.206	10.672	8.4661	7.1914	6.3706	5.8017	5.3858	5.0692	4.8205	4.6203	4.4558
7	5928.3	99.356	27.671	14.975	10.455	8.2599	6.9928	6.1776	5.6128	5.2001	4.8860	4.6395	4.4409	4.2778
8	5981.0	99.374	27.489	14.798	10.289	8.1016	6.8400	6.0288	5.4671	5.0566	4.7444	4.4993	4.3020	4.1399
9	6022.4	99.388	27.345	14.659	10.157	7.9761	6.7187	5.9106	5.3511	4.9424	4.6315	4.3875	4.1910	4.0296
10	6055.8	99.399	27.228	14.545	10.051	7.8741	6.6200	5.8142	5.2565	4.8491	4.5392	4.2960	4.1002	3.9393
11	6083.3	99.408	27.132	14.452	9.9626	7.7895	6.5381	5.7342	5.1778	4.7715	4.4624	4.2198	4.0245	3.8640
12	6106.3	99.415	27.051	14.373	9.8882	7.7183	6.4690	5.6667	5.1114	4.7058	4.3974	4.1552	3.9603	3.8001
13	6125.8	99.422	26.983	14.306	9.8248	7.6574	6.4100	5.6089	5.0545	4.6496	4.3416	4.0998	3.9052	3.7452
14	6142.6	99.427	26.923	14.248	9.7700	7.6048	6.3589	5.5588	5.0052	4.6008	4.2932	4.0517	3.8573	3.6975
15	6157.3	99.432	26.872	14.198	9.7222	7.5589	6.3143	5.5151	4.9620	4.5581	4.2508	4.0096	3.8153	3.6556
16	6170.1	99.436	26.826	14.153	9.6801	7.5185	6.2750	5.4765	4.9240	4.5204	4.2134	3.9723	3.7782	3.6186
17	6181.4	99.440	26.786	14.114	9.6428	7.4827	6.2400	5.4422	4.8901	4.4869	4.1801	3.9392	3.7451	3.5856
18	6191.5	99.443	26.750	14.079	9.6095	7.4506	6.2088	5.4116	4.8599	4.4569	4.1502	3.9094	3.7155	3.5561
19	6200.5	99.446	26.718	14.048	9.5796	7.4218	6.1808	5.3840	4.8326	4.4298	4.1233	3.8827	3.6888	3.5294
20	6208.7	99.449	26.689	14.019	9.5526	7.3958	6.1554	5.3590	4.8079	4.4053	4.0990	3.8584	3.6646	3.5052
30	6260.6	99.465	26.504	13.837	9.3793	7.2285	5.9920	5.1981	4.6485	4.2469	3.9411	3.7007	3.5070	3.3475
40	6286.7	99.474	26.410	13.745	9.2911	7.1432	5.9084	5.1156	4.5666	4.1652	3.8595	3.6191	3.4252	3.2656
50	6302.5	99.479	26.354	13.689	9.2378	7.0914	5.8576	5.0653	4.5167	4.1154	3.8097	3.5692	3.3751	3.2153
60	6313.0	99.482	26.316	13.652	9.2020	7.0567	5.8235	5.0316	4.4830	4.0818	3.7760	3.5354	3.3412	3.1812
70	6320.5	99.484	26.289	13.625	9.1763	7.0318	5.7990	5.0073	4.4588	4.0576	3.7518	3.5111	3.3168	3.1566
80	6326.1	99.486	26.268	13.605	9.1570	7.0130	5.7806	4.9890	4.4406	4.0394	3.7335	3.4927	3.2983	3.1380
90	6330.5	99.488	26.252	13.589	9.1419	6.9984	5.7662	4.9747	4.4264	4.0251	3.7192	3.4783	3.2839	3.1235
100	6334.1	99.489	26.240	13.576	9.1299	6.9866	5.7546	4.9632	4.4149	4.0137	3.7077	3.4668	3.2722	3.1118

Tabelle B.7. $(1-\alpha)$-Quantile $f_{df_1,df_2;1-\alpha}$ der F-Verteilung für $\alpha=0.01$. df_1 in den Zeilen, df_2 in den Spalten

df_1 \ df_2	15	16	17	18	19	20	30	40	50	60	70	80	90	100
1	8.6831	8.5309	8.3997	8.2854	8.1849	8.0959	7.5624	7.3140	7.1705	7.0771	7.0113	6.9626	6.9251	6.8953
2	6.3588	6.2262	6.1121	6.0129	5.9258	5.8489	5.3903	5.1785	5.0566	4.9774	4.9218	4.8807	4.8490	4.8239
3	5.4169	5.2922	5.1849	5.0918	5.0102	4.9381	4.5097	4.3125	4.1993	4.1258	4.0743	4.0362	4.0069	3.9836
4	4.8932	4.7725	4.6689	4.5790	4.5002	4.4306	4.0178	3.8282	3.7195	3.6490	3.5996	3.5631	3.5349	3.5126
5	4.5556	4.4374	4.3359	4.2478	4.1707	4.1026	3.6990	3.5138	3.4076	3.3388	3.2906	3.2550	3.2276	3.2058
6	4.3182	4.2016	4.1015	4.0146	3.9385	3.8714	3.4734	3.2910	3.1864	3.1186	3.0712	3.0361	3.0091	2.9876
7	4.1415	4.0259	3.9267	3.8406	3.7652	3.6987	3.3044	3.1237	3.0201	2.9530	2.9060	2.8712	2.8445	2.8232
8	4.0044	3.8895	3.7909	3.7054	3.6305	3.5644	3.1726	2.9929	2.8900	2.8232	2.7765	2.7419	2.7153	2.6942
9	3.8947	3.7804	3.6822	3.5970	3.5225	3.4566	3.0665	2.8875	2.7849	2.7184	2.6718	2.6373	2.6108	2.5898
10	3.8049	3.6909	3.5930	3.5081	3.4338	3.3681	2.9790	2.8005	2.6981	2.6317	2.5852	2.5508	2.5243	2.5033
11	3.7299	3.6161	3.5185	3.4337	3.3596	3.2941	2.9056	2.7273	2.6250	2.5586	2.5121	2.4777	2.4512	2.4302
12	3.6662	3.5526	3.4551	3.3706	3.2965	3.2311	2.8430	2.6648	2.5624	2.4961	2.4495	2.4151	2.3886	2.3675
13	3.6115	3.4980	3.4007	3.3162	3.2422	3.1768	2.7890	2.6107	2.5083	2.4418	2.3952	2.3607	2.3342	2.3131
14	3.5639	3.4506	3.3533	3.2688	3.1949	3.1295	2.7418	2.5634	2.4608	2.3943	2.3476	2.3131	2.2864	2.2653
15	3.5221	3.4089	3.3116	3.2272	3.1533	3.0880	2.7001	2.5216	2.4189	2.3522	2.3055	2.2708	2.2441	2.2230
16	3.4852	3.3720	3.2748	3.1904	3.1164	3.0511	2.6631	2.4844	2.3816	2.3147	2.2679	2.2331	2.2064	2.1851
17	3.4523	3.3391	3.2419	3.1575	3.0836	3.0182	2.6300	2.4510	2.3480	2.2811	2.2341	2.1992	2.1724	2.1511
18	3.4227	3.3095	3.2123	3.1280	3.0540	2.9887	2.6002	2.4210	2.3178	2.2506	2.2035	2.1686	2.1417	2.1203
19	3.3960	3.2829	3.1857	3.1013	3.0273	2.9620	2.5732	2.3937	2.2903	2.2230	2.1757	2.1407	2.1137	2.0922
20	3.3718	3.2587	3.1615	3.0770	3.0031	2.9377	2.5486	2.3688	2.2652	2.1978	2.1504	2.1152	2.0881	2.0666
30	3.2141	3.1007	3.0032	2.9185	2.8442	2.7784	2.3859	2.2033	2.0975	2.0284	1.9797	1.9435	1.9155	1.8932
40	3.1319	3.0182	2.9204	2.8354	2.7607	2.6947	2.2992	2.1142	2.0065	1.9360	1.8861	1.8489	1.8201	1.7971
50	3.0813	2.9674	2.8694	2.7841	2.7092	2.6429	2.2450	2.0581	1.9489	1.8771	1.8263	1.7883	1.7588	1.7352
60	3.0471	2.9330	2.8348	2.7493	2.6742	2.6077	2.2078	2.0194	1.9090	1.8362	1.7845	1.7458	1.7158	1.6917
70	3.0223	2.9081	2.8097	2.7240	2.6488	2.5821	2.1807	1.9910	1.8796	1.8060	1.7536	1.7144	1.6838	1.6593
80	3.0036	2.8893	2.7907	2.7049	2.6295	2.5627	2.1601	1.9693	1.8571	1.7828	1.7298	1.6900	1.6590	1.6342
90	2.9890	2.8745	2.7759	2.6899	2.6144	2.5475	2.1438	1.9522	1.8392	1.7643	1.7108	1.6706	1.6393	1.6141
100	2.9772	2.8626	2.7639	2.6779	2.6023	2.5353	2.1307	1.9383	1.8247	1.7493	1.6953	1.6548	1.6231	1.5976

Tabelle B.8. $(1-\alpha/2)$-Quantile $f_{df_1,df_2;1-\alpha}$ der F-Verteilung für $\alpha = 0.01/2$. df_1 in den Zeilen, df_2 in den Spalten

df_1	1	2	3	4	5	6	7	8	9	10	11	12	13	14
1	16210	198.50	55.551	31.332	22.784	18.634	16.235	14.688	13.613	12.826	12.226	11.754	11.373	11.060
2	19999	199.00	49.799	26.284	18.313	14.544	12.403	11.042	10.106	9.4269	8.9122	8.5096	8.1864	7.9216
3	21614	199.16	47.467	24.259	16.529	12.916	10.882	9.5964	8.7170	8.0807	7.6004	7.2257	6.9257	6.6803
4	22499	199.24	46.194	23.154	15.556	12.027	10.050	8.8051	7.9558	7.3428	6.8808	6.5211	6.2334	5.9984
5	23055	199.29	45.391	22.456	14.939	11.463	9.5220	8.3017	7.4711	6.8723	6.4217	6.0711	5.7909	5.5622
6	23437	199.33	44.838	21.974	14.513	11.073	9.1553	7.9519	7.1338	6.5446	6.1015	5.7570	5.4819	5.2573
7	23714	199.35	44.434	21.621	14.200	10.785	8.8853	7.6941	6.8849	6.3024	5.8647	5.5245	5.2529	5.0313
8	23925	199.37	44.125	21.351	13.960	10.565	8.6781	7.4959	6.6933	6.1159	5.6821	5.3450	5.0760	4.8566
9	24091	199.38	43.882	21.139	13.771	10.391	8.5138	7.3385	6.5410	5.9675	5.5367	5.2021	4.9350	4.7172
10	24224	199.39	43.685	20.966	13.618	10.250	8.3803	7.2106	6.4171	5.8466	5.4182	5.0854	4.8199	4.6033
11	24334	199.40	43.523	20.824	13.491	10.132	8.2696	7.1044	6.3142	5.7462	5.3196	4.9883	4.7240	4.5084
12	24426	199.41	43.387	20.704	13.384	10.034	8.1764	7.0149	6.2273	5.6613	5.2363	4.9062	4.6428	4.4281
13	24504	199.42	43.271	20.602	13.293	9.9501	8.0967	6.9383	6.1530	5.5886	5.1649	4.8358	4.5732	4.3591
14	24571	199.42	43.171	20.514	13.214	9.8774	8.0278	6.8721	6.0887	5.5257	5.1030	4.7747	4.5128	4.2992
15	24630	199.43	43.084	20.438	13.146	9.8139	7.9677	6.8142	6.0324	5.4706	5.0488	4.7213	4.4599	4.2468
16	24681	199.43	43.008	20.370	13.086	9.7581	7.9148	6.7632	5.9828	5.4220	5.0010	4.6741	4.4132	4.2004
17	24726	199.44	42.940	20.311	13.032	9.7086	7.8678	6.7180	5.9388	5.3789	4.9585	4.6321	4.3716	4.1591
18	24767	199.44	42.880	20.258	12.984	9.6644	7.8258	6.6775	5.8993	5.3402	4.9205	4.5945	4.3343	4.1221
19	24803	199.44	42.826	20.210	12.942	9.6246	7.7880	6.6411	5.8639	5.3054	4.8862	4.5606	4.3007	4.0887
20	24835	199.44	42.777	20.167	12.903	9.5887	7.7539	6.6082	5.8318	5.2740	4.8552	4.5299	4.2703	4.0585
30	25043	199.46	42.465	19.891	12.655	9.3582	7.5344	6.3960	5.6247	5.0705	4.6543	4.3309	4.0727	3.8619
40	25148	199.47	42.308	19.751	12.529	9.2408	7.4224	6.2875	5.5185	4.9659	4.5508	4.2281	3.9704	3.7599
50	25211	199.47	42.213	19.667	12.453	9.1696	7.3544	6.2215	5.4539	4.9021	4.4876	4.1653	3.9078	3.6975
60	25255	199.48	42.149	19.610	12.402	9.1219	7.3087	6.1771	5.4104	4.8591	4.4450	4.1229	3.8655	3.6552
70	25285	199.48	42.103	19.570	12.365	9.0876	7.2759	6.1453	5.3791	4.8282	4.4143	4.0923	3.8350	3.6247
80	25307	199.48	42.069	19.539	12.338	9.0619	7.2512	6.1212	5.3555	4.8049	4.3911	4.0692	3.8120	3.6017
90	25324	199.48	42.042	19.515	12.316	9.0418	7.2319	6.1025	5.3371	4.7867	4.3730	4.0512	3.7939	3.5836
100	25338	199.48	42.021	19.496	12.299	9.0256	7.2165	6.0875	5.3223	4.7721	4.3585	4.0367	3.7795	3.5692

Tabelle B.8. $(1-\alpha/2)$-Quantile $f_{df_1,df_2;1-\alpha}$ der F-Verteilung für $\alpha = 0.01/2$. df_1 in den Zeilen, df_2 in den Spalten

df_1	15	16	17	18	19	20	30	40	50	60	70	80	90	100
1	10.798	10.575	10.384	10.218	10.072	9.9439	9.1796	8.8278	8.6257	8.4946	8.4026	8.3346	8.2822	8.2406
2	7.7007	7.5138	7.3536	7.2148	7.0934	6.9864	6.3546	6.0664	5.9016	5.7949	5.7203	5.6652	5.6228	5.5892
3	6.4760	6.3033	6.1556	6.0277	5.9160	5.8177	5.2387	4.9758	4.8258	4.7289	4.6612	4.6112	4.5728	4.5423
4	5.8029	5.6378	5.4966	5.3746	5.2680	5.1742	4.6233	4.3737	4.2316	4.1398	4.0758	4.0285	3.9921	3.9633
5	5.3721	5.2117	5.0745	4.9560	4.8526	4.7615	4.2275	3.9860	3.8486	3.7599	3.6980	3.6523	3.6172	3.5894
6	5.0708	4.9134	4.7789	4.6627	4.5613	4.4721	3.9492	3.7129	3.5785	3.4918	3.4313	3.3866	3.3523	3.3252
7	4.8472	4.6920	4.5593	4.4447	4.3448	4.2568	3.7415	3.5088	3.3764	3.2911	3.2315	3.1875	3.1538	3.1271
8	4.6743	4.5206	4.3893	4.2759	4.1770	4.0899	3.5800	3.3497	3.2188	3.1344	3.0755	3.0320	2.9986	2.9721
9	4.5363	4.3838	4.2535	4.1409	4.0428	3.9564	3.4504	3.2219	3.0920	3.0082	2.9497	2.9066	2.8734	2.8472
10	4.4235	4.2718	4.1423	4.0304	3.9328	3.8470	3.3439	3.1167	2.9875	2.9041	2.8459	2.8030	2.7700	2.7439
11	4.3294	4.1785	4.0495	3.9381	3.8410	3.7555	3.2547	3.0284	2.8996	2.8166	2.7586	2.7158	2.6829	2.6569
12	4.2497	4.0993	3.9708	3.8598	3.7630	3.6779	3.1787	2.9531	2.8247	2.7418	2.6839	2.6412	2.6084	2.5825
13	4.1813	4.0313	3.9032	3.7925	3.6960	3.6111	3.1132	2.8880	2.7598	2.6771	2.6193	2.5766	2.5439	2.5179
14	4.1218	3.9722	3.8444	3.7340	3.6377	3.5530	3.0560	2.8312	2.7031	2.6204	2.5627	2.5200	2.4873	2.4613
15	4.0697	3.9204	3.7929	3.6827	3.5865	3.5019	3.0057	2.7810	2.6531	2.5704	2.5126	2.4700	2.4372	2.4112
16	4.0237	3.8746	3.7472	3.6372	3.5412	3.4567	2.9610	2.7365	2.6085	2.5258	2.4681	2.4254	2.3926	2.3666
17	3.9826	3.8338	3.7066	3.5967	3.5008	3.4164	2.9211	2.6966	2.5686	2.4859	2.4280	2.3853	2.3525	2.3264
18	3.9458	3.7971	3.6701	3.5603	3.4645	3.3801	2.8851	2.6606	2.5326	2.4498	2.3919	2.3491	2.3162	2.2901
19	3.9126	3.7641	3.6371	3.5274	3.4317	3.3474	2.8526	2.6280	2.4999	2.4170	2.3591	2.3162	2.2833	2.2571
20	3.8825	3.7341	3.6073	3.4976	3.4020	3.3177	2.8230	2.5984	2.4701	2.3872	2.3291	2.2862	2.2532	2.2270
30	3.6867	3.5388	3.4124	3.3030	3.2075	3.1234	2.6277	2.4014	2.2716	2.1874	2.1282	2.0844	2.0507	2.0238
40	3.5849	3.4372	3.3107	3.2013	3.1057	3.0215	2.5240	2.2958	2.1644	2.0788	2.0186	1.9739	1.9394	1.9119
50	3.5225	3.3747	3.2482	3.1387	3.0430	2.9586	2.4594	2.2295	2.0967	2.0099	1.9488	1.9033	1.8680	1.8400
60	3.4802	3.3324	3.2058	3.0962	3.0003	2.9158	2.4151	2.1838	2.0498	1.9621	1.9001	1.8539	1.8181	1.7896
70	3.4497	3.3018	3.1751	3.0654	2.9695	2.8849	2.3829	2.1504	2.0154	1.9269	1.8642	1.8174	1.7811	1.7521
80	3.4266	3.2787	3.1519	3.0421	2.9461	2.8614	2.3583	2.1248	1.9890	1.8998	1.8365	1.7892	1.7524	1.7230
90	3.4086	3.2605	3.1337	3.0239	2.9278	2.8430	2.3390	2.1047	1.9681	1.8783	1.8145	1.7667	1.7296	1.6998
100	3.3940	3.2460	3.1191	3.0092	2.9130	2.8282	2.3234	2.0884	1.9512	1.8608	1.7965	1.7484	1.7109	1.6808

Literatur

Agresti, A. (1990). *Categorical Data Analysis*, Wiley.
Bauer, H. (1991). *Wahrscheinlichkeitstheorie*, de Gruyter.
Blossfeld, H.-P., Hamerle, A. und Mayer, K. U. (1986). *Ereignisanalyse*, Campus.
Büning, H. und Trenkler, G. (1994). *Nichtparametrische statistische Methoden*, de Gruyter.
Cox, D. R. (1972). Regression models and life-tables (with discussion), *Journal of the Royal Statistical Society, Series B* .
Draper, N. R. und Smith, H. (1966). *Applied Regression Analysis*, Wiley.
Fisz, M. (1970). *Wahrscheinlichkeitsrechnung und Mathematische Statistik*, Akademie-Verlag.
Gather, U. und Pigeot-Kübler, I. (1990). Multiples Testen, *Skript*.
Glasser, M. (1967). Exponential survival with covariance, *Journal of the American Statistical Association* .
Gosset, W. S. (1908). The probable error of a mean, *Biometrika* .
Harris, E. K. und Albert, A. (1991). *Survivorship Analysis for Clinical Studies*, Dekker.
Hollander, M. und Wolfe, D. A. (1973). *Nonparametric statistical methods*, Wiley.
Kaplan, E. L. und Meier, P. (1958). Nonparametric estimation from incomplete observations, *Journal of the American Statistical Association* .
Kreyszig, E. (1979). *Statistische Methoden und ihre Anwendungen*, Vandenhoeck & Rupprecht.
Kruskal, W. H. und Wallis, W. A. (1952). Use of ranks in one-criterion variance analysis, *Journal of the American Statistical Association* .
Lawless, J. F. (1982). *Statistical Models and Methods for Lifetime Data*, Wiley.
Lilliefors, H. W. (1967). On Kolmogorov-Smirnov test for normality with mean and variance unknown, *Journal of the American Statistical Association* .
Lilliefors, H. W. (1969). On Kolmogorov-Smirnov test for exponential distribution with mean unknown, *Journal of the American Statistical Association* .
Menges, G. (1968). *Grundriß der Statistik Teil 1: Theorie*, Westdeutscher Verlag.
Miethke, R. R. (1973). Zahnbreiten und Zahnbreitenkorrelation, *Deutsche Zahnärztliche Zeitschrift* .
Montgomery, D. C. (1976). *Design and analysis of experiments*, Wiley.
Müller, P. H. (ed.) (1983). *Lexikon der Stochastik*, Akademie-Verlag.
Petersen, R. G. (1985). *Design and analysis of experiments*, Dekker.
Pruscha, H. (1996). *Angewandte Methoden der Mathematischen Statistik*, Teubner.
Rao, C. R. (1995). *Was ist Zufall? Statistik und Wahrheit*, Prentice Hall.
Rüger, B. (1988). *Induktive Statistik: Einführung für Wirtschafts- und Sozialwissenschaftler*, Oldenbourg.
Rüger, B. (1996). *Induktive Statistik: Einführung für Wirtschafts- und Sozialwissenschaftler*, Oldenbourg.
Sachs, L. (1978). *Angewandte Statistik*, Springer.

Schlittgen, R. (1993). *Einführung in die Statistik: Analyse und Modellierung von Daten*, Oldenbourg.
Stigler, S. M. (1986). *The history of statistics: The measurement of uncertainty before 1900*, Harvard University Press.
Toutenburg, H. (1992a). *Lineare Modelle*, Physica.
Toutenburg, H. (1992b). *Moderne nichtparametrische Verfahren der Risikoanalyse*, Physica.
Toutenburg, H. (1994). *Versuchsplanung und Modellwahl*, Physica.
Toutenburg, H. (1995). *Experimental Design and Model Choice*, Physica.
Toutenburg, H., Fieger, A. und Kastner, C. (1998). *Deskriptive Statistik*, Prentice Hall.
Vogel, F. (1995). *Beschreibende und schließende Statistik*, Oldenbourg.
Weisberg, S. (1980). *Applied Linear Regression*, Wiley.
Wilks, S. S. (1938). The large-sample distribution of the likelihood ratio for testing composite hypotheses, *Annals of Mathematical Statistics*

Sachverzeichnis

χ^2
- Test für die Varianz 137
- Verteilung 91
χ^2-Unabhängigkeitstest 264

Ad-hoc-Kriterium 210
Additionssatz
- für χ^2-Verteilungen 91
- für beliebige Ereignisse 20
- für Binomialverteilungen 75
- für disjunkte Ereignisse 19
- für Normalverteilungen 86
- für Poissonverteilungen 80
Annahmebereich 128
Anpassung, perfekte 274
Anpassungstests 165
Auswahl von Elementen
- geordnet 4
- ungeordnet 4

Baseline–Hazardrate 293, 295
Baumdiagramm 26
Bestimmtheitsmaß 209
- adjustiertes 211, 215
Bias 111
Bindungen 176, 184, 185
Binomialkoeffizient 7
Binomialtest für p 149
Binomialverteilung 74
Bonferroni 236

Chi-Quadrat-Anpassungstest 166
Cox–Modell 293, 294

DeMorgan 17
Dichtefunktion 42
Dispersion 50

Effizienz 112
Einpunktverteilung 70
Einstichprobenproblem 131
Elementarereignis 14

Ereignisraum 14
Ereignisse
- Additionssatz 19, 20
- disjunkte 16
- elementare 14
- komplementäre 14
- Multiplikationssatz 22
- paarweise disjunkte 21
- sichere 14
- unmögliche 14
- zufällige 14
- zusammengesetzte 15
Erwartungstreue 110
- asymptotisch 112
Erwartungswert 48
Exakter Test von Fisher 153
- für 2 × 2-Tafeln 265
Experiment
- Laplacesches 18
- zufälliges 13
Exponentialverteilung 296
Extremwertverteilung 298

F-Change 211
F-Test 139
F-Verteilung 93
Fakultät 5
Fehler
- 1. Art 129
- 2. Art 129
Fehlerquadratsumme 230
Fisher's exakter Test 153
- für 2 × 2-Tafeln 265
Fragestellung
- einseitige 130
- zweiseitige 130

Gütefunktion 129
Gauß-Test
- doppelter 143
- einfacher 131
Gauss-Markov-Schätzung 196

Gauss-Markov-Theorem 196
Geometrische Verteilung 77
Gesetz der großen Zahlen 98
Gleichverteilung
- diskrete 69
- stetige 82
Grundraum 14

Häufigkeit
- absolute 17
- relative 13, 17
Hazardrate 283
Homogenitätstest 171, 179
Hypothese 128
Hypothesenraum 127

Intervallschätzung 109

Kaplan-Meier-Schätzung 284
Kolmogorov 19
Kolmogorov-Smirnov
- Anpassungstest 168
- Zweistichprobentest 172
Kombinationen 7
- mit Reihenfolge 9, 10
- mit Wiederholung 10
- ohne Reihenfolge 7, 10
- ohne Wiederholung 7, 9
Kombinatorik 3
- Regeln 11
Komplementärereignis 14
Konfidenzellipsoid 208
Konfidenzgrenze 118
Konfidenzintervalle 207
Konfidenzmethode 117
Konfidenzniveau 118
Konfidenzschätzung 109, 118
- für μ 118, 119
- für σ^2 120
Konsistenz 112
Kontingenztafel 257
Kontinuum 79
Konvergenz
- nach Wahrscheinlichkeit 97
- stochastische 97
Korrelationskoeffizient 63, 148
Kovarianz 61
- Eigenschaften 62
Kovarianzmatrix 61
KQ-Schätzung
- bedingte 212, 247
Kriterien zur Modellwahl 210
kritischer Bereich 128
Kruskal-Wallis-Test 238

$k\sigma$-Bereiche 55
$k\sigma$-Regel für die Normalverteilung 88

Laplace-Experiment 18
Laplace-Wahrscheinlichkeit 18
Lebensdaueranalyse 281
Likelihood 113
Likelihood-Quotient 201
Lineare Regression 193
- induktive 194
- Restriktionen 199
Log-Rank-Test 288
Logit 274
Loglikelihoodfunktion 113
Loglineares Modell 274
loglineares Modell für den relativen Hazard 293

Mann-Whitney-U-Test 174
Mantel-Haenszel 291
Matched-Pair Design 179
Maximum-Likelihood-Prinzip 113
Maximum-Likelihood-Schätzung 113
- für μ 115
- für σ^2 115
- für p 122
McNemar-Test 155
Mean Square Error 111
Median 56
Mengenoperationen 15
Merkmal
- diskretes 35
- qualitatives 35
- quantitatives 35
- stetiges 35
Mittelwertsvergleich
- einfacher 131, 135
- mehrfacher 223
- zweifacher 142, 145
Modalwert 56
Modellierung der Hazardrate 298
Modellwahl 211
MSE-Kriterium 111
Multinomialstichprobenschema 261
Multinomialverteilung 80
Multiplikationssatz 22
Mächtigkeit einer Menge 3

Nichtparametrische Tests 165
Niveau-α-Test 129
Normalregression 197
Normalverteilung 85
- Dichte 85

– zweidimensionale 89

Odds-Ratio 270
Operationscharakteristik 129

p-value 131
Parameterraum 110
Permutationen 4
– mit Wiederholung 6
– ohne Wiederholung 4
Poissonstichprobenschema 260
Poissonverteilung 79
Produktmultinomialstichprobenschema 262
Proportional–Hazard–Modell von Cox 293
proportionaler Hazard 293
Prüfen
– der Rangkorrelation 184
Prüfen
– der Korrelation 147
– der Regression 203
– linearer Hypothesen 198
Punktschätzung 109

Quantil 56
Quartil 56

Randdichte 60
Randverteilung 58, 60
Rangkorrelationskoeffizient 184
Rangvarianzanalyse 238
Rechenregeln
– für den Erwartungswert 48
– für die Varianz 50
– für Verteilungsfunktionen 38
– für Wahrscheinlichkeiten 21
Regeln der Kombinatorik 11
Regressionsanalyse 193
relativer Hazard 293
Risikofunktion 195

Satz
– Bayes 23
– Bernoulli 99
– Cochran 266
– Gauss-Markov 196
– Student 93
– totale Wahrscheinlichkeit 23
Schätzfolge 112
Schätzung 110
– beste lineare erwartungstreue 195
– Gauss-Markov 196
– Maximum-Likelihood 113

Signifikanzniveau 129
Signifikanztest 128
$SQ_{Regression}$ 230
$SQ_{Residual}$ 230
SQ_{Total} 230
Standardabweichung 50
Standardisierte Zufallsvariable 52
Standardnormalverteilung 85
Standardverteilungen 69
Sterbetafelmethode 283
Stichprobe 109
– als Zufallsgröße 110
– i.i.d. 110
– konkrete 110
Stichprobenvarianz 116
– gepoolte 143
Streuungszerlegung 230
Student-Verteilung 92
Survivorfunktion 283, 288

t-Test
– doppelter 143
– einfacher 135
– paired 145
t-Verteilung 92
Tafel der Varianzanalyse 234
Test
– U-Test 174
– χ^2-Test für die Varianz 137
– Binomialtest 149, 152
– doppelter t-Test 143
– doppelter Gauß-Test 143
– einfacher t-Test 135
– einfacher Gauß-Test 131
– exakter Test von Fisher 153, 265
– F-Test 139
– gleichmäßig bester 130
– Kolmogorov-Smirnov-Anpassungstest 168
– Kolmogorov-Smirnov-Test im Zweistichprobenproblem 172
– Kruskal-Wallis-Test 238
– Log-Rank 288
– Mann-Whitney-Test 174
– multipler 236
– paired t-Test 145
Testentscheidung 128
Testgröße 128
Testtheorie 127
Träger einer Verteilung 40
Treppenfunktion 40

Überlebenswahrscheinlichkeit 282

UMVU-Schätzung 112
Unabhängigkeit 27
- in Kontingenztafeln 259
- normalverteilter Variablen 90
- paarweise 28
- stochastische 27
- von diskreten Zufallsvariablen 47
- von stetigen Zufallsvariablen 61
- von Zufallsvariablen 47
Unabhängigkeitsmodell 249
Ungleichung
- Bonferroni 236
- Tschebyschev 53
Unverfälschtheit 130
Ursache-Wirkungsbeziehung 193

Variable
- diskrete 35
- qualitative 35
- quantitative 35
- stetige 35
Varianz 50
- Additionssatz 51, 62
- Rechenregeln 50
- Verschiebungssatz 51
Varianzanalyse
- einfaktorielle 224
- Modell mit festen Effekten 223
- Modell mit zufälligen Effekten 224
- zweifaktorielle 242
Versuchsplan 223
- balanciert 225
- unbalanciert 225
- vollständig randomisierter 226
Verteilung
- gemeinsame 58
- unimodale 57
Verteilungsfunktion 37
Verweildauer 281, 282

Vierfeldertafel 269
vollständige Zerlegung 16
vollständiges System 16
Vorzeichen-Test 180

Wahrscheinlichkeit
- a-posteriori 23
- a-priori 23
- bedingte 22
- nach Laplace 18
Wahrscheinlichkeitsfunktion 40, 57
Wahrscheinlichkeitsrechnung
- Axiomensystem 19
- Rechenregeln 21
Wartezeit 83
Weibull–Verteilung 297
Welch-Test 145
Wilcoxon-Test 182
Wilks G^2 265

zentraler Grenzwertsatz 99
Zerlegung
- vollständige 16
- von G^2 266
Ziehen
- mit Zurücklegen 75
- ohne Zurücklegen 72
zufälliges
- Ereignis 14
- Experiment 13
Zufallsintervall 117
Zufallsvariablen
- diskrete 39
- stetige 39
- zweidimensionale 57
Zufallsvektor 60
Zustandsraum 35
Zweipunktverteilung 70
Zweistichprobenproblem 131, 139

Neue Lehrbücher in VWL und BWL

F. Breyer, P. Zweifel

Gesundheitsökonomie

3., überarb. Aufl. 1999. XX, 456 S. 52 Abb.,
41 Tab. (Springer-Lehrbuch) Brosch. **DM 59,-**;
öS 431,-; sFr 54,- ISBN 3-540-65930-7

B. Felderer, S. Homburg

Makroökonomik und neue Makroökonomik

7. verb. Aufl. 1999. XVI, 455 S. 97 Abb.
(Springer-Lehrbuch) Brosch.
DM 39,90; öS 292,-; sFr 37,-
ISBN 3-540-66128-X

B. Felderer, S. Homburg

Übungsbuch Makroökonomik

4., verb. Aufl. 1999. VIII, 145 S. 38 Abb.
(Springer-Lehrbuch) **DM 19,90**; öS 146,-;
sFr 18,50 Brosch. ISBN 3-540-66144-1

W. Franz

Arbeitsmarktökonomik

4., überarb. Aufl. 1999. XVIII, 434 S.
34 Abb., 56 Tab. (Springer-Lehrbuch)
Brosch. **DM 55,-**; öS 402,-; sFr 50,50
ISBN 3-540-66163-8

O. Landmann, J. Jerger

Beschäftigungstheorie

1999. XI, 311 S. 67 Abb., 5 Tab. (Springer-Lehrbuch) Brosch. **DM 49,90**; öS 365,-;
sFr 46,- ISBN 3-540-65856-4

E. Nowotny

Der öffentliche Sektor

Einführung in die Finanzwissenschaft

4., neubearb. u. erw. Aufl. 1999. XVI,
709 S. 31 Abb., 35 Tab. Brosch. **DM 75,-**;
öS 548,-; sFr 68,50 ISBN 3-540-66191-3

J. Schumann, U. Meyer, W. Stöbele

Grundzüge der mikroökonomischen Theorie

7., neubearb. u. erw. Aufl. 1999. XVII, 528 S.
223 Abb., 15 Tab. (Springer-Lehrbuch)
Brosch. **DM 39,90**; öS 292,-; sFr 37,-
ISBN 3-540-66081-X

F. Bodendorf

Wirtschaftsinformatik im Dienstleistungsbereich

1999. X, 209 S. 121 Abb., 16 Tab. (Springer-Lehrbuch) Brosch. **DM 36,-**; öS 263,-; sFr 33,50
ISBN 3-540-65857-2

P. Stahlknecht, U. Hasenkamp

Einführung in die Wirtschaftsinformatik

9., vollst. überarb. Aufl. 1999. Etwa 615 S.
190 Abb. (Springer-Lehrbuch) Brosch.
DM 36,-; öS 263,-; sFr 33,50
ISBN 3-540-65764-9

F. Eisenführ

Rationales Entscheiden

3., neubearb. u. erw. Aufl. 1999. XIII, 419 S. 90 Abb.,
83 Tab. (Springer-Lehrbuch) Brosch. **DM 45,-**; öS 329,-;
sFr 41,50 ISBN 3-540-65614-6

G. Fandel, B. Heuft, A. Paff, T. Pitz

Kostenrechnung

1999. XIV, 532 S. 52 Abb., 40 Tab.
(Springer-Lehrbuch) Brosch. **DM 59,-**;
öS 431,-; sFr 54,- ISBN 3-540-66282-0

U. Koppelmann

Beschaffungsmarketing

3., neu bearb. u. erw. Aufl. 1999. Etwa 450 S. Brosch.
DM 59,-; öS 431,-; sFr 54,- ISBN 3-540-66271-5

C. Schneeweiß

Einführung in die Produktionswirtschaft

7., neubearb. Aufl. 1999. XVII, 368 S.
99 Abb., 3 Tab. (Springer-Lehrbuch)
Brosch. **DM 36,-**; öS 263,-; sFr 33,50
ISBN 3-540-65581-6

Springer-Verlag · Postfach 14 02 01 · D-14302 Berlin
Tel.: 0 30 / 82 787 - 2 32 · http://www.springer.de
Bücherservice: Fax 0 30 / 82 787 - 3 01 · e-mail: orders@springer.de

Preisänderungen und Irrtümer vorbehalten.
d&p · 66434 SF

Springer